换热器原理与设计

（第 2 版）

余建祖　谢永奇　高红霞　编著

U0245563

北京航空航天大学出版社

内 容 简 介

本书重点介绍工业上应用最广泛的各种有相变和无相变的高效间壁式换热器的基本理论和设计方法,涉及板翅式换热器、板式换热器、翅片管式换热器、管壳式换热器、冷却空气型蒸发器、冷却液体型蒸发器、水冷冷凝器、空冷冷凝器和热管换热器等。书中给出了大量的公式、图表和技术参数,各部分内容都配有实际工程设计计算例题,供读者应用时参考。

本书可作为高等院校制冷、低温、空气调节、热能工程以及飞行器环境控制等专业的教材,也可供化工、能源、机械、交通、冶金、动力以及航空航天等领域有关工程技术人员参考。

图书在版编目(CIP)数据

换热器原理与设计 / 余建祖,谢永奇,高红霞编著
. -- 2 版. -- 北京 : 北京航空航天大学出版社,2019.9
ISBN 978 - 7 - 5124 - 3099 - 0

Ⅰ. ①换… Ⅱ. ①余… ②谢… ③高… Ⅲ. ①换热器
—高等学校—教材 Ⅳ. ①TK172

中国版本图书馆 CIP 数据核字(2019)第 191488 号

换热器原理与设计(第 2 版)

余建祖 谢永奇 高红霞 编著
责任编辑 董 瑞

*

北京航空航天大学出版社出版发行

北京市海淀区学院路 37 号(邮编 100191) http://www.buaapress.com.cn
发行部电话:(010)82317024 传真:(010)82328026
读者信箱:goodtextbook@126.com 邮购电话:(010)82316936
三河市华骏印务包装有限公司印装 各地书店经销

*

开本:787×1 092 1/16 印张:21.25 字数:544 千字
2019 年 10 月第 2 版 2023 年 8 月第 2 次印刷 印数:3 001~4 000 册
ISBN 978 - 7 - 5124 - 3099 - 0 定价:68.00 元

第 2 版前言

换热器是工业领域最常见的通用热工设备。《换热器原理与设计》一书重点介绍了在工业上应用最广泛的、有相变和无相变的高效间壁式换热器的基本理论和设计方法。该书简明扼要、深入浅出,理论联系实际,自 2005 年出版以来,一直作为"换热器设计"等主要专业课的教材,并在指导多学科学生的课程设计、毕业设计和研究生完成科研任务中发挥了重要作用,在加强学生创新能力和工程素质培养方面取得了较好的效果。该书还被其他一些院校用作相关课程的教科书或参考书。

作者长期参与型号应用研究,书中内容较好地结合了国内科研及工程应用的实际情况,不仅介绍了换热器设计的工程计算方法和关键技术,还详细列举了一些工程实例。因此,该书受到化工、能源、机械、交通、冶金、动力及航空航天等领域相关科技人员的青睐,是他们进行换热器设计工作的重要参考书。

基于教学和科研两方面的需要,《换热器原理与设计》一书出版以来一直具有稳定的发行量。

鉴于《换热器原理与设计》已出版近 15 年,为适应科技发展和教学改革的形势,回应部分读者对教材的建议和需求,拟对原书进行一次修订。本次修改的重点内容如下:

(1)板翅式换热器因具有结构紧凑、轻巧、传热强度高的特点,受到科技和工业界的广泛关注,成为近年来发展最为迅速的新型热交换设备之一,在航空航天及各民用工业部门中得到大量应用。本次改版,在原书重点介绍板翅式换热器设计理论和工程计算方法的基础上,加入了高效 HPD 型锯齿错列翅片的内容,介绍了它的传热与阻力特性,并列举了工程实例,以帮助读者掌握其设计计算方法。为了帮助初学者尽快掌握板翅式换热器的设计技术,新版教材中还增加了"用数值法求解板翅式换热器设计性问题的方法"一节,并给出了示范例题,与传统的试凑法相比,数值法更便于非专业性的工程人员应用,并可节约设计时间。

(2)换热器设计过程中传热与阻力计算及其与结构的优化耦合设计是一个复杂、繁琐、需要反复迭代改进的过程,这曾经困扰过许多代换热器设计人员。现代计算机软、硬件技术的发展为解决这一问题提供了强有力的保障,为提高读者应用计算机软件进行换热器辅助设计及性能计算的能力,此次改版所列举的实际工程设计计算例题,全部都是采用自编程序完成设计计算的。

(3)管壳式换热器是传统的且应用最为广泛的一种换热器,在飞机及其他高科技设备中也有重要应用,如航空燃油-滑油散热器就是一种高效紧凑型管壳式换热器。考虑到不同领域技术人员的需要,本版增编了管壳式换热器的设计内容,并列举了其在航空和民用领域的工程设计实例。

新版教材还增编了热管换热器设计的工程实例及相关理论公式,更正了使用过程中发现的笔误、文字表述不够准确或计算方法不够科学之处。

总之,本书第 2 版保留了第 1 版的特色和基本内容,但在理论严谨、结构合理、内容完整以及先进性、实用性和学术性等方面均有所提高。

本书由余建祖、谢永奇、高红霞编著。全球能源互联网研究院陈梦东博士撰写了板翅式空气-水换热器的详细设计工程实例;任丘油田范砧高级工程师提供了三种不同换热器的工程设计实例,这些实例由他本人采用自编程序完成全部设计计算,故其计算过程沿袭了原程序的参数符号、表示方法及工程计算特点;刘思远博士编写了高效 HPD 型板翅式换热器的相关理论及计算公式等内容,并列举了工程实例;李欣宇协助完成了本书的部分插图。全书由余建祖审校并定稿。

由于编者编写时间仓促,水平有限,书中的缺点和错误期望广大读者批评指正。

余建祖

2019 年 4 月

前　言

　　换热器是非常重要的换热设备,几乎在所有的工业领域中都有应用,尤其广泛应用于化工、能源、机械、交通、冶金、动力及航空航天等。近年来,由于高新技术的发展和新能源的开发,要求改进原有换热器的性能,研制新型的高效、紧凑换热器的呼声越来越高。

　　本书是为了适应科技发展的需要和新世纪教学改革的新形势而编写的。书中重点介绍了在工业上应用最广泛的、有相变和无相变的高效间壁式换热器,内容包括换热器的基本理论、设计方法、设计资料和制造工艺等方面。

　　全书共6章。第1章介绍了换热器的功用、分类以及设计的一般要求和过程,目的是让读者对换热器及其设计建立一个总体概念。第2章在介绍有关换热器传热计算方法的基础上,进一步明确了换热器传热热阻的概念;阐明平均温差法与效率(效能)-传热单元数法两者之间的关系,以及它们在设计计算和校核计算中的计算步骤、差别和特点;提供了常用流动形式的温差修正系数和效率(效能)-传热单元数关系的解析式,以适应换热器计算机辅助设计的需要。另外,还专门讨论了流体平均温度和与温度有关的物性影响修正问题。鉴于板翅式换热器具有广阔的应用前景和巨大的市场潜力,在航空、汽车、化工、能源及制冷、空调等领域得到越来越广泛的应用,并且其设计理论、试验研究、制造工艺及开拓应用的研究方兴未艾,因此,在第3章重点介绍了板翅式换热器的设计理论和工程计算方法,详细阐述了板翅式换热器结构设计及强度校核的一般原则和方法,并列举工程实例以帮助读者深入理解设计原理及步骤。此外,还对近几十年来得到发展和广泛应用的另外两种新型的高效、紧凑热交换设备——板式换热器和翅片管式换热器的设计理论和方法进行了介绍和探讨。第4章和第5章分别介绍了蒸发器和冷凝器的工作原理、基本结构及设计方法。这两章编写时均考虑了国内外 CFC_s 类工质替代的现状和发展,并特别注意了内容的先进性和实用性,例如,在第4章中介绍了近年来发展起来并得到广泛应用的微细内翅管结构;在第5章中介绍了管带式冷凝器结构及其传热、阻力特性的设计计算。第6章系统论述了热管的特性、传热过程和流动过程以及热管内部的传热极限等基础理论,并介绍了热管和热管换热器的设计。热管是一种新型的高效换热元件,自20世纪60年代问世以来,发展很快,已得到广泛应用,特别是在航空航天、热能工程等许多领域中发挥了独特的作用。本章列举了热管换热器在这些方面的应用实例,供读者参考。

　　本书内容系统、完整,理论与实际并重。书中对各种换热器设计中所涉及的传热学和流体力学理论,都用相当的篇幅进行了介绍。随着科学技术的发展,教材的内容也进行了更新,力求反映出国内外在换热器材料、传热表面、工质、设计技术和相关传热理论等方面的最新研究成果。

　　书中对各种换热器设计方法的介绍简明扼要、条理清楚、深入浅出,紧密结合工程实际。作者还根据多年从事换热器研究、设计和教学的经验,在每章后都有针对性地列出了思考题和习题,以帮助读者复习有关理论和概念,掌握换热器设计各个环节的要点、工程计算方法和关键技术。这些思考题和习题如果运用得当,对学生创新思维能力和工程素质的培养都能起到积极的作用。

北京航空航天大学人-机环境工程/制冷及低温工程教研室徐扬禾教授仔细审阅了全书，并提出了宝贵意见；李敏教授等提供了资料，并提出了富有建设性的建议；余雷、高红霞、赵增会、谢永奇及王永坤等同志为本书的出版做了大量工作。在此一并表示衷心的感谢。

由于作者水平有限，书中不足之处，敬请读者批评指正。

余建祖

2005 年 10 月

目 录

第1章 绪 论

1.1 换热器及其分类

换热器也称热交换器,是把热量从一种介质传给另一种介质的设备。

换热器是各种工业部门最常见的通用热工设备,广泛应用于化工、能源、机械、交通、制冷、空调及航空航天等各个领域。换热器不仅是保证某些工艺流程和条件而广泛使用的设备,也是开发利用工业二次能源,实现余热回收和节能的主要设备。

由于各种换热器的作用、工作原理、结构以及其中工作的流体种类、数量等差别很大,因此,为研究和讨论方便,通常根据其某个特征进行分类。表1-1概括性地列举了根据换热器的各种特征所作的分类。

表1-1 换热器的分类表

分类方法	类型及特点
按传热过程特点分类	(1) 直接接触式(混合式) (2) 间壁式(表面式) (3) 周期流动式(蓄热式):旋转式、阀门切换式 (4) 流体耦合间接式
按传热表面紧凑性分类	(1) 紧凑式(传热面积密度$\geqslant 700 \text{ m}^2/\text{m}^3$) (2) 非紧凑式(传热表面密度$\leqslant 700 \text{ m}^2/\text{m}^3$)
按传热表面结构特点分类	(1) 管式:套管式、管壳式、蛇管式 (2) 板式 (3) 扩展表面式:板翅式(平板肋片式)、翅片管式(肋管式)及管带式 (4) 蓄热式(再生式)
按流程分类	(1) 单流程:顺流、逆流及交叉流 (2) 多流程:扩展表面式换热器(逆流交叉流和顺流交叉流)、管壳式换热器、板式换热器
按传热机理分类	(1) 传热表面两侧无相变对流换热 (2) 传热表面的一侧为无相变对流换热,另一侧为相变对流换热 (3) 传热表面两侧有相变对流换热 (4) 对流和辐射的复合换热

按照换热器中热量传递的方式可将换热器分为直接接触式换热器、周期流动式换热器、间壁式换热器及流体耦合间接式换热器四大类。

直接接触式换热器,也叫混合式换热器,是冷热流体直接接触进行换热的设备。通常见到的是一种流体为气体,另一种流体为汽化压力较低的液体,而且在换热后容易分离开来。例如,在水冷却塔中,热水和空气在直接接触的过程中发生热和质的传递,达到冷却水的目的。

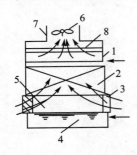

1—配水系统;2—淋水装置;
3—百叶窗;4—集水池;
5—空气分配区;6—风机;
7—风筒;8—收水器

**图 1-1 抽风逆流式水
冷却塔示意图**

工业用水经过工艺过程后温度升高,若直接排入水源,则将产生热污染,为防止水源的热污染并使水能够循环使用,通常采用冷却塔对水进行冷却。图1-1所示为抽风逆流式水冷却塔示意图。图中由于工艺过程而升温的水被导入配水系统1,并均匀喷洒在淋水装置中的填料上,填料可采用不同材料和形状。淋水装置的作用是使进入冷却塔的热水尽可能形成细小的水滴或薄的水膜,以增加与空气的接触面积和接触时间,促进水和空气的热、质交换。冷却热水的空气则是由装在塔顶的通风机从塔底部的百叶窗抽入塔内,这时塔内是负压,对水的蒸发有利,所以这种抽风逆流式水冷却塔用得较普遍。

周期流动式换热器,也称蓄热式换热器,借助于由固体制成的蓄热体交替地与热流体和冷流体接触,蓄热体与热流体接触一定时间,并从热流体吸收热量,然后与冷流体接触一定时间,把热量释放给冷流体,如此反复进行,达到换热的目的。周期流动式换热器有旋转型和阀门切换型两种(见图1-2)。在旋转型换热器中,多孔骨架材料旋转形成从热侧流体到冷侧流体的规则周期性固相流动。因此,骨架材料交替地被加热和冷却,使热量间接地由热流体传递给冷流体。阀门切换型换热器中有两个相同的芯体,借助于快速动作的阀门的关启,每一个芯体交替地作为热或冷芯体。周期流动式换热器通常用做空气预热器,如用于锅炉和燃气轮机装置中。

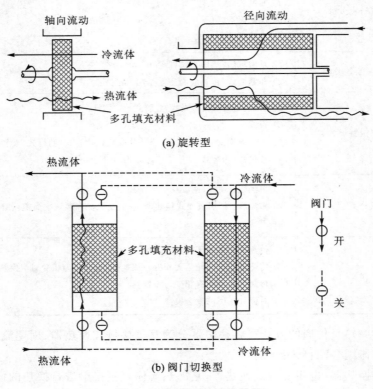

图 1-2 周期流动式换热器

与间壁式换热器相比,周期流动式换热器具有以下三个主要优点:

① 可采用更为紧凑的传热表面。例如,24 目的网屏多孔芯体的比表面积数量级为 3 300 m^2/m^3。

② 以单位传热面积计算,一般传热面价格便宜。

③ 由于周期往复流动,不存在永久性的流动停滞区域,因此表面具有自清扫功能。自清扫特征的一个典型实例是烧劣质煤的中心电站使用的 Ljungstrom 型空气预热器。

其主要缺点如下:

① 由于泄漏和携带,部分冷热流体混合。

② 如果流体压力不同(如燃气轮机回热器),旋转型设备的密封是一个难题。

间壁式换热器,也称表面式换热器,其中冷热流体被一个固体壁面隔开,热量通过固体壁面传递。工业上应用的换热器绝大多数是间壁式换热器,本书将重点讨论这种换热器。

构成间壁式换热器的间壁,主要是管和板,为了扩展传热面,管和板上常带有各种翅片,用它们组成的具体换热器可以是多种多样的,常用的有管壳式换热器、套管式换热器、管式换热器、板式换热器、翅片管式换热器及板翅式换热器等。

图 1-3~图 1-6 为一些典型间壁式换热器构造原理示意图。

图 1-3 为套管式换热器的构造简图,它由不同直径的两种管子套在一起组成的同心套管构成。小圆管内流过一种流体,小圆管外壁与大圆管内壁之间形成的环形空间流过另一种流体。小圆管的管壁就成为隔在两种流体之间的传热壁面。如果需要更多的传热面时,可用多个套管连接起来工作。

图 1-4 为管壳式换热器的构造简图,它由许多根平行管组成的管束插入一圆筒形壳体内构成。图中所绘管束由多根 U 形管构成,管端装在管板上,管板连至壳体上,使管内侧空间与管外侧空间隔开。一种流体从管内流过,另一种流体在壳内从管外流过。为了确保流体按一定顺序流入管子,管板外装有管箱和隔板。壳体内还布置着许多横向折流板,以确保壳内流体横向流过管外,并有足够的流速。

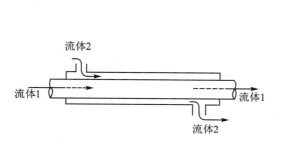

图 1-3　套管式换热器

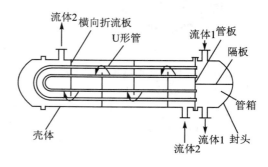

图 1-4　管壳式换热器

图 1-5 为管式换热器的构造简图。换热面是由很多管子按一定方式排列成的管束构成的,管子两端连在管板上,形成管内、管外两侧分隔的通道。这种换热器通常用于气体的加热或冷却,气体从管外横向流过,另一种流体从管内流过。如图 1-5(a)所示,管束为圆形光管,为了增强气体流过管外时的换热,可采用滴形管、椭圆管或扁管等,也可采用外面带翅片的管子。图 1-5(b)为圆管外套装整体翅片构成的管束,装翅片后使传热面积大大增加。

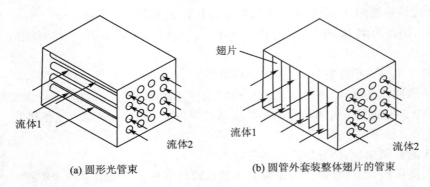

(a) 圆形光管束   (b) 圆管外套装整体翅片的管束

图 1-5　管式换热器

图 1-6 所示是构成板翅式换热器的基本单元。它是将波形翅片夹在两层隔板之间,两侧用封条密封。其中,波形翅片可以是矩形、三角形、波纹形等形式。图 1-6 中为矩形翅片。将许多这样的单元重叠起来就构成了板翅式换热器。相邻单元,即隔板两侧,流过不同温度的流体,通过两侧带有翅片的平板传递热量。

图 1-7 所示的液体耦合间接式换热器系统由两台间壁式换热器组成,它们之间是通过某种传热介质(如水或液态金属)的循环耦合在一起。其主要优点如下:① 因为热流体流动面不直接与冷流体流动面耦合,使换热器形体设计比较方便,特别是当两种流体流动密度不均衡性高达 6:1 时,例如燃气轮机换热器;② 液体耦合一般更有利于紧凑的机械布置。

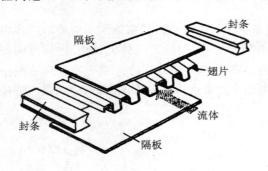

图 1-6　板翅式换热器的单元结构图

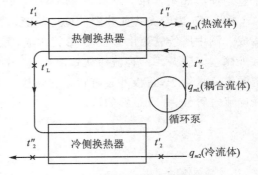

图 1-7　液体耦合间接式换热器

由上述简单介绍可以看出,在各种结构的换热器中,传热面的密集程度(单位体积内布置的换热面面积)相差很大,管壳式通常在 $100\sim200$ m²/m³,而板翅式一般都在 $1\,000$ m²/m³ 以上。对传热面密集程度较大的换热器(通常大于 700 m²/m³),习惯上称为紧凑式换热器。

在间壁式换热器中,通常是两种不同温度的流体进行换热;有时也可能有两种以上不同温度的流体参与换热,如板翅式换热器就有这种情况。由于流体在换热器中的流动方向和顺序,即流动形式,直接关系到换热器中各部分换热壁面两侧流体间的温差和通过换热面的热流密度,从而决定整个换热器的热力工作性能,如总的传热量、流体的温度分布等,因此设计换热器必须考虑换热器的流动形式。按流动形式对换热器进行分类,最基本的有顺流型、逆流型和叉流型,以及由基本流型组合而成的多程、复合流动型等。

此外,为了适应某方面问题分析讨论的需要,还可按换热器中工作流体的种类、工作参数以及其他特征进行分类。

1.2 换热器设计概述

1.2.1 换热器的合理设计

换热器在工业生产和生活的各个领域都得到了广泛应用,而且其工作性能的优劣直接影响着整个装置或系统综合性能的好坏,因此换热器的合理设计极其重要。

一个设计合理的换热器一般应满足以下几点要求:

● 在给定的工作条件(流体流量、进口温度等)下,达到要求的传热量和流体出口温度;
● 流体压降要小,以减少运行的能量消耗;
● 满足外形尺寸和重量要求;
● 安全可靠,满足最高工作压力、工作温度以及防腐、防漏、工作寿命等方面的要求;
● 制造工艺切实可行,选材合理且来源有保证,以减少初始投资;
● 安装、运输以及维修方便等。

所有这些要求和考虑常常是相互影响、相互制约的。在不同应用场合下,各项要求的苛刻程度不尽相同,因而设计时侧重点也应有所不同。

1.2.2 换热器的设计过程

换热器的设计涉及各种数量的分析和以经验为基础的定性决断。图 1-8 可用以说明换热器设计的一般过程和所包含的内容。

1. 设计指标

换热器的设计指标包括工作流体的种类及其流量、进出口温度、工作压力和换热器效率等。航空航天器用换热器还应包括允许的压降、尺寸和质量等。

2. 总体布置

换热器的总体布置首先要选定换热器的类型和结构、流体流动形式及所用材料,然后选择传热表面的种类。要考虑运行温度和压力以及 1.2.1 节换热器合理设计中提到的其他要求。

3. 热设计

换热器的热设计包括传热计算、流阻计算及确定尺寸。进行热设计除技术性能指标外,还需要有传热面的特性(包括换热特性、流阻特性和结构参数)以及流体和材料的热物性参数,可以将优化技术应用到换热器热设计中。根据设计目标,对于选定的各种换热器形式和传热表面,通过不同的角度进行优化分析,提供几种可供选择的方案。

4. 结构设计

换热器的结构设计包括以下内容:

● 根据最高工作温度和最大工作压力,以及热设计和阻力计算结果,确定各部分的材料和尺寸,保证换热器在稳定运行时的性能;
● 根据工作温度、压力及流体性质,选择焊接方法及密封材料;
● 以保证流体分配的均匀性为目标,进行封头、联箱、接管及隔板等的设计;

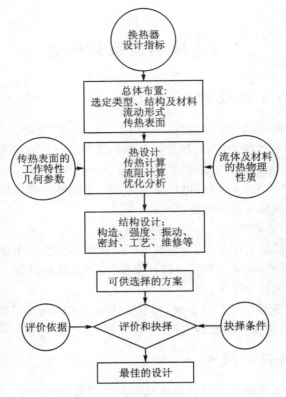

图 1-8 换热器设计过程框图

- 为满足热力和阻力性能的结构设计,对主要零部件须进行强度校核,以避免在极限工作状态下因强度不够,导致破坏或选材过厚而造成浪费。
- 要考虑维修(包括清洁、修理及保养等)和运输的要求。

对于一些在特殊条件下工作的换热器,有的还须计算其在启动和停车时期内的热应力,核算由于流体流动引起的结构振动,或为了减少腐蚀和结垢而验算流速。总之,结构设计和热设计有相同的重要性,设计换热器时需要同时兼顾,并且应该相互协调。

5. 设计方案抉择

换热器热设计和结构设计完成后,提供了几个可供选择的方案,然后设计者根据评价的判据,考虑各种具体条件进行最后抉择。

抉择的条件多为定性的,如模具制造的条件、钎焊炉尺寸、运输限制、交货日期、公司政策和竞争强度等都将影响最终的选择。

评价判据指的是可以量化衡量的指标,如重量、外形尺寸、泵送流体的耗费、初始投资及寿命等。

通过上述各方面的分析研究,最终可向业主提交一个换热器的最佳设计,或提交几个可供选择的设计。

思考题与习题

1-1　概述换热器的分类方法。列举日常生活中见到的或用到的几种换热器,说明这些换热器的类型及其功用。

1-2　间壁式换热器最主要的特点是什么? 常用有哪些类型?

1-3　对两种流体参与换热的间壁式换热器,其基本流动形式有哪几种? 说明流动形式对换热器热力工作性能的影响。

1-4　一个设计合理的换热器一般应满足哪些要求? 说明换热器设计的一般过程和所包含的内容。

1-5　试写出以热流密度表示的傅里叶定律、牛顿冷却公式以及斯特藩-波耳兹曼定律这三个传热学基本公式,并说明其中每一个符号的物理意义。

1-6　一根内径为 5 cm、厚度为 3.2 mm 的长钢管通过一温度 t_∞ 为 30 ℃、气压为 0.1 MPa 的大房间。流量为 0.6 kg/s,温度为 82 ℃ 的热水从管子的一端流入,如果管长为 15 m,试计算热水的出口温度。此时既要考虑管外壁的自然对流,又要考虑其辐射热损失。

说明:因为管外壁与空气的自然对流换热量以及管壁同墙壁间的辐射换热量都很小,所以可以认为整个管壁近乎为常温,即 $t_w = 82$ ℃。其他有关的参数为:

水的比定压热容 $c_p = 4.175$ kJ/(kg·K);

管壁的辐射率 $\varepsilon = 0.8$;

取黑体辐射常数 $\sigma_0 = 5.669 \times 10^{-8}$ W/(m²·K⁴)。

自然对流表面传热系数可按下式计算:

$$\alpha = 1.32 \left(\frac{t_w - t_\infty}{d_o} \right)^{0.25} \text{(式中 } d_o \text{ 为钢管外径)}$$

1-7　如图 1-9 所示,欲用初温为 175 ℃ 的油($c_{p1} = 2.1$ kJ/(kg·K))把流量为 230 kg/h 的水从 35 ℃ 加热到 93 ℃。油的流量亦为 230 kg/h。现有下面两个换热器:

换热器 1　$K = 570$ W/(m²·K),$A = 0.47$ m²;

换热器 2　$K = 370$ W/(m²·K),$A = 0.94$ m²。

问应当使用哪个换热器?

(取水的比定压热容 $c_{p2} = 4.175$ kJ/(kg·K))

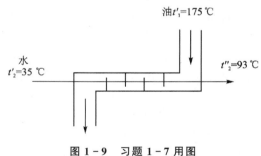

图 1-9　习题 1-7 用图

参考文献

[1] 钱滨江,等.简明传热手册[M].北京:高等教育出版社,1983.

[2] 凯斯 W M,伦敦 A L.紧凑式热交换器[M].宣益民,张后雷,译.北京:科学出版社,1997.

[3] 陈德雄,李敏.飞机座舱制冷附件[M].北京:国防工业出版社,1981.

[4] 齐铭.制冷附件[M].北京:航空工业出版社,1992.

[5] SHAH R K. Compact Heat Exchanger Design Procedures – Heat Exchanger Design:Rat-

ing，Sizing，and Optimization. In：Kakac S，Bergles A E，etal：Heat Exchangers – Thermo Hydraulic Fundamentals and Design［M］. New York：McGraw Hill，1981.

［6］杨世铭，陶文铨. 传热学［M］. 3 版. 北京：高等教育出版社，1998.

［7］埃克尔特 E R G，德雷克 R M. 传热与传质［M］. 徐明泽，译. 北京：科学出版社，1963.

［8］邱树林，钱滨江. 换热器［M］. 上海：上海交通大学出版社，1990.

［9］陈长青，沈裕浩. 低温换热器［M］. 北京：机械工业出版社，1993.

［10］朱聘冠. 换热器原理及计算［M］. 北京：清华大学出版社，1987.

［11］张祉佑，石秉三. 制冷及低温技术［M］. 北京：机械工业出版社，1981.

［12］高红霞，余建祖. 油-空气换热器板翅式结构的一种设计方法［M］. 北京航空航天大学学报，2001，27(增刊)：106 – 109.

［13］兰州石油机械研究所. 传热器(中册)［M］. 北京：烃加工出版社，1988.

［14］徐灏. 机械设计手册(第一卷)［M］. 北京：机械工业出版社，1991.

［15］徐灏. 机械设计手册(第四卷)［M］. 北京：机械工业出版社，1991.

［16］史美中，王中铮. 热交换器原理与设计［M］. 2 版. 南京：东南大学出版社，1995.

［17］[日]尾花英朗. 热交换器设计手册(下)［M］. 徐中权，译. 北京：石油工业出版社，1982.

［18］吴业正. 小型制冷装置设计指导［M］. 北京：机械工业出版社，1998.

［19］彦启森. 空气调节用制冷技术［M］. 北京：中国建筑工业出版社，1985.

［20］[德国]贝尔 H D. 工程热力学［M］. 杨东华，译. 北京：科学出版社，1983.

［21］吴业正，韩宝琦. 制冷原理及设备［M］. 西安：西安交通大学出版社，1987.

［22］[日]高效热交换器数据手册编委会. 高效热交换器数据手册［M］. 傅尚信，等译. 北京：机械工业出版社，1987.

［23］靳明聪，程尚模，赵永湘. 换热器［M］. 重庆：重庆大学出版社，1990.

［24］钱颂文. 换热器设计手册［M］. 北京：化学工业出版社，2002.

［25］杨崇麟. 板式换热器工程设计手册［M］. 北京：机械工业出版社，1995.

［26］杨崇麟. 机械工程手册(第 2 卷)［M］. 北京：机械工业出版社，1997.

［27］冯志良，常春梅. 当代国外板式换热器摘萃［J］. 石油化工设备，1999，28(5)：2.

［28］蒋能照，余有水. 氟利昂制冷机［M］. 上海：上海科学技术出版社，1981.

［29］马义尾，刘纪福，钱辉广. 空气冷却器［M］. 北京：化学工业出版社，1982.

［30］余建祖. 电子设备热设计及分析技术［M］. 北京：高等教育出版社，2002.

［31］庄骏. 热管与热管换热器［M］. 上海：上海交通大学出版社，1989.

［32］靳明聪，陈远国. 热管及热管换热器［M］. 重庆：重庆大学出版社，1986.

［33］马同泽，侯增祺，吴文铣. 热管［M］. 北京：科学出版社，1983.

第 2 章　换热器的传热及阻力计算

本章介绍换热器的传热计算和流阻计算的一般方法。关于换热器传热计算的基本内容，在传热学中已作了一些介绍，为了论述的系统性以及深入讨论的需要，本章仍作必要的叙述。鉴于间壁式换热器应用最广，且以两种流体之间进行换热的形式为主，所以本章介绍的内容将以两流体间壁式换热器为主要对象。

2.1　换热器传热计算中的基本参数和方程

图 2-1 示出了换热器传热分析中有关基本参数的名称、单位及本书所采用的符号。流过换热器的热、冷两种流体分别用下标 1 和 2 来表示。如果把流体 1 传至流体 2 的热流量称为换热器的传热热流量，则间壁式换热器计算的基本方程如下：

流体 1 的放热热流量为

$$\Phi = q_{m1} c_1 (t_1' - t_1'') = W_1 (t_1' - t_1'') \tag{2-1}$$

流体 2 的吸热热流量为

$$\Phi = q_{m2} c_2 (t_2'' - t_2') = W_2 (t_2'' - t_2') \tag{2-2}$$

换热器的传热热流量为

$$\Phi = \int_A K (t_1 - t_2) \mathrm{d}A \tag{2-3}$$

如略去换热器向外界的散热热流量，则通过换热器的传热热流量、流体 1 的放热热流量及流体 2 的吸热热流量三者是相等的。

式（2-1）和式（2-2）中流体的质量流量 q_m 与其比热容 c 的乘积 $q_m c = W$，简称为该流体的热容量（速率），即对应单位温度变化产生的流动流体的能量储存速率，单位为 W/K，令其中数值较小者为 $W_{min} = (q_m c)_{min}$，较大者为 $W_{max} = (q_m c)_{max}$。

式（2-3）用微元传热面传热热流量的积分来表示换热器总的传热热流量。通过微元传热面的传热热流量为

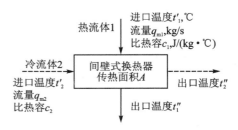

图 2-1　间壁式换热器的基本参数

$$\mathrm{d}\Phi = K (t_1 - t_2) \mathrm{d}A \tag{2-4}$$

它正比于微元面两侧流体的温差 $(t_1 - t_2)$ 和微元面面积。比例系数 K 称为传热系数，单位为 W/(m^2·K)。流体在沿壁面流动的过程中，随着热量的传递，流体自身的温度也相应地发生变化。因此，在换热器的不同部位，传热间壁两侧流体间的温差 $(t_1 - t_2)$ 是不同的，它取决于两流体流过间壁不同部位的顺序以及两流体的热容量。换热器中不同部位的传热系数也是不同的，它与该处间壁两侧流体的流动情况和流体物性有关。因此，式（2-3）中的 K 及 $(t_1 - t_2)$ 为对应于 $\mathrm{d}A$ 处的值。

式(2-4)可写成积分形式,即

$$\int_{\Phi} \frac{\mathrm{d}\Phi}{t_1 - t_2} = \int_A K \mathrm{d}A \tag{2-5}$$

通常为简便起见,换热器的传热热流量可以用平均传热系数 K_m 及平均温差 Δt_m 来表示,即

$$\Phi = K_m \Delta t_m A \tag{2-6}$$

用这样的表达式计算比较简单。平均传热系数 K_m 和平均温差 Δt_m 的定义可以通过比较式(2-5)和式(2-6)得到

$$K_m = \frac{1}{A} \int_A K \mathrm{d}A \tag{2-7}$$

$$\frac{1}{\Delta t_m} = \frac{1}{\Phi} \int_{\Phi} \frac{\mathrm{d}\Phi}{t_1 - t_2} \tag{2-8}$$

一般情况下,换热器中传热系数变化不大,在换热器传热分析中,通常可以将它看成常数。因此,式(2-6)可写成

$$\Phi = K \Delta t_m A \tag{2-9}$$

与式(2-3)比较,则得出平均温差的定义式为

$$\Delta t_m = \frac{1}{A} \int_A (t_1 - t_2) \mathrm{d}A \tag{2-10}$$

2.2 换热器的传热热阻及翅片效率

2.2.1 换热器的传热热阻

由式(2-9),换热器的传热热流量可写成

$$\Phi = \frac{\Delta t_m}{\dfrac{1}{KA}} = \frac{\Delta t_m}{R} \tag{2-11}$$

$R = 1/(KA)$ 称为换热器的热阻,单位为 K/W。

式(2-11)与电学中的欧姆定律

$$I = \frac{\Delta U}{R}$$

有对应关系。式中:I 为电流,ΔU 为电位差,R 为电阻,即热流与电流、温差与电位差、热阻与电阻一一对应。这种关系称为热电模拟关系。

热电模拟关系为解决传热学问题提供了很大方便。电学中许多规律,如电阻串、并联公式及基尔霍夫定律等各个关系均可等效地在传热工程上应用。

间壁式换热器的总传热热阻由下述几项组成:

① 热流体侧对流换热热阻 R_1,包括该侧扩展表面或翅片的温度不均匀性产生的热阻;

② 间壁的导热热阻 R_w;

③ 冷流体侧对流换热热阻 R_2,包括该侧扩展表面或翅片的温度不均匀性产生的热阻;

④ 污垢热阻,考虑了热、冷流体两侧运行过程中的结垢影响。

图 2-2 给出了表述这个概念的热通路。为便于说明问题,通路中忽略了污垢热阻。依据图 2-2,将式(2-11)改写后得

$$\Phi = \frac{t_1 - t_2}{R_1 + R_w + R_2} \qquad (2-12)$$

根据热电模拟关系,还可得到传热热流量、各处温度和各项热阻之间的关系如下:

$$\Phi = \frac{t_1 - t_{w1}}{R_1} = \frac{t_{w1} - t_{w2}}{R_w} = \frac{t_{w2} - t_2}{R_2} \qquad (2-13)$$

式中:t_{w1},t_{w2}——间壁热、冷表面上的温度,℃。

对照式(2-11)和式(2-12)可以看出,

$$R = \frac{1}{KA} = R_1 + R_w + R_2 \qquad (2-14)$$

即间壁式换热器的总传热热阻为传热过程中各项热阻之和。下面分别讨论如何确定各项热阻的值。

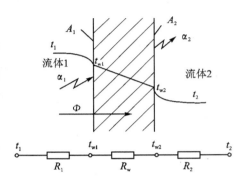

图 2-2　间壁传热过程简图

1. 间壁的导热热阻 R_w

换热器中所用的间壁一般有平壁和圆管壁两种。

平壁导热时,传热热流量为

$$\Phi = \lambda \frac{A}{\delta}(t_{w1} - t_{w2}) = \frac{t_{w1} - t_{w2}}{\dfrac{\delta}{A\lambda}} \qquad (2-15)$$

式中:A——平壁面积,m²;

　　　λ——间壁材料的导热系数,W/(m·K);

　　　δ——平壁的厚度,m。

平壁的导热热阻为

$$R_w = \frac{\delta}{A\lambda} \qquad (2-16)$$

圆管壁导热时,传热热流量为

$$\Phi = \frac{2\pi\lambda L(t_{w1} - t_{w2})}{\ln(d_o/d_i)} = \frac{t_{w1} - t_{w2}}{\dfrac{\ln(d_o/d_i)}{2\pi\lambda L}} \qquad (2-17)$$

式中:d_o——圆管壁外径,m;

　　　d_i——圆管壁内径,m;

　　　L——圆管壁长度,m。

圆管壁的导热热阻为

$$R_w = \frac{\ln(d_o/d_i)}{2\pi\lambda L} \qquad (2-18)$$

2. 流体与洁净光壁面间的对流换热热阻

流体流过光壁面时,传热热流量为

$$\Phi = \alpha A \Delta t = \frac{\Delta t}{\dfrac{1}{\alpha A}} \qquad (2-19)$$

式中：α——流体与壁面的对流换热表面传热系数，$W/(m^2 \cdot K)$；

　　　A——壁表面面积，m^2；

　　　Δt——流体与壁表面间的温差，℃。

流体与光壁面对流换热的热阻为

$$R = \frac{1}{\alpha A} \tag{2-20}$$

3. 流体与洁净带翅片壁面间的对流换热热阻

流体流过带翅片的壁面时，通过翅片表面与未被翅片根部遮盖的基壁表面进行换热。

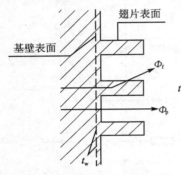

图 2-3 所示为一洁净的带翅片的壁面。如翅片表面积为 A_f，未被翅片根部遮盖的基壁表面积为 A_p，则带翅片壁面的总表面积为 $A = A_f + A_p$。因为翅片伸入流体中间，而翅片内部存在导热热阻，沿翅片高度上的温度梯度降低了翅片表面的传热效率，因此从传热效果来看，与翅根基壁表面相比较，翅片表面积应打上一个折扣 η_f（小于 1，称其为翅片效率），即其折算面积为 $\eta_f A_f$。假设流体对 A_f 和 A_p 两部分表面的传热系数相同，都是 α，则流体与壁面间的换热热流量为

图 2-3　流体通过带翅片的壁面换热

$$\Phi = \Phi_p + \Phi_f = \alpha A_p (t_w - t) + \alpha A_f \eta_f (t_w - t) = \tag{2-21}$$
$$\alpha (A_p + A_f \eta_f)(t_w - t) = \alpha A_{ef}(t_w - t)$$

式中：t——流体温度，℃；

　　　t_w——基壁表面温度，℃；

　　　η_f——翅片效率；

　　　A_{ef}——换热器的有效传热面积（$A_{ef} = A_p + \eta_f A_f$）。

有效传热面积与总传热面积之比称为表面效率，并以 η_0 表示，即

$$\eta_0 = \frac{A_{ef}}{A} \tag{2-22}$$

则

$$\eta_0 = \frac{1}{A}(A_p + A_f \eta_f) = 1 - \frac{A_f}{A}(1 - \eta_f) \tag{2-23}$$

根据表面效率的概念，则式（2-21）可写为

$$\Phi = \alpha A \eta_0 (t_w - t) = \frac{t_w - t}{\frac{1}{\alpha A \eta_0}} \tag{2-24}$$

式中，温差和热阻是对应于翅根基壁表面与流体之间的。热阻 $1/(\alpha A \eta_0)$ 包含了流体对翅片表面的对流传热热阻及翅片的导热热阻，后者反映在表面效率 η_0 上。如将式（2-24）改写为

$$\Phi = \frac{\eta_0 (t_w - t)}{\frac{1}{\alpha A}} = \frac{\bar{t}_w - t}{\frac{1}{\alpha A}} \tag{2-25}$$

则其分母 $1/(\alpha A)$ 为翅片和基壁表面的对流换热热阻,对应的温差为 $\eta_0(t_w-t)$,即翅片和基壁表面的平均温度 $\overline{t}_w$ 与流体温度 t 之差。

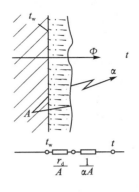

图 2 - 4　壁面上附有污垢后的导热热阻

4. 流体与结垢壁表面的热阻

换热器运行一段时间后,壁表面会形成一层污垢。由此引起的附加热阻取决于污垢的性质,即污垢的导热系数 λ_d 和污垢的厚度 δ_d。δ_d/λ_d 称为污垢系数,用 r_d 表示,其单位为 $m^2 \cdot K/W$。也有的书上称 r_d 为污垢热阻。

平壁上附有污垢后,壁面与流体间增加了污垢层的导热热阻 $\dfrac{\delta_d}{\lambda_d A}=\dfrac{r_d}{A}$,如图 2 - 4 所示,此时结垢壁表面与流体之间温差、热阻及传热热流量的关系为

$$\Phi = \frac{t_w - t}{\dfrac{r_d}{A}+\dfrac{1}{\alpha A}} \tag{2-26}$$

带翅片壁面上附有污垢后(假设污垢是均匀分布在翅片和基壁全部表面上),参照式(2 - 25),对应于全部表面平均温度 $\overline{t}_w$ 与流体温度 t 间温差 $(\overline{t}_w-t)$ 的热阻也为 $\dfrac{r_d}{A}+\dfrac{1}{\alpha A}$,即

$$\Phi = \frac{\overline{t}_w - t}{\dfrac{r_d}{A}+\dfrac{1}{\alpha A}} \tag{2-27}$$

而翅片和基壁表面平均温度与流体温度之差 $(\overline{t}_w-t)$ 可用 $\eta_0(t_w-t)$ 来表示,则

$$\Phi = \frac{\eta_0(t_w-t)}{\dfrac{r_d}{A}+\dfrac{1}{\alpha A}} = \frac{t_w-t}{\left(r_d+\dfrac{1}{\alpha}\right)\dfrac{1}{\eta_0 A}} \tag{2-28}$$

因此,对应于翅片和基壁表面与流体间的热阻包含了污垢引起的导热热阻、污垢表面与流体间的对流换热热阻及翅片导热热阻。表 2 - 1 列出了典型间壁的传热热阻的组成。

换热器中常使用换热器的"传热面积"和"传热系数"两个术语,要注意这二者是相关联的,因为换热器间壁两侧的表面积可能不同,所以传热系数是相对于约定的某一侧的表面积而言的。因此,常规两流体换热器的总传热热阻可表示为

$$\frac{1}{KA} = \frac{1}{K_1 A_1} = \frac{1}{K_2 A_2} \tag{2-29}$$

由式(2 - 29)可知

$$K_1 A_1 = K_2 A_2 \tag{2-30}$$

在换热器结构布置和估算中使用"传热面积"和"传热系数"是方便的;而在换热器传热分析中,则用传热热阻 $\dfrac{1}{KA}$ 较方便,因为它将间壁两侧的特征都包括在内了。

表 2 - 1   典型间壁的传热热阻

间壁形式	间壁传热热阻 $\dfrac{1}{KA}\Big/(K \cdot W^{-1})$
平 壁	$\dfrac{1}{KA} = \dfrac{1}{A_w}\left[\left(\dfrac{1}{\alpha}+r_d\right)_1 + \dfrac{\delta}{\lambda} + \left(r_d + \dfrac{1}{\alpha}\right)_2\right]$
圆管壁	$\dfrac{1}{KA} = \dfrac{1}{\pi d_i L}\left(\dfrac{1}{\alpha}+r_d\right)_1 + \dfrac{\ln(d_o/d_i)}{2\pi\lambda L} + \dfrac{1}{\pi d_o L}\left(\dfrac{1}{\alpha}+r_d\right)_2$
平壁两侧带翅片	$\dfrac{1}{KA} = \left[\left(\dfrac{1}{\alpha}+r_d\right)\dfrac{1}{A\eta_0}\right]_1 + \dfrac{\delta}{\lambda A_w} + \left[\left(r_d+\dfrac{1}{\alpha}\right)\dfrac{1}{A\eta_0}\right]_2$
圆筒壁外侧带翅片	$\dfrac{1}{KA} = \dfrac{1}{\pi d_i L}\left(\dfrac{1}{\alpha}+r_d\right)_1 + \dfrac{\ln(d_o/d_i)}{2\pi\lambda L} + \left[\left(r_d+\dfrac{1}{\alpha}\right)\dfrac{1}{A\eta_0}\right]_2$

符号：K——传热系数，$W/(m^2 \cdot K)$； d_i, d_o——圆管壁内、外径，m；

A——表面积，m^2； r_d——污垢系数，$(m^2 \cdot K)/W$；

A_w——平壁面积，m^2； L——圆管壁长度，m；

δ——平壁厚度，m； η_0——表面效率。

下标：1——与流体 1 接触侧；

2——与流体 2 接触侧。

在确定换热器传热热阻时，重要的是先确定两侧流体对壁表面的对流传热系数 α 及污垢系数 r_d。对带翅片的换热表面，还要确定其表面效率 η_0。

表面效率 η_0 取决于翅片和基壁的结构参数及翅片效率。翅片效率与流体对翅片表面的传热系数、翅片形状、翅片材料的导热系数有关。

换热器壁面上污垢的形成及其性质较复杂，与很多因素有关，涉及流体的性质、壁面的材料和形状、流体的速度及运行的时间等，因此有关污垢系数的资料比较缺乏。设计换热器时污垢系数的选值比较困难，还要综合考虑换热面清洗污垢的可能性、清洗的周期及停车清洗的费用等。表 2 - 2 列出了污垢系数 r_d 的一般参考值。

表 2 - 2   污垢系数 r_d 的一般参考值

1. 水的污垢系数 $r_d/(m^2 \cdot K \cdot W^{-1})$				
水温/℃	<50		>50	
热流体温度/℃	<115		115～205	
水速/$(m \cdot s^{-1})$	<1	>1	<1	>1
海水	0.000 1	0.000 1	0.000 2	0.000 2
硬度不高的自来水和井水	0.000 2	0.000 2	0.000 4	0.000 4
河水	0.000 6	0.000 4	0.000 8	0.000 6
硬水（>257 g/m³）	0.000 6	0.000 6	0.001	0.001
锅炉给水	0.000 2	0.000 1	0.000 2	0.000 2
蒸馏水	0.000 1	0.000 1	0.000 1	0.000 1
冷水塔或喷水池				
水经过处理	0.000 2	0.000 2	0.000 4	0.000 4
未经过处理	0.000 6	0.000 6	0.001	0.0008
多泥沙的水	0.000 6	0.000 4	0.000 8	0.000 6

2. 几种流体的污垢系数 $r_d/(m^2 \cdot K \cdot W^{-1})$					
油		蒸气和气体		液　体	
燃料油	0.001	有机蒸气	0.000 2	有机物	0.000 2
润滑油、变压器油	0.000 2	水蒸气(不含油)	0.000 1	制冷剂液	0.000 2
淬火油	0.000 8	废水蒸气(含油)	0.000 2	盐　水	0.000 4
植物油	0.000 6	制冷剂蒸气(含油)	0.000 4	石油制品	0.000 2~0.001
		压缩空气	0.000 4		
		燃气、焦炉气	0.002		
		天然气	0.002		

2.2.2　几种常用扩展表面的翅片效率

如 2.2.1 节所述,因为翅片内部存在导热热阻,沿翅片高度上的温度梯度降低了翅片表面的传热效率,相对于翅根(或基壁),翅片传热效率的降低可用翅片效率来表征。设翅片表面的实际传热热流量为 Φ。在理想状况下,若翅片内部无导热热阻,则翅片上各点温度恒等于翅根处温度,此时可获得最大传热热流量 Φ_t。因此,翅片效率的物理意义也可表征为实际传热热流量与理想状况下最大传热热流量之比,即 $\eta_f = \Phi/\Phi_t$。

常用的等截面直翅、等厚度环翅和管束外整体翅等,如图 2 - 5 所示。下面分别讨论其翅片效率。

1. 等截面直翅

按一维导热微分方程可推得

$$\eta_f = \frac{\tanh(mh)}{mh} \tag{2-31}$$

$$m = \sqrt{\frac{2\alpha}{\lambda_f \delta_f}\left(1+\frac{\delta_f}{b}\right)} \approx \sqrt{\frac{2\alpha}{\lambda_f \delta_f}} \tag{2-32}$$

式中：m——翅片参数,m^{-1}；

　　　h——翅高,m；

　　　b——翅片宽度,m；

　　　λ_f——翅片导热系数,W/(m·K)；

　　　δ_f——翅片厚度,m。

随 mh 值增加,即翅高 h 增大或 m 值增大,η_f 值下降。

2. 等厚度环翅

工程上常用的、简化的等厚度环翅(圆形翅)的翅片效率计算式为

$$\eta_f = \frac{\tanh(mh')}{mh'} \tag{2-33}$$

$$h' = \frac{d_f - d_b}{2}\left(1+0.35\ln\frac{d_f}{d_b}\right) \tag{2-34}$$

式中：d_f——翅片外径,m；

d_b——翅根直径,m;

m——仍可近似按式(2-32)计算。

3. 管束外整体翅

整体翅(套片管)在国内外制冷装置的蒸发器、空冷式冷凝器中得到广泛使用。制冷装置的蒸发器、空冷式冷凝器的管束通常有顺排和叉排两种情况。顺排时可以视为每一单管外为矩形翅片,如图2-5(c)所示;叉排时视为每一单管外为六边形翅片,如图2-5(d)所示。若管束呈正三角形排列,则翅片为正六边形($b=a$)。

对于以上两种翅片的 m 和 η_f 值仍可用式(2-32)和式(2-33)计算,但其中的 h' 不同。

对矩形翅片有

$$h' = \frac{d_b}{2}(\rho-1)(1+0.35\ln\rho') \tag{2-35}$$

式中:$\rho=\dfrac{a}{r_b}$;$\rho'=1.28\rho\sqrt{\dfrac{b}{a}-0.2}$ 。

对正六边形翅片,当量翅高仍按式(2-35)计算,但 $\rho'=1.27\rho\sqrt{\dfrac{b}{a}-0.3}$ 。式中 a、b 及 r_b 的表示见图2-5。

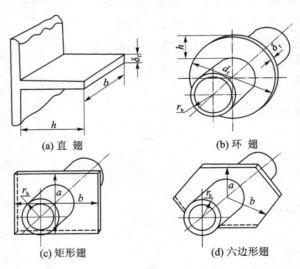

(a) 直 翅   (b) 环 翅

(c) 矩形翅   (d) 六边形翅

图 2-5 常用的翅片形状

2.3 换热器传热计算的基本方法

常用的换热器传热计算方法有平均温差法和效率(效能)-传热单元数(η-NTU)法两种。本节将分别讨论以平均温差概念和效率(效能)-传热单元数概念为基础所建立的换热器传热的基本关系,以及相应的传热计算方法。

2.3.1　平均温差法

从式(2-9)和式(2-10)可以看出,对于各种流动形式,如能求出平均温差,即壁面两侧流体间温差对面积的平均值,就能计算换热器的传热热流量。由于在换热器中沿任一流体流动长度上的热、冷两流体之间的温差是变化的,因此就需要合理计算传热方程中两流体的平均温差。

对于两流体成顺流或逆流的间壁式换热器,热、冷流体的温度沿传热面变化的趋势可用图 2-6 来表示。

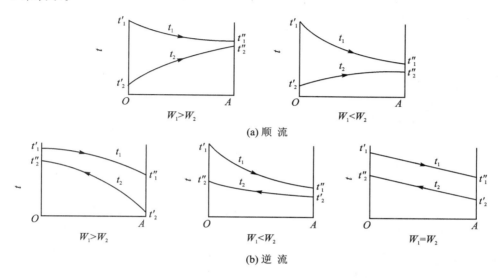

图 2-6　顺流和逆流中的温度分布

传热学上,已推导出的顺流和逆流型间壁式换热器的对数平均温差如下:

顺流
$$\Delta t_{\mathrm{m}} = \frac{(t'_1 - t'_2) - (t''_1 - t''_2)}{\ln \dfrac{t'_1 - t'_2}{t''_1 - t''_2}} \tag{2-36}$$

逆流
$$\Delta t_{\mathrm{m}} = \frac{(t'_1 - t''_2) - (t''_1 - t'_2)}{\ln \dfrac{t'_1 - t''_2}{t''_1 - t'_2}} = \Delta t_{\mathrm{lm}} \tag{2-37}$$

由于上两式中都存在对数项,故也称对数平均温差。逆流型的以式(2-37)表示的对数平均温差在温差分析中常用做基准温差,故用特定符号 Δt_{lm} 来表示。

式(2-36)和式(2-37)也可以统一为
$$\Delta t_{\mathrm{m}} = \frac{\Delta t_{\max} - \Delta t_{\min}}{\ln \dfrac{\Delta t_{\max}}{\Delta t_{\min}}} \tag{2-38}$$

式中：$\Delta t_{\max}$——两侧温差中较大者;

$\Delta t_{\min}$——两侧温差中较小者。

对于各种流动形式的换热器,在相同的进口、出口温度条件下,逆流的平均温差最大,其他流动形式的平均温差都低于逆流的平均温差。因此,其他流动形式换热器的平均温差可用逆流的对数平均温差 Δt_{lm} 乘以温差修正系数 ψ 的形式表示为

$$\Delta t_{\mathrm{m}} = \psi \Delta t_{\mathrm{lm}} \tag{2-39}$$

此时,传热热流量可按下式计算:

$$\Phi = KA\psi \Delta t_{\mathrm{lm}} \tag{2-40}$$

温差修正系数表示在相同的流体进出口温度条件下,按某种流动形式工作时的平均温差 Δt_{m} 与按逆流工作时的对数平均温差 Δt_{lm} 的比值。进出口温度相同,即所传递的热量相同,而平均温差不同,反映所需传热面积不同。因此,ψ 还表示在相同的流体进出口温度条件下,按逆流工作所需的传热面积 A_{counter} 与按某种流动形式工作所需的传热面积 A_{other} 之比值(指两者有相同传热系数的条件下),即

$$\psi = \frac{\Delta t_{\mathrm{m}}}{\Delta t_{\mathrm{lm}}} = \frac{A_{\mathrm{counter}}}{A_{\mathrm{other}}} \tag{2-41}$$

因此,ψ 值的大小说明某种流动形式的换热器在给定工作条件下,接近逆流形式的程度。在实际工程上,除特殊情况外,一般都使 $\psi > 0.9$,至少也不低于 0.8,否则将是不经济的。

为简化 ψ 的计算,引进辅助量 R 和 P:

$$R = \frac{t'_1 - t''_1}{t''_2 - t'_2} \tag{2-42}$$

$$P = \frac{t''_2 - t'_2}{t'_1 - t'_2} \tag{2-43}$$

温差修正系数 ψ 是辅助量 R 和 P 的函数,即 $\psi = \psi(R,P)$。不同形式的换热器,$\psi = \psi(R,P)$ 的形式是不同的。通常将此关系作成曲线,以备查用。一种流体混合和另一种流体非混合以及两种流体均非混合的单流程叉流式换热器的修正系数曲线如图 2-7 和图 2-8 所示。

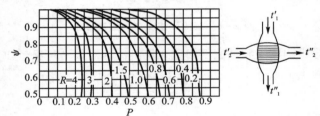

图 2-7　一种流体混合和另一种流体非混合的单流程叉流式换热器的修正系数曲线

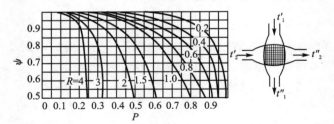

图 2-8　两种流体均非混合的单流程叉流式换热器的修正系数曲线

2.3.2　效率-传热单元数法

1. 基本参数

换热器传热计算的效率-传热单元数(η-NTU)法中,涉及换热器效率、传热单元数、热容比等基本参数,下面分别加以讨论。

（1）换热器效率

换热器效率（效能）定义为换热器的实际传热热流量 Φ 与理论上最大可能的传热热流量 $\Phi_{\max}$ 之比，即

$$\eta = \frac{\Phi}{\Phi_{\max}} = \frac{W_1(t'_1 - t''_1)}{W_{\min}(t'_1 - t'_2)} = \frac{W_2(t''_2 - t'_2)}{W_{\min}(t'_1 - t'_2)} \qquad (2-44)$$

当 $(q_m c_p)_1 = W_1 = W_{\min}$ 时，有

$$\eta = \frac{t'_1 - t''_1}{t'_1 - t'_2} = \frac{热流体的冷却程度}{两流体的进口温差} \qquad (2-45)$$

当 $(q_m c_p)_2 = W_2 = W_{\min}$ 时，有

$$\eta = \frac{t''_2 - t'_2}{t'_1 - t'_2} = \frac{冷流体的加热程度}{两流体的进口温差} \qquad (2-46)$$

换热器效率以式（2-45）式（2-46）表示时，常称为换热器的温度效率。

换热器效率定义式中的 $\Phi_{\max}$ 只能在传热面积无限大的逆流式换热器内实现。此时，热流体理论上可冷却到 $t''_1 = t'_2$（见图 2-9），即热流体所能达到的最大程度的冷却；或冷流体理论上可加热到 $t''_2 = t'_1$，即冷流体所能达到的最大程度的加热。因此，温差 $(t'_1 - t'_2)$ 为热流体或冷流体的最大温差。若 $W_2 < W_1$，则 $\Phi_{\max} = W_2(t'_1 - t'_2)$；若 $W_1 < W_2$，则 $\Phi_{\max} = W_1(t'_1 - t'_2)$。

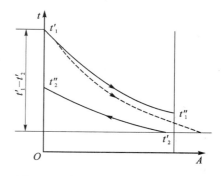

图 2-9　逆流式换热器中的最大温差

（2）传热单元数

传热单元数定义为

$$\mathrm{NTU} = \frac{KA}{W_{\min}} \qquad (2-47)$$

其中：KA 值表示当换热器的平均温差为 1 ℃时所传递的热量，$W_{\min}$ 是两流体中较小的热容量。之所以采用 $W_{\min}$ 是因为热容量小的流体温度变化较大，计算结果的准确性高。NTU 是表示换热器传热能力的一个重要无因次量。将式（2-47）等号两边分别乘以 $\Delta t_{\mathrm{m}}/\Delta t_{\max}$，则

$$\mathrm{NTU} \cdot \frac{\Delta t_{\mathrm{m}}}{\Delta t_{\max}} = \frac{KA \Delta t_{\mathrm{m}}}{W_{\min} \Delta t_{\max}} = 1 \qquad (2-48)$$

式中：$\Delta t_{\max}$——温度变化 $(t'_1 - t''_1)$ 及 $(t''_2 - t'_2)$ 中较大者。于是由式（2-48）可得

$$\mathrm{NTU} = \frac{\Delta t_{\max}}{\Delta t_{\mathrm{m}}} \qquad (2-49)$$

由此可知，传热单元数 NTU 与平均温差 Δt_{m} 之间有内在联系。进一步可根据 2.3.1 节所述温差修正系数 ψ 及辅助量 R 和 P 的定义推知：

如果 $W_2 = W_{\min}$，则

$$P = \frac{t''_2 - t'_2}{t'_1 - t'_2} = \eta$$

如果 $W_1 = W_{\min}$，则

$$P = \eta \left(\frac{W_1}{W_2} \right)$$

而且

$$R = \frac{t'_1 - t''_1}{t''_2 - t'_2} = \frac{W_2}{W_1}$$

(3) 热容比

热容比定义为较小的热容量 W_{min} 与较大的热容量 W_{max} 之比值，以符号 C^* 表示，即

$$C^* = \frac{W_{min}}{W_{max}} \leqslant 1 \qquad (2-50)$$

2. η - NTU 关系式

一般而言，换热器效率可表示为

$$\eta = f(\text{NTU}, C^*, \text{流动形式}) \qquad (2-51)$$

在一定流动形式下，η 仅为 NTU 和 C^* 的函数，即

$$\eta = f(\text{NTU}, C^*) \qquad (2-52)$$

下面介绍几种常见的流动形式下的 η - NTU 关系式，并对影响 η 值的因素作简要分析。

(1) 逆流流动

逆流流动下换热器效率关系式为

$$\eta = \frac{1 - e^{-\text{NTU}(1-C^*)}}{1 - C^* e^{-\text{NTU}(1-C^*)}} \qquad (2-53)$$

根据式(2-53)作出的效率关系曲线如图 2-10 所示。从图中可以看出，在 C^* 一定的情况下，η 随 NTU 的增加而增加，且最终效率都趋近于 1。但当 NTU 值超过 5 时，η 随 NTU 增加提高的幅度已很小，此时应考虑经济效益比；其次，在 NTU 一定的情况下，C^* 值减小，η 值增加。这是因为 C^* 值小表示 W_{min} 值小，若为热流体则会被充分冷却，若为冷流体则会被充分加热，其温差大，故 η 值高。

若已知 η 和 C^* 的值，可从式(2-53)中解得

$$\text{NTU} = \frac{1}{1-C^*} \ln \frac{1-\eta C^*}{1-\eta} \qquad (2-54)$$

应用式(2-53)时，可能遇到两种特殊情况：

① 当 $C^* = W_{min}/W_{max} = 0$ 时，有

$$\eta = 1 - e^{-\text{NTU}} \qquad (2-55)$$

在冷凝器(蒸气冷凝且温度不变)、蒸发器(液体蒸发且温度不变)中以及少量气体被大量液体冷却时存在此种情况。此时有一种流体的温度不变或基本上不变，其比定压热容 $c_p \to \infty$，故 $W_{max} \to \infty$，$C^* \to 0$。

② 当 $C^* = 1$ 时，有

$$\eta = \frac{\text{NTU}}{1+\text{NTU}} \qquad (2-56)$$

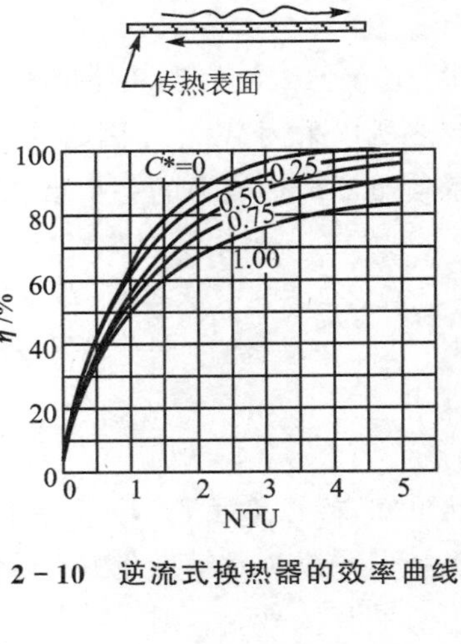

图 2-10 逆流式换热器的效率曲线

(2) 顺流流动

顺流流动下换热器效率关系式为

$$\eta = \frac{1 - e^{-NTU(1+C^*)}}{1 + C^*} \qquad (2-57)$$

根据式(2-57)绘制的效率曲线如图 2-11 所示。对照图 2-10 和图 2-11 可知,除 $C^* = 0$ 的情况下 η 接近于 1 外,其余 C^* 下的 η 值都小于逆流情况下的 η 值(同样的 NTU 值时);当 $C^* = 1$ 时,顺流的最大可能效率只有 50%,即仅为逆流式效率的一半。

当 $C^* = 0$ 时,式(2-57)简化为

$$\eta = 1 - e^{-NTU} \qquad (2-58)$$

其结果与逆流流动情况相同。这说明,在换热过程中有一种流体温度不变时,其效率值与流体流动方向无关。

当 $C^* = 1$ 时,式(2-57)简化为

$$\eta = \frac{1 - e^{-2NTU}}{2} \qquad (2-59)$$

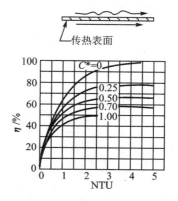

图 2-11　顺流式换热器的效率曲线

（3）一种流体混合和另一种流体非混合的单流程叉流流动

这是一种常见的换热器流动形式。例如在单流程管壳式换热器中,一种流体在相互隔开的管内流过,互不混合;另一种流体在管外横掠管束,在沿途与流动方向相垂直的任一平面内完全混合且不存在温差。这两种流体以某一角度(通常为 90°)交叉流过。图 2-12 表示这种流动形式及其效率曲线。

这种流动形式的效率关系式须分两种情况进行讨论(为区别起见,以下标 m 表示混合,um 表示非混合):

① $W_1 = W_m = W_{min}$,$W_2 = W_{um} = W_{max}$(即 $W_m < W_{um}$),此时换热器效率表示为

$$\left. \begin{aligned} \eta &= 1 - e^{-\Gamma/C^*} \\ \Gamma &= 1 - e^{-C^* NTU} \end{aligned} \right\} \qquad (2-60)$$

② $W_1 = W_m = W_{max}$,$W_2 = W_{um} = W_{min}$($W_m > W_{um}$),此时换热器效率表示为

$$\left. \begin{aligned} \eta &= \frac{1 - e^{-\Gamma' C^*}}{C^*} \\ \Gamma' &= 1 - e^{-NTU} \end{aligned} \right\} \qquad (2-61)$$

以上所讨论的情况①,对应于图 2-12 中的最高曲线 $W_m/W_{um} = 0$ 变化到最低曲线 $W_m/W_{um} = 1$;情况②,则对应于图中的最低曲线 $W_m/W_{um} = 1$ 变化到最高曲线 $W_m/W_{um} = \infty$,其中间部分的曲线为图中的虚线所示。

当 $C^* = 1$ 时,两种情况下均有

$$\eta = 1 - e^{-(1-e^{-NTU})} \qquad (2-62)$$

经比较得出,对于 $W_m = W_{min}$ 的情况,其效率高于另一种 $W_{um} = W_{min}$ 的情况。因此,如设计条件无特殊规定,最好是采取热容量较小的流体为混合流体(即在管外),以获得较高的效率。

（4）两种流体各自均非混合的单流程叉流流动

热冷流体均在彼此隔开的流道中通过,不发生混合,航空上常用的单流程叉流板翅式换热器即是这种流动形式。马逊(Mason)应用拉普拉斯变换法,得出这种叉流式换热器效率 η 与

NTU 和 C^* 的关系式是一个无穷级数解,不便于进行实际计算,因此,根据马逊的解作出 η 与 NTU 和 C^* 的关系曲线,如图 2-13 所示,表 2-3 列出了其数字结果。图 2-13 和表 2-3 可供传热计算时查取。

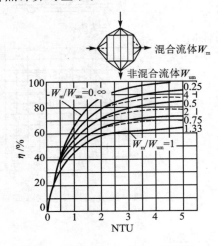

注:一种流体混合,另一种流体非混合。

图 2-12　叉流式换热器的效率曲线(一)

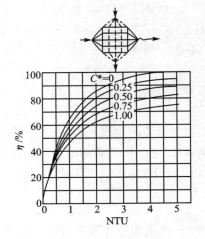

注:两种流体各自均非混合。

图 2-13　叉流式换热器的效率曲线(二)

表 2-3　两种流体各自均非混合的叉流式换热器性能

NTU	指定热容比 C^* 下的 η 值				
	0	0.25	0.50	0.75	1.00
0.00	0.000	0.000	0.000	0.000	0.000
0.25	0.221	0.215	0.209	0.204	0.199
0.50	0.393	0.375	0.358	0.341	0.326
0.75	0.528	0.495	0.466	0.439	0.413
1.00	0.632	0.588	0.547	0.510	0.476
1.25	0.714	0.660	0.610	0.565	0.523
1.50	0.777	0.716	0.660	0.608	0.560
1.75	0.826	0.761	0.700	0.642	0.590
2.00	0.865	0.797	0.732	0.671	0.614
2.50	0.918	0.851	0.783	0.716	0.652
3.00	0.950	0.888	0.819	0.749	0.681
3.50	0.970	0.915	0.848	0.776	0.704
4.00	0.982	0.934	0.869	0.797	0.722
4.50	0.989	0.948	0.887	0.814	0.737
5.00	0.993	0.959	0.901	0.829	0.751
6.00	0.997	0.974	0.924	0.853	0.772
7.00	0.999	0.983	0.940	0.871	0.789
∞	1.000	1.000	1.000	1.000	1.000

在工程计算中目前常用德雷克(Drake)提出的一个近似关系

$$\eta = 1 - \exp\left\{\frac{NTU^{0.22}}{C^*} - [\exp(-C^* NTU^{0.78}) - 1]\right\} \qquad (2-63)$$

此式计算简便,且具有较高的精度。

(5) 逆流型多流程叉流换热器效率

飞机环境控制系统中所用的空气散热器,大多为逆流型多流程叉流式,其总效率与单流程换热器的效率之间的关系一般以图解并辅以解析的方法得出。图 2 - 14 所示为航空上常用的逆流式三流程叉流换热器的流程示意图。热、冷两流体在总体上沿着相反方向流动,故为逆流型叉流流动形式。为工艺实施方便,一般组成换热器的三个芯体的尺寸相同,其热容比 C^* 相等,故可假设其中每一芯体的效率均相等,即

$$\eta_1 = \eta_2 = \eta_3 = \eta_i$$

式中:η_1、η_2、η_3——依次表示三个芯体的效率;

$\quad\eta_i$——单个芯体的效率。

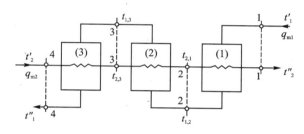

图 2 - 14　逆流型三流程叉流换热器流程示意图

如果假定流体在流程之间相互充分混合,则可推得逆流型三流程叉流换热器总效率 η 与单流程效率 η_i 之间的关系式为

$$\eta = \frac{\left(\dfrac{1-C^* \eta_i}{1-\eta_i}\right)^3 - 1}{\left(\dfrac{1-C^* \eta_i}{1-\eta_i}\right)^3 - C^*} \qquad (2-64)$$

对于任意 n 流程换热器,则有

$$\eta = \frac{\left(\dfrac{1-C^* \eta_i}{1-\eta_i}\right)^n - 1}{\left(\dfrac{1-C^* \eta_i}{1-\eta_i}\right)^n - C^*} \qquad (2-65)$$

若已知 η,欲求 η_i,可由式(2-65)解出

$$\eta_i = \frac{\left(\dfrac{1-C^* \eta}{1-\eta}\right)^{\frac{1}{n}} - 1}{\left(\dfrac{1-C^* \eta}{1-\eta}\right)^{\frac{1}{n}} - C^*} \qquad (2-66)$$

对于 $C^* = 1$ 的特殊情况,可求得

$$\eta = \frac{n\eta_i}{1 + (n-1)\eta_i} \qquad (2-67)$$

或
$$\eta_i = \frac{\eta}{n-(n-1)\eta}$$
(2-68)

为便于查阅,将各类换热器的效率关系式列于表 2-4 中。

表 2-4　各类换热器的效率关系式

换热器类型		$\eta = f(\text{NTU}, C^*)$
套管式	逆流	$\eta = \dfrac{1-e^{-\text{NTU}(1-C^*)}}{1-C^* e^{-\text{NTU}(1-C^*)}}$
	顺流	$\eta = \dfrac{1-e^{-\text{NTU}(1+C^*)}}{1+C^*}$
管壳式(1-2,1-4,1-6型)		$\eta = 2\left[1+C^* + (1+C^{*2})^{\frac{1}{2}} \dfrac{1+e^{-\text{NTU}(1+C^{*2})^{\frac{1}{2}}}}{1-e^{-\text{NTU}(1+C^{*2})^{\frac{1}{2}}}}\right]^{-1}$
叉流式	两流体均混合	$\eta = \left[\dfrac{1}{1-e^{-\text{NTU}}} + \dfrac{C^*}{1-e^{-C^*\text{NTU}}} - \dfrac{1}{\text{NTU}}\right]^{-1}$
	$W_m = W_{min}$ $W_{um} = W_{max}$	$\eta = 1-e^{-\Gamma/C^*}$ $\Gamma = 1-e^{-C^*\text{NTU}}$
	$W_m = W_{max}$ $W_{um} = W_{min}$	$\eta = \dfrac{1-e^{-\Gamma'C^*}}{C^*}$ $\Gamma' = 1-e^{-\text{NTU}}$
	两流体均非混合	$\eta = 1-\exp\left\{\dfrac{\text{NTU}^{0.22}}{C^*}[\exp(-C^*\text{NTU}^{0.78})-1]\right\}$

2.4　换热器传热计算的步骤

换热器传热计算有以下两类典型问题:

① 设计计算　根据给定的工作条件及换热量,确定所需的换热面积,进而确定换热器的具体尺寸。通常已知 W_1、W_2 和 t_1'、t_1''、t_2'、t_2'' 四个温度中的三个。

② 校核计算　对已有换热器的换热能力进行核算或变工况计算。根据给定的换热器结构参数和两侧流体的工作条件 W_1、W_2、t_1' 及 t_2',求传热热流量 Φ 和两流体的出口温度 t_1'' 和 t_2''。

如前所述,换热器传热计算可以采用平均温差法或 η-NTU 法。表 2-5 列出了两类典型传热计算问题采用 η-NTU 法和平均温差法进行计算的步骤的比较。

在换热器设计计算中,平均温差法和 η-NTU 法都可以使用。而在校核计算中,推荐使用 η-NTU 法。这是因为在平均温差法中,由于出口温度估计值的偏差对平均温差计算值影响甚大,往往需要多次试算才能满足要求;而在 η-NTU 法中出口温度估计值的偏差仅通过流体物性参数影响传热热阻,且一般情况下其影响甚小。因而在相同计算误差要求下,使用 η-NTU 法作校核计算时,需要进行迭代计算的次数要比平均温差法少得多。

表 2 - 5　η - NTU 法和平均温差法的比较

η - NTU 法	平均温差法
设计计算	
① 根据给定的端点温度计算 η，同时计算 C^*； ② 运用对应特定流动布置的 η - NTU 曲线和 C^* 计算 NTU； ③ 计算 $A = \text{NTU}\dfrac{W_{\min}}{K}$	① 根据给定的端点温度计算 P 和 R； ② 运用对应特定流动布置的 $\psi(P,R)$ 曲线计算 ψ； ③ 根据端点温度计算 Δt_{lm}； ④ 计算 $A = \dfrac{\Phi}{\psi K \Delta t_{\text{lm}}}$，其中 Φ 是由端点温度和相应的热容量计算而得
校核计算	
① 根据已知条件计算 NTU 和 C^*； ② 运用对应特定流动布置的 η - NTU 曲线和 C^* 计算 η； ③ 计算 $\Phi = W_{\min}(t_1' - t_2')\eta$，根据下列公式计算端点温度： 　　$W_1(t_2'' - t_2') = \Phi$ 　　$W_1(t_1' - t_1'') = \Phi$	① 计算 $R = W_2/W_1$； ② 假设端点温度，计算 P'； ③ 根据 $\psi(P,R)$ 曲线得到 ψ'； ④ 计算 $\Delta t_{\text{lm}}'$； ⑤ 计算 $\Phi' = \psi' K A \Delta t_{\text{lm}}$； ⑥ 计算端点温度，并与第②步中的假设值比较； ⑦ 反复计算直至得到满意结果为止

2.5　换热器传热壁面的换热特性

2.5.1　换热特性的关系式及线图

流体流过各种形式的壁面时，传热系数 α 与很多参数有关，即

$$\alpha = f(\rho, c_p, \lambda, \mu, u, l) \tag{2-69}$$

通常 α 是用试验方法测定的。α 的变化规律一般可整理成无量纲参数传热因子 j 或努塞尔数 Nu 与雷诺数 Re 之间的关系式，即

$$j = f(Re) \tag{2-70}$$

或

$$NuPr^{-\frac{1}{3}} = f(Re) \tag{2-71}$$

j，Nu 和 Re 的定义分别为

$$\left. \begin{aligned} j &= St \cdot Pr^{\frac{2}{3}} = \frac{\alpha}{g_{\text{m}}c_p} \cdot Pr^{\frac{2}{3}} \\ Nu &= \frac{\alpha l}{\lambda} \\ Re &= \frac{ul}{\nu} = \frac{g_{\text{m}}l}{\mu} \end{aligned} \right\} \tag{2-72}$$

式中：St——斯坦顿数，$St = \dfrac{Nu}{RePr} = \dfrac{\alpha}{g_{\text{m}}c_p}$；

Pr——普朗特数，$Pr = \dfrac{\nu}{a} = \dfrac{c_p \mu}{a}$；

a——热扩散率，$a = \dfrac{\lambda}{\rho c_p}$，$\mathrm{m^2/s}$；

μ——流体[动力]黏度，$\mathrm{Pa \cdot s}$；

ν——流体运动黏度，$\mathrm{m^2/s}$；

l——换热面通道的特征尺寸，m；

u——通道内流体的速度，$u = g_m / \rho$，$\mathrm{m/s}$；

g_m——通道内流体的质量流速，$g_m = q_m / A_c$，$\mathrm{kg/(m^2 \cdot s)}$；

q_m——质量流量，$\mathrm{kg/s}$；

A_c——计算通道截面积，$\mathrm{m^2}$。

流体的物性参数根据定性温度 t_m 查取。

需要说明的是，普朗特数的 2/3 次方包括在式(2-70)和式(2-71)中，是作为对一定范围内普朗特数的近似，这至少对全部气体是合适的。所考虑的大量传热表面是间断翅片型，表面上的大部分区域内形成层流边界层。层流边界层传热问题分析表明：对于 0.5～15 范围内的普朗特数，以其 2/3 次方形式出现于解中。对于管内湍流流动，得到的分析解表明：对于气体，普朗特数以其大约 0.5 次方出现于解中，为保持一致仍取 2/3 次方；对于 $0.5 \leqslant Pr \leqslant 1.0$ 的气体，由此产生的误差微不足道。对长管内的层流流动，普朗特数的影响接近 1.0 次方；但对于换热器采用的有限长度管道，2/3 次方可认为近似准确。因此，2/3 次方是一个合理的折中，因而可以在一幅图上表述雷诺数覆盖层流和湍流流动两个区域表面的全部特征。

j 或 Nu 与 Re 间的关系，通常称为传热壁面的换热特性，可以根据试验数据，整理成经验式或线图。

在 Re 变化范围不大的区域，$j \sim Re$ 或 $NuPr^{-\frac{1}{3}} \sim Re$ 关系，在双对数纸上可以用一近似直线来表示。这样，传热面的换热特性可用下列形式表示：

$$j = CRe^n \tag{2-73}$$

$$Nu \cdot Pr^{-\frac{1}{3}} = CRe^m \tag{2-74}$$

式中，C，m，n 均为常数，由试验数据整理而得。

当 Re 变化范围较大，或 Re 在流动过渡区附近时，则在双对数纸上 $j \sim Re$ 或 $NuPr^{-\frac{1}{3}} \sim Re$ 呈曲线关系，可用线图来表示传热面的换热特性。作为示例，图 2-15 中下面一条曲线表示出了平直矩形翅片传热壁面的换热特性 $j \sim Re$ 关系，图 2-16 则是上面一条曲线表示了机油-水换热器油侧壁面的换热特性 $NuPr^{-\frac{1}{3}} \sim Re$ 关系。

2.5.2　计算表面传热系数的步骤

计算对流换热表面传热系数的步骤是：根据换热面结构布置及工作条件计算流体流过壁面的质量流速 g_m，然后求相应的雷诺数 Re；由 Re 值，根据所用壁面的换热特性确定对应的传热因子 j 或努塞尔数 Nu，然后可用 j 或 Nu 的定义式求得表面传热系数 α 为

$$\alpha = \frac{g_m c_p}{Pr^{2/3}} j \qquad \text{或} \qquad \alpha = \frac{\lambda}{l} Nu \tag{2-75}$$

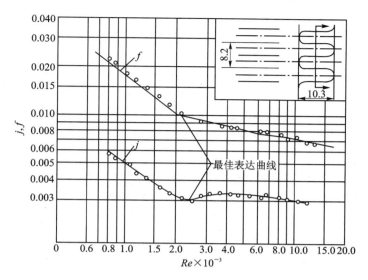

图 2-15　平直矩形翅片的换热和流阻特性

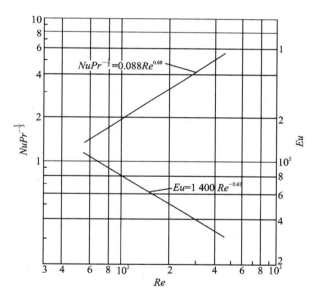

图 2-16　机油冷却器油侧的换热和流阻特性

　　使用壁面换热特性的资料时,必须注意该资料确定物性时用的定性温度 t_m,Re 及 Nu 中所用的特征尺寸 l,计算流速所用的通道截面,以及表面传热系数都是相对于什么面积而言的。此外,这些试验关系只能用于一定的雷诺数范围,即得到该关系的试验范围,否则会有较大的偏差。原则上,这些试验可以应用于几何相似的壁面,但由于加工粗糙度不同等因素的影响,可能使换热特性产生明显的差别。因此,必要时要通过试验来测定所采用传热壁面的换热特性。有关各种传热面换热特性的一般资料将在以后的章节中分别介绍。

2.6　换热器的流阻

　　流体在流过换热器的过程中,沿程存在各种流阻。流阻的大小与流体的物性、流速及换热器流道的几何特征有关。要达到换热器工作所要求的流体流量和流速,必须在换热器的流体进出口间建立一定的压差,以克服流体流过换热器流道各部位所遇到的流阻。换热器流道中流体压力的变化,在某些情况下,也会对传热发生影响。因此,换热器在设计计算中必须进行流阻计算,其作用可概括如下:

　　① 可以判断流体流过所设计换热器的总流阻是否在允许范围内,或据此确定泵送流体流过换热器所需的压头,以便对输送流体的机械作出选择。

　　② 对于换热器中流体有相变(沸腾或凝固)的情况,流阻造成的流体工作压力的改变,将明显影响其工作时的饱和温度,从而改变热、冷两侧流体之间的温差。在换热器传热计算时应考虑这一变化对传热的影响。

　　因此在换热器设计过程中,结构布置、传热分析和流阻分析应交错进行,因为它们是相互影响的。

　　泵送流体流过换热器所需要的泵送功耗 P 正比于流体流经换热器的压降 Δp,即

$$P = \frac{q_m \Delta p}{\rho} \tag{2-76}$$

式中:q_m——流体的质量流量,kg/s;

　　　Δp——换热器进出口间流体的压降,Pa;

　　　ρ——流体的密度,kg/m³。

　　流体流经换热器须克服两类流阻:流体流经换热面芯体部分的沿程摩擦阻力和流体流动中遇到的转弯、截面突然改变等所引起的局部阻力。

2.6.1　换热器芯体部分阻力

　　换热面通道的沿程摩擦阻力 Δp_c(即换热器换热面芯体部分的阻力)一般正比于流道的长度 L。单位长度的摩擦阻力与其他参数的关系可表示为

$$\frac{\Delta p_c}{L} = \psi(u, d_e, \rho, \mu, Ra) \tag{2-77}$$

式中,u——流道中流体的速度,m/s;

　　　d_e——流道的当量直径,m;

　　　Ra——流道表面的粗糙度,m。

　　流体力学中习惯上将式(2-77)写成量纲为 1 的关系式

$$\frac{\Delta p_c}{4 \dfrac{L}{d_e} \cdot \dfrac{\rho u^2}{2}} = \psi\left(\frac{\rho u d_e}{\mu}, \frac{Ra}{d_e}\right) \tag{2-78}$$

　　式(2-78)左侧是包含 Δp_c 的一无量纲参数,称为摩擦因子(范宁摩擦因子)f,即 f 的定义式为

$$f = \frac{\Delta p_c}{4 \dfrac{L}{d_e} \cdot \dfrac{\rho u^2}{2}} = \frac{\tau_0}{\dfrac{\rho u^2}{2}} \tag{2-79}$$

式(2-78)右侧分别是雷诺数 Re 和相对粗糙度 Ra/d_e。式(2-78)可写成

$$f = f(Re, Ra/d_e) \tag{2-80}$$

摩擦因子是根据单位换热(或摩擦)表面积沿流动方向的当量剪切力 τ_0 定义的。这个当量剪切力是真实黏性剪切力抑或主要是压力(如管束)无关紧要。对于大多数表面,它是黏性剪切力(表面摩擦)和压力(形状阻力)的综合,但在设计计算中没有必要试图将这两种效应分开,运用摩擦因子的这个定义,就可能对所有表面采用相同的处理方法。显然,这对简化流阻的计算是有益的。

对于某种形式的换热面通道,粗糙度是某一定值,因此,换热面通道的流阻特性试验数据可以整理成摩擦因子 f 与雷诺数 Re 之间的关系 $f = f(Re)$,也可用线图的形式表示,称为换热面的流阻特性。作为示例,图 2-15 中上面那条曲线给出了平直矩形翅片换热面的流阻特性 $f \sim Re$ 关系。

根据换热面通道的流阻特性,由雷诺数可确定其摩擦因子,然后可计算通道的沿程摩擦阻力 Δp_c:

$$\Delta p_c = f \frac{\rho u^2}{2} \cdot \frac{4L}{d_e} \tag{2-81}$$

通过试验整理出的摩擦因子 f,显然与所选定的用以计算流速 u 的通道截面积 A_c 相对应。因此,使用有关资料计算沿程摩擦阻力时,必须符合相应的计算通道截面积 A_c 的规定。

2.6.2　换热器的局部阻力

流体流经换热器时遇到的转弯、截面突然改变等引起的局部阻力通常借局部阻力系数 ξ_a 来表示,其定义如下:

$$\xi_a = \frac{\Delta p_a}{\dfrac{\rho u^2}{2}} \tag{2-82}$$

式中,Δp_a——局部阻力,Pa。局部阻力系数的值与流道局部形状特征及雷诺数有关,是通过试验测定的。因此,局部阻力为

$$\Delta p_a = \xi_a \frac{\rho u^2}{2} \tag{2-83}$$

同样,使用局部阻力系数 ξ_a 值的资料时,也必须注意其用以确定流速 u 所规定的计算流道截面积 A_a。

在考虑换热器局部阻力时,特别要注意端盖及其附加压力损失的影响。

2.6.3　换热器总流阻及泵送功耗的计算

通过换热器一侧的流体总压降,即需克服的总流阻为

$$\Delta p = \sum \Delta p_c + \sum \Delta p_a \tag{2-84}$$

为了反映泵送功耗与其他一些参数之间的关系,将式(2-84)代入式(2-76),经过简单推

导可得到泵送功耗为

$$P = \frac{q_m \Delta p}{\rho} = \sum \frac{4fL}{d_e} \cdot \frac{g_m^3}{2\rho^2} A_c + \sum \xi_a \frac{g_m^3}{2\rho^2} A_a =$$

$$\sum \frac{4fL}{d_e} \cdot \frac{\mu^3}{2\rho^2 d_e^3} A_c Re^3 + \sum \xi_a \frac{\mu^3}{2\rho^2 d_e^3} A_a Re^3 \qquad (2-85)$$

其中,换热器芯体和流道各局部处的计算通道截面积 A、流速 u、质量流速 g_m、物性、雷诺数 Re 和所用的特征尺寸 d_e 都是不同的。通过对式(2-85)的分析,可以看出:

① 换热器所需的流体泵送功耗,在很大程度上取决于流体的物性及流道的当量直径。对于高密度的流体(如液体),则泵送功耗较小,流阻对设计的影响较小;相反,对于低密度流体(如气体),所需的泵送功耗就很大。因此,换热器设计中必须对流阻有足够的注意。

② 流体泵送功耗正比于质量流速或雷诺数的 3 次方,因此,如欲通过提高流速来获得稍高的传热系数,其代价是很大的。

③ 在换热器的流阻分析中,要注意各部分流阻的大小对换热面芯体流速分布均匀性的影响。如果换热面芯体部分流阻在总流阻中占主要部分,则换热面各部分流速较均匀;如果换热器进出口、连箱及导流腔等流阻很大,则将引起换热面通道中各部分流速分布明显不均匀,从而严重地影响换热器的传热性能。

换热器的流阻特性还可以通过欧拉数 Eu 与雷诺数 Re 的关系来表示,即

$$Eu = f(Re) \qquad (2-86)$$

欧拉数的定义式为

$$Eu = \frac{\Delta p}{\rho u^2} \qquad (2-87)$$

作为示例,图 2-16 中下面的一条曲线给出了机油-水换热器油侧通道的流阻特性 $Eu \sim Re$ 关系。

2.7　流体平均温度和与温度有关的物性影响及修正

2.7.1　流体平均温度

在传热表面的传热和流阻特性计算中,要用到流体的物性,如密度、比热容、黏度、导热系数和 Pr 数等。这些物性参数通常都与流体的温度有密切的关系,而与压力的关系较小,因而压力的影响常可以忽略。通常是取流体的某个平均温度来确定试验曲线或经验公式中的各有关物性,这实际上是以一个不变的温度,来代替实际换热器中每侧流体的变温流动,也就是把流体物性取为定值。

对两流体换热器中每侧流体的流动长度平均温度或总体平均温度常按下列原则确定:

① 当 $C^* = W_{min}/W_{max}$ 接近于 1 时,可简单地将每侧的算术平均温度作为平均温度。

② 当 $C^* \approx 0$ 时,有如图 2-17 所示的两种情况。

图 2-17(a)所示冷边为蒸发液体或大流量液体,在这种情况下,$c_{p_2} \to \infty$,$W_2 = W_{max} \to \infty$,$\frac{W_1}{W_2} = C^* \approx 0$,冷流体的温度变化很小,其在流动长度上的平均温度为

$$t_{m2} = \frac{t'_2 + t''_2}{2} \qquad (2-88)$$

热流体的温度变化显著,其平均温度应按下式求取:

$$t_{m1} = t_{m2} + \Delta t_{lm} \qquad (2-89)$$

其中,Δt_{lm} 为两流体的对数平均温差

$$\Delta t_{lm} = \frac{(t'_1 - t_{m2}) - (t''_1 - t_{m2})}{\ln \dfrac{t'_1 - t_{m2}}{t''_1 - t_{m2}}} \qquad (2-90)$$

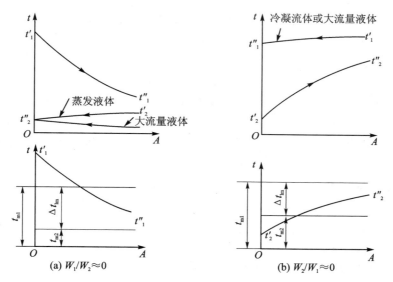

(a) $W_1/W_2 \approx 0$　　　　　　**(b) $W_2/W_1 \approx 0$**

图 2-17　具有 $W_1/W_2 \approx 0$ 和 $W_2/W_1 \approx 0$ 的换热器温度分布

图 2-17(b)所示热边为冷凝流体或大流量液体,在这种情况下,$c_{p_1} \to \infty$,$W_1 = W_{max} \to \infty$,$\dfrac{W_2}{W_1} \approx 0$,热流体的温度变化不大,沿流动长度的平均温度可取算术平均温度

$$t_{m1} = \frac{t'_1 + t''_1}{2} \qquad (2-91)$$

冷流体的温度变化显著,其平均温度按下式求取:

$$t_{m2} = t_{m1} - \Delta t_{lm} \qquad (2-92)$$

其中,

$$\Delta t_{lm} = \frac{(t_{m1} - t'_2) - (t_{m1} - t''_2)}{\ln \dfrac{t_{m1} - t'_2}{t_{m1} - t''_2}} \qquad (2-93)$$

③ 对于逆流式或叉流式换热器,当 $C^* \geqslant 0.5$ 时,可取算术平均温度作为其平均温度,即

$$t_{m1} = \frac{t'_1 + t''_1}{2} \qquad (2-94)$$

$$t_{m2} = \frac{t'_2 + t''_2}{2} \qquad (2-95)$$

对 $C^* < 0.5$ 的情况,W_{max} 侧的温度变化小于 W_{min} 侧的一半,故 W_{max} 侧取算术平均温

度,即

$$t_m \Big|_{W_{max}} = \frac{t' + t''}{2} \qquad (2-96)$$

然后,计算两流体的对数平均温差。W_{min} 侧的平均温度为

$$t_m \Big|_{W_{min}} = t_m \Big|_{W_{max}} \pm \Delta t_{lm} \qquad (2-97)$$

2.7.2 随温度变化流体物性参数的影响及修正

在应用基本传热和流动摩擦数据设计换热器的过程中,如果流体和固体表面之间的温差大,则必须考虑到流体输运参数、黏度、导热系数以及密度可能随温度产生的变化。这些物性参数的变化改变了速度和温度分布曲线,因此壁面附近的速度梯度和温度梯度就会不同,从而影响到 j 和 f 的值。换言之,前面提到的恒物性结果只能看做是小温差传热的近似结果,对于大温差的传热问题,恒物性结果会产生明显偏差,因而需要进行修正。

对于气体和液体,两者的变物性有本质的区别。一方面,气体的导热系数、黏度和密度都随温度发生相当大的变化。另一方面,唯一与温度密切相关的液体物性参数是黏度,而黏度随温度变化的程度一般超过任何一种气体物性参数。正是由于这些差别,本节将分气体和液体两个部分,讨论某一特定流动横截面上温度变化影响的修正。

1. 特定流动横截面上气体物性参数变化影响的修正

特定流动横截面上气体变物性影响的补偿办法是基于这样一个事实:所有气体的有关物性参数都以类似的方式随绝对温度变化。因此,所有气体物性参数都可以由总体平均温度 T_m 确定,流动范围内特性参数变化的影响可表示为壁面温度 T_w 与总体平均温度 T_m 之比 T_w/T_m 的函数。对于绝大多数应用场合,理论和实验都表明:给定 Re 下的物性参数随温度变化影响可以表述为 T_w/T_m 的一个简单指数关系:

$$\frac{Nu}{Nu_{cp}} = \frac{j}{j_{cp}} = \left(\frac{T_w}{T_m}\right)^n \qquad (2-98)$$

$$\frac{f}{f_{cp}} = \left(\frac{T_w}{T_m}\right)^m \qquad (2-99)$$

式中:下标"cp"指恒物性变量,温度用热力学温度;所有气体物性参数都是由总体平均温度确定的;指数 m 和 n 随不同流动结构和情况取不同的值。

2. 特定流动横截面上液体物性参数变化影响的修正

液体唯一的随温度发生显著变化的重要物性参数是黏度。为与处理气体物性参数随温度变化的问题一致,补偿液体黏性变化效应的方法仍是使用总体平均温度确定物性参数,把物性变化影响归总于壁面流体黏度和平均流体黏度之比(μ_w/μ_m)。因此,修正关系式表述为

$$\frac{Nu}{Nu_{cp}} = \frac{j}{j_{cp}} = \left(\frac{\mu_w}{\mu_m}\right)^n \qquad (2-100)$$

$$\frac{f}{f_{cp}} = \left(\frac{\mu_w}{\mu_m}\right)^m \qquad (2-101)$$

表 2-6 和表 2-7 中汇总了圆管中充分发展层流和紊流的指数 n 和 m 的值。

表 2 - 6　层流下式(2 - 98)～式(2 - 101)中的指数

流体种类	加　热	冷　却
气　体	$n=0.0$, $m=1.00$ 适用于 $1<\dfrac{T_w}{T_m}<3$	$n=0.0$, $m=0.81$ 适用于 $0.5<\dfrac{T_w}{T_m}<1$
液　体	$n=-0.14$, $m=0.58$ 适用于 $\dfrac{\mu_w}{\mu_m}<1$	$n=-0.14$, $m=0.54$ 适用于 $\dfrac{\mu_w}{\mu_m}>1$

表 2 - 7　紊流下式(2 - 98)～式(2 - 101)中的指数

流体种类	加　热	冷　却
气　体	$Nu=5+0.12Re^{0.83}(Pr+0.29)\left(\dfrac{T_w}{T_m}\right)^n$ $n=-0.25\lg\dfrac{T_w}{T_m}+0.3$ 适用于 $1<\dfrac{T_w}{T_m}<5$ $0.6<Pr<0.9$ $10^4<Re<10^6$ $\dfrac{L}{d_e}>40$ $m=-0.6+5.6\left(Re_w\dfrac{\rho_w}{\rho_m}\right)^{-0.38}$ 适用于 $1<\dfrac{T_w}{T_m}<3.7$	$n=-0.36$ 适用于 $0.37<\dfrac{T_w}{T_m}<1$ $m=-0.6+0.79\left(Re_w\dfrac{\rho_w}{\rho_m}\right)^{-0.11}$ 适用于 $0.37<\dfrac{T_w}{T_m}<1$
液　体	$n=0.11$[①] 适用于 $0.08<\dfrac{\mu_w}{\mu_m}<1$ $\dfrac{f}{f_{cp}}=\left(7-\dfrac{\mu_w}{\mu_m}\right)/6$[②] 适用于 $0.35<\dfrac{\mu_w}{\mu_m}<1$	$n=-0.25$[①] 适用于 $1<\dfrac{\mu_w}{\mu_m}<40$ $m=0.24$[①] 适用于 $1<\dfrac{\mu_w}{\mu_m}<2$

① 适用于 $2\leqslant Pr\leqslant140, 10^4\leqslant Re\leqslant1.25\times10^5$；

② 适用于 $1.3\leqslant Pr\leqslant10, 10^4\leqslant Re\leqslant2.3\times10^5$。

使用表 2 - 6 和表 2 - 7 时应注意以下几点：

① 表 2 - 6 和表 2 - 7 中的修正值是从恒热流边界条件导出的,但对于恒壁温边界条件仍然适用；

② 表 2 - 6 和表 2 - 7 仅仅列出了通过圆形管道的流动。关于非圆形管道内流动的认识粗略而不完整。但比较肯定的是湍流流动状态下,管道几何形状几乎没有影响。对于层流流动,管道形状可能产生某种影响,但在缺乏更合适数据的情况下,推荐使用圆管的结果。对于外部表面上的湍流边界层,变化过程和对应圆管湍流流动的情况几乎没有什么差别。

③ 实验研究中的大多数表面是间断(错列)翅片型,主要机理是通过层流边界层的热量传

递。对于这类几何结构,随温度变化的物性参数的影响很小,因为 m 和 n 接近于零。因此,对于所有间断边界层的表面,其所有物性参数应当根据总体平均流体温度来确定,不必对物性参数变化作额外修正。对于通过非间断型表面长管的流动,物性参数变化的影响变得十分重要,必须参考表 2-6 和表 2-7 予以修正。

思考题与习题

2-1 间壁式换热器传热计算所依据的基本方程是哪些?在换热器设计中对"传热面积"和"传热系数"习惯上是如何约定的?

2-2 写出间壁式换热器传热热阻的定义式,定性说明传热热阻与哪些因素有关;说明串联热阻叠加原则的内容及其使用条件。

2-3 简述翅片效率 η_f 的物理意义,写出其表达式,并说明翅高 h、翅片导热系数 λ_f、翅片厚度 δ_f 及对流表面传热系数 α 对 η_f 的影响。有人说对流表面传热系数 α 越大,翅高 h 越大,则翅片效率 η_f 越高,你同意吗?

2-4 阐述翅片效率 η_f 与表面效率 η_0 的关系及区别。为什么说热阻 $1/(\alpha A \eta_0)$ 包含了流体对翅片表面的对流换热热阻及翅片的导热热阻?

2-5 设一双侧强化管用内径为 d_i,外径为 d_o 的光管在管内、外侧均加翅片制成,试给出其总传热系数的表达式,并说明管内、外表面传热系数的计算面积。

2-6 在圆管外敷设保温层与在圆管外侧设置翅片从热阻分析的角度有什么异同?在什么情况下加保温层反而会强化其传热,而加翅片反而会削弱其传热?

2-7 对于热容量 $W_1(=q_{m1}c_1)>W_2(=q_{m2}c_2)$,$W_1<W_2$ 及 $W_1=W_2$ 三种情形,画出顺流和逆流时冷、热流体温度沿流动方向的变化曲线,注意曲线的凹向与 W 相对大小的关系。

2-8 写出逆流型间壁式换热器对数平均温差 Δt_{lm} 的计算式,说明其在温差分析中的特殊用途,并阐明温差修正系数 ψ 的物理意义。

2-9 说明换热器效率(效能)η、温度效率、传热单元数 NTU 及热容比 C^* 的物理意义,写出它们的定义式;推导并说明传热单元数 NTU 与平均温差 Δt_m 之间的内在联系。

2-10 什么是换热器的设计计算?分别说明采用平均温差法和效率(效能)-传热单元法进行换热器设计计算的步骤。

2-11 什么是换热器的校核计算?阐述 η-NTU 法进行换热器校核计算的要点和过程,并说明为什么在校核计算中采用 η-NTU 法要比平均温差法简便。

2-12 写出当热容比 $C^*=W_{min}/W_{max}=0$ 时,各种流动方式下 η-NTU 的关系式,并说明该式适用于哪些类型的换热器。

2-13 对于一种流体混合和另一种流体非混合的单流程叉流式换热器,为什么通常采取热容量较小的流体为混合流体(即在管外)?

2-14 写出逆流型多流程叉流换热器效率和单流程换热器效率的关系式,说明推导该关系式的假设基础。

2-15 计算对流表面传热系数的步骤是什么?在使用传热壁面换热特性的关系式及线图时,应注意哪些问题?

2-16 流体流经换热器时须克服哪些类型的流阻?这些流阻在流体力学中通常是如何

计算的? 在使用有关资料提供的摩擦因子 f 计算沿程摩擦阻力时,应注意哪些问题?

2 - 17 对两流体换热器,流体总体平均温度是按什么原则确定的? 对于大温差传热问题,为什么要进行与温度有关的物性影响修正? 对气体和液体,进行这种修正时考虑因素有何不同?

2 - 18 一有环翅的翅片管,水蒸气在管内凝结,表面传热系数为 12 200 W/(m^2 · K)。空气横向掠过管外,按总外表面面积计算的表面传热系数为 72.3 W/(m^2 · K)。翅片管基管外径为 25.4 mm,壁厚 2 mm,翅高 15.8 mm,翅厚 0.381 mm,翅片中心线的间距为 2.5 mm。基管与翅片均用铝做成。试计算当表面洁净无垢时,该翅片管的总传热系数(铝的导热系数取为 169 W/(m^2 · K))。

2 - 19 一卧式冷凝器采用外径为 25 mm、壁厚 1.5 mm 的黄铜管做成换热表面。已知管外冷凝侧的平均表面传热系数 $\alpha_o = 5\ 700$ W/(m^2 · K),管内水侧平均的表面传热系数 $\alpha_i = 4\ 300$ W/(m^2 · K)。试计算下列两种情况下冷凝器按管子外表面面积计算的总传热系数:

(1) 管子内外表面均是洁净的;

(2) 管内为海水,流速大于 1 m/s,结水垢,平均温度小于 50 ℃,蒸气侧有油。

2 - 20 一套管式换热器长 2 m,外壳内径为 6 cm,内管外直径为 4 cm,厚 3 mm。内管中流过冷却水,平均温度为 40 ℃,流量为 0.001 6 m^3/s。14 号润滑油以平均温度 70 ℃ 流过环形空间,流量为 0.005 m^3/s。试计算内外壁面均洁净及长时间运行结垢后的总传热系数值。冷却水系经处理的冷却塔水,管壁材料为黄铜。

2 - 21 一加热器中用过热水蒸气来加热给水(电厂中把送到锅炉中去的水称为给水)。过热蒸气在加热器中先被冷却到饱和温度,再凝结成水,最后被冷却成过冷水。设冷、热流体的总流向为逆流,热流体单相介质部分的 $W_1 < W_2$,试画出冷、热流体的温度变化曲线。

2 - 22 已知 $t'_1 = 300$ ℃,$t''_1 = 210$ ℃,$t'_2 = 100$ ℃,$t''_2 = 200$ ℃,试计算下列流动布置时换热器的对数平均温差:

(1) 逆流布置;

(2) 一次交叉,两种流体均不混合;

(3) 1 - 2 型管壳式,热流体在壳侧;

(4) 2 - 4 型管壳式,热流体在壳侧;

(5) 顺流布置。

2 - 23 对于一定的布置方式及冷、热流体一定的进、出口温度,试分析热流体在管侧及在壳侧的两种对数平均温差值有无差别? 以题 2 - 22 中第(3)、(4)种情形为例,设热流体在管侧,重新计算其对数平均温差。从这一计算中你可得出怎样的结论。

2 - 24 有一台液-液换热器,甲、乙两种介质分别在管内、外作强制对流换热。实验测得的传热系数与两种流体流速的变化情况如图 2 - 18 所示。试分析该换热器的主要热阻在哪一侧?

2 - 25 一台逆流式换热器刚投入工作时在下列参数下运行:$t'_1 = 360$ ℃,$t''_1 = 300$ ℃,$t'_2 = 30$ ℃,$t''_2 = 200$ ℃,$W_1 = 2\ 500$ W/K,$K = 800$ W/(m^2 · K)。运行一年后发现,在 W_1、W_2 及 t'_1、t'_2 保持不变的情形下,冷流体只能被加热到 162 ℃,而热流体的出口温度则高于 300 ℃。试确定此情况下的污垢热阻及热流体的出口温度。

2 - 26 为了查明汽轮机凝汽器在运行过程中结垢所引起的热阻,分别用洁净的铜管及经

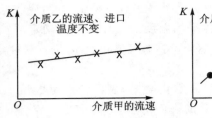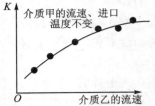

图 2-18 习题 2-24 用图

过运行已结垢的铜管进行了水蒸气在管外凝结的试验,测得了表 2-8 所列的数据,试确定已使用过的管子的水垢热阻(按管子外表面面积计算)。

表 2-8 习题 2-26 用表

管 子	冷却水流量/(kg·s)	t_2'/℃	t_2''/℃	冷凝温度 t_1/℃	管子外表面积 A_1/m²
清 洁	1.425	10.5	14.1	52.1	0.093
结 垢	1.425	10.3	13.1	52.6	0.093

2-27 冷流体在图 2-19 所示的平直翅片管外流过。已知:翅片外表面积 $A_f=32$ m²,翅间管面积 $A_p=8$ m²,翅片高 $h=4.75$ mm,翅片厚 $\delta_f=0.2$ mm,翅片材料 $\lambda_f=191.895$ W/(m·K),冷边 $\alpha_2=161.657$ W/(m²·K)。

求:(1) 翅片效率 η_f;

(2) 表面效率 η_o。

2-28 利用题 2-27 中的有关条件,仅将 h 改为 2 mm,求更改后的 η_f,并比较两结果。

2-29 图 2-20 所示为平板翅片式换热器传热型面。已知:$A_1=0.15$ m²,$A_2=0.42$ m²,$A_f=0.3$ m²(A_2 中含 A_f),$\alpha_1=180$ W/(m²·K),$\alpha_2=220$ W/(m²·K)。求:其传热系数 K_1 和 K_2(材料为铝合金,单位为 mm)。

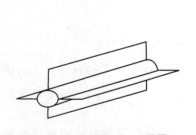

图 2-19 习题 2-27 用图

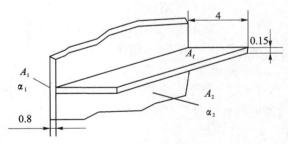

图 2-20 习题 2-29 用图

2-30 已知翅片管的基管外径 $d_o=12$ mm,$\delta_f=0.25$ mm,$\lambda_f=203.525$ W/(m·K),并知 $\alpha_o=58.15$ W/(m²·K),分别求以下三种翅片管的 η_f(见图 2-5):

(1) 环翅片管 $d_f=26$ mm;

(2) 矩形翅片管 $a=14$ mm,$b=12$ mm;

(3) 六角形翅片管 $a=12.5$ mm,$b=12.5$ mm。

2-31 一种流体混合和另一种流体非混合的单流程叉流式水冷器,已知:冷却水进口温度为 15 ℃,出口温度为 35 ℃;热油进口温度为 120 ℃,出口温度为 40 ℃。求该水冷器的对数平均温差?

2-32　某列管式换热器,管内冷流体,管外热流体,已知: $q_{m1}=0.027\ 8$ kg/s, $c_{p1}=2.512\ 1$ kJ/(kg・K), $t'_1=100$ ℃, $t''_1=40$ ℃, $q_{m2}=0.055\ 6$ kg/s, $c_{p2}=4.186\ 8$ kJ/(kg・K), $t'_2=15$ ℃,近似取 $K=11.63$ W/(m²・K)。试按对数平均温差法分别求其顺流时、逆流时、叉流时各需要的传热面积 A(叉流时 ϕ 查图 2-7)?

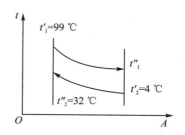

图 2-21　习题 2-33 用图

2-33　如图 2-21 所示,温度为 99 ℃的热水进入一个逆流式换热器,并将 4 ℃的冷水加热到 32 ℃。冷水的流量为 1.3 kg/s,热水的流量为 2.6 kg/s,总传热系数为 830 W/(m²・K),试计算换热器的面积和效率各是多少(取 $c_{p1}=c_{p2}=4.175$ kJ/(kg・K))?

2-34　某叉流式换热器,已知 $W_{\min}/W_{\max}=0$, $q_{m,\min}=0.2$ kg/s, $c_p=1.005$ kJ/(kg・K), $KA=697.8$ W/K,试求其 η 的值?

2-35　某逆流式换热器,其 $q_{m1}=500$ kg/h, $t'_1=250$ ℃, $q_{m2}=1\ 100$ kg/h, $t'_2=40$ ℃。已知其传热系数 $K=162.8$ W/(m²・K),传热面积 $A=0.91$ m²。求:(1)换热器效率;(2)冷、热空气出口温度($c_{p1}=1.038$ kJ/(kg・K), $c_{p2}=1.005$ kJ/(kg・K))。

2-36　将题 2-35 改为顺流式流动,其他条件不变,试求解之。

2-37　某逆流型水套式油冷器,已知油流量为 16 000 kg/h,油入口温度为 100 ℃,冷却水入口温度为 20 ℃、出口温度为 35 ℃。求将油冷却到 40 ℃时,所需传热面积 A 及冷却水流量 q_{m2}(计算中近似取 $K=400$ W/(m²・K), $c_{p1}=2.02$ kJ/(kg・K), $c_{p2}=4.2$ kJ/(kg・K))。

2-38　如图 2-22 所示,试推导通过内翅片管的传热系数 K_o 和 K_i(计入污垢热阻 r_i、r_o)。

2-39　根据图 2-23 所示换热器中的温度分布,试写出确定冷、热流体物性的平均温度的计算式。

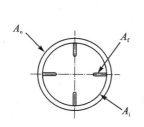

图 2-22　习题 2-38 用图

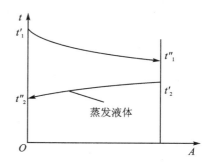

图 2-23　习题 2-39 用图

2-40　某换热器已知有下述条件:(1)热流体 1 为空气,其 $q_{m1}=0.1$ kg/s, $\alpha_1=290.75$ W/(m²・K), $c_{p1}=1.005$ kJ/(kg・K),一次传热面积 $A_{p1}=0.3$ m²,翅片表面积 $A_{f1}=0.6$ m²,翅片效率 $\eta_{f1}=0.92$;(2)冷流体 2 在传热过程中温度为常数,冷流体侧有效传热面积 $A_{ef2}=0.45$ m², $\alpha_2=1\ 395.6$ W/(m²・K),求该换热器的冷却效率。

2-41　某卧式管壳式水冷冷凝器,冷却水在管内流过,制冷工质在管外流过。已知: $t_k=$

42 ℃,水流量 $q_{m2}=3.41$ kg/s,冷水入口温度 $t_2'=32$ ℃,冷水温升为 5 ℃,传热系数 $K=563$ W/(m²·K),求该冷凝器所需传热面积为多少 m²?(取 $c_{p2}=4.175$ kJ/(kg·K))

2-42 80 ℃的热油在钢管内流过,其对流表面传热系数为 300 W/(m²·K),管外用 30 ℃的水冷却,其对流表面传热系数为 3 000 W/(m²·K),管外径为 32 mm,管壁厚为 2.5 mm,导热系数为 40 W/(m·K)。求:

(1) 通过 1 m 长管外壁的传热热阻?

(2) 通过 1 m 长管传出的热流量 Φ?

(3) 传热系数 K_o.(W/(m²·K))?

2-43 在题 2-42 条件中,当不计管壁导热热阻时,再求解,并比较两结果,谈体会。

2-44 某逆流型三流程叉流板翅式换热器,芯体采用尺寸相同的翅片表面,已知:热空气参数为 $t_1'=257$ ℃,$q_{m1}=500$ kg/h;冷空气参数为 $t_2'=40$ ℃,$q_{m2}=1\ 100$ kg/h;取单个芯体效率为 $\eta_i=0.545$。试计算:

(1) 该换热器的总效率及出口温度;

(2) 第一芯体的进、出口温度(设冷、热空气比热相等)。

2-45 设有一逆流式套管换热器,在其中油自 149 ℃冷却至 93 ℃(设其比热为 2.093 kJ/(kg·K)),水从 38 ℃加热到 88 ℃,水的流量为 4 540 kg/h,其传热系数为 $K=852.5$ W/(m²·K)。今若采取另一方案,将换热器设计成传热面积相等的两个换热器(其传热系数同上),油的流量均分为二,并流经此两个换热器,其流程及进、出口温度见图 2-24。试求在两个方案中所需的传热面积各为多少?

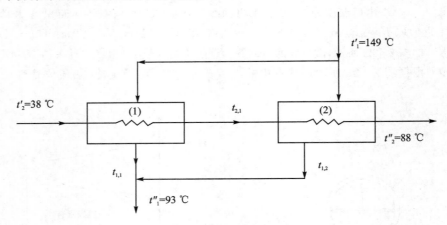

图 2-24 习题 2-45 用图

参考文献

[1] 钱滨江,等.简明传热手册[M].北京:高等教育出版社,1983.

[2] 凯斯 W M,伦敦 A L.紧凑式热交换器[M].宣益民,张后雷,译.北京:科学出版社,1997.

[3] 陈德雄,李敏.飞机座舱制冷附件[M].北京:国防工业出版社,1981.

[4] 齐铭.制冷附件[M].北京:航空工业出版社,1992.

［5］陈礼,吴勇华.流体力学与热工基础［M］.北京:清华大学出版社,2002.

［6］秦叔经,叶文邦.换热器［M］.北京:化学工业出版社,2003.5.

［7］SHAH R K. Compact Heat Exchanger Design Procedures——Heat Exchanger Design:Rating, Sizing,and Optimization. In:Kakac S,Bergles A E,etal:Heat Exchangers – Thermo hydraulic Fundamentals and Design［M］. New York:McGraw Hill,1981.

［8］杨世铭,陶文铨.传热学［M］.3 版.北京:高等教育出版社,1998.

［9］埃克尔特 E R G,德雷克 R M.传热与传质［M］.徐明泽,译.北京:科学出版社,1963.

［10］邱树林,钱滨江.换热器［M］.上海:上海交通大学出版社,1990.

［11］陈长青,沈裕浩.低温换热器［M］.北京:机械工业出版社,1993.

［12］朱聘冠.换热器原理及计算［M］.北京:清华大学出版社,1987.

［13］SHAH R K. Correlations for Fully Developed Turbulent Flow Through Circular and Noncircular Channels［J］. Proc Sixth National Heat Mass Transfer Conf D – 75 – 96,1981.

［14］GNIELINSKI V. New Equations for Heat and Mass Transferin Turbulent Pipe and Channel Flow［M］. Int Chem Eng,1976,16:359 – 368.

［15］WEITING A K. Emperical Correlations for Heat Transfer and Flow Friction Characleristics of Rectangular Offset Fin Plate – Fin Heat Exchangers［J］. Trans ASME,Journal of Heat Transfer,1975,97(Series C):488 – 490.

［16］JOSHI H M. Heat Transfer and Friction in the Offset Strip Fin Heat Exchanger［J］. Int Journal of Heat and Mass Transfer,1987,30(1):69 – 84.

［17］SHAH R K . Perforated Heat Exchanger Surfaces,Part 1. Flow Phenomena Noise and Vibration Characterisics［M］. ASME Paper(75 – WA/HT – 8),1975.

［18］SHAH R K . Perforated Heat Exchanger Surfaces,Part 2. Heat Transfer and Flow Friction Characterisics［M］. ASME Paper(75 – WA/HT – 8),1975,187 – 195.

［19］张祉佑,石秉三.制冷及低温技术［M］.北京:机械工业出版社,1981.

［20］兰州石油机械研究所.传热器(中册)［M］.北京:烃加工出版社,1988.

［21］史美中,王中铮.热交换器原理与设计［M］.2 版.南京:东南大学出版社,1995.

［22］［日］尾花英朗.热交换器设计手册(下)［M］.徐中权,译.北京:石油工业出版社,1982.

［23］RAJU K S N,etal. Design of Plate Heat Exchangers, Heat Exchanger Sourcebook (Palen,J W)［M］. Washington:Hemisphere Publishing Corporation,1986.

［24］吴业正.小型制冷装置设计指导［M］.北京:机械工业出版社,1998.

［25］彦启森.空气调节用制冷技术［M］.北京:中国建筑工业出版社,1985.

［26］［德国］贝尔 H D.工程热力学［M］.杨东华,译.北京:科学出版社,1983.

［27］吴业正,韩宝琦.制冷原理及设备［M］.西安:西安交通大学出版社,1987.

［28］［日］高效热交换器数据手册编委会.高效热交换器数据手册［M］.傅尚信,译.北京:机械工业出版社,1987.

［29］靳明聪,程尚模,赵永湘.换热器［M］.重庆:重庆大学出版社,1990.

［30］HELMUTH H. Heat Transferin Counter – flow,Parallel Flow and Crese Flow［M］. New York:McGraw – HillCo,1983.

[31] 钱颂文. 换热器设计手册[M]. 北京:化学工业出版社,2002.

[32] 杨崇麟. 板式换热器工程设计手册[M]. 北京:机械工业出版社,1995.

[33] HEGGS P J,STONES P R. The Effects of Non-uniform Heat Transfer Coefficients in the Design of Finned Tube Air-cooled Heat Exchangers[J]. International Heat Transfer Conference. 7th Munchen,1982,3:209 - 214.

[34] JACOBI A M,SHAN R K. Air-side Flow and Heat Transfer in Compact Heat Exchangers:a Discussion of Enhancement Mechanisms[J]. Heat Transfer Engineering,1998,19:29 - 41.

[35] 罗棣庵. 人字波纹型连续翅片管束内传热、流阻和流型的研究[J]. 工程热物理学报,1990,1 (2):71 - 73.

[36] WANG C C. Effects of Waffle Height on the Air-side Performance of Wavy Fin-and-tube Heat Exchangers[J]. Heat Transfer,1999,20 (3):45 - 56.

[37] 王松汉. 板翅式换热器[M]. 北京:化学工业出版社,1984.

[38] 庄骏. 热管与热管换热器[M]. 上海:上海交通大学出版社,1989.

[39] 靳明聪,陈远国. 热管及热管换热器[M]. 重庆:重庆大学出版社,1986.

[40] 马同泽,侯增祺,吴文铣. 热管[M]. 北京:科学出版社,1983.

第3章 高效无相变换热器

无相变换热器的种类繁多,本章将利用第2章所述的换热器设计基本理论,重点阐述板翅式(平板肋片式)、板式及翅片管式三类高效无相变换热器工程设计与计算的有关问题。

3.1 板翅式换热器的结构特点及制造工艺

板翅式换热器的特点是:传热效率高,结构紧凑,适应性强;制造工艺复杂、要求严格;市场价值必须保证较高的制造、研究和开发费用;由于结构限制,其工作压力、温度也有一定限制;易堵塞,不耐腐蚀,工质要求比较洁净。由于板翅式换热器在制造中存在诸如翅片成型、夹具模具设计、钎料和钎剂配方、钎焊工艺、清洗及性能检验等问题,因此它的发展离不开制造工艺的发展。近几十年来,世界各国除了继续对各种紧凑高效的板翅表面进行研究,以获得不同规格、系列的翅片性能数据和开拓新型高效翅片以外,还对相变换热、两相流动、分配不均匀性、表面选择、优化设计、纵向导热、封头、导流片设计、提高耐压能力及扩展应用范围等进行了广泛深入的研究。板翅式换热器具有广阔的应用前景和市场潜力,目前它不仅在空气分离、乙烯生产和合成氨等石化设备上得到广泛应用,而且在天然气液化和分离、航空、汽车、内燃机车、氢氦液化、制冷及空调等设备上也表现出巨大的应用潜力。

3.1.1 翅片形式

板翅式换热器板束的基本结构及基本元件如图3-1所示,它由隔板、翅片及封条等组成。在相邻两隔板之间放置翅片和封条,组成一个夹层,构成通道。由一定数量的通道按一定方式排列在一起的组件,即是板束。将单个或多个板束根据流体的不同流动形式叠置起来钎焊成整体,便组成芯体。芯体是板翅式换热器的核心部分,配以必要的封头、接管和支承就组成了板翅式换热器。

翅片是板翅式换热器的基本元件,传热过程主要通过翅片热传导及翅片与流体之间的对流换热来完成。翅片的作用是:① 扩大传热面积,提高紧凑性。翅片可看做是隔板的延伸和扩展;同时,由于翅片具有比隔板大得多的表面积,因此使紧凑性系数明显增大。② 提高传热效率。由于翅片的特殊结构,流体在通道中形成强烈的扰动,使边界层不断地破裂和再生,从而有效地降低热阻,提高传热效率。③ 提高换热器的强度和承压能力。由于翅片的支撑加固,使芯体形成牢固的整体,因此尽管隔板与翅片都很薄,却能承受一定的压力。根据工质与传热工况的不同,翅片可采用不同的结构形式。常用翅片的结构形式如图3-1所示。

1. 平直翅片

平直翅片由薄金属片冲压或滚轧而成,其换热和流动阻力特性与管内流动相似。相对其他结构形式的翅片,其特点是传热系数和流动阻力系数都比较小。这种翅片一般用于流动阻

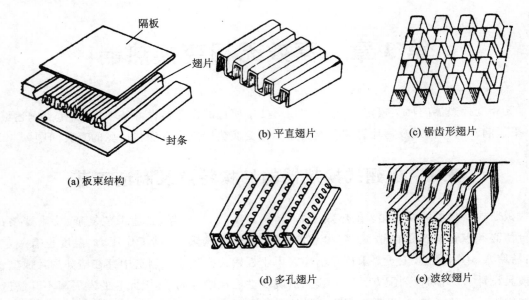

图 3-1 板翅式换热器的板束结构及翅片形式

力要求较小而其自身的传热系数又比较大(例如液侧或相变)的场合。平直翅片具有较高的承压强度。

2. 锯齿形翅片

锯齿形翅片可看做是由平直翅片切成许多短小的片段,并相互错开一定间隔而形成的间断式翅片。这种翅片对促进流体的湍动、破坏热阻边界层十分有效,属于高效能翅片,但流动阻力也相应增大。锯齿形翅片多用于需要强化换热(尤其是气侧)的场合。

3. 多孔翅片

多孔翅片是先在薄金属片上冲孔,然后再冲压或滚轧成形。翅片上密布的小孔使热阻边界层不断破裂,从而提高了传热性能。多孔有利于流体均匀分布,但同时也使翅片的传热面积减小,翅片强度降低。多孔翅片多用于导流片及流体中夹杂着颗粒或相变换热的场合。

4. 波纹翅片

波纹翅片是将金属片冲压或滚轧成一定的波形,形成弯曲流道,通过不断改变流体的流动方向,促进流体的湍动、分离和破坏热阻边界层,其效果相当于翅片的折断。波纹愈密、波幅愈大,越能强化传热。

3.1.2 板翅式传热表面的几何特性

换热器设计计算中首先需要确定与每侧有关的几何特性。下面讨论各种板翅式传热表面通用的几何特性。

1. 水力半径

水力半径定义为最小自由流通面积 A_c 与湿周 U 之比,用 r_h 表示,即

$$r_h = \frac{A_c}{U} = \frac{A_c}{A/L} = L\frac{A_c}{A} \tag{3-1}$$

式中：A——总传热面积，m^2；

　　L——流体流动长度，m。

在换热器设计计算中，$A/A_c = L/r_h$ 也是一直接有用的参数。

2. 当量直径

当量直径（亦称水力直径）定义为 4 倍的最小自由流通面积 A_c 与湿周 U 之比，用 d_e 表示，即

$$d_e = \frac{4A_c}{U} = \frac{4A_c}{A/L} = \frac{4A_c L}{A} = 4r_h \tag{3-2}$$

对于圆截面管，$d_e = 4r_h$ 就是管的直径。

3. 传热面积密度

传热面积密度通常有两种表示法：

① 定义为板翅式换热器一侧的总传热表面积 A 与换热器总体积 V 之比，用 α_V 表示，即

$$\alpha_V = \frac{A}{V} \tag{3-3}$$

② 定义为换热器一侧的总传热表面积 A 与该侧板间体积 V_p 之比，用 β 表示，即

$$\beta = \frac{A}{V_p} \tag{3-4}$$

式中：V_p——板翅式传热表面的板间体积，m^3。

4. 翅片面积比

换热器一侧的翅片表面积 A_f 与总传热表面积 A 之比，称为翅片面积比，用 φ 表示，即

$$\varphi = \frac{A_f}{A} \tag{3-5}$$

5. 孔　度

孔度定义为芯体中最小自由流通面积 A_c 与迎风面积 A_y 之比，用 σ 表示，即

$$\sigma = \frac{A_c}{A_y} \tag{3-6}$$

下面以下标 1 表示热流体，下标 2 表示冷流体，为了写出每侧的几何特性，特别规定下列符号：

L_1——热流体流动（近似为芯体）长度，m；　　L_2——冷流体流动长度（近似为芯体宽度），m；

L_3——换热器高度，m；　　　　　　　　　　N_1——热流体流道数；

N_2——冷流体流道数；　　　　　　　　　　　s——板间距，m；

δ_p——隔板厚度，m；　　　　　　　　　　　δ_f——翅片厚度，m；

h——翅片高度，m。

一般冷流体布置在壳体的最外层，则换热器高度为

$$L_3 = N_1 s_1 + N_2 s_2 + 2N_2 \delta_p \tag{3-7}$$

热流体侧的板间体积为

$$V_{\mathrm{pl}} = L_1 L_2 (N_1 s_1) \tag{3-8}$$

热流体侧的传热面积为

$$A_1 = \beta_1 V_{\mathrm{pl}} \tag{3-9}$$

热流体侧的孔度为

$$\sigma_1 = \frac{A_{\mathrm{cl}}}{A_{\mathrm{yl}}} = \frac{A_{\mathrm{cl}} L_1}{A_{\mathrm{yl}} L_1} = \frac{A_1 d_{\mathrm{el}}/4}{V} = \frac{V_{\mathrm{pl}} \beta_1 d_{\mathrm{el}}/4}{V} =$$

$$\frac{L_1 L_2 (N_1 s_1) \beta_1 d_{\mathrm{el}}/4}{L_1 L_2 (N_1 s_1 + N_2 s_2 + 2N_2 \delta_{\mathrm{p}})} = \frac{N_1 s_1 \beta_1 d_{\mathrm{el}}/4}{N_1 s_1 + N_2 s_2 + 2N_2 \delta_{\mathrm{p}}} \tag{3-10}$$

注:因 $A_{\mathrm{yl}} = L_2 L_3$,故 $A_{\mathrm{yl}} L_1 = L_1 L_2 L_3 = V$。

若 $N_1 \gg 1$,或热流体侧的流道数相同,可得近似式

$$\sigma_1 \approx \frac{s_1 \beta_1 d_{\mathrm{el}}/4}{s_1 + s_2 + 2\delta_{\mathrm{p}}} = \frac{s_1 \beta_1 r_{\mathrm{hl}}}{s_1 + s_2 + 2\delta_{\mathrm{p}}} \tag{3-11}$$

热流体侧的传热面积密度为

$$\alpha_{V1} = \frac{A_1}{V} = \frac{A_1}{L_1 A_{\mathrm{yl}}} = \frac{A_1/L_1}{A_{\mathrm{yl}}} = \frac{4A_{\mathrm{cl}}/d_{\mathrm{el}}}{A_{\mathrm{yl}}} = \frac{4\sigma_1}{d_{\mathrm{el}}} = \frac{\sigma_1}{r_{\mathrm{hl}}} \tag{3-12}$$

引用式(3-11),则得近似式为

$$\alpha_{V1} \approx s_1 \beta_1 / (s_1 + s_2 + 2\delta_{\mathrm{p}}) \tag{3-13}$$

类似地可写出冷流体侧对应参数计算式。

板翅式传热表面中最基本的两种翅片为平直矩形翅片和三角形翅片,其几何尺寸如图 3-2 所示。实际的矩形翅片为圆角而不是图 3-2(a)所示的锐角。由图 3-2 可得导热的翅片高度(算到绝热面为止)为

$$h = (s - \delta_{\mathrm{f}})/2 \approx s/2 \tag{3-14}$$

对于三角形翅片

$$h = \sqrt{s^2 + s_{\mathrm{f}}^2}/2 \tag{3-15}$$

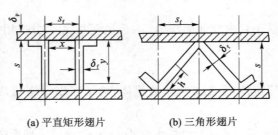

(a) 平直矩形翅片　　**(b) 三角形翅片**

图 3-2　最基本的两种翅片

由于存在钎焊焊缝,可以不考虑翅片倾斜的影响,仍可用式(3-14)计算。

另一近似式为

$$h = s/2 - \delta_{\mathrm{f}} \tag{3-16}$$

当 $h \gg \delta_{\mathrm{f}}$ 时,式(3-14)和式(3-16)均可用于工程计算。

图 3-2 中的 s_f 表示翅片间距,设以 n 表示翅片密度,即每米长度上具有的翅片数,则

$$s_f = 1/n \tag{3-17}$$

换热器设计计算中,需要针对所选定的翅片形状和几何参数计算其当量直径 d_e、翅片面积比 φ 及传热面积密度 β 等,对于平直矩形翅片和三角形翅片分别列出如下计算公式。

(1) 矩形翅片

由图 3-2 可知:

翅片内距　　　　　$x = s_f - \delta_f$

翅片内高　　　　　$y = s - \delta_f$

水力半径　　　　　$r_h = \dfrac{xy}{2(x+y)}$

当量直径　　　　　$d_e = \dfrac{4xy}{2(x+y)} = \dfrac{2xy}{x+y}$

对于热流体侧有:

一次传热面积　　　　$A_{p1} = 2N_1 x L_1 L_2 / s_{f1}$

二次(翅片)传热面积　$A_{f1} = 2N_1 y L_1 L_2 / s_{f1}$

总传热面积　　　　　$A_1 = A_{p1} + A_{f1} = 2N_1 L_1 L_2 (x+y) / s_{f1}$

翅片面积比　　　　　$\varphi_1 = \dfrac{A_{f1}}{A_1} = \dfrac{2N_1 y L_1 L_2 / s_{f1}}{2N_1 (x+y) L_1 L_2 / s_{f1}} = \dfrac{y}{x+y}$

传热面积密度　　　　$\beta_1 = \dfrac{A_1}{V_{p1}} = \dfrac{2N_1 L_1 L_2 (x+y) / s_{f1}}{L_1 L_2 N_1 s_1} = \dfrac{2(x+y)}{s_1 s_{f1}}$

类似地可写出冷流体侧的对应参数计算式。

(2) 三角形翅片

当量直径　　　$d_e = \dfrac{2(s_f s - 2h\delta_f)}{(s_f - \delta_f) + 2h} \approx \dfrac{2(s_f s - 2h\delta_f)}{s_f + 2h}$

对于热流体侧有:

一次传热面积　　　$A_{p1} = 2N_1 (s_{f1} - \delta_{f1}) L_1 L_2 / s_{f1}$

二次传热面积　　　$A_{f1} = 4N_1 h L_1 L_2 / s_{f1}$

总传热面积　　　　$A_1 = A_{p1} + A_{f1} = 2N_1 L_1 L_2 [(s_{f1} - \delta_{f1}) + 2h_1] / s_{f1}$

翅片面积比　　　　$\varphi_1 = \dfrac{A_{f1}}{A_1} = \dfrac{2h_1}{(s_{f1} - \delta_{f1}) + 2h_1}$

传热面积密度　　　$\beta_1 = \dfrac{A_1}{V_{p1}} = \dfrac{2N_1 L_1 L_2 [(s_{f1} - \delta_{f1}) + 2h_1]}{N_1 L_1 L_2 s_1 h_{f1}} = \dfrac{2(s_{f1} - \delta_{f1}) + 4h_1}{s_1 s_{f1}}$

类似地可写出冷流体侧的对应参数计算式。

3.1.3　制造工艺

板翅式换热器的制造工艺有如下几种方法:非焊接的粘接;焊接中有熔剂的盐浴钎焊;无溶剂的真空钎焊和气体保护钎焊。真空钎焊的制造工艺流程如图 3-3 所示。

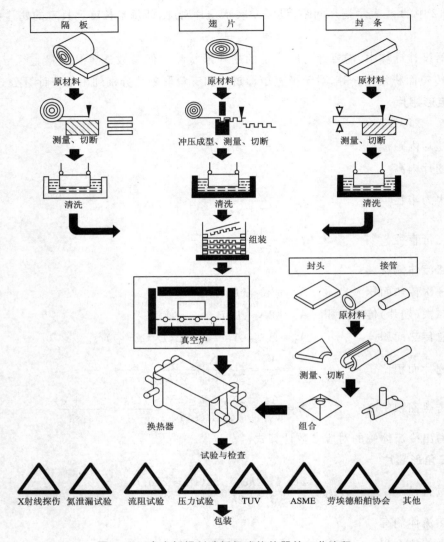

图 3-3　真空钎焊制造板翅式换热器的工艺流程

3.2　无相变工况下传热表面的传热和阻力特性

本节重点介绍各种形式的传热表面在无相变工况下传热及阻力特性的经验关系式和曲线,设计者应很好地掌握并正确选用它。

3.2.1　传热和阻力特性的经验关系式

传热表面基本上可分为连续流道表面和具有边界层频繁间断的流道表面。在连续流道表面上,横截面上的速度和温度分布通常是充分发展的;而在后一种表面上,当每次边界层间断时,流动都是正在发展中。充分发展的流动和正在发展的流动的传热和阻力特性通常是明显不同的,下面分别加以讨论。

1. 充分发展的层流流动

理论分析得出,恒物性下充分发展层流流动的 Nu 为常数,与 Re 和 Pr 无关,但与流道的几何形状和热边界条件有关,壁面与流体的换热主要按导热的方式处理。范宁摩擦因子 f 和雷诺数 Re 的乘积 fRe 为常数,与流道的几何形状有关。

Shah 与 London 得出的几种简单几何形状流道的充分发展型层流的理论解,见表 3 - 1。表中的两种不同边界条件分别为:① 通道的轴向与周向壁面温度保持恒定,以下标 T 表示;② 通道的任一截面的周向壁面温度与轴向热流密度保持不变,以下标 H 表示。

表 3 - 1　充分发展层流传热和压降理论解

几何结构 ($L/d_e > 100$)	Nu_H	Nu_T	fRe	$\dfrac{Nu_H}{Nu_T}$	$\dfrac{j}{f}$
三角形 $60°$	3.11	2.47	13.33	1.26	0.263
正方形 $\dfrac{b}{a}=1$	3.61	2.98	14.2	1.21	0.286
圆形	4.364	3.66	16	1.19	0.307
矩形 $\dfrac{b}{a}=4$	5.33	4.44	18.3	1.20	0.328
矩形 $\dfrac{b}{a}=8$	6.49	5.60	20.6	1.16	0.355
矩形 $\dfrac{b}{a}=\infty$	8.235	7.54	24	1.09	0.386

由表 3 - 1 可看出,对于矩形通道,从上到下 Nu_H 逐渐增大,可见宽高比大的矩形通道优于三角形通道,因为 Nu 大的,j/f 也大。对同样热负荷,宽高比大的通道,不仅可减小换热面积,而且可减小迎风面积。

由于入口段的影响,Nu 高于理论解;而实用的平直翅片是阵列状简单几何形状通道的集合,各通道流体分布不均使 Nu 降低,其影响要超过入口段,故总的 j 或 Nu 值低于理论解。同样,由于入口段的影响,f 值高于理论解;而通道之间流体分布不均使 f 值略有降低,故总的 f 或 Δp 值要高于理论解。若同时考虑实际的边界条件与假想边界条件 T 和 H 的差异,平直翅片精确的 j 和 f 值仍然要通过试验确定。

对于充分发展的层流流动,London 等还提出下列经验关系式:

当气体流经三角形流道($40 < Re < 800$)时,有

$$\left.\begin{aligned} f &= \frac{14.0}{Re} \\ j &= \frac{3.0}{Re} \end{aligned}\right\} \tag{3-18}$$

当气体流经六角形流道($80 < Re < 800$)时,有

$$f = \frac{17.0}{Re}$$
$$j = \frac{4.0}{Re}$$

$$(3-19)$$

2. 充分发展的紊流流动

对于传热特性,在 $2\,300 < Re < 5 \times 10^6$ 和 $0.5 < Pr < 2\,000$ 范围内,Gnielinsk 推荐下面的关系式:

$$Nu = \frac{(f/2)(Re - 1\,000)Pr}{1 + 12.7(f/2)^{0.5}(Pr^{2/3} - 1)} \qquad (3-20)$$

式中,f 值按下式计算:

$$f = (1.58\ln Re - 3.28)^{-2} \qquad (3-21)$$

式(3-20)和式(3-21)适用于通道为圆形或非圆形,流体为气体和液体的情况。在常物性、紊流条件下,优于其他关系式(如 Dittus-Boelter 和 Colburn 等)。

此外,在充分发展紊流流动范围内常用的精度较高的方程还有 Dittus-Boelter 方程

$$Nu = 0.023 Re^{0.8} Pr^n \qquad (3-22)$$

流体被加热时,$n = 0.4$;流体被冷却时,$n = 0.3$。

式(3-22)适用范围如下:

流体与壁面温差　气体不超过 50 ℃,水不超过 20~30 ℃;

定性温度　管道进出口截面算术平均值;

特性尺度　圆形通道取管内径 d,非圆形通道取当量直径 d_e;

实验验证范围　$10^4 \leqslant Re \leqslant 1.25 \times 10^5$,$0.7 \leqslant Pr \leqslant 120$,$L/d > 60$。

3. 过渡区域的流动

雷德(Reid)根据蜂窝状管的试验数据,提出一个空气在 $Re = 10^3 \sim 10^4$ 范围内(试验压力约 1.01×10^5 Pa)适用的经验关系式:

$$Nu = 6\left(\frac{Re}{1\,000}\right)^{\frac{2}{3}} = 0.06 Re^{\frac{2}{3}}$$
$$f = 0.021\left(\frac{Re}{1\,000}\right)^{-0.25}$$

$$(3-23)$$

式(3-23)常用来计算三角形或矩形翅片的板翅式传热表面的传热系数,但只有在 $Re > 2\,200$ 时才比较准确。

4. 正在发展的层流流动

紧凑式换热器中常采用间断传热表面,其传热问题一般属于正在发展的层流流动或热入口段的层流换热。在讨论时通常假设一种便于理论求解的情况,即速度分布已充分发展而温度分布正在发展,Pr 高的介质($Pr \geqslant 5$)可以认为近似符合此种假设。这是因为普朗特数 $Pr = \nu/a = c_p\mu/\lambda$,它反映黏性扩散与热扩散能力之比。常用流体的 Pr 在 0.6~4 000 之间,可以说最小的 Pr 是接近于 1 的。$\nu/a > 1$ 时,黏性扩散能力大于热扩散能力,流动边界层厚度 δ 大于热边界层厚度 δ_t。对于 Pr 高的介质($Pr \geqslant 5$),即会出现速度分布已充分发展而温度分布还正在发展的情况。对于 $Pr \approx 1$ 的介质,热边界层和速度边界层以相同的速率发展,属于

正在发展的速度和温度分布的情况。

正在发展的层流流动可由比值 x^* 来判断,即

$$x^* = \frac{x/d_e}{RePr} \tag{3-24}$$

当 $x^* \geqslant 0.05$ 时为充分发展的层流流动, $x^* < 0.05$ 时为正在发展的层流流动,其对流换热的 Nu 与 x^* 值有关。

Shah 和 London 总结了圆管和非圆管具有充分发展的速度分布和正在发展的温度分布情况,

$$\left.\begin{array}{l}
Nu_{x,T} = 0.427(fRe)^{\frac{1}{3}}(x^*)^{-\frac{1}{3}} \\[2mm]
Nu_{m,T} = 0.641(fRe)^{\frac{1}{3}}(x^*)^{-\frac{1}{3}} \\[2mm]
Nu_{x,H} = 0.517(fRe)^{\frac{1}{3}}(x^*)^{-\frac{1}{3}} \\[2mm]
Nu_{m,H} = 0.775(fRe)^{\frac{1}{3}}(x^*)^{-\frac{1}{3}}
\end{array}\right\} \tag{3-25}$$

式中: f 为充分发展流动下的范宁摩擦因数, Re 为雷诺数;下标 T 和 H 分别表示有恒壁温和恒热流两类热边界条件;对于间断表面, $x = l$, l 为间断表面长度,各种传热表面的间断长度 l 如图 3-4 所示。式(3-25)推荐用于 $x^* < 0.001$ 的情况。

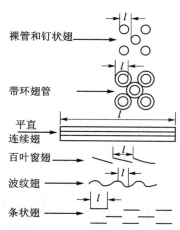

图 3-4　各种传热表面的间断长度

3.2.2　扩展表面的试验数据和关系式

文献[2]提供了 132 种紧凑式传热表面的传热和阻力特性的实验数值,并表示成统一格式的表格和图线,具有极高的使用价值。这里举两个实例说明基本数据曲线的特点,如图 3-5 所示。数据一般以 $j-Re$ 和 $f-Re$ 的曲线形式表示。

图 3-5 中,图(a)为平直三角形翅片的数据,图(b)为锯齿翅片(条状翅片)的数据,图的右侧列出对应翅片的几何参数。从图 3-5 可以发现以下特点:① 平直三角形翅片的 $j-Re$ 曲线在过渡区有一个凹坑,这是由于流体在长的连续流道内流动时,开始是随着边界层厚度的增加,流体与壁面之间的换热强度减弱,因此 j 减小;与此同时,边界层内部黏质力和惯性力的对比向着惯性力相对强大的方向变化,促使边界层内的流动变得不稳定起来,自距前缘 x_c 处起,流动朝着紊流过渡,最终过渡为旺盛紊流。此时,流动质点在以平均主流流速沿 x 方向流动前提下,又附加紊乱的不规则流动,强化了流体与壁面之间的换热,故 j 自 x_c 处开始呈上升趋势。这就导致平直三角形翅片的 $j-Re$ 曲线在过渡区形成一个凹坑。而锯齿翅片是一种间断表面,在过渡区没有这种明显的凹坑。② 在 $Re = 1\,000$ 时, j_2/j_1 和 f_2/f_1 约等于 4,其中下标 1 和 2 分别指平直翅片和锯齿翅片,由此可见锯齿翅片表面是一种高性能表面,但在传热因子增大的同时,摩擦因子也几乎按同一比例增大。③ 平直翅片和锯齿翅片的 j/f 值均在 0.25 左右,因此在进行换热器阻力计算时,常取 $j/f = 0.25$ 来估算表面的摩擦因子 f。

需要指出的是,因为 j 和 f 与 Re 的关系是量纲为 1 的,所以曲线图对于与原始表面保持几何相似的任意表面都是适用的。

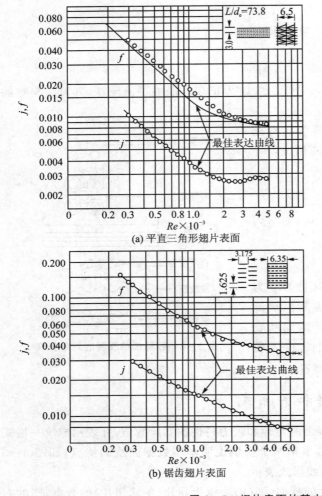

注:
　　翅片数n=668个/m;
　　板间距s=6.5 mm;
　　在流动方向上的翅片长度L=127 mm;
　　当量直径d_e=1.72 mm;
　　翅片厚度δ_f=0.152 mm,铝;
　　传热面积密度β=1 994 m²/m³;
　　翅片面积比φ=0.861。

(a) 平直三角形翅片表面

注:
　　翅片数 n=615个/m;
　　板间距s=6.35 mm;
　　翅片错列长度L=3.175 mm;
　　当量直径d_e=2.383 mm;
　　翅片厚度δ_f=0.102 mm;
　　传热面积密度β=1 548 m²/m³;
　　翅片面积比φ=0.923。

(b) 锯齿翅片表面

图 3-5　翅片表面的基本表面特性

Weiting 根据 22 种锯齿翅片的传热、压降试验数据拟合出下列关系式:

层流区,$Re \leqslant 1\ 000$ 时

$$\left.\begin{aligned}
f &= 7.661\left(\frac{a}{d_e}\right)^{-0.384}\left(\frac{s_f-\delta_f}{s-\delta_f}\right)^{-0.092}Re^{-0.712}\\
j &= 0.483\left(\frac{a}{d_e}\right)^{-0.162}\left(\frac{s_f-\delta_f}{s-\delta_f}\right)^{-0.184}Re^{-0.536}
\end{aligned}\right\} \qquad (3-26)$$

紊流区,$Re \geqslant 2\ 000$ 时

$$\left.\begin{aligned}
f &= 1.136(a/d_e)^{-0.781}(\delta_f/d_e)^{0.534}Re^{-0.198}\\
j &= 0.242(a/d_e)^{-0.322}(\delta_f/d_e)^{0.089}Re^{-0.368}
\end{aligned}\right\} \qquad (3-27)$$

试验的参数范围为

$$0.7 \leqslant a/d_e \leqslant 5.6, \qquad 0.03 \leqslant \delta_f/d_e \leqslant 0.166$$

$$0.162 \leqslant \frac{s_f-\delta_f}{s-\delta_f} \leqslant 1.196, \qquad 0.65\ \text{mm} \leqslant d_e \leqslant 3.41\ \text{mm}$$

式中:a——锯齿翅片的切开长度,mm。

为得到过渡区的 j 和 f 数据,先根据下式确定参考 Re^* :

$$
\left.
\begin{aligned}
Re_f^* &= 41\left(\frac{a}{d_e}\right)^{0.772}\left(\frac{s_f-\delta_f}{s-\delta_f}\right)^{-0.179}\left(\frac{\delta_f}{d_e}\right)^{-1.04} \\
Re_j^* &= 61.9\left(\frac{a}{d_e}\right)^{0.952}\left(\frac{s_f-\delta_f}{s-\delta_f}\right)^{-1.1}\left(\frac{\delta_f}{d_e}\right)^{-0.53}
\end{aligned}
\right\}
\tag{3-28}
$$

这里参考雷诺数 Re_f^* 是层流区($Re\leqslant1\,000$)与紊流区($Re\geqslant2\,000$)两条 $f-Re$ 曲线交点处的 Re;同理,Re_j^* 是两条 $j-Re$ 曲线交点处的 Re。若 $Re<Re_f^*$,用式(3-26)拟合 f;否则用式(3-27)确定 f。若 $Re<Re_j^*$,用式(3-26)确定 j;否则用式(3-27)确定 j。上述经验关系式,85% 数据拟合的均方根误差:f 在 15% 以内,j 在 10% 以内。在试验参数范围内,对翅片性能预测得相当好。式(3-26)和式(3-27)只能作有限的外推延伸,且仅适用于空气或气体工质。

Joshi 根据 21 种锯齿翅片的试验数据,拟合出下列关系式:

层流区,$Re_D\leqslant Re_D^*$ 时

$$
\left.
\begin{aligned}
f &= 8.12(a/D_h)^{-0.41}(s_f/s)^{-0.02}Re_D^{-0.74} \\
j &= 0.53(a/D_h)^{-0.16}(s_f/s)^{-0.14}Re_D^{-0.50}
\end{aligned}
\right\}
\tag{3-29}
$$

紊流区,$Re_D\geqslant Re_D^*+1\,000$ 时

$$
\left.
\begin{aligned}
f &= 1.12(a/D_h)^{-0.65}(\delta_f/D_h)^{0.17}Re_D^{-0.36} \\
j &= 0.21(a/D_h)^{-0.24}(\delta_f/D_h)^{0.02}Re_D^{-0.40}
\end{aligned}
\right\}
\tag{3-30}
$$

式中: $D_h=\dfrac{2(s_f-\delta_f)s}{(s_f+s)+s\delta_f/a}$,m;

　　　a——切开长度,m;

　　　Re_D——以 D_h 为定型尺度的 Re。

Re_D^* 对应于翅片性能曲线斜率的突变点,即在 Re_D^* 处曲线开始偏离层流直线段。为补偿 21 种翅片试验数据的局限性,紊流的下限定为 $Re_D^*+1\,000$。

以上关系式,对层流区,80% 的 f 数据和 75% 的 j 数据拟合的均方根误差均在 $\pm10\%$ 以内;对紊流区,88% 的 f 数据和 97% 的 j 数据拟合的均方根误差均在 $\pm12\%$ 以内。总体上,82% 的 f 数据和 91% 的 j 数据拟合偏差均在 $\pm15\%$ 以内。

已公开发表的经试验验证的数据表明:对锯齿、百叶窗或其他类似的中断型翅片表面,在中断处的流动为均匀发展型,其 j/f 均在 0.25 左右。根据雷诺相似原理,若不考虑形状阻力,$j/f\approx0.5$,由于形状阻力与表面压降数量级相当,故 $j/f\approx0.25$。若试验结果得 $j/f>0.3$,则应仔细检查试验设备、测量方法及是否存在泄漏等。

多孔翅片属于高效翅片,由于翅片打孔使得热边界层不断破裂,不仅使流动提前向紊流过渡,而且还明显强化了过渡区和紊流区的传热。通过多种多孔翅片表面的传热、压降的试验研究,Shah 总结出以下几点:① 若由于打孔使隔板的裸露面积增加 20%,则在层流区,小孔多孔翅片(孔径 $d_h\leqslant0.8$ mm)能强化传热,而大孔多孔翅片(孔径 $d_h>1$ mm)则不能强化;② 多孔翅片能使流动提前发生流型转变,而在过渡区 $j=f(Re)$,$f=f(Re)$ 的关系十分复杂,不易预测,且往往是 f 的增加比 j 的增加来得快;③ 在紊流区,j 和 f 都比平直翅片高得多;④ 方形多孔翅片的性能略优于圆形多孔翅片;⑤ 由于打孔损失了一定数量的换热面积,因而多孔翅片的表面特性并不像预计的那么好,所以一般在气-气换热中并不采用。曾用在低温两相流

和相变换热器中的多孔翅片,现在可能已经被锯齿翅片取代。

对波纹翅片还没有特定的关系式来拟合 j 和 f 因子。Goldstein 和 Sparrow 用传质模拟方法对某些特定的波纹翅片进行试验研究,结果发现:由于波纹引起的传热强化,对低 Re 层流($Re=1\,000$)效果很小(约 25%);而对低 Re 紊流($Re=6\,000\sim8\,000$)则具有明显的效果(达 200%)。

3.2.3　流体横掠管束时的传热和阻力特性

1. 流体横掠圆管管束

流体横掠圆管管束外的传热系数经验式为

$$Nu = CRe^n Pr^{0.36} \left(\frac{Pr}{Pr_w}\right)^{\frac{1}{4}} \varepsilon_m \varepsilon_\beta \tag{3-31}$$

适用范围:$10^3 < Re < 2\times10^6$,$0.7 < Pr < 500$。

式中:ε_m——管排修正系数,当管排数目 $m \geqslant 20$ 时,$\varepsilon_m = 1$,当 $m < 20$ 时,ε_m 值如图 3-6 所示;

ε_β——流体流动方向与管轴线不垂直的修正系数,其值可从表 3-2 查得。

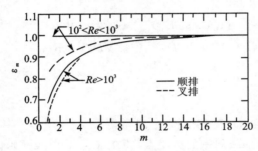

图 3-6　圆管管束的管排修正系数 ε_m

表 3-2　流体流动方向与圆管管束的管轴线不垂直时的修正系数 ε_β

	$\beta/(°)$	$90\sim80$	70	60	45	30	15
	单圆管和顺排管束	1.0	0.97	0.94	0.83	0.70	0.41
	叉排管束	1.0	0.97	0.94	0.78	0.53	0.41

式(3-31)中的定性温度:Pr_w 用壁面温度 t_w,其余均用流体平均温度 t_m。特性尺寸取管外径 d_0,特征速度取管间最小截面处的最大流速 u_{max}。

式(3-31)中的 C 和 n 值随 Re 数和管束的排列方式而不同,其值可由表 3-3 查得,管束的排列方式有顺排和叉排两种,叉排中又有正三角形和转角正三角形等排列,其管间距等尺寸表示,如图 3-7 所示。

流动阻力计算式为

$$\Delta p = f_e \cdot 2\rho u_{max}^2 \left(\frac{\mu}{\mu_w}\right)^{0.14} \cdot m \tag{3-32}$$

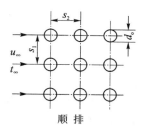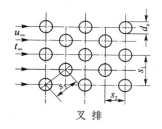

顺　排　　　　　　　　　叉　排

图 3-7　管束排列方式

式中：对于顺排管束，$f_e = 0.33 Re^{-\frac{1}{5}}$；

对于叉排管束，$f_e = 0.75 Re^{-\frac{1}{5}}$。

表 3-3　式(3-31)中的 C 和 n 值

排列方式	Re	C	n
顺排 $\left(\dfrac{s_1}{s_2} < 0.7\right)$	$10^3 \sim 2\times10^5$	0.27	0.63
顺　排	$2\times10^5 \sim 2\times10^6$	0.021	0.84
叉排 $\left(\dfrac{s_1}{s_2} \leqslant 2\right)$	$10^3 \sim 2\times10^5$	$0.35\left(\dfrac{s_1}{s_2}\right)^{\frac{1}{5}}$	0.60
叉排 $\left(\dfrac{s_1}{s_2} > 2\right)$	$10^3 \sim 2\times10^5$	0.40	0.60
叉　排	$2\times10^5 \sim 2\times10^6$	0.022	0.84

2. 流体横掠椭圆管(扁管)管束

横掠扁管时的阻力小，传热系数大。其排列及几何尺寸如图 3-8 所示。其传热和阻力特性可按下面的经验式计算：

$$Nu = 0.236 Re^{0.62} Pr^{\frac{1}{3}} \tag{3-33}$$

$$\left.\begin{array}{c} \Delta p = f_e \cdot \dfrac{1}{2}\rho u_{\max}^2 \cdot m \\[2mm] f_e = 1.24 Re^{-0.24} \end{array}\right\} \tag{3-34}$$

计算时定性温度取流体平均温度 t_m，特性尺寸用当量直径 d_e，即

$$d_e = \frac{ab}{\sqrt{(a^2+b^2)/2}} \tag{3-35}$$

式中：a、b——椭圆的长、短轴，m。

图 3-8　流体横掠
椭圆管管束

3. 流体横掠圆翅片(环翅)管束

气体横掠管束时为增强传热，最常采用的扩展表面是管外加圆翅片(环翅)，加螺旋形翅片也近似按此种情况处理。对于正三角形叉排管束，传热特性常用下列经验式计算：

$$\left.\begin{array}{c} Nu = 0.134 Re^{0.681} Pr^{\frac{1}{3}} \left(\dfrac{s_f - \delta_f}{h}\right)^{0.200} \left(\dfrac{s_f - \delta_f}{\delta_f}\right)^{0.1134} \\[3mm] (\text{适用范围：} Re = 10^3 \sim 2\times10^4, \ 0.125 < \dfrac{s_f - \delta_f}{h} < 0.610, \ 0.45 < \dfrac{s_f - \delta_f}{\delta_f} < 0.80) \end{array}\right\}$$

$$\tag{3-36}$$

式中：s_f——翅片间距,m;

δ_f——翅片厚度,m;

h——翅片高度,m;

Nu——按管子外径计算;

Re——按最大质量流速和管子外径计算,定性温度用流体平均温度。

式(3-36)中用两个尺寸比值考虑不同翅片尺寸的影响。

有的文献推荐下面的经验式：

$$Nu=0.189\left[1+0.1\left(\frac{s_1}{d_o}-2\right)\right]Re^{0.685}Pr^{\frac{1}{3}}\cdot\left(\frac{\delta_f}{h}\right)^{0.304}$$
$$(适用范围：Re=1.5\times10^4\sim5\times10^4,介质为空气) \tag{3-37}$$

流动阻力计算式为

$$\Delta p=f_e\cdot\frac{1}{2}\rho u_{max}^2\cdot m$$
$$f_e=37.86Re^{-0.316}\left(\frac{s_1}{d_o}\right)^{-0.927}\left(\frac{s_1}{s_2}\right)^{0.515} \tag{3-38}$$

4. 整体式翅片管外表面空气侧的传热系数

目前国内外空调所用的空冷冷凝器与空气冷却器中,连续整体式翅片管束已经得到了广泛应用。A·A·果戈林在综合分析本人和其他实验者实验资料的基础上,提出了平板式翅片管束或连续整体式翅片管束外表面空气侧的传热系数的计算公式,即

$$\alpha_a=C_1C_2\left(\frac{\bar\lambda}{d_e}\right)\left(\frac{L}{d_e}\right)^n Re^m \tag{3-39}$$

式中：Re——雷诺数,$Re=\frac{\bar\rho u d_e}{\bar\mu}$;

u——净通道断面的空气流速,m/s;

$\bar\rho$——空气的平均密度,kg/m³;

$\bar\mu$——空气的平均[动力]黏度,Pa·s;

$\bar\lambda$——空气的平均导热系数,W/(m·K);

d_e——空气流通断面的当量直径,m;

L——沿气流方向翅片的长度,m;

n——指数,$n=-0.28+0.08\left(\frac{Re}{1\,000}\right)$;

m——指数,$m=0.45+0.006\,6\left(\frac{L}{d_e}\right)$;

C_1——与气流运动状况有关的系数,$C_1=1.36-0.24\left(\frac{Re}{1\,000}\right)$;

C_2——与结构尺寸有关的系数,取值范围为 0.412~0.047 5,$C_2=0.518-2.315\times10^{-2}\times\left(\frac{L}{d_e}\right)+4.25\times10^{-4}\times\left(\frac{L}{d_e}\right)^2-3\times10^{-6}\times\left(\frac{L}{d_e}\right)^3$,$C_2$ 的计算值见表 3-4。

当量直径 d_e 的计算参考图 3-9,即

$$d_e = \frac{2(s_1 - d_o)(s_f - \delta_f)}{(s_1 - d_o) + (s_f - \delta_f)} \tag{3-40}$$

式中：s_1——管间距，m；

　　　s_f——翅片节距，m；

　　　δ_f——翅片厚度，m。

式(3-39)适用范围：$Re = 500 \sim 10\,000$，$\frac{s_f}{d_o} = 0.18 \sim 0.35$，$\frac{L}{d_o} = 4 \sim 50$，$\frac{s_1}{d_o} = 2 \sim 5$。

由于式(3-39)只适用于顺排管束，所以，当管束呈叉排布置时，按式(3-39)求出的 α_a 值应再乘以 1.1～1.15 的系数。

对于叉排整体式翅片管束中的传热系数，也可采用埋桥英夫的实验公式

$$\alpha_a = 18u^{0.578} \tag{3-41}$$

式中：u——净通道截面的空气流速，m/s。

式(3-41)中的 u 与迎面风速 u_y 的关系为

$$u = \frac{u_y}{\varepsilon} \tag{3-42}$$

其中，ε 为净面比，按图 3-9 可得

$$\varepsilon = \frac{最小流通断面积}{迎风面积} = \frac{(s_1 - d_o)(s_f - \delta_f)}{s_1 s_f} \tag{3-43}$$

式(3-41)的适用条件：翅片和管子的材料可为铜、铝等，翅片厚 $\delta_f = 0.2 \sim 1.0$ mm，翅片节距 $s_f = 1 \sim 5$ mm，管径 $d_o = 9 \sim 16$ mm，管子中心距 $s_1 = 20 \sim 30$ mm，$s_2 = 10 \sim 50$ mm，管壁厚 $\delta_p = 0.8 \sim 2.0$ mm，管子排数 $N = 1 \sim 4$，管子排列为叉排的水平管。

表 3-4　式(3-39)中的系数 C_2

L/d_e	C_2
5	0.412
10	0.326
20	0.201
30	0.125
40	0.080
50	0.047 5

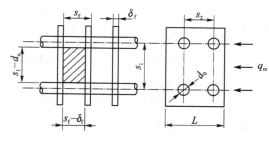

图 3-9　整体式翅片的计算尺寸示意图

对整体套片式翅片管，管束顺排时流动阻力可按下式计算：

$$\Delta p = 0.110\,7 \frac{L}{d_e} (u_{max}\rho)^{1.7} \tag{3-44}$$

管束叉排时，需再乘以系数 1.2。

3.3　板翅式换热器的压力损失

流体流经板翅式换热器时，一般在芯体进口处发生流动收缩，而在出口处发生流动膨胀。这种突然的流动收缩和膨胀，都会引起附加的流体压力损失。流体流经芯体时有摩擦损失。此外，流体进入或离开芯体时要流经进口端盖和出口端盖，而在多流程换热器中，流体要在连

接端盖处转弯,所有这些端盖也有附加的压力损失。这些损失的总和,就构成了流体的总压力损失或总压降,其大小标志着换热器的阻力特性。

下面分别讨论各项压力损失的计算。

3.3.1 换热器芯体进口、出口的压力变化和损失

图 3-10 表示通过换热器芯体的进口压力损失和出口压力回升的情况。流体由截面 1-1

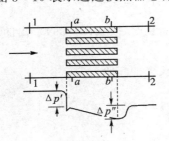

图 3-10 换热器芯体的进出口压力变化

流入截面 $a-a$ 时的压力损失由两部分组成:① 由于面积收缩,流体的动能增加引起的压力损失,是压力能与动能之间的能量转换。这种压力变化是可逆的,即当截面由小变大时,它又可使压力增加。② 由于突缩段不可逆自由膨胀引起的压力降低。这一点可作如下解释:流体经过收缩断面产生边界层分离,随着收缩断面下游速度分布的变化,动量速率也发生变化,从而引起相应的压力变化。虽然考虑的主要应用是气体流动,但一般情况下,密度变化很小,通常可作常密度处理。设截面 1-1 处的流体速度为 u_1,截面 $a-a$ 处的速度为 u,则流体动能增加量为

$$\frac{\rho'(u^2 - u_1^2)}{2} = \frac{\rho'u^2}{2}\left[1 - \left(\frac{u_1}{u}\right)^2\right] = \frac{\rho'u^2}{2}(1 - \sigma^2) \qquad (3-45)$$

与这部分动能增加相对应的静压减小为 $\rho'u^2(1-\sigma^2)/2$,故进口压力损失可表示为

$$\Delta p' = \frac{\rho'u^2}{2}(1 - \sigma^2) + K'\frac{\rho'u^2}{2} \qquad (3-46)$$

式中:ρ'——进口截面 1-1 处的流体密度(近似等于截面 $a-a$ 处的流体密度),kg/m^3;

σ——换热器芯体的孔度,$\sigma = A_c/A_y$,量纲为 1;

A_c——芯体中最小自由流通面积,m^2;

A_y——芯体的迎风面积,m^2;

K'——由突缩段不可逆过程引起的收缩损失系数或进口压力损失系数,量纲为 1。

应用连续方程 $q_m = \rho'uA_c$、质量流速 $g_m = q_m/A_c$ 和比体积 $v' = 1/\rho'$,可得

$$\rho'u^2 = \frac{\rho'^2 u^2}{\rho'} = \frac{q_m^2}{A_c^2 \rho'} = g_m^2 v' \qquad (3-47)$$

代入式(3-46)得

$$\Delta p' = \frac{g_m^2 v'}{2}(1 - \sigma^2 + K') \qquad (3-48)$$

同样,流体由截面 $b-b$ 到截面 2-2 的出口压力回升类似地分成两部分:① 由于流动截面积变化引起的压力升高,不考虑摩擦,其表达形式与入口压力损失相同;② 由于突扩段不可逆自由膨胀和动量变化引起的压力损失。后一部分与式(3-46)的表达形式符号相反,即出口压力回升表示为

$$\Delta p'' = \frac{\rho''u^2}{2}(1 - \sigma^2) - K''\frac{\rho''u^2}{2} \qquad (3-49)$$

同样可表示为

$$\Delta p'' = \frac{g_{\mathrm{m}}^2 v''}{2}(1 - \sigma^2 - K'') \tag{3-50}$$

式中：v''——芯体出口处的流体比体积，m^3/kg；

　　　K''——由突扩段不可逆过程引起的膨胀损失系数或出口压力损失系数，量纲为 1。

K' 和 K'' 是收缩和膨胀时几何形状的函数，在某些情况下，是流道中雷诺数的函数。K' 和 K'' 之所以与雷诺数有关，是因为管内速度变化引起动量速率变化，从而入口和出口动量也发生了变化。凯斯(Kays)等人已对一些简单几何形状用分析法确定了这些系数，并以曲线图形表示。常用矩形和三角形两种通道的压力损失系数曲线见图 3-11 和图 3-12。

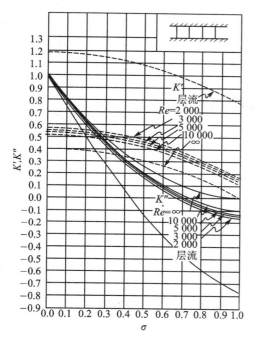

图 3-11　由方截面通道构成芯体的进出口压力损失系数

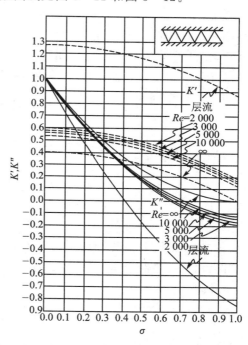

图 3-12　由三角形截面通道构成芯体的进出口压力损失系数

以上曲线是在假定芯体前后的管道中流体速度基本上均匀，芯体中具有完全稳定的速度分布的条件下得到的。对于不稳定的速度分布的情况将比稳定的速度分布情况具有较低的进口损失系数 K' 和较高的出口损失系数 K''。使用各种间断翅片表面的目的是为了破坏边界层，因而不可能具有光滑长管那样的完全稳定的速度分布。在此情况下应根据 $Re = \infty$ 去查取 K' 和 K'' 的值。当 $Re = \infty$ 时，各种表面的 K' 及 K'' 的曲线相同。

3.3.2　换热器芯体内的压力损失

换热器芯体内的压力损失主要是由流体与传热表面之间的黏性摩擦损失以及流体的动量变化引起的。

首先考虑单管内的压力损失，如图 3-13 所示。对截面 1-1 到截面 2-2 间的控制面应用动量定理：在 x 方向上的动量变化必须等于 x 方向上作用在控制体表面上外力的代数和。

作用在控制体表面上沿流动方向的外力有：① 表面上的剪切力 $\int_0^L \tau \pi D \mathrm{d}L$；② $1-1$ 和 $2-2$ 两截面压力之差 $(p_1 A - p_2 A)$。于是，可得

$$p_1 A - p_2 A - \int_0^L \tau \pi D \mathrm{d}L = q_m (u_2 - u_1) \tag{3-51}$$

整理，得

$$p_1 - p_2 = \frac{q_m}{A}(u_2 - u_1) + \frac{1}{A}\int_0^L \tau \pi D \mathrm{d}L \tag{3-52}$$

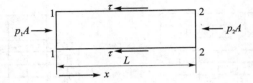

图 3-13　推导芯体内的压力损失用图

以 $u = \dfrac{q_m}{A\rho} = g_m v$，$\tau = \dfrac{f\rho u^2}{2} = \dfrac{f g_m^2 v}{2}$ 及 $A = \dfrac{\pi}{4}D^2$ 代入式（3-52）并整理，得

$$\left. \begin{aligned} p_1 - p_2 &= \frac{g_m^2}{2}\left[2(v_2 - v_1) + \frac{4fL}{D}\cdot v_m\right] \\ v_m &= \frac{1}{L}\int_0^L v \mathrm{d}L \end{aligned} \right\} \tag{3-53}$$

式中：v_m——沿流动长度 L 的平均比体积，$\mathrm{m^3/kg}$。

对板翅式换热器芯体，取 $v_1 = v'$，$v_2 = v''$，同时以水力直径 d_e 代替管径 D，则得板翅式芯体的压降为

$$\Delta p_{cf} = \frac{g_m^2 v'}{2}\left[2\left(\frac{v''}{v'} - 1\right) + \frac{4fL}{d_e}\frac{v_m}{v'}\right] \tag{3-54}$$

当两种流体的热容量比较接近时，平均比体积可取

$$v_m \approx \frac{1}{2}(v' + v'') \tag{3-55}$$

或者

$$\frac{v_m}{v'} \approx \frac{p'}{p_m}\frac{T_m}{T'} \tag{3-56}$$

式中取平均压力 $p_m \approx (p' + p'')/2$，平均温度 $T_m \approx (T' + T'')/2$。

但当两流体的热容量相差很大时，例如在蒸发器、冷凝器中的情况（$C^* = 0$），则平均温度不能取算术平均值，其具体计算见 2.7 节。

3.3.3　端盖的附加压力损失

流体进入或离开换热器芯体时的连接装置称为端盖（封头）。沿芯体表面流动分布的均匀性是端盖的主要功用，因此端盖的设计应使流体在芯体端面处尽可能均匀分布，并且压降尽可能地小。如果端盖总压损失较小，低于芯体压降 Δp 的 10%，则端盖设计对流动分布并无多大影响。然而，端盖总压损失常常超过芯体压降 Δp 的 30%。因此，端盖的设计显得十分重

要。端盖可分为进口端盖、出口端盖和两流程之间的转弯端盖。又可按流体流动分为垂直流动、转弯流动和倾斜流动三种。在垂直流动端盖中,气流垂直于芯体端面,如图 3-14 所示。在多流程换热器的转弯流动端盖中,气流转弯 90°、180°或所需的其他角度,如图 3-15 所示。为了减少损失并提供均匀的气流分布,理想的转弯流动端盖应加工成流线型或应用导流片。在倾斜流动端盖中,气流或者平行于芯体,或者与芯体端面成一定角度,如图 3-16 所示。因为倾斜流动端盖可显著缩小端盖体积,并由于避免过大的扩张而减少了流动分离,因此在紧凑式换热器中常采用它。

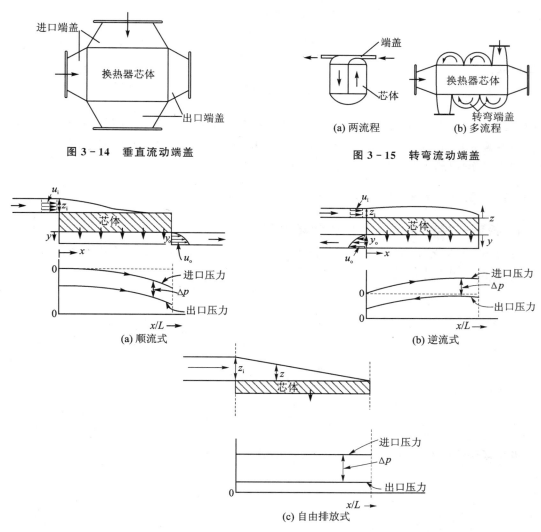

图 3-14 垂直流动端盖

图 3-15 转弯流动端盖

(a) 两流程   (b) 多流程

(a) 顺流式

(b) 逆流式

(c) 自由排放式

图 3-16 倾斜流动端盖

London 等人对倾斜流动端盖的压力损失进行了理论研究和试验研究。他们考虑了三种倾斜流动端盖结构:顺流式、逆流式和自由排放式(见图 3-16)。图 3-16 示出了进口端盖的形状和进出口端盖的压力分布。其中,顺流式端盖的进出口端盖处的气流呈连续加速,逆流式端盖的进口端盖处气流呈连续减速,而自由排放端盖的进口端盖处气流速度不变。作者提供的数值计算结果表明：顺流式端盖的总压力损失等于局部阻力系数 $\xi_a = 2.47$ 乘以基于端盖进口速度 u_i 的速度压头 $\frac{1}{2}\rho u_i^2$（这里仅指进、出口端盖的总压力损失，而不包括芯体压降）。相比之下，自由排放式端盖的压力损失是一个入口速度压头（$\xi_a = 1$），而逆流式端盖的 $\xi_a = 0.595$，仅是顺流的 1/4。显然，如果可能选择，逆流式端盖应是优先采用的结构。在总的端盖损失中，进口端盖损失对应顺流式和逆流式分别约占 74% 和 56%，出口端盖损失主要与非均匀速度分布 $u_o(y)$ 有关。当然，对于自由排放式端盖，所有损失都是由进口端盖引起的。

依据式(2-83)，同时考虑进口端盖和出口端盖的附加压力损失，则表示为

$$\Delta p_a = \xi_a \left(\frac{\rho u^2}{2} \right) \tag{3-57}$$

或变换成

$$\Delta p_a = \xi_a \frac{g_m^2 v}{2} \tag{3-58}$$

式(3-57)和式(3-58)中，u 为端盖进口处的气流速度，v 一般取流体的平均比体积 v_m，ξ_a 的数值与端盖的几何形状有关，即 ξ_a 视具体端盖结构而定。另有资料介绍，对于图 3-15(a)所示的叉流式换热器，在拐 180°弯时，$\xi_a = 5$，拐 90°弯时，$\xi_a = 1.5$。

3.3.4 压力损失计算方程

1. 板翅式换热器的压力损失计算方程

将板翅式换热器芯体进口的压力损失 $\Delta p'$、出口的压力回升 $\Delta p''$ 及芯体内的压力损失 Δp_{cf} 加起来，可得换热器芯体的压降

$$\Delta p_{core} = \Delta p' + \Delta p_{cf} - \Delta p'' \tag{3-59}$$

即

$$\Delta p_{core} = \frac{g_m^2 v'}{2}(1 - \sigma^2 + K') + \frac{g_m^2 v'}{2}\left[2\left(\frac{v''}{v'} - 1\right) + \frac{4fL}{d_e}\frac{v_m}{v'}\right] - \frac{g_m^2 v''}{2}(1 - \sigma^2 - K'') =$$

$$\frac{g_m^2 v'}{2}\left[(1 - \sigma^2 + K') + 2\left(\frac{v''}{v'} - 1\right) + \frac{4fL}{d_e}\frac{v_m}{v'} - (1 - \sigma^2 - K'')\frac{v''}{v'}\right] \tag{3-60}$$

或表示成压力损失相对值

$$\frac{\Delta p_{core}}{p'} = \frac{g_m^2 v'}{2p'}\left[(1 - \sigma^2 + K') + 2\left(\frac{v''}{v'} - 1\right) + \frac{4fL}{d_e}\frac{v_m}{v'} - (1 - \sigma^2 - K'')\frac{v''}{v'}\right] \tag{3-61}$$

板翅式换热器的总压降为芯体压降与端盖附加压降之和，即

$$\Delta p = \Delta p_{core} + \Delta p_a \tag{3-62}$$

或

$$\Delta p = \frac{g_m^2 v'}{2}\left[(1 - \sigma^2 + K') + 2\left(\frac{v''}{v'} - 1\right) + \frac{4fL}{d_e}\frac{v_m}{v'} - (1 - \sigma^2 - K'')\frac{v''}{v'} + \xi_a \frac{v_m}{v'}\right]$$

$$\tag{3-63}$$

在各项压力损失中，以黏性摩擦项占最大比例，因此在近似计算中可以主要考虑黏性摩擦项，而将其他各项暂时略去。

2. 流体横掠管束流动时的压力损失计算方程

式(3-60)也适用于流体横掠管束流动时的压力损失计算。因为流体经过每个管排时都

有一次收缩和膨胀,芯体的第一管排和最后一个管排与中间各管排的阻力情况并无明显差别。此时,进口和出口损失实际上已经包括在黏性摩擦一项中,即 K' 和 K'' 不必考虑,式(3-60)可简化为

$$\Delta p_{core} = \frac{g_m^2 v'}{2}\left[(1-\sigma^2)+2\left(\frac{v''}{v'}-1\right)+\frac{4fL}{d_e}\frac{v_m}{v'}-(1-\sigma^2)\frac{v''}{v'}\right]=$$
$$\frac{g_m^2 v'}{2}\left[(1+\sigma^2)\left(\frac{v''}{v'}-1\right)+\frac{4fL}{d_e}\frac{v_m}{v'}\right] \tag{3-64}$$

3.4　板翅式换热器的结构设计

板翅式换热器的结构形式很多,但其单元件的结构是基本相同的,如图 3-1 所示。对各个通道进行不同方式的叠置和排列,钎焊成整体,就可以得到最常用的逆流、叉流及叉逆流板翅式换热器的芯体,如图 3-17、图 3-18 和图 3-19 所示。

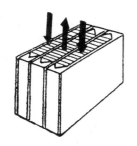

图 3-17　逆流换热器

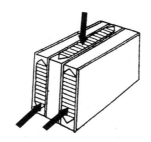

图 3-18　叉流换热器

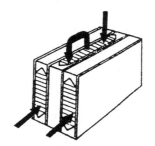

图 3-19　叉逆流换热器

在换热器组成各种形式流道时,为了使流体分布更加均匀,在流道的两端增置导流片,在导流片上开设许多小孔,既能使流体相互穿通,同时也有利于制造工艺。在芯体中,隔板间波纹翅片形成一系列流道,这些流道又把通过隔板间的流体分成一系列平行流束。

在一般情况下,从强度、热绝缘和制造工艺等要求出发,芯体顶部和底部各留有一至两层假翅片层(强度层或工艺层)。国产设备一般均采用上、下各一层假翅片。

如果一台小型板翅式换热器,满足不了换热的需要,可将多个这样的芯体串联或并联起来,组成一个大型板翅式换热器。

以下对主要元件进行简单介绍。

3.4.1　翅　片

翅片是板翅式换热器最基本的元件,传热过程主要依靠翅片来完成,仅有一部分直接由隔板完成。翅片与隔板的连接均为完善的钎焊,因此大部分热量就经翅片,通过隔板传到冷载体。由于翅片传热不是直接传热,故翅片又有"二次表面"之称。二次传热面积一般比一次传热面积的传热效率低。翅片除承担主要的传热任务之外,还起着两隔板之间的加强作用,所以,虽然翅片和隔板材料都很薄,但它们却有很高的强度,而能承受很高的压力。

如前所述,翅片形式很多,并各有所长。翅片的选择,需根据最高工作压力、传热能力、允

许压力降、流体性能、流量和有无相变等因素的不同进行综合考虑,一般翅片的高度和厚度是根据传热系数 α 的大小来确定的。为了有效地发挥翅片的作用,使其有较高的翅片效率,在传热系数较大的场合,选用低而厚的翅片;相反,在传热系数小的场合,以选用高而薄的翅片为宜,这样可以增加换热面积,弥补传热系数的不足。若两侧换热流体的传热系数相差十分悬殊时,可以在传热系数小的一侧,采取增加通道数的复叠式布置。翅片的形状根据流体的性能和设计使用的条件来选定。对于高温流体和低温流体之间,温差较大的情况,宜选用平直翅片;温差较小的情况,则宜选用锯齿翅片;若流体的黏度较大,如油等,宜选用锯齿翅片,以增加扰动;如流体中含有固体悬浮物时,选用平直翅片;如在传热过程中有冷凝、蒸发等情况,宜选用平直翅片或多孔翅片。

3.4.2 导流片和封条

导流片的主要作用是把流体均匀地引导到翅片的流道中或汇集于封头(又称集气盖)里,同时由于它的间距比翅片大,可避免在钎焊时产生通道堵塞的现象。

根据各种流道的结构形式,导流片可布置成如图 3-20 所示的几种形式,图(a)主要是由于在换热器的端部有两个封头,因此要把流体引导到端部一侧的封头来;图(b)主要是由于在换热器的端部有三个以上的封头,需要把一股流体引导到中间封头来;图(c)主要是用于换热器端部敞开或仅有一个封头的场合;图(d)主要是为了满足把封头布置于两侧而设计的;图(e)主要是为满足管路布置上的需要而设计的。以上是几种典型的导流片布置形式,根据操作条件和特殊的布置要求,也可以适当地采用其他布置形式。

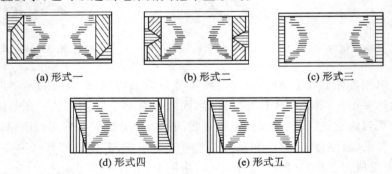

(a) 形式一   (b) 形式二   (c) 形式三

(d) 形式四   (e) 形式五

图 3-20 导流片布置的几种形式

封条位于每层通道的两侧,其结构形式有许多种,但常用的有燕尾形、燕尾槽形、矩形和外凸矩形四种,如图 3-21 所示。在它两侧及上下两面均有 0.15 mm 高的斜度,这是为了在与隔板组成板束时,形成缝隙,便于钎料的渗透,以形成饱满的焊缝。

燕尾形   燕尾槽形   矩 形   外凸矩形

图 3-21 封条形式

每层相邻两封条的连接形式,有角接、插接(如 V 形榫槽和矩形榫槽)及对接三种,如图 3-22 所示。对接和插接各有所长,对接结构简单,但易错位;插接加工复杂,但可避免封条的移位。近来对对接进行了改进,在小型板翅式换热器中,相邻两封条的连接,采用一根封条在一定位置上开 90°的 V 形槽弯曲而成,如图 3-23 所示。实践证明,这种连接形式的钎接质量很好,加工简单,且能防止封条移位。封条在采用插接和角接的连接形式时,在导流片的死角部位的封条上,应钻若干个工艺孔,以满足制造工艺要求,并在钎焊清洗以后,总装以前,用氩弧焊将孔堵塞。

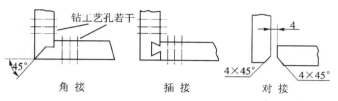
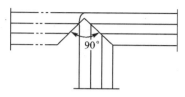

图 3-22　封条接头的连接形式　　　　图 3-23　90°V 形槽连接

3.4.3　隔板和盖板

两层翅片之间的隔板,又称复合板,是在母体金属(铝锰合金)表面覆盖一层厚为 0.1~0.14 mm 的铝硅钎料合金层(称为钎料包覆层),在钎焊时,合金熔化而使翅片与金属平板焊接成整体。

隔板一般都是用机械方法把钎料层布置于铝材表面,即成为双金属复合板。采用这种复合板,可以简化布装工艺,减少氧化膜的生成,使钎料更易流动,钎焊缝均匀丰满。钎料包覆层厚度一般与双金属板的总厚度成正比。当板厚小于 1.6 mm 时,每面包覆层厚约占总厚度的 10%;当板厚大于 1.6 mm 时,每面包覆层厚度可为总厚度的 5%~7%。钎料也可轧成薄片,布装时置于母材表面,代替复合板使用。

关于钎料组成,一般都是含硅 6.8%~8.2%的铝合金,另外还含有微量的铜、铁、锌、锰及镁等元素。这类合金的熔点一般比母材低 40 ℃左右。

板翅式换热器最外侧的盖板,除需要承受压力外,还起到保护作用,所以盖板厚度一般取 2~6 mm。

3.4.4　封头和接管

板翅式换热器常用的封头有平挡板拼焊封头和半圆封头,如图 3-24 和图 3-25 所示。平挡板拼焊封头采用拼焊而成。半圆封头有整体型和拼焊型。拼焊型可采用半圆管或用板材卷制成半圆管,两端经放样后焊上圆弧形挡板而成;整体型系采用封头模具冲压而成。

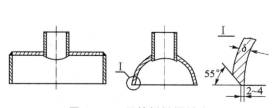
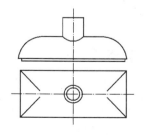

图 3-24　平挡板拼焊封头　　　　　图 3-25　半圆封头

接管一般采用标准尺寸的管材，大口径接管有时也用板材卷制。

封头和接管的厚度往往超过计算厚度，因为除了满足强度外，还应考虑刚度，常用厚度为 $2\sim16$ mm。

3.5　板翅式换热器的强度校核

板翅式换热器的主要零部件承受工作压力、载荷等外力作用，以及由于温差和制造工艺等引起的附加应力。因此，在设计时，必须考虑上述因素，避免发生强度不够而导致破坏或选材过厚而造成浪费。

下面就板翅式换热器主要零部件的强度校核及有关问题作一介绍。

3.5.1　设计参数选用的规定

1. 许用应力[σ]

对铝制设备，许用应力取以下两式值之较小者：

① $[\sigma]=\sigma_b^t/4.0$；

② $[\sigma]=\sigma_{0.2}^t/1.5$。

式中：σ_b^t——材料在设计温度下的强度极限，MPa；

$\sigma_{0.2}^t$——材料在设计温度下的条件屈服限，即产生 0.2% 残余变形时的屈服限，MPa。

由强度计算的容器焊接部件，不管材料的实际状态如何，均取材料退火状态下的强度限或条件屈服限计算许用应力。非焊接部件以及由刚度计算的容器焊接部件，可取材料实际状态下的强度限和条件屈服限计算许用应力。

低于室温时许用应力应取常温时的数值。对于高于室温的许用应力和有些纯铝在退火状态下的条件屈服限 $\sigma_{0.2}$，可查附录 F。

2. 设计压力 p

确定设计压力时，考虑到安全装置泄压滞后情况和误差，设计压力应取略大于最大工作压力加上容器所贮介质的液柱压力（但若液柱压力不超过介质最大工作压力的 5% 时，可不计入液柱压力）。

使用安全阀时，取最大工作压力的 1.1 倍为设计压力。

使用爆破膜时，设计压力为最大工作压力的 1.15～1.30 倍。

3. 焊缝系数 φ

焊缝系数 ϕ 平均可取 0.8。详细取值可参看附录 G。

3.5.2　主要零部件强度计算

1. 翅　片

翅片夹在上下两块隔板和左右两根封条之间，在操作时承受工作压力 p，如图 3 - 26 所示。以多孔翅片为例，取一微小单元体分析受力情况，如图 3 - 27 所示，翅片主要受拉应力。

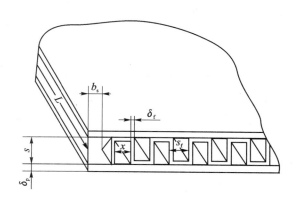
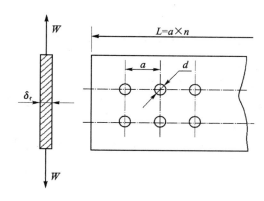

图 3-26 一层通道翅片结构　　　　图 3-27 微小单元体受力情况示意图

令 $\psi = \dfrac{a-d}{a}$ 为翅片开孔削弱系数,可得翅片强度设计公式为

$$\delta_f = \frac{p \cdot x}{[\sigma] \cdot \psi} + C \tag{3-65}$$

式中: C——考虑到腐蚀裕度及铝板材成型偏差等影响的壁厚附加量,式(3-65)中的 C 可取铝板材的负偏差, a , d , x 见图 3-26 和图 3-27 。

对其他形式翅片,如平直翅片、锯齿翅片和波纹翅片,取 $\psi=1$ 。

导流片的强度计算与翅片相同。

2. 隔　板

隔板强度设计公式为

$$\delta_p = s_f \cdot \sqrt{\frac{6 \cdot p}{8[\sigma]}} + C \tag{3-66}$$

式中: δ_p——隔板厚度,mm;

s_f——翅片间距,mm。

在多通道板翅式换热器结构中,往往一块隔板相邻两个通道为两种翅片规格,这时计算隔板厚度要注意相邻通道的情况。当隔板相邻两个通道中的压力不等,即 $p_i \neq p_{i+1}$,且翅片规格也不同时,则

$$\delta_{pi} = s_{fi} \cdot \sqrt{\frac{6 \cdot p_i}{8[\sigma]}} + C \tag{3-67}$$

$$\delta_{p(i+1)} = s_{f(i+1)} \cdot \sqrt{\frac{6 \cdot p_{i+1}}{8[\sigma]}} + C \tag{3-68}$$

取二者中之较大值。

封条的受力情况与隔板相似,同理可得封条宽度的计算公式为

$$b_s = s \cdot \sqrt{\frac{6 \cdot p}{8[\sigma]}} + C \tag{3-69}$$

式中：b_s——封条宽度，mm；

s——封条高度(板间距)，mm。

3. 半圆形封头

半圆形封头如图 3-28 所示，相当于一个半圆筒体两端各拼加一个 1/4 球形壳体。在分析受力情况时，可把它看成是受均布内压的圆筒体和球体的两部分，如图 3-29 所示。

分别对圆筒壁和球面内产生的径向应力 σ_r 和周向应力 σ_t 进行分析，根据最大主应力理论，并引入焊缝系数 ϕ，可得半圆形封头强度计算公式为

$$\delta_{cov} = \frac{p \cdot D_B}{2[\sigma]\phi - p} + C \tag{3-70}$$

式中：δ_{cov}——封头厚度，mm；

D_B——封头内径(见图 3-28)，mm。

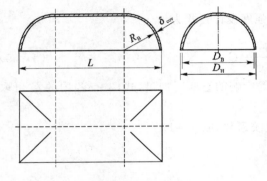

图 3-28 半圆形封头

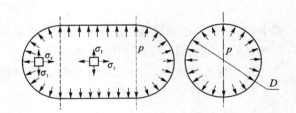

图 3-29 半圆形封头受力情况示意图

4. 接 管

把薄壁圆筒应力值代入第一强度理论(最大主应力理论)，并考虑焊缝系数 ϕ 及壁厚附加量 C 后，可得薄壁接管强度设计公式为

$$\delta_b = \frac{p \cdot d_A}{2[\sigma]\phi - p} + C \tag{3-71}$$

式中：δ_b——接管厚度，mm；

d_A——接管内径，mm。

5. 法 兰

法兰连接的设计，主要解决两个方面的问题：一是保证法兰连接严密不漏，二是具有足够的强度。计算法兰的方法很多，现有的计算方法对各种因素有不同的考虑，同时，有其不同的近似性。对铝制法兰，推荐采用危险断面应力校核法。设计时，先根据工艺要求初选垫片和法兰结构形式和尺寸，作出草图，然后进行螺栓载荷和法兰危险断面应力的计算。算出的应力与法兰材料的许用应力进行比较，如果过大或过小，则应按实际需要修改原定的尺寸，重新进行计算，直至满足要求为止。

下面介绍法兰连接计算步骤。

（1）螺栓计算

1）螺栓载荷

操作时，螺栓必须承受由设备或管道内压而产生的轴向载荷以及为维持气密性而施加于垫片的压缩载荷。所以，操作时螺栓载荷为

$$W_1 = \frac{\pi}{4} D_{cp}^2 p + 2\pi D_{cp} b m p \qquad (3-72)$$

式中：D_{cp}——垫片压紧力作用中心圆的直径，其值按以下方法选取，当 $b_0 \leqslant 6.4$ mm 时，D_{cp} 等于垫片接触面平均直径；当 $b_0 > 6.4$ mm 时，D_{cp} 等于垫片接触面外径减去 $2b$。

　　b_0——垫片基本密封宽度，其值可查附录 H 中的表 H-1。

　　b——垫片有效压紧宽度，其值为当 $b_0 \leqslant 6.4$ mm 时，$b = b_0$；当 $b_0 > 6.4$ mm 时，$b = 2.53$ $\sqrt{b_0}$。

　　m——垫片系数，查附录 H 中的表 H-2。

　　p——设计压力，MPa。

安装时，需预紧螺栓，使法兰面压紧垫片，其螺栓预紧力不应小于

$$W_2 = \pi D_{cp} b y \qquad (3-73)$$

式中：y——垫片比压力，MPa，查附录 H 中的表 H-2。

2）螺栓截面积计算

工作时 $\qquad\qquad\qquad A_1 = W_1 / [\sigma]^t \qquad\qquad (3-74)$

安装时 $\qquad\qquad\qquad A_2 = W_2 / [\sigma] \qquad\qquad (3-75)$

式中：$[\sigma]^t$——设计温度下螺栓材料的许用应力，MPa；

　　$[\sigma]$——常温下螺栓材料的许用应力，MPa；

　　A_1, A_2——工作、安装时的螺栓截面积。

所需螺栓的总截面积 A 应取 A_1 和 A_2 中较大者。由求得的所需螺栓总截面积 A 和选定的螺栓数 Z，可得螺栓直径

$$d_B' = \sqrt{\frac{4A}{\pi Z}} \qquad (3-76)$$

所得结果取整化以后，实取 $d_B \geqslant d_B'$。

（2）法兰危险断面应力计算

1）平焊法兰

当平焊法兰（见图 3-30）所受压力很大而本身尺寸也很大时，可用下式来计算厚度：

$$\delta_{fl} = \sqrt{\frac{6Wa}{\pi D_H [\sigma]_{\phi}^t}} + C \qquad (3-77)$$

当其受压及尺寸中等时，其厚度计算公式为

$$\delta_{fl} = \beta \sqrt{\frac{W_j (D_1 - D_B) t}{2[\sigma]_{\phi}^t (t-d) d}} + C \qquad (3-78)$$

式中：W_j——在一个螺栓上的计算载荷（$W_j = W/Z$，W 为 A_1, A_2 中较大者对应的载荷），N；

　　Z——螺栓数量；

　　t——螺栓间距（$t = \pi D_1 / Z$），m；

β——考虑密封垫位置的修正系数,密封垫压紧不产生弯矩时,$\beta=0.43$,密封垫压紧产生弯矩时,$\beta=0.6$;

$[\sigma]_\phi^t$——设计温度下法兰材料的抗弯许用应力

$$[\sigma]_\phi^t = \frac{[\sigma]_b^t}{n} \tag{3-79}$$

当螺栓截面积 $A_2 > A_1$ 时,式(3-77)、式(3-78)中须用常温下的抗弯许用应力 $[\sigma]_\phi$ 代替 $[\sigma]_\phi^t$。

$[\sigma]_b^t$——设计温度下法兰材料强度极限,MPa;

n——安全系数,对铸造法兰,$n=2\sim3$,对焊接法兰,$n=1.5\sim2.5$。

2)高颈法兰

图 3-31 所示为高颈法兰。

$A-C$ 截面的弯曲应力为

$$[\sigma]_{A-C} = \frac{3W(D_1 - D_3)}{\pi D_3 \delta^2} \leqslant [\sigma]_\phi^t \tag{3-80}$$

$B-C$ 截面的弯曲应力为

$$[\sigma]_{B-C} = \frac{1.2W(D_1 - D_3 + s_1)}{\pi(D_3 - s_1)s_1^2} \leqslant [\sigma]_\phi^t \tag{3-81}$$

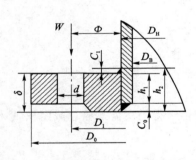

图 3-30 平焊法兰尺寸和载荷符号标注图

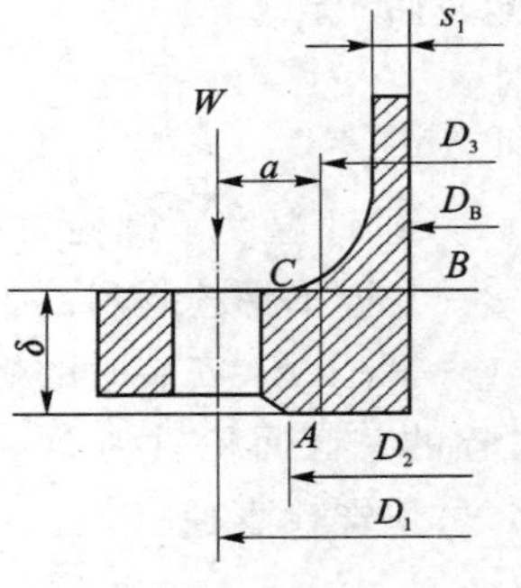

图 3-31 高颈法兰尺寸和载荷符号标注图

3)方法兰及连接螺栓的强度计算

对图 3-32 所示的方法兰,其螺栓载荷及截面积等仍可按式(3-72)~式(3-78)计算,但计算时,压紧力作用中心圆直径 D_{cp} 须用当量压紧力作用中心圆直径 D_{gcp} 代替。D_{gcp} 按以下方法计算:

首先求当量外径 D_{go}

$$\frac{\pi}{4}D_{go}^2 = l_1 l_2 \tag{3-82}$$

于是可得

$$D_{go} = 2\sqrt{\frac{l_1 l_2}{\pi}} \tag{3-83}$$

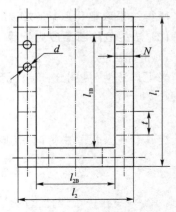

图 3-32 方法兰示意图

当 $b_0 \leqslant 6.4$ mm 时，$D_{gcp} = 2\sqrt{\dfrac{(l_1 - N)(l_2 - N)}{\pi}}$，即等于垫片接触面平均直径。

当 $b_0 > 6.4$ mm 时，$D_{gcp} = D_{go} - 2b$（b 为垫片有效压紧宽度）。

螺栓连接的方法兰厚度的计算公式可由式(3-78)推得

$$\delta_{fl} = 0.43\sqrt{\frac{W_j(l_1 - l_{1B})t}{2[\sigma]_\phi(t-d)d}} + C \tag{3-84}$$

式中：l_1 和 l_{1B} 分别为方法兰外形及内孔长边对应的尺寸，单位为 mm。其余符号意义同式(3-78)。

3.6　板翅式换热器的设计计算

如 2.4 节所述，无相变换热器的设计计算一般包括两种类型的问题——校核性计算和设计性计算。校核性计算是对已有换热器的换热能力进行核算或变工况计算；设计性计算是根据给定的工作条件及换热量，确定所需的换热面积，进而决定换热器的具体尺寸。下面通过具体工程实例来详细说明完成无相变板翅式换热器的校核性计算和设计性计算的要点和步骤。

3.6.1　校核性计算例题(η – NTU 法)

校核性计算的分析步骤要求依次确定下述参数：

① 传热表面几何特性；

② 总体平均温度和流体物性；

③ 质量流速、雷诺数 Re、j 和 f 因子；

④ 对流换热表面传热系数和翅片效率；

⑤ 壁面热阻和总传热系数；

⑥ 传热单元数、换热器效率和出口流体温度；

⑦ 压降。

下面通过具体数值来详细说明单流程叉流板翅式换热器校核性计算的步骤。

例 3-1　一燃气-空气单流程叉流式换热器的总体尺寸为 0.300 m×0.600 m×0.898 m，如图 3-33 所示。燃气侧采用平直三角形翅片，空气侧采用锯齿形翅片。几何特性和表面基本特性如图 3-34 所示。翅片和隔板均由导热系数 $\lambda = 190$ W/(m·K) 的铝板制成，板厚度为

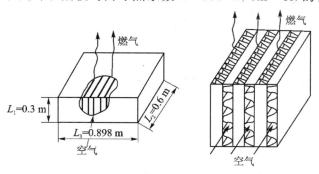

图 3-33　燃气-空气单流程叉流式换热器

0.4 mm。燃气在进口温度 240 ℃下的体积流量为 1.2 m³/s,空气在进口温度 4 ℃下的体积流量为 0.6 m³/s。两流体的进口压力均为 110 kPa。试确定传热热流量、出口流体温度和每侧的压降。设燃气热物性参数可作为空气处理。

解

1) 传热表面几何特性

在图 3-34 的右侧给出了翅片的基本尺寸以及当量直径 d_e、翅片面积比 φ 和传热面积密度 β 等重要数据的计算结果。

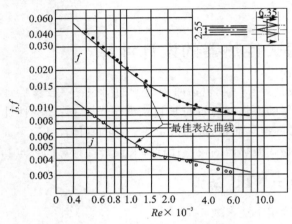

燃气侧表面几何特性:

翅片密度　　　n_1=0.782个/mm;
板间距　　　　s_1=6.35 mm;
当量直径　　　d_{e1}=0.001 875 mm;
翅片厚度　　　δ_n=0.152 mm;
翅片面积比　　φ_1=0.849;
传热面积密度　β_1=1 841 m²/m³。

(a) 平直翅片(三角形)表面

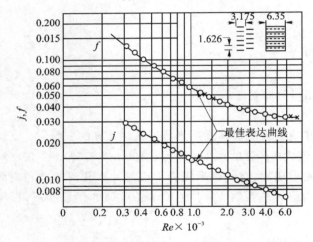

空气侧表面几何特性:

翅片密度　　　n_2=0.615个/mm;
板间距　　　　s_2=6.35 mm;
翅片错列长度　l_s=3.18 mm;
当量直径　　　d_{e2}=0.002 383 m;
翅片厚度　　　δ_{l2}=0.152 mm;
翅片面积比　　φ_2=0.923;
传热面积密度　β_2=1 548 m²/m³。

(b) 锯齿翅片表面

图 3-34　翅片表面的基本表面特性

设燃气侧的流道数为 N_1,空气侧的流道数为 $N_2 = N_1 + 1$,则非流动方向高度为

$$L_3 = N_1 s_1 + N_2 s_2 + 2 N_2 \delta_p$$

于是有 $\qquad N_1 = \dfrac{L_3 - s_2 - 2\delta_p}{s_1 + s_2 + 2\delta_p} = \dfrac{898 - 6.35 - 2 \times 0.4}{6.35 + 6.35 + 2 \times 0.4} = 66$

燃气侧和空气侧的迎风面积为

$$A_{y1} = L_2 L_3 = (0.6 \times 0.898) \text{ m}^2 = 0.538\ 8 \text{ m}^2$$

$$A_{y2} = L_1 L_3 = (0.3 \times 0.898) \text{ m}^2 = 0.269\ 4 \text{ m}^2$$

每侧换热器板间体积为

$$V_{p1} = L_1 L_2 (N_1 s_1) = (0.3 \times 0.6 \times 66 \times 6.35 \times 10^{-3}) \text{ m}^3 = 0.075\ 44 \text{ m}^3$$

$$V_{p2} = L_1 L_2 (N_2 s_2) = (0.3 \times 0.6 \times 67 \times 6.35 \times 10^{-3}) \text{ m}^3 = 0.076\ 58 \text{ m}^3$$

每侧传热面积为

$$A_1 = \beta_1 V_{p1} = (1\ 841 \times 0.075\ 44) \text{ m}^2 = 138.885 \text{ m}^2$$

$$A_2 = \beta_2 V_{p2} = (1\ 548 \times 0.076\ 58) \text{ m}^2 = 118.546 \text{ m}^2$$

由当量直径定义 $d_e = 4A_c L / A$，得到每侧最小自由流通面积为

$$A_{c1} = \frac{d_{e1} A_1}{4L_1} = \frac{0.001\ 875 \times 138.885}{4 \times 0.3} \text{ m}^2 = 0.217\ 0 \text{ m}^2$$

$$A_{c2} = \frac{d_{e2} A_2}{4L_2} = \frac{0.002\ 383 \times 118.546}{4 \times 0.6} \text{ m}^2 = 0.117\ 7 \text{ m}^2$$

每侧孔度为

$$\sigma_1 = \frac{A_{c1}}{A_{y1}} = \frac{0.217\ 0}{0.538\ 8} = 0.403$$

$$\sigma_2 = \frac{A_{c2}}{A_{y2}} = \frac{0.117\ 7}{0.269\ 4} = 0.437$$

2）总体平均温度和流体物性

为了确定每侧的总体平均温度，需要计算 $C^* = W_{\min}/W_{\max}$。因为题目给出的是进口温度下的体积流量，为得到质量流量，须先计算燃气和空气的密度，即

$$\rho'_1 = \frac{p'_1}{RT'_1} = \frac{110 \times 10^3}{287.041 \times (240 + 273.15)} \text{ kg/m}^3 = 0.746\ 8 \text{ kg/m}^3$$

$$\rho'_2 = \frac{p'_2}{RT'_2} = \frac{110 \times 10^3}{287.041 \times (4.0 + 273.15)} \text{ kg/m}^3 = 1.382\ 7 \text{ kg/m}^3$$

每侧的流体质量流量为

$$q_{m1} = (1.2 \times 0.746\ 8) \text{ kg/s} = 0.896\ 2 \text{ kg/s}$$

$$q_{m2} = (0.6 \times 1.382\ 7) \text{ kg/s} = 0.829\ 6 \text{ kg/s}$$

因为空气温度比燃气温度低，其比热也将小于燃气比热，可知空气侧的 $W_2 = (q_m c_p)_2 = W_{\min}$。现假设叉流式换热器效率 $\eta = 0.75$。根据换热器效率定义式（2-45）和式（2-44）可得

$$t''_2 = t'_2 + \eta(t'_1 - t'_2) =$$

$$[4.0 + 0.75 \times (240.0 - 4.0)] \text{℃} = 181.0 \text{℃}$$

$$t''_1 = t'_1 - \eta\left(\frac{W_{\min}}{W_1}\right)(t'_1 - t'_2) =$$

$$\left[240.0 - 0.75 \times \left(\frac{0.829\ 6}{0.896\ 2}\right) \times (240.0 - 4.0)\right] \text{℃} = 76.2 \text{℃}$$

上面计算中作为第一近似，取 $c_{p1} \approx c_{p2}$。因 $C^* \approx q_{m2}/q_{m1} = 0.93 > 0.5$，可应用算术平均温度作为每侧的总体平均温度

$$t_{m1} = \frac{t'_1 + t''_1}{2} = \frac{240.0 \text{℃} + 76.2 \text{℃}}{2} = 158.1 \text{℃}, \qquad T_{m1} = 431.25 \text{ K}$$

$$t_{m2} = \frac{t'_2 + t''_2}{2} = \frac{4.0\ ℃ + 181.0\ ℃}{2} = 92.5\ ℃, \qquad T_{m2} = 365.65\ K$$

由于缺乏燃气成分的数据,依题意将燃气作为空气处理。由有关物性手册或附录C中推荐的公式计算可得空气的物性如表3-5所列。

表3-5 计算所得空气的物性数据

物 性 流 体	$t/℃$	$\mu/(Pa \cdot s)$	$\lambda/(W \cdot m^{-1} \cdot K^{-1})$	$c_p/(kJ \cdot kg^{-1} \cdot K^{-1})$	Pr
燃 气	158.1	24.12×10^{-6}	0.036 18	1.022	0.687
空 气	92.5	21.38×10^{-6}	0.031 4	1.013	0.694

3) 质量流速、雷诺数 Re、j 和 f 因子

$$g_{m1} = \left(\frac{q_m}{A_c}\right)_1 = \frac{0.896\ 2}{0.217\ 0}\ kg/(m^2 \cdot s) = 4.130\ 0\ kg/(m^2 \cdot s)$$

$$g_{m2} = \left(\frac{q_m}{A_c}\right)_2 = \frac{0.829\ 6}{0.117\ 7}\ kg/(m^2 \cdot s) = 7.048\ 4\ kg/(m^2 \cdot s)$$

$$Re_1 = \left(\frac{g_m d_e}{\mu}\right)_1 = \frac{4.130\ 0 \times 0.001\ 875}{24.12 \times 10^{-6}} = 321$$

$$Re_2 = \left(\frac{g_m d_e}{\mu}\right)_2 = \frac{7.048\ 4 \times 0.002\ 383}{21.38 \times 10^{-6}} = 786$$

根据计算所得的 Re 值,可从图3-34上查得:$j_1 = 0.013$,$j_2 = 0.017$,$f_1 = 0.055$,$f_2 = 0.065$。

由 Re 值可知两者均属于层流,从表2-6查得 j 因子的物性影响的修正系数为1(因 $n = 0$),但 f 因子的修正系数不等于1(因 $m \neq 0$)。这个问题将在计算 T_w 之后再来确定此修正系数。

4) 对流换热表面传热系数和翅片效率

$$\alpha_1 = \left(jg_m c_p/Pr^{\frac{2}{3}}\right)_1 = \frac{0.013 \times 4.130\ 0 \times 1.022 \times 10^3}{0.779}\ W/(m^2 \cdot K) = 70.44\ W/(m^2 \cdot K)$$

$$\alpha_2 = \left(jg_m c_p/Pr^{\frac{2}{3}}\right)_2 = \frac{0.017 \times 7.048\ 4 \times 1.013 \times 10^3}{0.784}\ W/(m^2 \cdot K) = 154.82\ W/(m^2 \cdot K)$$

燃气侧为平直三角形翅片,翅片参数为

$$m_1 = \sqrt{\frac{2\alpha_1}{\lambda_f \delta_{f1}}} = \left(\frac{2 \times 70.44}{190 \times 0.152 \times 10^{-3}}\right)^{\frac{1}{2}}\ m^{-1} = 69.84\ m^{-1}$$

空气侧为锯齿翅片,计算翅片参数 m_2 时要考虑条片边缘暴露面积,即

$$m_2 = \sqrt{\frac{2\alpha_2}{\lambda_f \delta_{f2}}\left(1 + \frac{\delta_{f2}}{l_s}\right)} = \left[\frac{2 \times 154.82}{190 \times 0.152 \times 10^{-3}} \times \left(1 + \frac{0.152}{3.18}\right)\right]^{\frac{1}{2}}\ m^{-1} = 105.99\ m^{-1}$$

翅片高度为

$$h_1 = h_2 \approx \frac{s}{2} - \delta_f = \frac{6.35}{2} - 0.152\ mm = 3.023\ mm$$

两侧的翅片效率为

$$\eta_{f1} = \frac{\tanh(mh)_1}{(mh)_1} = \frac{\tanh(69.84 \times 3.023 \times 10^{-3})}{69.84 \times 3.023 \times 10^{-3}} = 0.985\ 4$$

$$\eta_{f2} = \frac{\tanh(mh)_2}{(mh)_2} = \frac{\tanh(105.99 \times 3.023 \times 10^{-3})}{105.99 \times 3.023 \times 10^{-3}} = 0.967\ 1$$

两侧总的表面效率为

$$\eta_{01} = 1 - \frac{A_{f1}}{A_1}(1 - \eta_{f1}) = 1 - 0.849 \times (1 - 0.985\ 4) = 0.987\ 6$$

$$\eta_{02} = 1 - \frac{A_{f2}}{A_2}(1 - \eta_{f2}) = 1 - 0.923 \times (1 - 0.967\ 1) = 0.969\ 6$$

此处应当指出,空气侧最外层通道的翅片导热高度 h 约等于板间距 s,而不是 $\left(\dfrac{s}{2} - \delta_f\right)$,这会降低外层通道的翅片传热效率,但它对基于所有空气侧通道的加权平均翅片效率影响较小。因此,本计算中予以忽略。但在编制换热器计算软件时,这种影响很容易包含进去。

5) 壁面热阻和总传热系数

为了计算壁面热阻 R_w,先求壁面导热面积 A_w

$$A_w = L_1 L_2 (2N_1 + 2) = [0.3 \times 0.6 \times (2 \times 66 + 2)]\ \text{m}^2 = 24.12\ \text{m}^2$$

$$R_w = \frac{\delta_p}{\lambda_w A_w} = \frac{0.4 \times 10^{-3}}{190 \times 24.12}\ \text{K/W} = 8.728 \times 10^{-8}\ \text{K/W}$$

对气-气换热器,污垢热阻很小,可不予考虑,故有

$$\frac{1}{KA} = \frac{1}{(\eta_0 \alpha A)_1} + R_w + \frac{1}{(\eta_0 \alpha A)_2} =$$

$$\left(\frac{1}{0.987\ 6 \times 70.44 \times 138.885} + 8.728 \times 10^{-8} + \right.$$

$$\left.\frac{1}{0.969\ 6 \times 154.82 \times 118.546}\right)\ \text{K/W} =$$

$$(1.035\ 6 \times 10^{-4} + 8.728 \times 10^{-8} + 5.619\ 5 \times 10^{-5})\ \text{K/W} =$$

$$1.597\ 8 \times 10^{-4}\ \text{K/W}$$

$$KA = \frac{1}{1.597\ 8 \times 10^{-4}}\ \text{W/K} = 625\ 9\ \text{W/K}$$

$KA = K_1 A_1 = K_2 A_2$,当以热流体侧的总传热面积 A_1 为基准时,对应的传热系数为

$$K_1 = \frac{KA}{A_1} = \frac{625\ 9}{138.885}\ \text{W/(m}^2 \cdot \text{K)} = 45.07\ \text{W/(m}^2 \cdot \text{K)}$$

6) 传热单元数、换热器效率和出口流体温度

$$W_1 = (q_m c_p)_1 = (0.896\ 2 \times 1.022 \times 10^3)\ \text{W/K} = 915.9\ \text{W/K}$$

$$W_2 = (q_m c_p)_2 = (0.829\ 6 \times 1.013 \times 10^3)\ \text{W/K} = 840.4\ \text{W/K}$$

$$C^* = \frac{W_{min}}{W_{max}} = \frac{W_2}{W_1} = \frac{840.4}{915.9} = 0.918$$

$$\text{NTU} = \frac{KA}{W_{min}} = \frac{625\ 9}{840.4} = 7.45$$

两流体各自非混合的叉流式换热器效率,此处按德雷克近似关系式(2-63)计算,即有

$$\eta = 1 - \exp\left\{\frac{NTU^{0.22}}{C^*}\left[\exp\left(-C^* NTU^{0.78}\right) - 1\right]\right\} =$$

$$1 - \exp\left\{\frac{7.45^{0.22}}{0.918}\left[\exp\left(-0.918 \times 7.45^{0.78}\right) - 1\right]\right\} = 0.823\ 5$$

所得换热器效率高于一般常规单流程叉流换热器的效率。因为 $\eta > 80\%$,所以需要考虑因壁面纵向导热而导致效率降低 $\Delta\eta$。根据经验取 $\Delta\eta/\eta \approx 0.02$(详细计算过程可参阅参考文献[50]),于是得 $\Delta\eta = 0.016\ 5$,则实际换热器效率为

$$\eta' = 0.823\ 5 - 0.016\ 5 = 0.807$$

换热器的传热量为

$$\Phi = \eta' W_{min}(t_1' - t_2') = [0.807 \times 840.4 \times (240.0 - 4.0)]\ \text{W} = 160.1 \times 10^3\ \text{W}$$

流体的出口温度为

$$t_1'' = t_1' - \frac{\Phi}{W_1} = \left(240.0 - \frac{160.1 \times 10^3}{915.9}\right)\ ℃ = 65.2\ ℃$$

$$t_2'' = t_2' + \frac{\Phi}{W_2} = \left(4.0 + \frac{160.1 \times 10^3}{840.4}\right)\ ℃ = 194.5\ ℃$$

以上出口温度数值与确定流体物性的假设初始温度不同,故应以新的平均温度来计算物性并进行第二次迭代计算。一般问题经数次迭代计算就能求得准确结果。在本例中迭代计算后的新出口温度和上面的计算值相接近,故认为上面的 Φ、t_1'' 及 t_2'' 即所求的解。

7) 压 降

按理想气体状态方程计算气体比体积,计算结果如表 3-6 所列。

表 3-6 比体积计算结果

流 体	T'/K	T''/K	$v'/(\text{m}^3 \cdot \text{kg}^{-1})$	$v''/(\text{m}^3 \cdot \text{kg}^{-1})$	$v_m/(\text{m}^3 \cdot \text{kg}^{-1})$
燃 气	513.15	338.35	1.339 0	0.882 9	1.111 0
空 气	277.15	467.65	0.723 2	1.220 4	0.971 8

因为流体流过芯体的压降一般很小,因此在第一次试算中近似取 $p'' = p' = 110$ kPa。

燃气侧 $Re_1 = 321$,$L_1/d_{e1} = 0.3/0.001\ 875 = 160$,故流动为充分发展层流。对于三角形流道($\sigma_1 = 0.403$),由图 3-12 查得 $K' = 1.2$,$K'' = 0.02$。

空气侧用锯齿形翅片,边界层经常间断,流动很好混合,按 $Re \rightarrow \infty$ 处理。由 $\sigma_2 = 0.437$ 查得 $K' = 0.33$,$K'' = 0.31$。

在计算压降以前,需要按 2.7 节的方法修正摩擦因子。为此需要计算流体的总体平均温度和壁温。

燃气和空气的平均温度为

$$t_{m1} = \frac{t_1' + t_1''}{2} = \frac{240.0\ ℃ + 65.2\ ℃}{2} = 152.60\ ℃, \quad T_{m1} = 425.75\ \text{K}$$

$$t_{m2} = \frac{t_2' + t_2''}{2} = \frac{4.0\ ℃ + 194.5\ ℃}{2} = 99.25\ ℃, \quad T_{m2} = 372.4\ \text{K}$$

两侧热阻为

$$R_1 = \frac{1}{(\eta_0 \alpha A)_1} = 1.035\ 0 \times 10^{-4}\ \text{K/W}$$

$$R_2 = \frac{1}{(\eta_0 \alpha A)_2} = 5.619\,5 \times 10^{-5} \text{ K/W}$$

$$\frac{R_1}{R_2} = 1.84$$

不计壁面导热热阻时

$$\Phi = \frac{t_{m1} - t_w}{R_1} = \frac{t_w - t_{m2}}{R_2}$$

因此，可得

$$t_w = \frac{t_{m1} + \dfrac{R_1}{R_2} t_{m2}}{1 + \dfrac{R_1}{R_2}} = \frac{152.60 + 1.84 \times 99.25}{1 + 1.84} \text{ ℃} = 118.04 \text{ ℃},\ T_w = 391.19 \text{ K}$$

因燃气被冷却，从表 2-6 查得摩擦因子修正式中的指数 $m = 0.81$，所以有

$$f_1 = f_{cp1} \left(\frac{T_w}{T_{m1}} \right)^m = 0.055 \times \left(\frac{391.19}{425.75} \right)^{0.81} = 0.051\,4$$

空气被加热，相应的指数 $m = 1.00$，故

$$f_2 = f_{cp2} \left(\frac{T_w}{T_{m2}} \right)^m = 0.065 \left(\frac{391.19}{372.40} \right)^{1.00} = 0.068\,3$$

计算燃气侧压降，由于

$$\left(\frac{\Delta p}{p'} \right)_1 = \left\{ \frac{g_m^2 v'}{2p'} \left[(1 - \sigma^2 + K') + 2\left(\frac{v''}{v'} - 1 \right) + \frac{4fL}{d_e} \frac{v_m}{v'} - (1 - \sigma^2 - K'') \frac{v''}{v'} \right] \right\}_1 =$$

$$\frac{(4.13)^2 \times 1.339\,0}{2 \times 110 \times 10^3} \left[(1 - 0.403^2 + 1.2) + 2\left(\frac{0.882\,9}{1.339\,0} - 1 \right) + \right.$$

$$\left. \frac{4 \times 0.051\,4 \times 0.3 \times 1.111\,0}{0.001\,875 \times 1.339\,0} - (1 - 0.403^2 + 0.02) \frac{0.882\,9}{1.339\,0} \right] =$$

$$0.103\,8 \times 10^{-3} (2.037\,6 - 0.681\,3 + 27.293\,3 - 0.565\,5) = 0.002\,92$$

故
$$\Delta p_1 = 0.002\,92 p_1' = (0.002\,92 \times 110) \text{ kPa} = 0.321 \text{ kPa}$$

通过计算数值可知，芯体内的黏性摩擦损失占主要部分，本例中为 $0.103\,8 \times 10^{-3} \times 27.293\,3 \times 110 \text{ kPa} = 0.311\,6 \text{ kPa}$，占整个压降的 97%。

类似可得空气侧压降，即

$$\left(\frac{\Delta p}{p'} \right)_2 = \frac{(7.048\,4)^2 \times 0.723\,2}{2 \times 110 \times 10^3} \left[(1 - 0.437^2 + 0.33) + 2\left(\frac{1.220\,4}{0.723\,2} - 1 \right) + \right.$$

$$\left. \frac{4 \times 0.068\,3 \times 0.6 \times 0.971\,8}{0.002\,383 \times 0.723\,2} - (1 - 0.437^2 - 0.31) \frac{1.220\,4}{0.723\,2} \right] =$$

$$0.163\,3 \times 10^{-3} (1.139\,0 + 1.374\,9 + 92.434\,3 - 0.842\,1) = 0.015\,4$$

$$\Delta p_2 = 0.015\,4 p' = (0.015\,4 \times 110) \text{ kPa} = 1.693 \text{ kPa}$$

其中，芯体内的黏性摩擦损失占整个压降的 98%；同时，两者的压降仅分别占进口压力的 0.3% 和 1.5%，故前面假设以 $p'' \approx p'$ 来计算 ρ 是可行的。若某一侧的压降较高，则要用 $p'' = p' - \Delta p$ 来计算。

3.6.2 设计性计算问题的主要方程和求解步骤

关于换热器的设计性计算问题,因其基本几何尺寸及传热面积未知,计算难以着手。在这种情况下,往往需要凭借设计者的经验,根据已经给定的运行参数要求,假设传热表面、流动方式,采用试凑和迭代的方法才能获得满意的设计方案,其设计步骤如下:

① 预备计算　根据给定的运行条件和性能指标,考虑留有一定余度,假设一换热器效率(或出口温度),据此计算冷、热流体总体平均温度和热物性参数。

② 产品结构规划及计算　根据给定的运行条件和性能指标,初步规划换热器材料、流程及芯体结构等,并对传热表面几何特性进行计算。

③ 计算质量流速、雷诺数、对流换热表面传热系数、翅片效率和表面效率。

④ 计算壁面热阻和总传热系数。

⑤ 计算传热单元数、换热器效率和出口流体温度　将计算效率与步骤①中假设效率相比较,看其相对误差是否符合要求。如不符合要求,则须返回步骤②重新设定产品结构。

⑥ 阻力计算。

⑦ 产品质量估算。

⑧ 强度校核。

要注意的是,步骤⑥、⑦、⑧中有任何一步不符合要求,都必须返回步骤②重新设定换热器结构,并再次进行迭代计算,直至所设计换热器指标全部达到要求为止。

下面以一个工程实例来说明。

例 3-2　试设计某飞机环控系统所使用的一台次级换热器。该换热器利用冲压空气对来自升压式涡轮冷却器压气机的压缩空气进行预冷,以使冷却涡轮获得更低出口空气温度。对换热器的主要性能要求如表 3-7 所列。

表 3-7　对流换热器的主要性能要求

参　　数	热　侧	冷　侧
空气进口温度/℃	250	90
空气进口压力(绝对)/kPa	882	138
空气流量/(kg·h^{-1})	414	3 600
空气流量/(kg·s^{-1})	0.115	1.00
空气阻力/kPa	11.8×2	24.5
效　　率	≥0.93	
流体流动长度(芯体)/mm	220	120
非流动方向尺寸/mm	100<L_3<150	
质量/kg	≤4	

解

1) 预备计算

首先假设换热器的效率 $\eta = 0.94$,则

$$t''_1 = t'_1 - \eta(t'_1 - t'_2) = [250 - 0.94 \times (250 - 90)]\ ℃ = 99.6\ ℃$$

$$t''_2 = t'_2 + \frac{W_1}{W_2}(t'_1 - t''_1) = t'_2 + \frac{q_{m1}c_{p1}}{q_{m2}c_{p2}}(t'_1 - t''_1)$$

作为第一近似,假设 $c_{p1} = c_{p2}$,则

$$t''_2 = \left[90 + \frac{0.115}{1.00}(250 - 99.6)\right]\ ℃ = 107.3\ ℃$$

由于

$$C^* = \frac{W_{min}}{W_{max}} = \frac{W_1}{W_2} = \frac{(q_m c_p)_1}{(q_m c_p)_2} \approx \frac{q_{m1}}{q_{m2}} = \frac{0.115}{1} = 0.115 < 0.5$$

故 W_{max} 侧,即冷侧取算术平均温度为

$$t_{m2} = \frac{t'_2 + t''_2}{2} = \frac{90 + 107.3}{2}\ ℃ = 98.65\ ℃$$

两流体对数平均温差

$$\Delta t_{lm} = \frac{(t'_1 - t_{m2}) - (t''_1 - t_{m2})}{\ln \dfrac{t'_1 - t_{m2}}{t''_1 - t_{m2}}} = \frac{250 - 99.6}{\ln \dfrac{250 - 99.6}{99.6 - 98.65}}\ ℃ = 29.66\ ℃$$

热侧平均温度为

$$t_{m1} = t_{m2} + \Delta t_{lm} = (98.65 + 29.66)\ ℃ = 128.31\ ℃$$

根据平均温度可求得冷、热空气的物性参数,如表 3 - 8 所列。

表 3 - 8　冷、热空气物性参数计算结果

参　数	$\mu/(Pa \cdot s)$	$\lambda/(W \cdot m^{-2} \cdot K^{-1})$	$c_p/(kJ \cdot kg^{-1} \cdot K^{-1})$	Pr
热空气	23.174×10^{-6}	$3.402\ 3 \times 10^{-2}$	$1.010\ 7$	$0.685\ 2$
冷空气	21.846×10^{-6}	$3.199\ 2 \times 10^{-2}$	$1.009\ 4$	$0.688\ 3$

2) 产品结构规划及计算

根据对换热器效率的要求,初步选定换热器热侧为两流程,冷侧为一流程,产品芯体结构如图 3 - 35 所示,翅片形式如图 3 - 36 所示。

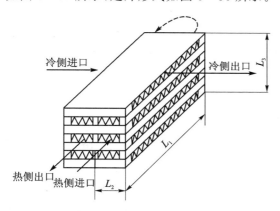

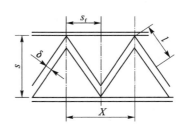

图 3 - 35　芯体结构简图　　　　　　　图 3 - 36　翅片形式图

产品结构尺寸如表 3 - 9 所列。

表 3 - 9　产品结构尺寸表

参　　数	热　侧	冷　侧
型　面	三角形	三角形
翅片波节距 X/mm	2	3
翅片间距 s_f/mm	1	1.5
板间距 s/mm	5	7.5
翅片层数 N	7	8
翅片厚度 δ_f/mm	0.15	0.15
隔板厚度 δ_p/mm	0.5	
侧板厚度 δ_s/mm	2	
封条宽度 b_s/mm	6	

非流动方向长度

$$L_3 = N_1(s_1 + 2\delta_p) + N_2 s_2 + 2\delta_s =$$
$$[7 \times (5 + 2 \times 0.5) + 8 \times 7.5 + 2 \times 2.0]\ \text{mm} = 106.0\ \text{mm}$$

翅片高
$$h_1 = \frac{s_1}{2} = \frac{5}{2}\ \text{mm} = 2.5\ \text{mm}$$

$$h_2 = \frac{s_2}{2} = \frac{7.5}{2}\ \text{mm} = 3.75\ \text{mm}$$

流道当量直径

$$d_{e1} = \frac{2(s_{f1} s_1 - 2h_1 \delta_{f1})}{s_{f1} + 2h_1} = \frac{2 \times (1 \times 5 - 2 \times 2.5 \times 0.15)}{1 + 2 \times 2.5}\ \text{mm} = 1.416\ 7\ \text{mm}$$

$$d_{e2} = \frac{2(s_{f2} s_2 - 2h_2 \delta_{f2})}{s_{f2} + 2h_2} = \frac{2 \times (1.5 \times 7.5 - 2 \times 3.75 \times 0.15)}{1.5 + 2 \times 3.75}\ \text{mm} = 2.25\ \text{mm}$$

翅片面积比

$$\varphi_1 = \frac{2h_1}{(s_{f1} - \delta_{f1}) + 2h_1} = \frac{2 \times 2.5}{(1 - 0.15) + 2 \times 2.5} = 0.854\ 7$$

$$\varphi_2 = \frac{2h_2}{(s_{f2} - \delta_{f2}) + 2h_2} = \frac{2 \times 3.75}{(1.5 - 0.15) + 2 \times 3.75} = 0.847\ 5$$

传热面积密度

$$\beta_1 = \frac{2(s_{f1} - \delta_{f1}) + 4h_1}{s_1 s_{f1}} = \frac{2 \times (1 - 0.15) + 4 \times 2.5}{5 \times 1 \times 10^{-3}}\ \text{m}^2/\text{m}^3 = 2\ 340\ \text{m}^2/\text{m}^3$$

$$\beta_2 = \frac{2(s_{f2} - \delta_{f2}) + 4h_2}{s_2 s_{f2}} = \frac{2 \times (1.5 - 0.15) + 4 \times 3.75}{7.5 \times 1.5}\ \text{m}^2/\text{m}^3 = 1\ 573.3\ \text{m}^2/\text{m}^3$$

对于多流程换热器,一般取组成换热器的各个芯体的尺寸和结构相同,故以下取单个芯体(如第一芯体)为计算单元:

空气流通面积

$$A_{c1} = N_1 \left[(L_2 - 1.5b_s)s_1 - \frac{(L_2 - 1.5b_s)}{s_{f1}} \cdot 2h_1\delta_{f1} \right] =$$

$$N_1(L_2 - 1.5b_s)\left(s_1 - \frac{2h_1\delta_{f1}}{s_{f1}} \right) =$$

$$\left[7 \times (60 - 1.5 \times 6) \times \left(5 - \frac{2 \times 2.5 \times 0.15}{1} \right) \times 10^{-6} \right] \text{ m}^2 = 0.001\ 517\ 25 \text{ m}^2$$

$$A_{c2} = N_2(L_1 - 2b_s)\left(s_2 - \frac{2h_2\delta_{f2}}{s_{f2}} \right) =$$

$$\left[8 \times (220 - 2 \times 6) \times \left(7.5 - \frac{2 \times 3.75 \times 0.15}{1.5} \right) \times 10^{-6} \right] \text{ m}^2 = 0.011\ 232 \text{ m}^2$$

空气迎风面积

$$A_{y1} = (L_2 - 1.5b_s)(L_3 - 2\delta_s) =$$

$$\left[(60 - 1.5 \times 6) \times (106.0 - 2 \times 2) \times 10^{-6} \right] \text{ m}^2 =$$

$$0.005\ 202 \text{ m}^2$$

$$A_{y2} = (L_1 - 2b_s)(L_3 - 2\delta_s) =$$

$$\left[(220 - 2 \times 6) \times (106 - 2 \times 2) \times 10^{-6} \right] \text{ m}^2 =$$

$$0.021\ 216 \text{ m}^2$$

热侧孔度

$$\sigma_1 = A_{c1}/A_{y1} = 0.001\ 517\ 25/0.005\ 202 = 0.291\ 7$$

$$\sigma_2 = A_{c2}/A_{y2} = 0.011\ 232/0.021\ 216 = 0.529\ 4$$

一次传热面积（隔板导热面积）

$$A_p = 2N_1(L_1 - 2b_s)(L_2 - 1.5b_s) =$$

$$\left[2 \times 7 \times (220 - 2 \times 6) \times (60 - 1.5 \times 6) \times 10^{-6} \right] \text{ m}^2 =$$

$$0.148\ 512 \text{ m}^2$$

二次传热面积（翅片传热面积）

$$A_{f1} = N_1 \frac{L_2 - 1.5b_s}{s_{f1}} \times 2h_1 \times L_1 \times 2 =$$

$$\left(7 \times \frac{60 - 1.5 \times 6}{1} \times 2 \times 2.5 \times 220 \times 2 \times 10^{-6} \right) \text{ m}^2 = 0.785\ 4 \text{ m}^2$$

$$A_{f2} = N_2 \frac{L_1 - 2b_s}{s_{f2}} \times 2h_1 \times L_2 \times 2 =$$

$$\left(8 \times \frac{220 - 2 \times 6}{1.5} \times 2 \times 3.75 \times 60 \times 2 \right) \text{ m}^2 = 0.998\ 4 \text{ m}^2$$

3）计算质量流速、雷诺数、对流换热表面传热系数、翅片效率和表面效率

质量流速　$g_{m1} = \left(\dfrac{q_m}{A_c} \right)_1 = \dfrac{0.115}{0.001\ 517\ 25} \text{ kg/(m}^2 \cdot \text{s}) = 75.795 \text{ kg/(m}^2 \cdot \text{s})$

$$g_{m2} = \left(\frac{q_m}{A_c} \right)_2 = \frac{1.00}{0.011\ 232} \text{ kg/(m}^2 \cdot \text{s}) = 89.03 \text{ kg/(m}^2 \cdot \text{s})$$

雷诺数

$$Re_1 = \left(\frac{g_m d_e}{\mu}\right)_1 = \frac{75.795\,5 \times 1.416\,7 \times 10^{-3}}{23.714 \times 10^{-6}} = 4\,633.59$$

$$Re_2 = \left(\frac{g_m d_e}{\mu}\right)_2 = \frac{89.03 \times 2.25 \times 10^{-3}}{21.846 \times 10^{-6}} = 9\,169.53$$

由雷诺数可知，冷、热流体均属于过渡流状态，且 $2\,200 < Re < 10\,000$，故其传热系数可用雷德公式（3-23）计算：

$$Nu_1 = 0.06 Re_1^{\frac{2}{3}} = 0.06 \times (4\,633.59)^{\frac{2}{3}} = 16.68$$

$$Nu_2 = 0.06 Re_2^{\frac{2}{3}} = 0.06 \times (9\,169.53)^{\frac{2}{3}} = 26.29$$

$$\alpha_1 = \frac{Nu_1 \lambda_1}{d_{e1}} = \frac{16.68 \times 3.402\,3 \times 10^{-2}}{1.416\,7 \times 10^{-3}}\ \text{W/(m}^2 \cdot \text{K)} = 400.58\ \text{W/(m}^2 \cdot \text{K)}$$

$$\alpha_2 = \frac{Nu_2 \lambda_2}{d_{e2}} = \frac{26.29 \times 3.199\,2 \times 10^{-2}}{2.25 \times 10^{-3}}\ \text{W/(m}^2 \cdot \text{K)} = 373.81\ \text{W/(m}^2 \cdot \text{K)}$$

翅片参数

$$m_1 = \sqrt{\frac{2\alpha_1}{\lambda_{f1} \delta_{f1}}} = \sqrt{\frac{2 \times 400.58}{175 \times 0.15 \times 10^{-3}}}\ \text{m}^{-1} = 174.70\ \text{m}^{-1}$$

$$m_2 = \sqrt{\frac{2\alpha_2}{\lambda_{f2} \delta_{f2}}} = \sqrt{\frac{2 \times 373.81}{175 \times 0.15 \times 10^{-3}}}\ \text{m}^{-1} = 168.76\ \text{m}^{-1}$$

$$(mh)_1 = 174.7 \times 2.5 \times 10^{-3} = 0.436\,75$$

$$(mh)_2 = 168.76 \times 3.75 \times 10^{-3} = 0.632\,85$$

$$\eta_{f1} = \frac{\tanh(mh)_1}{(mh)_1} = \frac{0.410\,947}{0.436\,75} = 0.940\,92$$

$$\eta_{f2} = \frac{\tanh(mh)_2}{(mh)_2} = \frac{0.560\,012}{0.632\,85} = 0.884\,9$$

有效传热面积

$$A_{ef1} = A_p + \eta_{f1} A_{f1} = (0.148\,512 + 0.940\,92 \times 0.785\,4)\ \text{m}^2 = 0.887\,5\ \text{m}^2$$

$$A_{ef2} = A_p + \eta_{f2} A_{f2} = (0.148\,512 + 0.884\,9 \times 0.998\,4)\ \text{m}^2 = 1.032\,0\ \text{m}^2$$

两侧总的传热面积

$$A_1 = A_{p1} + A_{f1} = (0.148\,512 + 0.985\,4)\ \text{m}^2 = 0.933\,9\ \text{m}^2$$

$$A_2 = A_{p2} + A_{f2} = (0.148\,512 + 0.998\,4)\ \text{m}^2 = 1.146\,9\ \text{m}^2$$

两侧表面效率

$$\eta_{01} = 1 - \frac{A_{f1}}{A_1}(1 - \eta_{f1}) = 1 - \frac{0.785\,4}{0.933\,9} \times (1 - 0.940\,92) = 0.950\,3$$

$$\eta_{02} = 1 - \frac{A_{f2}}{A_2}(1 - \eta_{f2}) = 1 - \frac{0.998\,4}{1.146\,9} \times (1 - 0.884\,9) = 0.899\,8$$

4）计算壁面热阻和总传热系数

$$R_w = \frac{\delta_p}{\lambda_w A_p} = \frac{0.5 \times 10^{-3}}{175 \times 0.316\,0}\ \text{K/W} = 9.042 \times 10^{-6}\ \text{K/W}$$

对气-气换热器，污垢热阻很小，可以不考虑，故有

$$\frac{1}{KA}=\frac{1}{(\eta_0\alpha A)_1}+R_w+\frac{1}{(\eta_0\alpha A)_2}=$$

$$\left(\frac{1}{0.950\ 3\times400.58\times0.933\ 9}+9.042\times10^{-6}+\right.$$

$$\left.\frac{1}{0.899\ 8\times373.81\times1.146\ 9}\right)\ \mathrm{K/W}=5.414\ 2\times10^{-3}\ \mathrm{K/W}$$

$$KA=\frac{1}{5.414\ 2\times10^{-3}}\ \mathrm{W/K}=184.70\ \mathrm{W/K}$$

因为 $KA=K_1A_1=K_2A_2$，当以热流体侧的总传热面积 A_1 为基准时，对应的传热系数为

$$K_1=\frac{KA}{A_1}=\frac{184.7}{0.933\ 9}\ \mathrm{W/(m^2\cdot K)}=197.77\ \mathrm{W/(m^2\cdot K)}$$

5）计算传热单元数、换热器效率和出口流体温度

$$W_1=(q_m c_p)_1=(0.115\times1.010\ 7\times10^3)\ \mathrm{W/K}=116.23\ \mathrm{W/K}$$

$$W_2=(q_m c_p)_2=(1.0\times1.009\ 4\times10^3)\ \mathrm{W/K}=1\ 009.4\ \mathrm{W/K}$$

$$C^*=\frac{W_{\min}}{W_{\max}}=\frac{116.23}{1\ 009.4}=0.115\ 15$$

$$\mathrm{NTU}=\frac{KA}{W_{\min}}=\frac{184.7}{116.23}=1.589\ 1$$

两流体各自非混合的叉流换热器效率，此处按德雷克近似关系式计算单个芯体效率

$$\eta_i=1-\exp\left\{\frac{\mathrm{NTU}^{0.22}}{C^*}\left[\exp\left(-C^*\ \mathrm{NTU}^{0.78}\right)-1\right]\right\}=$$

$$1-\exp\left\{\frac{1.589\ 1^{0.22}}{0.115\ 15}\left[\exp\left(-0.115\ 15\times1.589\ 1^{0.78}\right)-1\right]\right\}=0.768\ 9$$

换热器总效率

$$\eta=\frac{\left(\dfrac{1-C^*\eta_i}{1-\eta_i}\right)^n-1}{\left(\dfrac{1-C^*\eta_i}{1-\eta_i}\right)^n-C^*}=\frac{\left(\dfrac{1-0.115\ 15\times0.768\ 9}{1-0.768\ 9}\right)^2-1}{\left(\dfrac{1-0.115\ 15\times0.768\ 9}{1-0.768\ 9}\right)^2-0.115\ 15}=0.942\ 7$$

符合性能指标要求 $\eta>0.93$。

换热器的传热热流量

$$\Phi=\eta W_{\min}(t_1'-t_2')=[0.942\ 7\times116.23\times(250-90)]\ \mathrm{kW}=17.531\ \mathrm{kW}$$

流体的出口温度

$$t_1''=t_1'-\frac{\Phi}{W_1}=\left(250-\frac{17.531\times10^3}{116.23}\right)\ ℃=99.17\ ℃$$

$$t_2''=t_2'+\frac{\Phi}{W_2}=\left(90+\frac{17.531\times10^3}{1\ 009.4}\right)\ ℃=107.37\ ℃$$

与假设效率相对误差

$$\Delta\eta=\left|\frac{\eta-\eta_{设}}{\eta_{设}}\right|\times100\%=\left|\frac{0.942\ 7-0.94}{0.94}\right|\times100\%=0.029\%$$

可看出计算值与假设值已相当接近，故认为上面的 Φ、t_1'' 及 t_2'' 即所求的解。

6）阻力计算

① 热侧阻力

$$v'_1 = \frac{RT'_1}{p'_1} = \frac{287 \times (273 + 250)}{882 \times 10^3} \text{ m}^3/\text{kg} = 0.170\ 1 \text{ m}^3/\text{kg}$$

设热侧单芯体阻力 $\Delta p_1 = 11.8 \times 10^3$ Pa，则

$$v''_1 = \frac{RT''_1}{p''_1} = \frac{287 \times (273 + 99.17)}{(882 - 11.8) \times 10^3} \text{ m}^3/\text{kg} = 0.122\ 7 \text{ m}^3/\text{kg}$$

$$v_{m1} = \frac{v'_1 + v''_1}{2} = \frac{0.170\ 1 + 0.122\ 7}{2} \text{ m}^3/\text{kg} = 0.146\ 4 \text{ m}^3/\text{kg}$$

由 $\sigma_1 = 0.291\ 7$，得 $\sigma_1^2 = 0.085\ 1$，查图 3 - 12 得，$K'_1 = 0.53$，$K''_1 = 0.46$，故

$$1 - \sigma_1^2 + K'_1 = 1 - 0.085\ 1 + 0.53 = 1.444\ 9$$

$$\frac{v''_1}{v'_1} = \frac{0.122\ 7}{0.170\ 1} = 0.721\ 3$$

$$2\left(\frac{v''_1}{v'_1} - 1\right) = 2 \times (0.721\ 3 - 1) = -0.557\ 4$$

对于三角形翅片，由式（3 - 23）得摩擦因子

$$f_1 = 0.021\left(\frac{Re_1}{1\ 000}\right)^{-0.25} = 0.021 \times \left(\frac{4\ 633.59}{1\ 000}\right)^{-0.25} = 0.014\ 3$$

$$4f_1\frac{L_1}{d_{e1}} \cdot \frac{v_{m1}}{v'_1} = 4 \times 0.014\ 3 \times \frac{220 \times 2}{1.416\ 7} \times \frac{0.146\ 4}{0.170\ 1} = 15.290$$

$$(1 - \sigma_1^2 - K'')\frac{v''_1}{v'_1} = (1 - 0.085\ 1 - 0.46) \times 0.721\ 3 = 0.328\ 1$$

$$\xi_a\frac{v_{m1}}{v'_1} = 5 \times \frac{0.146\ 4}{0.170\ 1} = 4.303\ 3$$

$$\frac{g_{m1}^2 v'_1}{2} = \frac{75.795^2 \times 0.170\ 1}{2} = 488.602$$

$$\Delta p_1 = \frac{g_{m1}^2 v'_1}{2}\left[(1 - \sigma_1^2 + K'_1) + 2\left(\frac{v''_1}{v'_1} - 1\right) + \frac{4f_1 L_1}{d_{e1}}\frac{v_{m1}}{v'_1} - \right.$$

$$\left.(1 - \sigma_1^2 - K'')\frac{v''_1}{v'_1} + \xi_a\frac{v_{m1}}{v'_1}\right] =$$

$$[488.602 \times (1.444\ 9 - 0.557\ 4 + 15.29 - $$

$$0.328\ 1 + 4.303\ 3)] \text{ kPa} = 9.847 \text{ kPa}$$

单芯体阻力 Δp_1 低于预设的 11.8 kPa，则热侧双流程总阻力低于性能指标要求的 11.8×2 kPa。

② 冷侧阻力

因为冷侧为单流程，预设 $\Delta p_2 = 15 \times 10^3$ Pa，采用与热侧阻力相同算法可得，$\Delta p_2 = 10.91$ kPa，Δp_2 低于性能指标要求的 24.5 kPa。

7）产品质量估算

翅片、隔板、侧板和封条材料为 LF21，其密度为 $2.730\ 7 \times 10^3$ kg/m³；方法兰、封头和接管材料为 LF6，其密度为 2.639×10^3 kg/m³。

① 翅片质量

热侧翅片　$m_{f1} = N_1 \dfrac{2L_2 - 3b_s}{s_{f1}} \sqrt{s_1^2 + s_{f1}^2} L_1 \delta_{f1} \rho =$

$$\left[7 \times \frac{2 \times 60 - 3 \times 6}{1} \times \sqrt{5^2 + 1^2} \times \right.$$

$$\left. 220 \times 0.15 \times 2.730\ 7 \times 10^{-6} \right] \text{kg} = 0.328\ 1\ \text{kg}$$

冷侧翅片　$m_{f2} = N_2 \dfrac{L_1 - 2b_s}{s_{f2}} \sqrt{s_2^2 + s_{f2}^2} \cdot 2L_2 \delta_{f2} \rho =$

$$\left[8 \times \frac{220 - 2 \times 6}{1.5} \times \sqrt{7.5^2 + 1.5^2} \times 2 \times \right.$$

$$\left. 60 \times 0.15 \times 2.730\ 7 \times 10^{-6} \right] \text{kg} = 0.417\ \text{kg}$$

翅片总质量　$m_f = m_{f1} + m_{f2} = (0.328\ 1 + 0.417\ 0) \text{kg} = 0.745\ 1\ \text{kg}$

② 隔板和侧板质量

$m_{ps} = (2N_1 \delta_p + 2\delta_s) L_1 \cdot 2L_2 \rho =$

$$\left[(2 \times 7 \times 0.5 + 2 \times 2) \times 220 \times 2 \times 60 \times 2.730\ 7 \times 10^{-6} \right] \text{kg} = 0.793\ 0\ \text{kg}$$

③ 封条质量

热边封条　$m_{s1} = 3N_1 L_1 b_s s_1 \rho =$

$$(3 \times 7 \times 220 \times 6 \times 5 \times 2.730\ 7 \times 10^{-6}) \text{kg} = 0.378\ 5\ \text{kg}$$

冷边封条　$m_{s2} = 2N_2 \cdot 2L_2 b_s s_2 \rho =$

$$(2 \times 8 \times 2 \times 60 \times 6 \times 7.5 \times 2.730\ 7 \times 10^{-6}) \text{kg} = 0.239\ 5\ \text{kg}$$

封条总质量　$m_s = m_{s1} + m_{s2} = (0.378\ 5 + 0.235\ 9) \text{kg} = 0.614\ 4\ \text{kg}$

④ 芯体总质量

$$m_{core} = m_f + m_{ps} + m_s = (0.745\ 1 + 0.793 + 0.614\ 4) \text{kg} = 2.152\ 5\ \text{kg}$$

⑤ 冷侧方法兰质量(结构尺寸见图 3-37)

两个方法兰的静质量为

$$m_{fl} = 4[l_1' + (l_2' - 2N')] N' \delta \rho =$$

$$\left[4 \times 248 \times (134 - 2 \times 16) \times 16 \times 3 \times 2.639 \times 10^{-6} \right] \text{kg} = 0.177\ 3\ \text{kg}$$

考虑到为焊接方法兰并使气流进出冷侧均匀,芯体冷侧四周侧壁须伸出约 10 mm(厚度取为侧板厚度 2 mm),故方法兰总质量可计为

$$m_{flt} = \{ 0.177\ 3 + 4 \times [220 + (134 - 2 \times 16)] \times 10 \times 2 \times$$

$$2.730\ 7 \times 10^{-6} \} \text{kg} = 0.247\ 6\ \text{kg}$$

⑥ 封头质量

估算质量时,将热侧封头简化成图 3-38 所示的长方体,故封头质量为

$$m_{cov} = [2L_3 \cdot 2L_2 + (4 \cdot 2L_2 + 5L_3) h] \delta \rho =$$

$$\{ [2 \times 106 \times 2 \times 60 + (4 \times 2 \times 60 + 5 \times 106) \times 35] \times$$

$$3 \times 2.639 \times 10^{-6} \} \text{kg} = 0.481\ 3\ \text{kg}$$

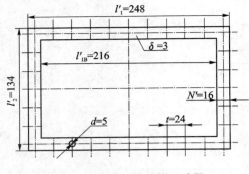

图 3-37 方法兰结构尺寸图

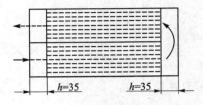

图 3-38 封头简化图

⑦ 接管(含圆法兰)质量(参看图 3-39)

$$m_b = \left\{ 2\left[(62^2 - 42^2) \times 10 + (46^2 - 42^2) \times 20\right] \times \frac{\pi}{4} \times 2.639 \times 10^{-6} \right\} \text{ kg} = 0.115\ 4 \text{ kg}$$

⑧ 换热器总质量

$$m = m_{core} + m_{flt} + m_{cov} + m_b =$$

$$(2.152\ 5 + 0.247\ 6 + 0.481\ 3 +$$

$$0.115\ 4) \text{ kg} = 2.996\ 8 \text{ kg}$$

换热器总质量低于规定的 6 kg,符合重量要求。

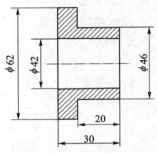

图 3-39 接管(含圆法兰)示意图

8) 强度校核

产品热侧进气设计温度为 250 ℃,由于在高温下铝材料的强度指标有所下降,故材料强度指标热侧取 250 ℃ 的值。

LF21 - M 的许用应力

$$[\sigma] = \frac{\sigma_b^t}{4} = \frac{55}{4} \text{ MPa} = 13.75 \text{ MPa}$$

LF6 - M 的许用应力

$$[\sigma] = \frac{\sigma_b^t}{4} = \frac{160}{4} \text{ MPa} = 40 \text{ MPa}$$

① 翅片厚度

因热侧工作压力及工作温度均比冷侧高,故取热侧翅片进行强度验算。热侧翅片主要受拉应力,考虑材料强度影响的翅片厚度校核计算公式可采用式(3-65),即

$$\delta_f = \frac{px}{[\sigma] \cdot \psi} + C$$

对三角形翅片,其开孔削弱系数 $\psi = 1$,壁厚修正系数取 $C = 0.01$ mm,翅片平均内距取 $x = \dfrac{X}{2} = 1$ mm,产品工作压力 $p_1 = 882$ kPa,故翅片厚度

$$\delta_f = \left(\frac{882 \times 1}{13.75 \times 10^3 \times 1} + 0.01 \right) \text{ mm} = 0.074\ 1 \text{ mm}$$

根据强度核算结果可知,选取翅片材料厚度 $\delta_f = 0.15$ mm 满足要求。

② 封头壁厚

产品工作压力　　　$p = 882$ kPa；

封头最小壁厚　　　$\delta = 3$ mm；

封头内径　　　　　$D_B = 106$ mm；

焊缝系数取　　　　$\phi = 0.8$；

壁厚修正系数取　　$C = 0.1$ mm。

由封头强度计算公式(3 - 70)得

$$\delta_{cov} = \frac{p \cdot D_B}{2[\sigma]\phi - p} + C = \left(\frac{882 \times 106}{2 \times 40 \times 10^3 \times 0.8 - 882} + 0.1 \right) \text{ mm} = 1.58 \text{ mm}$$

实际取封头壁厚 $\delta = 3$ mm，强度符合要求。

③ 接管壁厚

工作压力　　　　$p = 882$ kPa；

接管内径　　　　$d_A = 42$ mm；

焊缝系数　　　　$\phi = 0.8$；

壁厚修正系数　　$C = 0.1$ mm。

由薄壁接管强度计算公式(3 - 71)得

$$\delta_b = \frac{p \cdot d_A}{2[\sigma]\phi - p} + C = \left(\frac{882 \times 42}{2 \times 40 \times 10^3 \times 0.8 - 882} + 0.1 \right) \text{ mm} = 0.7 \text{ mm}$$

实际取接管壁厚 $\delta_b = 2$ mm，强度符合要求。

④ 隔板厚度

工作压力　　　　　$p = 882$ kPa；

翅片间距　　　　　$s_f = 1$ mm；

壁厚度修正系数　　$C = 0.05$。

由隔板强度计算公式(3 - 66)得

$$\delta_p = s_f \sqrt{\frac{6 \cdot p}{8[\sigma]}} + C = \left(1 \times \sqrt{\frac{6 \times 882}{8 \times 13.75 \times 10^3}} + 0.05 \right) \text{ mm} = 0.27 \text{ mm}$$

实取隔板厚度 0.5 mm，强度符合要求。

实取封条宽度 $b_s = 6$ mm $> \delta_p$，也符合强度要求。

⑤ 方法兰厚度及螺栓直径计算

初步选定冷侧方法兰如图 3 - 37 所示。取螺栓数 $Z = 32$，采用 3.0 mm 厚的石棉橡胶板作密封垫片，垫片系数 $m = 2$，比压力 $y = 11$ MPa。

垫片基本压紧宽度 $b_0 = \dfrac{N'}{2} = \dfrac{16}{2} = 8$ mm > 6.4 mm，故垫片有效压紧宽度 $b = 2.53 \sqrt{b_0} = (2.53 \times \sqrt{8})$ mm $= 7.16$ mm。

设垫片压紧力作用当量中心圆直径为 D_{gcp}，当量外径为 D_{go}，则由式(3 - 83)得

$$D_{go} = 2 \sqrt{\frac{l_1' l_2'}{\pi}} = 2 \sqrt{\frac{248 \times 134}{\pi}} \text{ mm} = 205.70 \text{ mm}$$

故垫片压紧力作用的当量中心圆直径为

$$D_{gcp} = D_{go} - 2b = (205.70 - 2 \times 7.16) \text{ mm} = 191.38 \text{ mm}$$

螺栓工作时载荷

$$W_1 = \frac{\pi}{4} D_{gcp}^2 p + 2\pi D_{gcp} b m p =$$

$$\left[\frac{\pi}{4} \times (191.38 \times 10^{-3})^2 \times 138 \times 10^3 + 2\pi \times 191.38 \times \right.$$

$$\left. 7.16 \times 10^{-6} \times 2 \times 138 \times 10^3 \right] \text{N} = 0.634\,6 \times 10^4 \text{ N}$$

螺栓预紧载荷

$$W_2 = \pi D_{gcp} b y = (\pi \times 191.38 \times 7.16 \times 10^{-6} \times 11 \times 10^6) \text{ N} =$$

$$4.735\,4 \times 10^4 \text{ N}$$

取螺栓材料为 35# 钢，由文献[48]查得常温时 35# 钢的许用应力 $[\sigma] = 117$ MPa，100 ℃时 35# 钢的许用应力 $[\sigma]^{100} = 105$ MPa。

于是由式(3-74)和式(3-75)求得螺栓截面积如下：

工作时

$$A_1 = \frac{W_1}{[\sigma]^{100}} = \frac{0.634\,6 \times 10^4 \times 10^6}{105 \times 10^6} \text{ mm}^2 = 60.44 \text{ mm}^2$$

安装时

$$A_2 = \frac{W_2}{[\sigma]} = \frac{4.735\,4 \times 10^4 \times 10^6}{117 \times 10^6} \text{ mm}^2 = 404.74 \text{ mm}^2$$

因为 $A_2 > A_1$，故取螺栓截面积为 A_2，则螺栓直径

$$d'_B = \sqrt{\frac{4A_2}{\pi Z}} = \sqrt{\frac{4 \times 404.74}{\pi \times 32}} \text{ mm} = 4.013 \text{ mm}$$

实取螺栓直径为 $d_B = 5$ mm。

螺栓间距 $t = 24$ mm，则螺栓联结的法兰厚度为

$$\delta_{fl} = 0.43 \sqrt{\frac{W_j(l'_1 - l'_{iB})t}{2[\sigma]_\phi (t-d)d}} + C$$

在一个螺栓上的计算载荷为

$$W_j = \frac{W_2}{Z} = \frac{4.735\,4 \times 10^4}{32} \text{ N} = 1\,479.8 \text{ N}$$

法兰材料 LF6 的抗弯许用应力可由式(3-79)得

$$[\sigma]_\phi = \frac{[\sigma]_b}{n} = \frac{320}{2} \text{ MPa} = 160 \text{ MPa}$$

壁厚修正系数取为 $C = 0.10$ mm，故

$$\delta_{fl} = \left[0.43 \times \sqrt{\frac{1\,479.8 \times (248 - 216) \times 24}{2 \times 160 \times 10^6 \times (24-5) \times 5}} \times 10^3 + 0.10 \right] \text{ mm} = 2.73 \text{ mm}$$

所选方法兰厚度为 3 mm，符合强度要求。

热侧圆法兰采用卡箍对接，其厚度为 10 mm，远大于接管厚度（2 mm）和方法兰厚度（3 mm），其强度符合要求，验算略。

例 3-3　试设计某实验平台所使用的一台气-水换热器。该换热器利用纯水（去离子水）冷却热侧空气，以使空气温度降低到允许温度以下。对换热器的主要性能要求如表 3-10 所列。

表 3-10　对流换热器的主要性能要求

参　数	热　侧	冷　侧
工作介质	空气	水
进口温度	43 ℃	21 ℃
进口压力(绝对)	101 725 Pa	2.5 atm
进口流量	228.6 kg/h	80~170 kg/h
阻力	300 Pa	100×2 Pa
效率	≥0.70	
换热量	水流量 80 kg/h 时≥750 W	
	水流量 170 kg/h 时≥930 W	
流体流动长度(芯体)	130 mm	150 mm
非流动方向尺寸	100 mm<L_3<150 mm	

解

1) 预备计算

首先假设换热器 $\eta = 0.74$,则

$$t''_1 = t'_1 - \eta(t'_1 - t'_2) = [43 - 0.74 \times (43 - 21)] \text{ ℃} = 26.72 \text{ ℃}$$

$$t''_2 = t'_2 + \frac{W_1}{W_2}(t'_1 - t''_1) = t'_2 + \frac{q_{m1} c_{p1}}{q_{m2} c_{p2}}(t'_1 - t'_1)$$

作为第一近似,假设热侧空气的比热 c_{p1} 和冷侧水的比热 c_{p2} 均按照入口参数取值,由有关物性手册或附录 C 中推荐的公式计算可得空气和水的物性参数:

$$c_{p1} = (1\ 003 + 0.02 \times 43 + 4 \times 10^{-4} \times 43^2) \text{ J/(kg · K)} = 1\ 004.6 \text{ J/(kg · K)}$$

$$c_{p2} = (4\ 184.4 - 0.696\ 4 \times 21 + 1.036 \times 10^{-2} \times 21^2) \text{ J/(kg · K)} = 4\ 174.3 \text{ J/(kg · K)}$$

当水侧流量为 170 kg/h 时,有

$$t''_2 = \left[21 + \frac{0.063\ 497 \times 1\ 004.6}{\dfrac{170}{3\ 600} \times 4\ 174.3} \times (43 - 26.72) \right] \text{ ℃} = 26.27 \text{ ℃}$$

由于

$$C^* = \frac{W_{\min}}{W_{\max}} = \frac{W_1}{W_2} = \frac{q_{m1} c_{p1}}{q_{m2} c_{p2}} \approx \frac{0.063\ 497 \times 1\ 004.6}{\dfrac{170}{3\ 600} \times 4\ 174.3} = 0.324 < 0.5$$

故 $W_{\max}$ 侧(冷侧)取算术平均温度为

$$t_{m2} = \frac{t'_2 + t''_2}{2} = \frac{21 \text{ ℃} + 26.27 \text{ ℃}}{2} = 23.63 \text{ ℃}$$

两流体对数平均温差为

$$\Delta t_{lm} = \frac{(t' - t_{m2}) - (t''_1 - t_{m2})}{\ln \dfrac{t' - t_{m2}}{t''_1 - t_{m2}}} = \frac{43 - 26.72}{\ln \dfrac{43 - 23.63}{26.72 - 23.63}} \text{ ℃} = 8.864 \text{ ℃}$$

热侧平均温度为

$$t_{m1} = t_{m2} + \Delta t_{lm} = (23.63 + 8.864) \text{ ℃} = 32.50 \text{ ℃}$$

根据平均温度可求得冷却水和热空气的物性参数,如表 3-11 所列。

表 3－11　冷、热侧流体介质物性参数计算结果

参　数	$\mu/(\text{Pa}\cdot\text{s})$	$\lambda/(\text{W}\cdot\text{m}^{-1}\cdot\text{K}^{-1})$	$c_p/(\text{J}\cdot\text{kg}^{-1}\cdot\text{K}^{-1})$	Pr
热空气	18.827×10^{-6}	$2.725\,1\times10^{-2}$	$1\,004.1$	$0.693\,7$
冷却水	9.337×10^{-4}	$6.274\,7\times10^{-1}$	$4\,173.7$	$6.210\,4$

2）产品结构规划及计算

根据对换热器效率的要求，初步选定换热器热侧为一流程，冷侧为两流程，产品芯体结构如图 3－40 所示，翅片形式如图 3－41 所示。

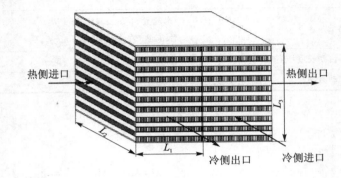

图 3－40　换热器芯体结构简图

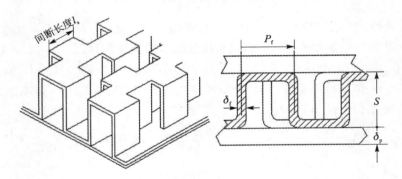

图 3－41　翅片形式图

产品结构尺寸如表 3－12 所列。

表 3－12　产品结构尺寸表

参　数	热　侧	冷　侧
型　面	锯齿形	锯齿形
间断长度 l_s/mm	12	3
翅片间距 P_f/mm	2.5	2.0
板间距 s/mm	7.5	2.5
翅片厚度 δ_f/mm	0.2	0.15
翅片高度 h/mm	3.55	2.5

参　数	热　侧	冷　侧
翅片层数	10	11
隔板厚度 δ_p/mm	0.6	
侧板厚度 δ_s/mm	2.0	
封条宽度 b_s/mm	6	4

非流动方向长度为

$$L_3 = N_1 S_1 + N_2 S_2 + 2N_2 \delta_P = (10 \times 7.5 + 11 \times 2.5 + 2 \times 11 \times 0.6) \text{ mm} = 115.7 \text{ mm}$$

流道当量直径为

$$d_{e1} = \frac{2(P_{f1} - 2\delta_{f1})(s_1 - \delta_{f1})}{(P_{f1} - \delta_{f1}) + (s_1 - \delta_{f1}) + (s_1 - \delta_{f1})\delta_{f1}/l_{s1}} = 3.154 \text{ mm}$$

$$d_{e2} = \frac{2(P_{f2} - 2\delta_{f2})(s_2 - \delta_{f2})}{(P_{f2} - \delta_{f2}) + (s_2 - \delta_{f2}) + (s_2 - \delta_{f2})\delta_{f2}/l_{s2}} = 1.851 \text{ mm}$$

翅片面积比为

$$\varphi_1 = \frac{s_1 - \delta_{f1}}{P_{f1} - 2\delta_{f1} + s_1} = 0.760\ 4$$

$$\varphi_2 = \frac{s_2 - \delta_{f2}}{P_{f2} - 2\delta_{f2} + s_2} = 0.559\ 5$$

对于多流程换热器,一般取组成换热器的各个芯体的尺寸和结构相同,故以下取单个芯体(如第一芯体)为计算单元:

迎风面积为

$$A_{y1} = (L_2 - 2b_s)(L_3 - 2\delta_s) = 0.015\ 415 \text{ m}^2$$

$$A_{y2} = (L_1 - 1.5b_s)(L_3 - 2\delta_s) = 0.006\ 590 \text{ m}^2$$

板间体积为

$$V_{p1} = (L_1 - 1.5b_{s2})(L_2 - 2b_{s1})N_1 S_1 = 0.000\ 611 \text{ m}^3$$

$$V_{p2} = (L_1 - 1.5b_{s2})(L_2 - 2b_{s1})N_2 S_2 = 0.000\ 224 \text{ m}^3$$

传热面积密度为

以各侧板间体积为基准:

$$\beta_1 = \frac{A_1}{V_{p1}} = \frac{2[(P_{f1} - \delta_{f1}) + (S_1 - \delta_{f1})]}{S_1 P_{f1}} = 1\ 024 \text{ m}^2/\text{m}^3$$

$$\beta_2 = \frac{A_2}{V_{p2}} = \frac{2[(P_{f2} - \delta_{f2}) + (S_2 - \delta_{f2})]}{S_2 P_{f2}} = 1\ 680 \text{ m}^2/\text{m}^3$$

总传热面积为

$$A_1 = \beta_1 V_{p1} = 0.625\ 306 \text{ m}^2$$

$$A_2 = \beta_2 V_{p2} = 0.376\ 160 \text{ m}^2$$

最小自由流通面积为

$$A_{c1} = \frac{d_{e1} A_1}{4L_1} = 0.007\ 585 \text{ m}^2$$

$$A_{c2} = \frac{d_{e2}A_2}{4L_2} = 0.001\ 160\ \text{m}^2$$

每侧孔度为

$$\sigma_1 = \frac{A_{c1}}{A_{y1}} = 0.492\ 1$$

$$\sigma_2 = \frac{A_{c2}}{A_{y2}} = 0.176\ 0$$

一次传热面积(隔板导热面积)

$$A_p = (2N_1 + 2)(L_1 - 1.5b_{s2})(L_2 - 2b_{s1}) = 0.179\ 124\ \text{m}^2$$

3) 计算质量流速、雷诺数、对流表面传热系数、翅片效率和表面效率

质量流速为

$$g_{m1} = \frac{q_{m1}}{A_{c1}} = \frac{228.6/3\ 600}{0.007\ 585}\ \text{kg/(m}^2 \cdot \text{s)} = 8.371\ \text{kg/(m}^2 \cdot \text{s)}$$

$$g_{m2} = \frac{q_{m2}}{A_{c2}} = \frac{170/3\ 600}{0.001\ 160}\ \text{kg/(m}^2 \cdot \text{s)} = 40.701\ \text{kg/(m}^2 \cdot \text{s)}$$

雷诺数为

$$Re_1 = \frac{g_{m1}d_{e1}}{\mu_1} = \frac{8.371 \times 3.154 \times 10^{-3}}{18.827 \times 10^{-6}} = 1\ 402.3$$

$$Re_2 = \frac{g_{m2}d_{e2}}{\mu_2} = \frac{40.701 \times 1.851 \times 10^{-3}}{9.337 \times 10^{-4}} = 80.67$$

对于空气或气体工质,层流区 $Re \leqslant 1\ 000$ 时,适用 Weiting 拟合关系式(3-26);紊流区 $Re \geqslant 2\ 000$ 时,适用 Weiting 拟合关系式(3-27)。

对于过渡区需要根据下式确定参考 Re_j^*,若 $Re < Re_j^*$,用式(3-26)确定 j,否则用式(3-27)确定。

$$Re_j^* = 61.9\left(\frac{l_{s1}}{d_{e1}}\right)^{0.952}\left(\frac{P_{f1} - \delta_{f1}}{s_1 - \delta_{f1}}\right)^{-1.1}Re^{-0.53} = 16.91$$

根据题意,$Re_1 > Re_j^*$,因此热侧空气传热系数可用 Weiting 公式(3-27)计算:

$$j_1 = 0.242\left(\frac{l_{s1}}{d_{e1}}\right)^{-0.322}\left(\frac{P_{f1} - \delta_{f1}}{s_1 - \delta_{f1}}\right)^{0.089}Re^{-0.368} = 0.008\ 557$$

对于冷侧水的传热系数采用下式计算:

$$j_2 = 0.287Re_1^{-0.42}Pr^{0.167} = 0.042\ 710$$

对流传热表面系数为

$$\alpha_1 = j_1 g_{m1} c_{p1}/Pr_1^{2/3} = 91.782\ 7$$

$$\alpha_2 = j_2 g_{m2} c_{p2}/Pr_2^{2/3} = 2\ 147.402$$

翅片参数为

$$m_1 = \sqrt{\frac{2\alpha_1}{\lambda_{f1}\delta_{f1}}\left(1 + \frac{\delta_{f1}}{l_{s1}}\right)} = 74.306\ \text{m}^{-1}$$

$$m_2 = \sqrt{\frac{2\alpha_2}{\lambda_{f2}\delta_{f2}}\left(1 + \frac{\delta_{f2}}{l_{s2}}\right)} = 421.772\ \text{m}^{-1}$$

$$(mh)_1 = 74.306 \times 3.55 \times 10^{-3} = 0.263\,788$$

$$(mh)_2 = 421.772 \times 2.5 \times 10^{-3} = 0.463\,949$$

$$\eta_{f1} = \frac{\tanh(mh)_1}{(mh)_1} = 0.977\,43$$

$$\eta_{f2} = \frac{\tanh(mh)_2}{(mh)_2} = 0.933\,93$$

两侧翅片表面效率为

$$\eta_{01} = 1 - \frac{A_{f1}}{A_1}(1 - \eta_{f1}) = 1 - \varphi_1(1 - \eta_{f1}) = 0.982\,8$$

$$\eta_{02} = 1 - \frac{A_{f2}}{A_2}(1 - \eta_{f2}) = 1 - \varphi_2(1 - \eta_{f2}) = 0.949\,8$$

4）计算壁面热阻和总传热系数

$$R_w = \frac{\delta_p}{\lambda_w A_p} = \frac{0.6 \times 10^{-3}}{169 \times 0.179\,124}\ \text{K/W} = 1.982 \times 10^{-5}\ \text{K/W}$$

对气-水换热器，暂不考虑污垢热阻，故有

$$\frac{1}{KA} = \frac{1}{(\eta_0 \alpha A)_1} + R_w + \frac{1}{(\eta_0 \alpha A)_2} =$$

$$0.017\,728\,1\ \text{K/W} + 1.982 \times 10^{-5}\ \text{K/W} + 0.001\,303\,5\ \text{K/W} = 0.019\,230\ \text{K/W}$$

$$KA = \frac{1}{0.019\,230}\ \text{W/K} = 52.003\ \text{W/K}$$

因为 $KA = K_1 A_1 = K_2 A_2$，当以热流体侧的总传热面积 A_1 为基准时，对应的传热系数为

$$K_1 = \frac{KA}{A_1} = \frac{52.003}{0.625\,306}\ \text{W/(m}^2 \cdot \text{K)} = 83.163\ \text{W/(m}^2 \cdot \text{K)}$$

5）计算传热单元数、换热器效率和出口流体温度

$$W_1 = q_{m1} c_{p1} = (0.063\,497 \times 1\,004.1)\ \text{W/K} = 63.756\ \text{W/K}$$

$$W_2 = q_{m2} c_{p2} = (0.047\,222 \times 4\,173.7)\ \text{W/K} = 197.093\ \text{W/K}$$

$$C^* = \frac{W_{\min}}{W_{\max}} = 0.323\,5$$

$$\text{NTU} = \frac{KA}{W_{\min}} = \frac{52.003}{63.756} = 0.815\,23$$

两流体各自非混合的叉流换热器效率，此处按德雷克近似关系式计算单个芯体效率，有

$$\eta_i = 1 - \exp\left\{\frac{\text{NTU}^{0.22}}{C^*}\left[\exp(-C^* \text{NTU}^{0.78}) - 1\right]\right\} = 0.509\,5$$

换热器总效率为

$$\eta = \frac{\left(\frac{1 - C^* \eta_i}{1 - \eta_i}\right)^2 - 1}{\left(\frac{1 - C^* \eta_i}{1 - \eta_i}\right)^2 - C^*} = 0.737\,4$$

符合指标性能 $\eta > 0.70$。

换热器的传热热流量为

$$\Phi = \eta W_{\min}(t_1' - t_2') = 1\,034.8\ \text{W}$$

流体的出口温度为

$$t''_1 = t'_1 - \frac{\Phi}{W_1} = \left(43 - \frac{1\,034.8}{63.756}\right)\,℃ = 26.78\,℃$$

$$t''_2 = t'_2 + \frac{\Phi}{W_2} = \left(21 + \frac{1\,034.8}{197.093}\right)\,℃ = 26.25\,℃$$

与假设效率相对误差为

$$\Delta\eta = \left|\frac{\eta - \eta_设}{\eta_设}\right| \times 100\% = \left|\frac{0.737\,4 - 0.74}{0.74}\right| \times 100\% = 0.35\%$$

可看出计算值与假设已相当接近，故认为上面的 Φ、t''_1 及 t''_2 即所求的解。

根据上述规划的换热器芯体结构，校核其他流量下换热量，结果如表 3-13 所列。

表 3-13　不同流量下出口温度及换热量计算结果

水流量/(kg·h⁻¹)	t'_1/℃	t''_2/℃	换热量/W	效率 η/%
80	28.68	30.85	913.6	65.1
100	27.97	29.27	958.7	68.3
120	27.50	28.11	988.7	70.5
150	27.01	26.86	1 020.0	72.7

6）计算阻力

根据空气侧和水侧的进出口温度，预设 $\Delta p_1 = 100\,\text{Pa}$，由有关物性手册或附录 C 中推荐的公式计算可得两侧流体的比体积，如表 3-14 所列。

表 3-14　比体积计算结果

流体	t'/℃	t''/℃	v'/(m³·kg⁻¹)	v''/(m³·kg⁻¹)	v_m/(m³·kg⁻¹)
空气	43	26.78	0.891 96	0.847 03	0.869 50
水	21	26.25	1.002 1×10⁻³	1.003 4×10⁻³	1.002 7×10⁻³

① 计算热侧阻力

$\sigma_1 = 0.492\,1$，得 $\sigma_1^2 = 0.242\,1$，查图 3-12 得，$K'_1 = 0.30$，$K''_1 = 0.26$，故

$$1 - \sigma_1^2 + K'_1 = 1 - 0.242\,1 + 0.30 = 1.057\,9$$

$$2\left(\frac{v''_1}{v'_1} - 1\right) = -0.100\,759$$

由于空气侧雷诺数 Re_1 处于过渡区，需要首先确定参考 Re_f^* 的数值，再确定摩擦系数计算公式，有

$$Re_f^* = 41\left(\frac{l_{s1}}{d_{e1}}\right)^{0.772}\left(\frac{P_{f1} - \delta_{f1}}{s_1 - \delta_{f1}}\right)^{-0.179} Re^{-1.04} = 0.08$$

根据题意，$Re_1 > Re_f^*$，因此热侧空气摩擦系数可用 Weiting 公式（3-27）计算：

$$f_1 = 1.136\left(\frac{l_{s1}}{d_{e1}}\right)^{-0.781}\left(\frac{P_{f1} - \delta_{f1}}{s_1 - \delta_{f1}}\right)^{0.534} Re^{-0.198} = 0.051\,43$$

$$4f_1\frac{2L_1}{d_{e1}} \cdot \frac{v_{m1}}{v'_1} = 8.265\,86$$

$$(1 - \sigma_1^2 + K_1'') \frac{v_1''}{v_1'} = 0.472\ 794$$

$$\Delta p_1 = \frac{g_{m1}^2 v_1'}{2} \left[1 - \sigma_1^2 + K_1' + 2 \left(\frac{v_1''}{v_1'} - 1 \right) + 4 f_1 \frac{2L_1}{d_{e1}} \cdot \frac{v_{m1}}{v_1'} - (1 - \sigma_1^2 + K_1'') \frac{v_1''}{v_1'} \right] = 273.5 \text{ Pa}$$

由此可知,热侧阻力损失低于性能要求的 300 Pa。

② 计算冷侧阻力

冷侧为双流程,对于单流程预设 $\Delta p_{20} = 80$ Pa,采用与热侧阻力相同算法可得单流程下 $\Delta p_{20} = 70.9$ Pa,因此认为双流程下冷侧压降为 $\Delta p_{20} = 141.8$ Pa,小于性能指标要求。

7) 校核强度

换热器热侧空气的入口温度为 43 ℃,由于铝材料随着温度的升高强度指标有所下降,故可选取 100 ℃时铝材料的强度指标进行强度校核。

防锈铝 LF6 - M 的许用应力为

$$[\sigma] = \frac{\sigma_b}{4} = \frac{300}{4} \text{ MPa} = 75 \text{ MPa}$$

防锈铝 LF21 - M 的许用应力为

$$[\sigma] = \frac{\sigma_b}{4} = \frac{95}{4} \text{ MPa} = 23.75 \text{ MPa}$$

① 计算翅片厚度

考虑材料强度影响的翅片厚度校核计算公式如下:

$$\delta_f = \frac{px}{[\sigma] \cdot \varphi} + C$$

对于热侧锯齿形翅片,其开孔削弱系数 $\varphi = 1$,壁厚修正系数 $C = 0.01$ mm,翅片平均内距 $x = s_{f1} = 2.5$ mm,热侧空气工作压力 $p_1 = 101\ 725$ Pa,故翅片厚度为

$$\delta_{f1} = \left(\frac{101\ 725 \times 0.002\ 5}{23.75 \times 10^3 \times 1} + 0.01 \right) \text{ mm} = 0.021 \text{ mm}$$

根据强度核算结果可知,热侧翅片材料厚度为 $\delta_{f1} = 0.2$ mm,满足要求。

对于冷侧锯齿形翅片,其开孔削弱系数 $\varphi = 1$,壁厚修正系数 $C = 0.01$ mm,翅片平均内距 $x = s_{f2} = 2$ mm,热侧空气工作压力 $p_2 = 253\ 312.5$ Pa,故翅片厚度

$$\delta_{f2} = \left(\frac{253\ 312.5 \times 0.002}{23.75 \times 10^3 \times 1} + 0.01 \right) \text{ mm} = 0.031 \text{ mm}$$

根据强度核算结果可知,冷侧翅片材料厚度为 $\delta_{f2} = 0.15$ mm,满足要求。

② 计算隔板厚度

隔板强度的计算公式为

$$\delta_p = s_f \sqrt{\frac{6 \cdot p}{8[\sigma]}} + C$$

热侧空气压力 $p_1 = 101\ 725$ Pa,翅片间距 $s_{f1} = 2.5$ mm,壁厚修正系数 $C = 0.05$,所以隔板厚度为

$$\delta_{p1} = \left(2.5 \times \sqrt{\frac{6 \times 101.725}{8 \times 23.75 \times 10^3}} + 0.05 \right) \text{ mm} = 0.192 \text{ mm}$$

冷侧水压力 $p_2 = 253\ 312.5$ Pa,翅片间距 $s_{f2} = 2$ mm,壁厚修正系数 $C = 0.05$,所以隔板厚度为

$$\delta_{p2} = \left(2 \times \sqrt{\frac{6 \times 253.312\ 5}{8 \times 23.75 \times 10^3}} + 0.05 \right) \text{mm} = 0.229\ \text{mm}$$

实取隔板厚度为 0.6 mm,强度符合要求。

8)试验验证

为了在不同流量下对所设计的换热器的换热能力进行校核,搭建了如图 3-42 所示的换热器换热性能综合试验平台。

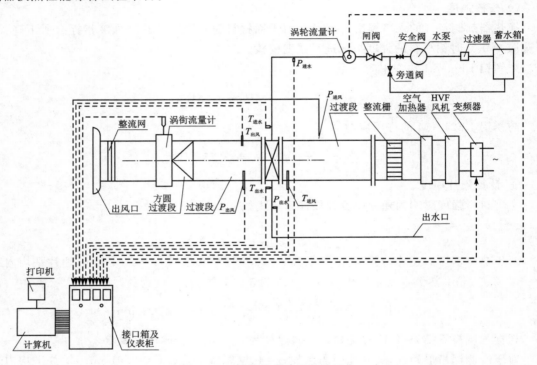

图 3-42 换热性能综合测试平台

试验中采用变频器调节空气流量;通过温度反馈和输出功率控制实现空气加热器出口温度的自动控制,控制精度为 $\pm 0.1\ ℃$;通过控制旁通阀和闸阀开度,调节低温水槽出口,即换热器水侧入口的冷却水压力和流量,保证水侧冷却水流量分别稳定为 80 kg/h、100 kg/h、120 kg/h、150 kg/h、170 kg/h。

以上每种试验工况下,空气侧各传感器、流量计读数和水侧各传感器、流量计读数均由数据采集仪记录,待换热器热侧和冷侧的进出口温度基本稳定后,采集空气侧进出口温度 $T_{\text{air\_in}}$、$T_{\text{air\_out}}$,进出口压力 $P_{\text{air\_in}}$、$P_{\text{air\_out}}$,流量 Q_{air} 以及水侧进出口温度 $T_{\text{water\_in}}$、$T_{\text{water\_out}}$,水侧进出口压力 $P_{\text{water\_in}}$、$P_{\text{water\_out}}$,冷却水流量 Q_{water} 等数据,作为计算换热器换热能力的原始数据。

试验结果见表 3-15 和图 3-43。

表 3 - 15 换热器设计校核性试验结果

通道	入口温度 T_{in}/℃	出口温度 T_{out}/℃	温度变化 ΔT/℃	压力损失 ΔP/Pa	流量 Q/(kg·h⁻¹)或(m³·h⁻¹)	换热量 Φ/W
水	21.31	31.85	10.54	553.62	79.87	976.76
空气	43.07	28.96	14.11	110.62	205.55	934.98
水	21.24	30.29	9.05	851.16	100.47	1055.03
空气	43.08	27.96	15.12	111.35	205.04	992.49
水	20.90	28.92	8.02	1 186.54	120.24	1 118.57
空气	43.14	27.12	16.12	110.84	204.75	1050.37
水	20.97	27.53	6.56	1 794.90	151.31	1 152.26
空气	43.09	26.50	16.59	113.12	204.63	1 086.89
水	21.14	27.11	5.97	2 231.33	169.70	1 174.21
空气	43.18	26.43	16.75	114.34	204.74	1 096.07

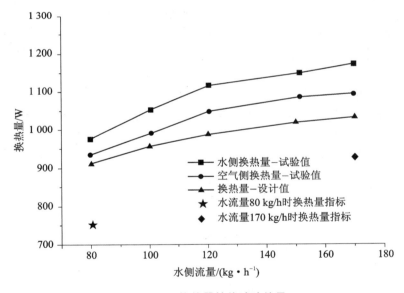

图 3 - 43 换热器性能试验结果

由表 3 - 15 和图 3 - 43 可知,所设计的换热器的换热量和压降都满足技术指标规定的换热量和压降要求。试验结果验证了设计方案及计算程序的正确性。

3.6.3 HPD 型锯齿错列翅片的传热与阻力特性

锯齿形错列翅片是板翅式换热器中强化传热效果较好的一种换热表面,其原理是翅片沿着流体流动方向周期性地相互错开一定的间隔,使得翅片表面附近形成的边界层还未充分发展就进入后一列翅片,翅片换热可充分利用边界层的起始段效应,同时流体在上游翅片产生的尾涡对下游翅片的换热也具有激励强化作用。具有代表性的相关文献中,MUZYCHKA 根据翅片内流体流动的方向不同将锯齿形错列翅片分为两类(见图3-44),一种为低压方向(Low Pressure Direction)流动,即流体流动方向与翅片肋表面平行,称为 LPD 型锯齿错列翅片;另一种为高压方向(High Pressure Direction),即流体流动方向与翅片肋表面成90°垂直流过翅片,称为 HPD 型锯齿错列翅片。

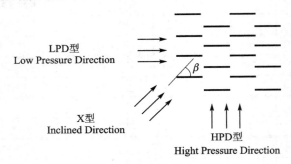

图 3-44　锯齿形错列翅片种类

这两种锯齿翅片的传热性能和阻力特性相差较大,在相同流量下,相比于 LPD 型锯齿翅片,HPD 型翅片具有高压降、高换热性能的特性。原因是 HPD 型翅片中流体的湍流程度更加剧烈,对翅片壁面的热边界层及流动边界层的破坏性更大。HPD 型翅片的高换热特性在一些工程应用中有其他类型翅片不可替代的作用。例如,在飞机滑油冷却系统中广泛使用的滑油-空气换热器,是使用空气来冷却滑油,对于这种液-气换热器,其液体侧的热阻往往是气体侧热阻的 10 倍以上,因此液体侧往往需要采取有效措施强化换热。近年来,国内外已有一些机型或装备的换热器上采用了 HPD 型翅片。一些学者也对 HPD 型翅片换热和流阻特性进行了理论和实验研究。文献[6]对 23 种 HPD 型锯齿错列翅片进行了实验验研究,考察的几何参数为齿距 s、齿高 h 和齿宽 b,工质为 CD15W/40 润滑油,其雷诺数范围为 30～500。作者对该实验的 338 个数据点进行拟合,得到如下计算 HPD 型锯齿翅片换热因子 j 和摩擦因子 f 的实验关联式:

$$j = 0.044\,95 \cdot Re^{-0.349\,6} \cdot \left(\frac{2s_f}{d_e}\right)^{0.166\,7} \cdot \left(\frac{s}{d_e}\right)^{0.499\,8} \cdot \left(\frac{\delta_f}{d_e}\right)^{-0.930\,6} \cdot \left(\frac{l_s}{d_e}\right)^{0.598\,9}$$
$$(30 < Re < 3\,000) \tag{3-85}$$

$$f = 77.53 \cdot Re^{-0.184\,2} \cdot \left(\frac{2s_f}{d_e}\right)^{1.130\,6} \cdot \left(\frac{s}{d_e}\right)^{0.960\,2} \cdot \left(\frac{\delta_f}{d_e}\right)^{-0.686\,9} \cdot \left(\frac{l_s}{d_e}\right)^{0.450\,9}$$
$$(30 < Re < 3\,000) \tag{3-86}$$

将 HPD 型锯齿形翅片的实验数据和由式(3-85)和式(3-86)预测的传热因子、摩擦因子进行对比分析表明:式(3-85)可以拟合 j 因子的全部试验数据,相对误差不超过 10%;式(3-86)可以拟合 f 因子 94% 的试验数据,相对误差亦不超过 10%。

然而在实际情况下,寻找一种换热表面,使其在满足换热要求的情况下尽量避免阻力损失的大幅度增加是设计人员共同关心的问题。为了平衡 HPD 型翅片和 LPD 型翅片关于换热性能和阻力特性的要求,提出了一种流体流动为斜齿方向的锯齿形翅片,其流体方向与肋片表面呈 X 形,故被称为 X 型锯齿错列翅片。如图3-44所示,X 型锯齿错列翅片实际上是使介质流动方向与翅片肋表面的夹角为 β,定义 β 为该斜齿翅片的流动角度,LPD 型和 HPD 型的翅片分别是 β 为 0°和90°时的特例。文献[7]和[8]分别对 $\beta = 0°,30°,45°,60°,90°$ 这五种流动角度进行了相应的实验研究和数值模拟研究,得出了不同 β 角度和几何参数时锯齿错列翅片的传热及阻力性能关系。研究结果表明,随着 β 的增大,锯齿错列翅片的传热性能提高,但其阻力损失也增大;当翅片的几何参数一定时,调整流体流动角度可以作为满足不同传热及压降设计要求的措施。

　　下面以一采用 HPD 型翅片的空气-滑油换热器为例说明进行校核性设计计算的步骤,并将计算结果与采用 LPD 型翅片的空气-滑油换热器进行了比较分析。

　　例 3-4　一空气-滑油单流程叉流式热交换器的总体尺寸为 $0.239\ \text{m} \times 0.060\ \text{m} \times 0.143\ \text{m}$,如图 3-45 所示。热、冷侧流体分别为 4109 号航空润滑油和空气,其物性参数计算公式如表 3-16 和表 3-17 所列。滑油侧采用 HPD 型锯齿翅片,空气侧采用百叶窗翅片。翅片和扁管均由导热系数 $\lambda = 190\ \text{W}/(\text{m} \cdot \text{K})$ 的合金铝材料制成,扁管壁厚为 0.5 mm。滑油在进口温度 110 ℃下的体积流量 $V'_1 = 0.000\ 4\ \text{m}^3/\text{s}$,进口压力 $P'_1 = 500\ \text{kPa}$;空气在进口温度 50 ℃下的体积流量 $V'_2 = 0.5\ \text{m}^3/\text{s}$,进口压力 $P'_2 = 104.325\ \text{kPa}$。试确定传热热流量、出口流体温度和两侧的压降。

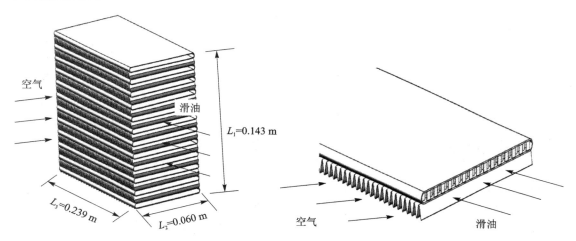

图 3-45　空气-滑油单流程叉流式热交换器

表 3-16　4109 号航空润滑油物性参数

4109 号润滑油物性参数	计算公式
密度/$(\text{kg} \cdot \text{m}^{-3})$	$\rho_1 = 974.8 - 0.753t$
定压比热/$(\text{J} \cdot \text{kg}^{-1} \cdot \text{K}^{-1})$	$C_{p1} = 1\ 780 + 2.8t$
导热系数/$(\text{W} \cdot \text{m}^{-1} \cdot \text{K}^{-1})$	$\lambda_1 = 0.153\ 6 + 0.000\ 1t$
动力黏度/$(\text{Pa} \cdot \text{s})$	$\mu_1 = 10^{-6} \times [21.171 - 3.538\ln(t)] \cdot \rho_1$

表 3-17　空气物性参数

空气物性参数	计算公式
密度/$(\text{kg} \cdot \text{m}^{-3})$	$\rho_2 = P_0 / [287.0 \times (273.15 + t)]$
定压比热/$(\text{J} \cdot \text{kg}^{-1} \cdot \text{K}^{-1})$	$C_{p2} = 1\ 003 + 0.02t + 0.000\ 4t^2$
导热系数/$(\text{W} \cdot \text{m}^{-1} \cdot \text{K}^{-1})$	$\lambda_2 = 0.000\ 245\ 6 \times (t + 273.15)^{0.823}$
动力黏度/$(\text{Pa} \cdot \text{s})$	$\mu_2 = [(t + 273.15)^{1.5} / (t + 395.0)] \times 1.50619 \times 10^{-6}$

解

1）选定翅片基本几何参数，计算表面几何特性

① 选定翅片基本几何参数

滑油侧采用 HPD 型锯齿翅片，如图 3-46 所示，其表面几何参数如下：

翅片间距 $P_{f1} = 0.003\ 2$ m；　　　　板间距 $s_1 = 0.004$ m；

间断长度 $l_{p1} = 0.003\ 175$ m；　　　当量直径 $d_{e1} = 0.003\ 153$ m；

翅片厚度 $\delta_{f1} = 0.000\ 15$ m；　　　翅片面积比 $\varphi_1 = 0.558$；

传热面积密度 $\beta_1 = 1\ 078$ m²/m³。

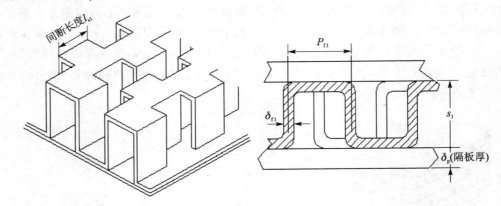

图 3-46　锯齿形翅片

空气侧采用的是百叶窗翅片，如图 3-47 所示，其表面几何参数如下：

翅片间距 $P_{f2} = 0.001\ 5$ m；　　　　板间距 $s_2 = 0.006\ 4$ m；

间断长度 $l_{p2} = 0.000$ m；　　　　当量直径 $d_{e2} = 0.002\ 235$ m；

翅片厚度 $\delta_{f2} = 0.000\ 15$ m；　　　翅片面积比 $\varphi_2 = 0.822$；

传热面积密度 $\beta_2 = 1\ 583$ m²/m³；　　百叶窗开缝长度 $l_1 = 0.006\ 5$ m；

百叶窗间断长度 $l_p = 0.002\ 6$ m；　　百叶窗间断高度 $l_h = 0.000\ 8$ m。

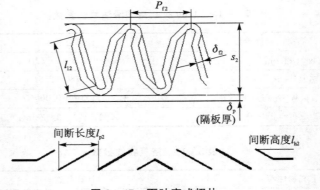

图 3-47　百叶窗式翅片

② 计算表面几何特性

设滑油侧的流道数为 N_1，空气侧的流道数为 $N_2 = N_1 + 1$，则非流动方向高度为

$$L_3 = N_1 s_1 + N_2 s_2 + 2N_2 \delta_p$$

故有

$$N_1 = \frac{L_3 - s_2 - 2\delta_p}{s_1 + s_2 + 2\delta_p} = 12$$

$$N_2 = N_1 + 1 = 13$$

滑油侧和空气侧的迎风面积为

$$A_{y1} = L_2 L_3 = 0.008\ 592\ \text{m}^2$$

$$A_{y2} = L_1 L_3 = 0.034\ 225\ \text{m}^2$$

两侧换热器传热面积为

$$A_1 = \beta_1 L_1 L_2 (N_1 s_1) = 0.742\ 095\ \text{m}^2$$

$$A_2 = \beta_2 L_1 L_2 (N_2 s_2) = 1.889\ 056\ \text{m}^2$$

两侧最小自由流通面积为

$$A_{c1} = \frac{d_{e1} A_1}{4L_1} = 0.001\ 856\ \text{m}^2$$

$$A_{c2} = \frac{d_{e2} A_2}{4L_2} = 0.017\ 596\ \text{m}^2$$

两侧孔度为

$$\sigma_1 = \frac{A_{c1}}{A_{y1}} = 0.216$$

$$\sigma_2 = \frac{A_{c2}}{A_{y2}} = 0.514$$

2）计算总体平均温度和流体物性

为了确定两侧的总体平均温度，须计算 $C^* = W_{\min}/W_{\max}$。因为题目给出的是进口温度下的流体体积流量，所以为了得到质量流量，须先计算滑油和空气的密度，即

$$\rho_1' = 974.8 - 0.753 t_1' = 910.220\ 4\ \text{kg/m}^3$$

$$\rho_2' = \frac{101\ 325.0}{287.0 \times (273.15 + t_2')} = 1.092\ 5\ \text{kg/m}^3$$

两侧的流体质量流量为 $q_{m1} = \rho_1' V_1'$，有

$$q_{m1} = \rho_1' V_1' = 0.364\ 1\ \text{kg/s}$$

$$q_{m2} = \rho_2' V_2' = 0.546\ 3\ \text{kg/s}$$

两侧的流体定压比热为

$$c_{p1}' = 1\ 780 + 2.8 t_1' = 2\ 088\ \text{J/(kg·K)}$$

$$c_{p2}' = 1\ 003 + 0.02 t_2' + 0.000\ 4 t_2' = 1\ 005\ \text{J/(kg·K)}$$

故两侧的热容量为

$$W_1' = c_{p1}' \rho_1 V_1 = 760.216\ \text{J/(s·K)}$$

$$W_2' = c_{p2}' \rho_2' V_2 = 548.993\ \text{J/(s·K)}$$

所以空气侧的 $W_2' = W_{\min}'$，换热器热容比为

$$C'^* = \frac{W_{\min}'}{W_{\max}'} = \frac{W_2'}{W_1'} = 0.722\ 15$$

现假设叉流式换热器效率 $\eta = 0.5$，根据换热器定义式可得

$$t''_2 = t'_2 + \eta(t'_1 - t'_2) = 80 \ ℃$$

$$t''_1 = t'_1 - \eta\left(\frac{W_{\min}}{W'_1}\right)(t'_1 - t'_2) = 80 \ ℃$$

又因为 C'^* 大于 0.5，故两侧流体平均温度均可取算数平均温度，即

$$t_{m1} = 0.5(t'_1 + t''_1) = 95 \ ℃$$

$$t_{m2} = 0.5(t'_2 + t''_2) = 65 \ ℃$$

根据总体平均温度和物性参数计算公式，可计算得到两侧流体的物性数据，如表 3 - 18 所列。

表 3 - 18　计算所得流体物性数据

流体	物　性				
	$t/℃$	$\mu /(\mathrm{Pa \cdot s})$	$\lambda /(\mathrm{W \cdot m^{-1} \cdot K^{-1}})$	$c_p/(\mathrm{J \cdot kg^{-1} \cdot K^{-1}})$	Pr
滑油	95	4.6×10^{-3}	0.144 1	204 6	65.953
空气	65	20.4×10^{-6}	0.029 7	100 6	0.689

3）计算质量流速、雷诺数 Re、j 因子和 f 因子

两侧的流体质量流速为

$$g_{m1} = \frac{q_{m1}}{A_{c1}} = 148.753 \ \mathrm{kg/(m^2 \cdot s)}$$

$$g_{m2} = \frac{q_{m2}}{A_{c2}} = 31.045 \ \mathrm{kg/(m^2 \cdot s)}$$

两侧的流体雷诺数为

$$Re_1 = \left(\frac{g_m \cdot d_e}{\mu}\right)_1 = 100.97$$

$$Re_2 = \left(\frac{g_m \cdot d_e}{\mu}\right)_2 = 3\ 408.64$$

根据计算出的雷诺数，采用式（3 - 85）和式（3 - 86）计算热侧（滑油侧）的 j 因子和 f 因子可得

$$j_1 = \left[0.044\ 95 \cdot Re^{-0.349\ 6} \cdot \left(\frac{2s_f}{d_e}\right)^{0.166\ 7} \cdot \left(\frac{s}{d_e}\right)^{0.499\ 8} \cdot \left(\frac{\delta_f}{d_e}\right)^{-0.930\ 6} \cdot \left(\frac{l_s}{d_e}\right)^{0.598\ 9}\right]_1 = 0.193\ 9$$

$$f_1 = \left[77.53 \cdot Re^{-0.184\ 2} \cdot \left(\frac{2s_f}{d_e}\right)^{1.130\ 6} \cdot \left(\frac{s}{d_e}\right)^{0.960\ 2} \cdot \left(\frac{\delta_f}{d_e}\right)^{-0.686\ 9} \cdot \left(\frac{l_s}{d_e}\right)^{0.450\ 9}\right]_1 = 2.316\ 0$$

空气侧采用百叶窗式翅片（$0.62 < l_h/S_2 < 0.93$），其换热因子 j 和摩擦因子 f 的计算可用如下公式：

$$j = 0.249 \cdot Re_{lp}^{-0.42} \cdot l_h^{0.33} \cdot \left(\frac{l_1}{S}\right)^{1.1} \cdot S^{0.26} \qquad (300 < Re < 4\ 000) \qquad (3 - 87)$$

$$f = 5.47 \cdot Re_{lp}^{-0.72} \cdot l_h^{0.37} \cdot \left(\frac{l_1}{S}\right)^{0.89} \cdot l_p^{0.2} \cdot S^{0.23} \qquad (70 < Re < 900) \qquad (3 - 88)$$

$$f = 0.494 \cdot Re_{lp}^{-0.39} \cdot \left(\frac{l_h}{S}\right)^{0.33} \cdot \left(\frac{l_1}{S}\right)^{1.1} \cdot S^{0.46} \qquad (1\ 000 < Re < 4\ 000) \qquad (3 - 89)$$

其中：$Re_{lp} = \dfrac{Re \cdot l_p}{d_e}$，$l_p$ 为百叶窗翅片间断长度。

由前面计算 $Re_2 = 3\,408.64$ 可得

$$Re_{lp2} = \left(\frac{Re \cdot l_p}{d_e}\right)_2 = 3\,964.45$$

$$j_2 = \left[0.249 \cdot Re_{lp}^{-0.42} \cdot l_h^{0.33} \cdot \left(\frac{l_1}{s}\right)^{1.1} \cdot s^{0.26}\right]_2 = 0.011\,7$$

$$f_2 = \left[0.494 \cdot Re_{lp}^{-0.39} \cdot \left(\frac{l_h}{s}\right)^{0.33} \cdot \left(\frac{l_1}{s}\right)^{1.1} \cdot s^{0.46}\right]_2 = 0.023\,5$$

需要注意的是，此处 j、f 因子的计算未考虑随温度变化时流体物性参数的影响，在计算得到壁面温度之后再进行修正。

4）计算对流换热表面传热系数和翅片效率

$$\alpha_1 = \left(jg_m c_p Pr^{-\frac{2}{3}}\right)_1 = 3\,615.355 \ \text{W/(m}^2 \cdot \text{K)}$$

$$\alpha_2 = \left(jg_m c_p Pr^{-\frac{2}{3}}\right)_2 = 470.451 \ \text{W/(m}^2 \cdot \text{K)}$$

滑油侧为 HPD 型锯齿翅片，计算翅片参数 m_1 时要考虑条片边缘暴露面积，即

$$m_1 = \sqrt{\frac{2\alpha_1}{\lambda_f \delta_{f1}}\left(1 + \frac{\delta_{f1}}{l_{s1}}\right)} = 515.456 \ \text{m}^{-1}$$

空气侧为百叶窗翅片，翅片参数为

$$m_2 = \sqrt{\frac{2\alpha_2}{\lambda_f \delta_{f2}}} = 181.698 \ \text{m}^{-1}$$

翅片高度为

$$h_1 = (s_1 - \delta_{f1})/2 = 0.001\,925 \ \text{mm}$$
$$h_2 = (s_2 - \delta_{f2})/2 = 0.003\,125 \ \text{mm}$$

两侧的翅片效率为

$$\eta_{f1} = \left(\frac{\tanh(mh)}{mh}\right)_1 = 0.764$$

$$\eta_{f2} = \left(\frac{\tanh(mh)}{mh}\right)_2 = 0.905$$

两侧翅片总的表面效率为

$$\eta_{01} = 1 - \varphi_1(1 - \eta_{f1}) = 0.868$$
$$\eta_{02} = 1 - \varphi_2(1 - \eta_{f2}) = 0.922$$

5）计算壁面热阻和总传热系数

为了计算壁面热阻 R_w，先求壁面导热面积 A_w，即

$$A_w = L_1 L_2 (2N_1 + 2) = 0.372\,8 \ \text{m}^2$$

$$R_w = \frac{\delta_p}{\lambda_w A_w} = 7.058 \times 10^{-6} \ \text{K/W}$$

忽略污垢热阻，则有

$$\frac{1}{KA} = \frac{1}{\eta_{01}\alpha_1 A_1} + R_w + \frac{1}{\eta_{02}\alpha_2 A_2} = 1.657 \times 10^{-3} \ \text{K/W}$$

$$KA = 603.480 \text{ W/K}$$

$KA = K_1 A_1 = K_2 A_2$，当以热流体侧的总传热面积 A_1 为基准时，对应的传热系数为

$$K_1 = KA/A_1 = 813.211 \text{ W/(m}^2 \cdot \text{K})$$

6）计算传热单元数、换热器效率和出口流体温度

$$\text{NTU} = KA/W_{\min} = 1.099$$

两流体各自非混合的叉流式换热器效率为

$$\eta = 1 - \exp\left\{ \frac{\text{NTU}^{0.22}}{C^*} - \left[\exp(-C^* \text{NTU}^{0.78}) - 1 \right] \right\} = 0.534$$

此处计算出的换热器实际效率数值与假设值不同，故应以此实际效率代替假设的效率，重复上述步骤进行迭代计算。一般问题经数次迭代计算就能求得准确结果。在本算例中迭代计算后新的换热器效率与上面计算结果相近，故认为上述 η 值即为修正前的换热器效率。

换热器的传热量为

$$\Phi = \eta W_{\min}(t_1' - t_2') = 17.598 \text{ kW}$$

流体的出口温度为

$$t_1'' = t_1' - \frac{\Phi}{W_1} = 86.85 \ ^\circ\text{C}$$

$$t_2'' = t_2' + \frac{\Phi}{W_2} = 82.06 \ ^\circ\text{C}$$

7）随温度变化流体物性参数的影响及修正

对于大温差的传热问题，则必须考虑到流体输运参数、黏度、导热系数以及密度可能随温度产生的变化。这些物性参数的变化改变了速度和温度分布曲线，因此壁面附近的速度梯度和温度梯度就会不同，从而影响到 j 和 f 的值，因而需要进行修正。

两侧流体的平均温度为

$$t_{m1} = 0.5(t_1' + t_1'') = 98.43 \ ^\circ\text{C}$$

$$t_{m2} = 0.5(t_2' + t_2'') = 66.03 \ ^\circ\text{C}$$

两侧热阻为

$$R_1 = \frac{1}{(\eta_0 \alpha A)_1} = 4.29 \times 10^{-4} \text{ K/W}$$

$$R_2 = \frac{1}{(\eta_0 \alpha A)_2} = 1.22 \times 10^{-3} \text{ K/W}$$

不计壁面导热热阻时，则壁温为

$$t_w = \frac{t_{m1} + \dfrac{R_1 t_{m2}}{R_2}}{1 + \dfrac{R_1}{R_2}} = 90.00 \ ^\circ\text{C}$$

根据题目条件，在壁温条件下，两侧流体动力黏性系数为

$$\mu_{w1} = 4.8 \times 10^{-3} \text{ Pa} \cdot \text{s}$$

$$\mu_{w2} = 21.5 \times 10^{-6} \text{ Pa} \cdot \text{s}$$

由于滑油（层流）被冷却，空气（紊流）被加热，故相应的修正指数取值为

$$m_1 = 0.54, \quad n_1 = -0.14, \quad m_2 = -0.34, \quad n_2 = 0.29$$

热侧滑油属于液体,故其物性参数变化影响的修正为

$$j_1 = \left[j_{cp} \left(\frac{\mu_w}{\mu_m} \right)^n \right]_1 = 0.192\ 1$$

$$f_1 = \left[f_{cp} \left(\frac{\mu_w}{\mu_m} \right)^m \right]_1 = 2.401\ 4$$

冷侧空气为气体,故其物性参数变化影响的修正为

$$j_2 = \left[j_{cp} \left(\frac{t_w + 273.15}{t_m + 273.15} \right)^n \right]_2 = 0.011\ 7$$

$$f_2 = \left[f_{cp} \left(\frac{t_w + 273.15}{t_m + 273.15} \right)^m \right]_2 = 0.022\ 9$$

9) 热、冷侧流体出口温度修正

修正后两侧对流换热表面传热系数为

$$\alpha_1 = \left(j g_m c_p Pr^{-\frac{2}{3}} \right)_1 = 3\ 646.664 \ \text{W/(m}^2 \cdot \text{K)}$$

$$\alpha_2 = \left(j g_m c_p Pr^{-\frac{2}{3}} \right)_2 = 467.652 \ \text{W/(m}^2 \cdot \text{K)}$$

修正后两侧翅片参数为

$$m_1 = \sqrt{\frac{2\alpha_1}{\lambda_f \delta_{f1}} \left(1 + \frac{\delta_{f1}}{l_{s1}} \right)} = 517.684 \ \text{m}^{-1}$$

$$m_2 = \sqrt{\frac{2\alpha_2}{\lambda_f \delta_{f2}}} = 181.156 \ \text{m}^{-1}$$

修正后两侧的翅片效率为

$$\eta_{f1} = \left(\frac{\tanh(mh)}{mh} \right)_1 = 0.763$$

$$\eta_{f2} = \left(\frac{\tanh(mh)}{mh} \right)_2 = 0.905$$

修正后两侧翅片总的表面效率为

$$\eta_{01} = 1 - \varphi_1 (1 - \eta_{f1}) = 0.868$$

$$\eta_{02} = 1 - \varphi_2 (1 - \eta_{f2}) = 0.922$$

修正后壁面导热面积 A_w 和壁面热阻 R_w 值均不变。忽略污垢热阻,则有

$$\frac{1}{KA} = \frac{1}{(\eta_0 \alpha A)_1} + R_w + \frac{1}{(\eta_0 \alpha A)_2} = 1.661 \times 10^{-3} \ \text{K/W}$$

$$KA = 602.218 \ \text{W/K}$$

$KA = K_1 A_1 = K_2 A_2$,当以热流体侧的总传热面积 A_1 为基准时,对应的传热系数为

$$K_1 = KA/A_1 = 811.510 \ \text{W/(m}^2 \cdot \text{K)}$$

修正后的传热单元数为

$$\text{NTU} = KA/W_{min} = 1.097$$

修正后换热器的效率为

$$\eta = 1 - \exp \left\{ \frac{\text{NTU}^{0.22}}{C^*} \left[\exp(-C^* \text{NTU}^{0.78}) - 1 \right] \right\} = 0.534$$

修正后换热器的传热量为

$$\Phi = \eta W_{\min}(t'_1 - t'_2) = 17.580 \text{ kW}$$

修正后流体的出口温度为

$$t''_1 = t'_1 - \frac{\Phi}{W_1} = 86.88 \text{ ℃}$$

$$t''_2 = t'_2 + \frac{\Phi}{W_2} = 82.02 \text{ ℃}$$

上面的 Φ、t''_1、t''_2 即为题目所求的解。

8）压 降

根据 3.3.1 节有关芯体进出口压力损失系数图，可得

$$K'_1 = 1.17, \quad K''_1 = 0.49, \quad K'_2 = 0.47, \quad K''_2 = 0.17$$

修正后两侧流体的比体积如表 3－19 所列。

表 3－19 比体积计算结果

流体	$t'/℃$	$t''/℃$	$v'/(\text{m}^3 \cdot \text{kg}^{-1})$	$v''/(\text{m}^3 \cdot \text{kg}^{-1})$	$v_m/(\text{m}^3 \cdot \text{kg}^{-1})$
滑油	110	86.88	1.099×10^{-3}	1.084×10^{-3}	1.092×10^{-3}
空气	50	82.02	0.915	1.006	0.961

故芯体压降为

$$\Delta P_1 = \frac{g_{m1}^2 v'_1}{2}\left[(1 - \sigma_1^2 + K'_1) + 2\left(\frac{v''_1}{v'_1} - 1\right) + \frac{4 f_1 L_1}{d_{e1}} \frac{v_{m1}}{v'_1} - (1 - \sigma_1^2 - K''_1)\frac{v''_1}{v'_1}\right] = 8.929 \text{ kPa}$$

$$\Delta P_2 = \frac{g_{m2}^2 v'_2}{2}\left[(1 - \sigma_2^2 + K'_2) + 2\left(\frac{v''_2}{v'_2} - 1\right) + \frac{4 f_2 L_2}{d_{e2}} \frac{v_{m2}}{v'_2} - (1 - \sigma_2^2 - K''_2)\frac{v''_2}{v'_2}\right] = 1.382 \text{ kPa}$$

9）HPD 型与 LPD 型锯齿翅片的 j、f 因子比较

对于润滑油流过 LPD 型锯齿翅片的情形，其 j、f 因子计算式如下：

$$j = 0.042\,75 \cdot Re^{-0.585\,3} \cdot \left(\frac{2s_f}{s}\right)^{-0.505\,2} \cdot \left(\frac{\delta_f}{l_s}\right)^{-0.074\,38} \cdot \left(\frac{\delta_f}{2s_f}\right)^{-0.817\,0} \qquad (30 < Re < 500)$$

$$f = 5.641\,3 \cdot Re^{-0.692\,5} \cdot \left(\frac{2s_f}{s}\right)^{-0.953\,9} \cdot \left(\frac{\delta_f}{l_s}\right)^{-0.364\,5} \cdot \left(\frac{\delta_f}{2s_f}\right)^{-0.178\,7} \qquad (30 < Re < 500)$$

本算例热交换器的滑油侧，采用 HPD 型与 LPD 型两种放置方式的锯齿翅片，在相同流体和雷诺数的情况下，其 j、f 因子计算数值和传热情况如表 3－20 所列。

表 3－20 两种翅片传热效果比较

	LPD 型锯齿翅片	HPD 型锯齿翅片	差 值
j 因子	0.061 0	0.193 9	＋0.132 9
f 因子	0.877 5	2.316 0	＋1.438 5
出口温度/℃	91.43	86.85	－4.58
传热量/kW	14.119	17.580	＋3.461
压降/kPa	3.553	8.929	＋5.376

由表 3－20 的计算结果可以看出，相比于 LPD 型锯齿翅片，HPD 型锯齿翅片的换热因子

j 和摩擦因子 f 均显著提高,且滑油出口温度降低了 4.58 ℃,传热量增加了 3.461 kW,流动阻力增大了 5.376 kPa。这是因为在 HPD 型锯齿翅片中,流体流动方向与翅片肋表面成 90°,导致流体的流动阻力骤然增加,同时也会增加流体湍流流动的剧烈程度,并对翅片壁面热边界层及流动边界层产生较强的破坏性,使得换热效果大大改善。所以相比于 LPD 型翅片,HPD型锯齿翅片具有换热强、流阻大等特性。

3.6.4　用数值法求解板翅式换热器设计性问题的方法

设计性计算是根据给定的工作条件和需要达到的散热性能来确定所需的换热面积,进而决定散热器的具体尺寸。由于基本几何尺寸及传热面积未知,所以设计性计算很难着手,于是工程上常采用校核性计算方法,即凭借设计者的经验,选定若干组几何结构参数,核算其性能是否达到设计要求,经过多次试凑或迭代确定所要求的散热器尺寸。显然,试凑法只有在具有一定工作经验和具有较多参考产品的情况下,才可获得满意的设计结果。

本节针对板翅式空气-油散热器的特点,采用了一种以芯体质量流速方程为切入点,运用两侧热阻不相等的原则进行设计的方法。这种方法获得的散热器尺寸,不是像试凑法那样自行设定的,而是经过迭代计算,选定最佳质量流速后,利用芯体几何特性与传热特性的关系,通过数值计算得出的,因此,对应于试凑法,这种方法称为数值法。之所以选定质量流速为切入点,是因为它是影响流体传热和流动特性的最主要因素,从而也是决定散热器几何特性的关键因素。与传统的试凑法相比,数值法更便于非专业性的工程人员应用,并可大大节约设计时间。

下面介绍如何由换热器设计的已知条件导出芯体质量流速方程的表达式。以下符号下标"1"代表热滑油侧,下标"2"代表冷空气侧。

首先,仿照换热器的传热单元数 NTU,分别定义 NTU_1 和 NTU_2 为

$$NTU_1 = \left(\frac{\eta_0 A \alpha}{G c_p}\right)_1 = \left(\frac{\eta_0 A \alpha}{W}\right)_1 \tag{3-90}$$

$$NTU_2 = \left(\frac{\eta_0 A \alpha}{G c_p}\right)_2 = \left(\frac{\eta_0 A \alpha}{W}\right)_2 \tag{3-91}$$

式中：η_0——翅片表面效率;

　　A——传热面积,m^2;

　　α——对流换热表面传热系数,$W/(m^2 \cdot K)$;

　　G——质量流量,kg/s;

　　c_p——定压比热,$J/(kg \cdot K)$;

　　W——流体的热容量,$W = G c_p$,W/K。

对板翅式换热器,通常壁面导热热阻很小,在第一近似中可略去,故换热器总热阻简化为

$$R_0 = \frac{1}{KA} = \frac{1}{(\eta_0 A \alpha)_1} + \frac{1}{(\eta_0 A \alpha)_2} \tag{3-92}$$

式中：K——换热器的总传热系数,$W/(m^2 \cdot K)$。

换热器的传热单元数为

$$NTU = \frac{KA}{W_{min}} \tag{3-93}$$

式中：$W_{\min}$——W_1 和 W_2 中较小者，称为较小热容量，W/K。

又令 $R_1=(1/\eta_0 A\alpha)_1$ 和 $R_2=(1/\eta_0 A\alpha)_2$，分别表示热、冷侧的热阻，K/W，则有

$$R_0 = 1/(W_{\min}\mathrm{NTU}) \tag{3-94}$$

$$R_1 = 1/(W_1\mathrm{NTU}_1) \tag{3-95}$$

$$R_2 = 1/(W_2\mathrm{NTU}_2) \tag{3-96}$$

$$R_0 = R_1 + R_2 \tag{3-97}$$

设计气–气换热器时，一般按冷、热流体侧热阻基本平衡（相等）的原则，即 $R_0=2R_1=2R_2$。在设计滑油—空气换热器时，采取冷、热流体侧热阻不平衡（不相等）的原则，作为第一近似，取 $R_2=10R_1$，则有

$$R_0 = 11R_1 = 1.1R_2 \tag{3-98}$$

将式(3-94)~式(3-96)代入式(3-98)，得

$$\frac{1}{W_{\min}\mathrm{NTU}} = \frac{11}{W_1\mathrm{NTU}_1} = \frac{1.1}{W_2\mathrm{NTU}_2}$$

因而可分别得

$$\mathrm{NTU}_1 = 11\frac{W_{\min}}{W_1}\mathrm{NTU} \tag{3-99}$$

$$\mathrm{NTU}_2 = 1.1\frac{W_{\min}}{W_2}\mathrm{NTU} \tag{3-100}$$

对滑油换热器，$W_2=W_{\min}$，故有

$$\mathrm{NTU}_1 = 11C^*\mathrm{NTU} \tag{3-101}$$

$$\mathrm{NTU}_2 = 1.1\mathrm{NTU} \tag{3-102}$$

式中：C^*——比热容量，$C=W_{\min}/W_{\max}$；

$W_{\max}$——W_1 和 W_2 中较大者，称为较大热容量，W/K。

NTU 可由已知条件换热器换热效率 $\eta=f(\mathrm{NTU},C^*)$ 求出，进而可以求出 NTU_1 和 NTU_2。

其次，对于选定的传热表面，可以根据 j 与 Re 和 f 与 Re 的实验关系曲线（或实验关联式），作出 j/f 与 Re 的关系曲线。一般此关系曲线相当平坦，如图 3-48 所示，尽管 Re 变化很大，但传热表面的 j/f 值变化却不大。j/f 值变化小的特点是相当有用的，因为虽然换热器结构未知，但可以取 j/f 平均值进行质量流速 g_m 的计算。对于板翅式换热器中采用的锯齿、百叶窗或其他类似的间断型翅片表面，在中断处的流动为均匀发展型，其 j/f 值大致为

$$j/f \approx 0.25 \tag{3-103}$$

再次，以热侧流体为例，换热器的流动压降可表示为

$$\Delta P_1 = \frac{g_{m1}^2 \upsilon_1'}{2}\left[(1-\sigma_1^2+K_1')+2\left(\frac{\upsilon_1''}{\upsilon_1'}-1\right)+\frac{4f_1 L_1}{d_{e1}}\frac{\upsilon_{m1}}{\upsilon_1'}-(1-\sigma_1^2-K_1'')\frac{\upsilon_1''}{\upsilon_1'}\right] \tag{3-104}$$

式中，ΔP_1 为热侧流动压降，Pa，须小于或等于 $\Delta P_{1,允许值}$，一般换热器的设计条件都会对该值提出要求；g_{m1} 为热侧质量流速，kg/(m²·s)；υ_1'、υ_1''、υ_m 分别为流体进口、出口和进出口平均比容，m³/kg；K_1'、K_1'' 分别为芯体热侧进口突缩和出口突扩流动阻力损失系数；f_1 为热侧流体沿程摩擦因子；L_1 为热侧流体流动长度，m；d_{e1} 为热侧翅片当量直径，m；σ_1 为热侧翅片孔度。

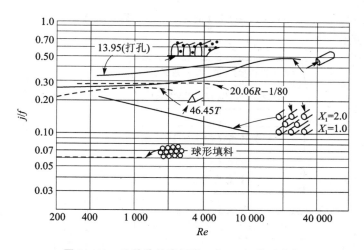

图 3-48　几种传热表面的 j/f-Re 关系曲线

对于一个设计良好的换热器,其芯体的沿程摩擦阻力损失引起的流动压降应占总压降的 85% 以上,因此可近似认为:

$$\Delta P_1 \approx \frac{2 g_{m1}^2 f_1 L_1 \upsilon_{m1}}{d_{e1}} \tag{3-105}$$

用已知值 $\Delta P_{1,允许值}$ 代替 ΔP_1,则芯体质量流速 g_{m1} 可表示为

$$g_{m1} = \left(\frac{\Delta P_{1允许值} \, d_{e1}}{2 f_1 L_1 \upsilon_{m1}} \right)^{1/2} \tag{3-106}$$

引入相关的条件:

$$\alpha_1 = \left(j g_m c_p Pr^{-\frac{2}{3}} \right)_1 \tag{3-107}$$

$$g_{m1} = \frac{G_1}{A_{c1}} \tag{3-108}$$

$$d_{e1} = \frac{4 A_{c1}}{A_1 / L_1} \tag{3-109}$$

式中:A_{c1}——热侧流通面积,m^2。

对于一个好的设计,可以选择翅片尺寸使 η_0 处在 70%~90% 内,第一近似中可取

$$\eta_0 = 0.8 \tag{3-110}$$

将式(3-90)、式(3-107)、式(3-108)、式(3-109)代入式(3-106)可得

$$g_{m1} = \left(\frac{2 \eta_0 \Delta P_{设定值}}{Pr^{2/3} \upsilon_m NTU} \cdot \frac{j}{f} \right)_1^{1/2} \tag{3-111}$$

同理,冷空气侧质量流速方程为

$$g_{m2} = \left(\frac{2 \eta_0 \Delta P_{设定值}}{Pr^{2/3} \upsilon_m NTU} \cdot \frac{j}{f} \right)_2^{1/2} \tag{3-112}$$

下标"1"表示热侧,下标"2"表示冷侧。

由上面的推导可看出,式(3-98)假设的 R_2/R_1 值决定了由总的 NTU 估算 NTU_1 和 NTU_2 的准确度,而这个初始估算值越准确,作为第一近似值的 g_m 就越接近真实值。

利用式(3-111)和式(3-112),采用数值法进行叉流板翅式滑油-空气换热器设计计算的流程如图 3-49 所示。

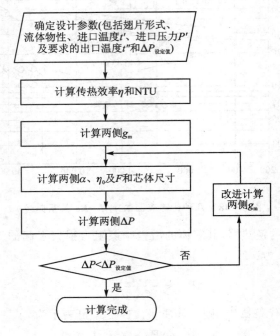

图 3-49 数值法设计计算流程

图中,芯体尺寸是利用芯体几何特性与传热特性的关系计算得出的。例如,以空气侧传热面积为基准的总传热系数

$$K_2 = \frac{1}{\dfrac{F_2/F_1}{(\eta_0 \alpha)_1} + \dfrac{1}{(\eta_0 \alpha)_2}} = \frac{1}{\dfrac{\alpha_{\text{area2}}/\alpha_{\text{area1}}}{(\eta_0 \alpha)_1} + \dfrac{1}{(\eta_0 \alpha)_2}}$$

在求得空气侧传热系数 K_2 后,即可求得空气侧总传热面积 A_2($A_2 = \text{NTU} \cdot W_2/K_2$),同时可求得空气侧最小自由流通面积 A_{c2}($A_{c2} = G_2/g_{m2}$),由此可得空气流动长度 L_2($L_2 = d_{e2} A_2/4A_{c2}$)。

当空气和滑油侧的计算压降值 ΔP 均小于 $\Delta P_{\text{设定值}}$ 时,设计问题的近似解就告完成,此时可适当调整芯体尺寸,若一侧或两侧的 ΔP 大于 $\Delta P_{\text{设定值}}$,则可利用 $\Delta P_{\text{设定值}}$ 和前面计算步骤中所得到的 f 和 L 值由式(3-106)计算改进的 g_m 值。以此新的 g_m 值,重新计算压降。直至符合规定为止。

下面以一工程实例说明应用数值法进行板翅式叉流换热器设计的方法和步骤。

例 3-5 试设计某飞机滑油冷却系统所使用的一台空气-滑油换热器。该换热器利用风扇抽吸的环境空气冷却来自主减速器的滑油,以使滑油能够循环使用。对空气-滑油换热器的主要性能要求如下:

滑油进口温度 $t_1' = 135.5\ ℃$;　　　　　　　空气进口温度 $t_2' = 51\ ℃$;

滑油进口体积流量 $V_1 = 14.33\ \text{L/min} = 0.000\ 238\ 8\ \text{m}^3/\text{s}$;

空气进口质量流量 $V_2 = 0.256\ \text{kg/s} = 0.234\ 3\ \text{m}^3/\text{s}$;

滑油进口压力 $p_1 = 0.5$ MPa；空气进口压力 $p_2 = 101\ 325$ Pa；

要求达到的滑油出口温度 $t''_1 = 112$ ℃；油侧允许压降设定值 $\Delta P_{1设定值} = 2\ 500$ Pa；

空气侧允许压降设定值 $\Delta P_{2设定值} = 140$ Pa。

试确定两侧传热面积及芯体尺寸。

解

1）选定翅片基本几何参数，计算表面几何特性

① 选定翅片基本几何参数

油侧选用图 3-50 所示的锯齿形翅片：翅片间距 $P_{fl} = 3.15$ mm，板间距 $s_1 = 3.0$ mm，翅片厚度 $\delta_{fl} = 0.15$ mm，间断长度 $l_{s1} = 3.175$ mm。

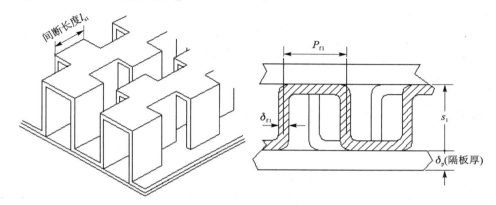

图 3-50　锯齿形翅片

空气侧选用图 3-51 所示的百叶窗式翅片：翅片间距 $P_{f2} = 1.7$ mm，板间距 $s_2 = 10.55$ mm，翅片厚度 $\delta_{f2} = 0.15$ mm，间断长度 $l_{p2} = 2.6$ mm，开缝长度 $l_{l2} = 8.44$ mm，间断高度 $l_{h2} = 0.45$ mm，隔板厚度 $\delta_p = 0.4$ mm，隔板导热系数 $\lambda_p = 169.0$ W/(m·K)，侧板厚度为 $\delta_s = 2.0$ mm。

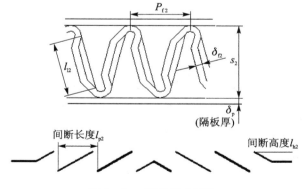

图 3-51　百叶窗式翅片

② 计算表面几何特性

a. 当量直径为

锯齿型　$d_{e1} = \dfrac{2(P_{fl} - 2\delta_{fl})(s_1 - \delta_{fl})}{(P_{fl} - \delta_{fl}) + (s_1 - \delta_{fl}) + (s_1 - \delta_{fl}) \cdot \delta_{fl}/l_{s1}} = 2.71$ mm

百叶窗翅片 $d_{e2} = \dfrac{2(P_{f2}s_2 - 2l_{12}\delta_{f2})}{P_{f2} + 2l_{12}} = 2.67$ mm

b. 翅片面积比为

锯齿型 $\varphi_1 = \dfrac{s_1 - \delta_{f1}}{(P_{f1} - \delta_{f1}) + (s_1 - \delta_{f1})} = 0.487$

百叶窗翅片 $\varphi_2 = \dfrac{2l_{12}}{(P_{f2} - \delta_{f2}) + 2l_{12}} = 0.870$

c. 传热面积密度

以各侧板间体积为基准的传热面积密度:

锯齿型 $\beta_1 = \dfrac{F}{V_p} = \dfrac{2[(P_{f1} - \delta_{f1}) + (s_1 - \delta_{f1})]}{s_1 P_{f1}} = 1\,332$ m²/m³

百叶窗翅片 $\beta_2 = \dfrac{2(P_{f2} - \delta_{f2}) + 4l_{12}}{s_2 P_{f2}} = 1\,349$ m²/m³

以总体积为基准的传热面积密度:

锯齿型 $\alpha_{area1} = \dfrac{F}{V} = \left(\dfrac{s\beta}{s_1 + s_2 + 2\delta_p}\right)_1 = 278.4$ m²/m³

百叶窗翅片 $\alpha_{area2} = \dfrac{F}{V} = \left(\dfrac{s\beta}{s_1 + s_2 + 2\delta_p}\right)_2 = 991.8$ m²/m³

2) 计算芯体效率及空气侧出口温度

滑油进口温度 $t_1' = 135.5$ ℃ 的条件下:定压比热 $c_{p1} = 2\,140.4$ J/(kg·K),密度 $\rho_1 = 910.9$ kg/m³。

空气进口温度 $t_2' = 51$ ℃ 条件下:定压比热 $c_{p2} = 1\,005.1$ J/(kg·K),密度 $\rho_2 = 1.089$ kg/m³。

热容量为

$$W_1 = c_{p1}\rho_1 V_1 = 466.0 \text{ J/(s·K)}$$
$$W_2 = c_{p2}\rho_2 V_2 = 256.5 \text{ J/(s·K)}$$

热容比为

$$C^* = \frac{W_{min}}{W_{max}} = \frac{W_2}{W_1} = 0.55$$

效率为

$$\eta = \left(\frac{W_1}{W_{min}}\right)\left(\frac{t_1' - t_1''}{t_1' - t_2'}\right) = 0.51$$

空气侧出口温度为

$$t_2'' = t_2' + \eta(t_1' - t_2') = 93.7 \text{ ℃}$$

3) 计算定性温度和流体物性

① 计算定性温度 t_{m1}、t_{m2}

当 $C^* \geqslant 0.5$ 时,有

$$t_{m1} = 0.5(t_1' + t_1'') = 123.8 \text{ ℃}, \qquad t_{m2} = 0.5(t_2' + t_2'') = 72.3 \text{ ℃}$$

② 计算两侧流体物性

流体动力黏度 $\mu_1 = 0.003$ Pa·s, $\mu_2 = 0.000\,020\,7$ Pa·s

定压比热 $c_{p1} = 2\,113.6$ J/(kg·K), $c_{p2} = 1\,006.5$ J/(kg·K)

导热系数　　　　　$\lambda_1 = 0.142 \text{ W/(m} \cdot \text{K)}$,　　　　$\lambda_2 = 0.03 \text{ W/(m} \cdot \text{K)}$

密度　　　　　　　$\rho_1 = 916.6 \text{ kg/m}^3$,　　　$\rho_2 = 1.022 \text{ kg/m}^3$

普朗特数　　　　　　$Pr_1 = 44.7$,　　　$Pr_2 = 0.69$

使用定性温度下的物性参数计算热容量,有

$$W_1 = c_{p1} \rho_1 V_1 = 460.1 \text{ J/(s} \cdot \text{K)}$$

$$W_2 = c_{p2} \rho_2 V_2 = 256.9 \text{ J/(s} \cdot \text{K)}$$

热容比为

$$C^* = \frac{W_{\min}}{W_{\max}} = \frac{W_2}{W_1} = 0.56$$

4) 计算传热单元数 NTU 及 NTU$_1$、NTU$_2$

两种流体各自均非混合的单流程叉流流动,选用式(2-63)德雷克 η-NTU 关系式:

$$\eta = 1 - \exp\left\{ \frac{\text{NTU}^{0.22}}{C^*} \left[\exp(-C^* \text{NTU}^{0.78}) - 1 \right] \right\} \qquad (3-113)$$

已知 η、C^*,则可通过迭代法求出 NTU $=0.9$。对于液-气散热器,NTU$_2 = 1.1$NTU $= 0.99$。即热冷流体侧的热阻符合如下估算原则:$R_2 = 10R_1$,并在第一近似中忽略壁面热阻,则

$$\text{NTU}_1 = 11C^* \text{NTU} = 5.53$$

5) 选定传热表面的初始 j/f 平均值及初始翅片表面效率 η_0

锯齿型翅片　　　　　$j/f \approx 0.25$

百叶窗型翅片　　　　$j/f \approx 0.25$

设计计算应选择 η_0 在 $70\% \sim 90\%$ 范围内,第一近似中取 $\eta_0 = 0.8$。

6) 计算两侧质量流速

进口比容　　　　　$v_1' = 0.001\ 1 \text{ m}^3/\text{kg}$,　　　$v_2' = 0.918 \text{ m}^3/\text{kg}$

出口比容　　　　　$v_1'' = 0.001\ 1 \text{ m}^3/\text{kg}$,　　　$v_2'' = 1.039 \text{ m}^3/\text{kg}$

平均比容　　　　　$v_{m1} = 0.001\ 1 \text{ m}^3/\text{kg}$,　　　$v_{m2} = 0.979 \text{ m}^3/\text{kg}$

两侧质量流速分别为

$$g_{m1} = \left(\frac{2\ \eta_0 \Delta P_{\text{设定值}}}{Pr^{\frac{2}{3}} v_m \text{NTU}} \cdot \frac{j}{f} \right)_1^{\frac{1}{2}} = 114.76 \text{ kg/(m}^2 \cdot \text{s)}$$

$$g_{m2} = \left(\frac{2\ \eta_0 \Delta P_{\text{设定值}}}{Pr^{\frac{2}{3}} v_m \text{NTU}} \cdot \frac{j}{f} \right)_2^{\frac{1}{2}} = 6.02 \text{ kg/(m}^2 \cdot \text{s)}$$

7) 计算雷诺数 Re 及 j 因子、f 因子

$$Re_1 = \left(\frac{g_m d_e}{\mu} \right)_1 = 103.6$$

$$Re_2 = \left(\frac{g_m d_e}{\mu} \right)_2 = 776.6$$

油侧采用锯齿形翅片,其换热因子 j 和摩擦因子 f 的计算可用如下公式:

$$j_1 = 0.287 Re_1^{-0.42} Pr_1^{0.167} \qquad (30 < Re_1 < 3\ 000, 4 < Pr_1 < 80) \qquad (3-114)$$

$$f_1 = 8.12 \cdot (Re_1)^{-0.74} \left(\frac{l_{s1}}{d_{e1}} \right)^{-0.41} \left(\frac{P_{fl} - \delta_{fl}}{s_1 - \delta_{fl}} \right)^{-0.02} \qquad (Re_1 \leqslant Re_1^*) \qquad (3-115)$$

$$f_1 = 1.12 \cdot (Re_1)^{-0.36} \left(\frac{l_{s1}}{d_{e1}}\right)^{-0.65} \left(\frac{\delta_{f1}}{d_{e1}}\right)^{-0.02} \quad (Re_1 \geqslant Re_1^* + 1\,000) \quad (3-116)$$

其中，
$$Re_1^* = Re_b^* \cdot \frac{d_{e1}}{b}$$

$$b = \delta_{f1} + \frac{1.328 l_{s1}}{(Re_{ls})^{0.5}}$$

$$Re_{ls} = Re_1 l_{s1}/d_{e1}$$

$$Re_b^* = 257 \left(\frac{l_{s1}}{P_{f1} - \delta_{f1}}\right)^{1.23} \left(\frac{\delta_{f1}}{l_{s1}}\right)^{0.58}$$

当 $Re_1 = 103.6$ 时

$$j_1 = 0.287 Re_1^{-0.42} Pr_1^{0.167} = 0.077$$

$$f_1 = 8.12 (Re_1)^{-0.74} \left(\frac{l_{s1}}{d_{e1}}\right)^{-0.41} \left(\frac{P_{f1} - \delta_{f1}}{s_1 - \delta_{f1}}\right)^{-0.02} = 0.245$$

空气侧采用百叶窗式翅片（$0.62 < l_h/s_2 < 0.93$），其换热因子 j 和摩擦因子 f 的计算可用式（3-87）~式（3-89）：

$$j_2 = 0.249 Re_{lp2}^{-0.42} l_{h2}^{0.33} \left(\frac{l_{l2}}{s_2}\right)^{1.1} s_2^{0.26} \quad (300 < Re_{lp2} < 4\,000)$$

$$f_2 = 5.47 Re_{lp2}^{-0.72} l_{h2}^{0.37} \left(\frac{l_{l2}}{s_2}\right)^{0.89} l_{p2}^{0.2} s_2^{0.23} \quad (70 < Re_{lp2} < 900)$$

$$f_2 = 0.494 Re_{lp2}^{-0.39} \left(\frac{l_{h2}}{s_2}\right)^{0.33} \left(\frac{l_{l2}}{s_2}\right)^{1.1} s_2^{0.46} \quad (1\,000 < Re_{lp2} < 4\,000)$$

式中：$Re_{lp2} = \dfrac{Re_2 \cdot l_{p2}}{d_{e2}}$，$l_{p2}$ 为百叶窗翅片间断长度。

当 $Re_2 = 776.6$ 时

$$j_2 = 0.249 Re_{lp2}^{-0.42} l_{h2}^{0.33} \left(\frac{l_{l2}}{s_2}\right)^{1.1} s_2^{0.26} = 0.017$$

$$f_2 = 5.47 Re_{lp2}^{-0.72} l_{h2}^{0.37} \left(\frac{l_{l2}}{s_2}\right)^{0.89} l_{p2}^{0.2} s_2^{0.23} = 0.059$$

8）计算对流换热表面传热系数、翅片表面效率和总传热系数

表面传热系数为

$$\alpha_1 = \left(j g_m c_p Pr^{-\frac{2}{3}}\right)_1 = 1\,485.1 \text{ W/(m}^2 \cdot \text{K)}$$

$$\alpha_2 = \left(j g_m c_p Pr^{-\frac{2}{3}}\right)_2 = 132.3 \text{ W/(m}^2 \cdot \text{K)}$$

翅片参数为

$$m_1 = \sqrt{\frac{2\alpha_1}{\lambda_{f1} \delta_{f1}} \left(1 + \frac{\delta_{f1}}{b}\right)} = 350.3 \text{ m}^{-1}$$

$$m_2 = \sqrt{\frac{2\alpha_2}{\lambda_{f2} \delta_{f2}}} = 102.2 \text{ m}^{-1}$$

其中：热侧翅片导热系数 $\lambda_{f1} = 169.0$ W/(m·K)；冷侧翅片导热系数 $\lambda_{f2} = 169.0$ /(m·K)；

锯齿翅片间断长度 $b = l_{s1} = 2.6$ mm。

翅片效率为

$$\eta_{f1} = \left(\frac{\tanh(ml)}{ml}\right)_1 = 0.93$$

$$\eta_{f2} = \left(\frac{\tanh(ml)}{ml}\right)_2 = 0.91$$

翅片表面效率为

$$\eta_{01} = (1 - \varphi(1 - \eta_f))_1 = 0.97$$

$$\eta_{02} = (1 - \varphi(1 - \eta_f))_2 = 0.92$$

忽略壁面热阻及污垢热阻,则总传热热阻为

$$\frac{1}{KF} = \frac{1}{K_2 F_2} = R_1 + R_2 = \frac{1}{(\eta_0 \alpha F)_1} + \frac{1}{(\eta_0 \alpha F)_2} \qquad (K/W)$$

以空气侧传热面积为基准的总传热系数

$$K_2 = \frac{1}{\dfrac{F_2/F_1}{(\eta_0 \alpha)_1} + \dfrac{1}{(\eta_0 \alpha)_2}} = 93.39 \ \text{W/(m}^2 \cdot \text{K)}$$

式中,$F_2/F_1 = \dfrac{\alpha_{area2}}{\alpha_{area1}} = 3.56$。

9)计算两侧传热面积及芯体尺寸

换热器芯体示意图如图 3-52 所示。

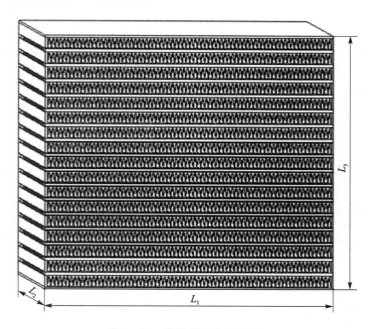

图 3-52　换热器芯体示意图

传热面积为

$$F_2 = \frac{NTUW_2}{K_2} = 2.48 \ \text{m}^2 ;$$

$$F_1 = F_2 \frac{\alpha_{\text{area1}}}{\alpha_{\text{area2}}} = 0.69 \text{ m}^2$$

流通面积为

$$F_{c1} = \left(\frac{\rho V}{g_m}\right)_1 = 0.001\ 9 \text{ m}^2$$

$$F_{c2} = \left(\frac{\rho V}{g_m}\right)_2 = 0.042 \text{ m}^2$$

流动长度为

$$L_1 = \left(\frac{d_e F}{4 F_c}\right)_1 = 0.249 \text{ m}$$

$$L_2 = \left(\frac{d_e F}{4 F_c}\right)_2 = 0.039 \text{ m}$$

孔度为

$$\sigma_1 = \left(\frac{\alpha_{\text{area}} d_e}{4}\right)_1 = 0.19$$

$$\sigma_2 = \left(\frac{\alpha_{\text{area}} d_e}{4}\right)_2 = 0.66$$

迎风面积为

$$F_{y1} = \left(\frac{F_c}{\sigma}\right)_1 = 0.01 \text{ m}^2$$

$$F_{y2} = \left(\frac{F_c}{\sigma}\right)_2 = 0.064 \text{ m}^2$$

非流动方向长度为

$$L_3 = \frac{F_{y2}}{L_1} = 0.258 \text{ m}$$

翅片层数为

$$N_1 = \frac{L_3 - s_2 - 2\delta_s}{s_1 + s_2 + 2\delta_p} = 16$$

$$N_2 = N_1 + 1 = 17$$

10) 计算芯体压降

$$\Delta P_1 = \frac{g_{m1}^2 v_1'}{2}\left[(1 - \sigma_1^2 + K_1') + 2\left(\frac{v_1''}{v_1'} - 1\right) + \frac{4 f_1 L_1}{d_{e1}}\frac{v_{m1}}{v_1'} - (1 - \sigma_1^2 - K_1'')\frac{v_1''}{v_1'}\right] = 728.0 \text{ Pa}$$

$$\Delta P_2 = \frac{g_{m2}^2 v_2'}{2}\left[(1 - \sigma_2^2 + K_2') + 2\left(\frac{v_2''}{v_2'} - 1\right) + \frac{4 f_2 L_2}{d_{e2}}\frac{v_{m2}}{v_2'} - (1 - \sigma_2^2 - K_2'')\frac{v_2''}{v_2'}\right] = 70.4 \text{ Pa}$$

其中,K_1'、K_1''、K_2'、K_2''分别为两侧进出口压力损失系数,按图 3-11 或图 3-12 查取,锯齿型翅片和百叶窗型翅片均为间断翅片,应根据 $Re = \infty$ 查取 K' 和 K'',$K_1' = 0.39$,$K_1'' = 0.67$,$K_2' = 0.23$,$K_2'' = 0.12$。

11) 检验压降计算结果

任一侧的 ΔP 计算值均小于设定值,则设计性问题的近似求解完成。

3.7　板式换热器

　　板式换热器是近几十年来得到发展和广泛应用的一种新型高效、紧凑的换热器。它由一系列互相平行、具有波纹表面的薄金属板相叠而成。在相同金属耗量下板式换热器较管壳式换热器的传热面积大得多。流体在换热板之间的波纹形槽道中流动能产生强烈的扰动，因此传热系数大，对于液-液式板式换热器，其 K 值可高达 2 500～6 000 W/(m^2 · K)，比管壳式的 K 值高 2～4 倍。当冷、热流体逆流换热时，可以获得非常接近的温度。板式换热器广泛应用于医药、食品、制酒、饮料、合成纤维、造船、动力、冶金及化工等工业部门，并且随着板形和结构上的改进，正在进一步扩大它的应用领域。

3.7.1　板式换热器的构造和工作原理

1. 板式换热器的基本构造

　　板式换热器的基本构造如图 3-53 所示。

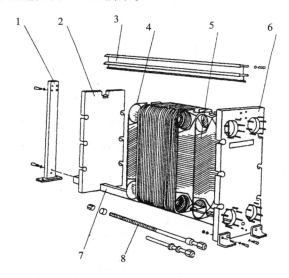

1—前支柱；2—活动压紧板；3—上导杆；4—垫片；
5—板片；6—固定压紧板；7—下导杆；8—压紧螺柱、螺母

图 3-53　板式换热器的构造

　　板片是传热元件，一般由 0.6～0.8 mm 的金属板压制成波纹状，波纹板片上贴有密封垫圈。板片按设计的数量和顺序安放在固定压紧板和活动压紧板之间，然后用压紧螺柱和螺母压紧，上、下导杆起着定位和导向作用。固定压紧、活动压紧板、导杆、螺柱、螺母及前支柱可统称为板式换热器的框架；众多的板片、垫片可称为板束。分析以上结构和零部件的组成，可见其零部件品种少，且通用性极强，这十分有利于成批生产及使用维修。

2. 流程组合

　　板束中板片的数量和排列方式，由设计确定，图 3-54 是典型的排列方式。从图中可见，垫片不仅起到密封作用，还起到流体在板间流动的导向作用。流程组合就是板片数量和排列

方式的有机结合，并以数学形式表示如下：

$$\frac{M_1 \times N_1 + M_2 \times N_2 + \cdots + M_i \times N_i}{m_1 \times n_1 + m_2 \times n_2 + \cdots + m_i \times n_i}$$

式中，$M_1, M_2, \cdots, M_i$——从固定压紧板开始，甲流体侧流道数相等的流程数；

$\quad N_1, N_2, \cdots, N_i$——$M_1, M_2, \cdots, M_i$ 中的流道数；

$\quad m_1, m_2, \cdots, m_i$——从固定压紧板开始，乙流体侧流道数相等的流程数；

$\quad n_1, n_2, \cdots, n_i$——$m_1, m_2, \cdots, m_i$ 中的流道数。

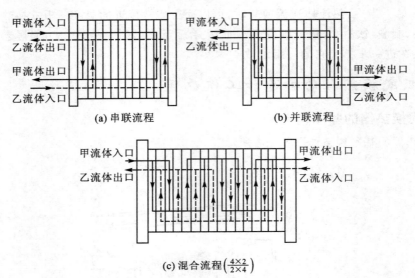

图 3-54　典型的流程组合

制造厂的流程组合图，常带有板片的标记，如图 3-55 所示，这样便于制造安装。图中的 A 和 B 是指 A 型板片和 B 型板片。对人字形波纹板片，若把人字角朝上定为 A 型板片，人字

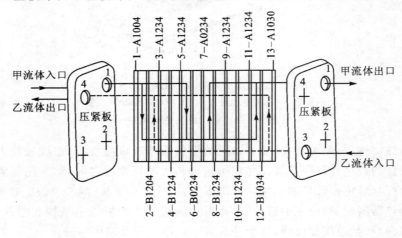

图 3-55　带有板片标记的流程组合图

角朝下则为 B 型板片。字母 A 或 B 后面的 1,2,3,4,0 为板片上开孔的方位,"0"为不开孔。

3. 框架形式

板式换热器的框架多种多样,如图 3 - 56 所示,其中尤以图(a)和图(b)更为常用。应用于乳品等食品行业中的板式换热器,常有两种以上的介质换热,所以要设置中间隔板,其数量视换热介质的数量而定;另外,由于工作压力不高,又需经常拆卸清洗,所以常采用顶杆式。

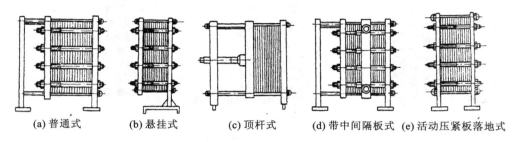

(a) 普通式   (b) 悬挂式   (c) 顶杆式   (d) 带中间隔板式 (e) 活动压紧板落地式

图 3 - 56 框架主要形式

4. 板片的形式和性能

传热板片是板式换热器的核心部件。各传热板片按一定的顺序相叠即形成板片间的流道,冷、热流体在板片两侧各自的流道内流动,通过板片进行热交换,如图 3 - 57 所示。一般板片的表面呈波纹状。流体流向与波纹垂直,或呈一定的倾斜角。波纹的断面形状有三角形、梯形、圆弧形和阶梯形等。流体流过波纹板形成曲折流道,因流向变化而产生二次流动,从而增加了流体的扰动。试验表明,当 $Re > 200$ 时,即转变为紊流。因此,板片的设计首先要考虑的因素是使流体在低速下发生强烈湍流,以强化传热;其次是提高板片刚度,使其能耐较高的压力。

板片形状有很多种,下面介绍几种典型板片。

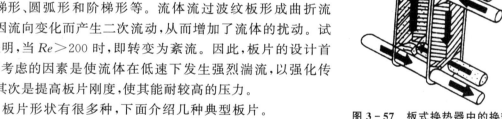

图 3 - 57 板式换热器中的换热

(1) 人字形板

人字形板的断面形状常为三角形(见图 3 - 58(a)),人字形之间夹角通常为 120°。板式换热器组装时,每相邻两板片是相互倒置的,从而形成网状触点,并使通道中流体形成网状流。据统计,装配后相邻两板片间能形成多达 2 300 个支承触点(在 1 m² 投影面积上)。流体从板片一端的一个角孔流入,可从另一端同一侧的角孔流出(称为单边流),或另一端另一侧的角孔流出(称为对角流)(见图 3 - 58(b))。许多人的研究结果都表明:与主流方向相垂直的人字波纹,当波节距 p 与波纹高度 e 之比 $p/e \approx 10$ 时,具有最佳的传热性能,其中波纹高度 e 至关重要;而波纹的形状对压降的影响比对传热的影响更大;波纹的倾角 β 对传热与压降都有影响。研究发现,人字形波纹板比光滑板片可强化传热高达 80%。经国内改进的人字形板式换热器的传热系数达到 7 000 W/(m²·K) 以上(水-水,无垢阻),压力降也得到了改善。一般情况下,人字形板的流阻较大,由于多点接触,能承受较大压差(两侧流体的压差),所以板的厚度可以较薄。但因接触点多,不适合用于含颗粒或纤维的流体。

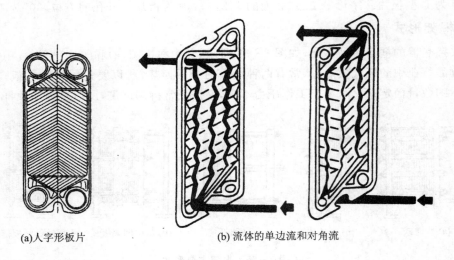

(a)人字形板片　　　　　　　(b)流体的单边流和对角流

图 3-58　人字形板式换热器

(2) 水平平直波纹板

图 3-59 所示为一种断面形状为等腰三角形的水平平直波纹板。它的传热和流体力学性能均较好,传热系数可达 5 800 W/(m² · K)(水-水,无垢阻)。其他断面形状还有有褶的三角形波纹(英国 APV 公司)、阶梯形波纹(日本蒸馏工业所制造的 NPH 型板)均属此类。

(3) 混合 β 人字板(热混合板)及其性能

对于人字形波纹板片,人字角 β 的大小对传热和流体阻力影响甚大。人字角 β 大的板片传热系数高、流体阻力亦大;反之,人字角 β 小的板片传热系数和流体阻力都小些。图 3-60 是人字角对传热影响的曲线示图。利用人字角 β 对传热的影响,很多制造厂将同一规格的板片做成大人字角和小人字角两种,如图 3-61 所示。国外把大人字角的板片称为 H 板片(硬板 Hard plate),小人字角的板片称为 L 板片(Soft plate,软板)。一台板式换热器可全部用 H 板片组装或全部用 L 板片组装,也有将 H 板片和 L 板片相间组装或分段组装。这样相间式分段组装的板式换热器性能介于前两者之间,在某种意义上来说,相当于第三种性能的板片,称

图 3-59　水平平直波纹板

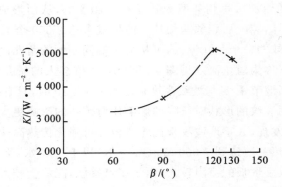

图 3-60　人字角 β 对传热的影响

之为 M 板片(混合 β 板片其实是第三种性能的流道)。图 3-61 和图 3-62 所示为组装情况及其相应的性能。在充分利用允许压降的情况下,这种组装情况称为换热混合设计,其换热面积可减小 25%～30%。

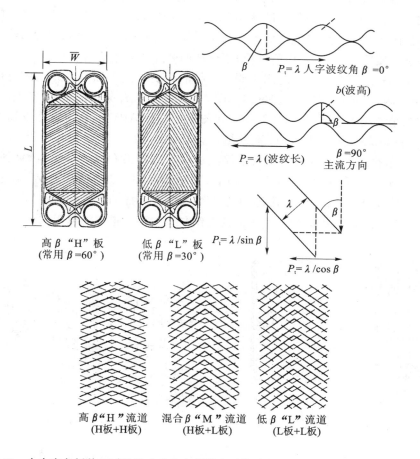

图 3-61　大人字角板片(H 板)和小人字角板片(L 板)以及三种组合的 H、M、L 流道示意图

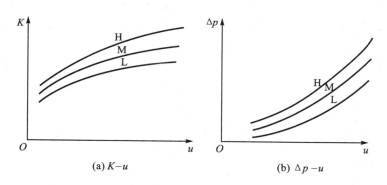

图 3-62　H、M、L 流道性能示意图

板片的厚度一般为 0.6～0.8 mm,长宽比为 2.7～3.3。但也有长宽比为 2 左右的板片,这种板片常应用于换热介质对数温差很大,而两种介质的流量又有数倍之差的场合。

（4）几种特殊构造的板片

国内外都有一些特殊的板式换热器,如宽窄流道板式换热器、双壁板式换热器等。宽窄流道的板式换热器是采用结构特殊的板片组装在一起,使得窄流道和宽流道相间排列。ALFA－LAVAL 公司的产品,宽流道的间隙达 16 mm,可处理含纤维、固体颗粒及高黏度的介质;双壁板式换热器的板片是由两张薄金属板复合在一起的(但存在着间隙),板片边缘设有泄漏口,当一张薄板被介质腐蚀穿透后,即能外泄,不会使两侧介质发生混合。

虽然普通的板式换热器也可应用于要求不高的相变换热工况中,如果要获得完善的相变换热,则应采用板式冷凝器和板式蒸发器。图 3－63 是板式冷凝器的板片,其波纹形式和角孔尺寸都力求减小气侧的流体阻力;图 3－64 和图 3－65 是 APV 公司板式蒸发器的构造,四片为一组,在一台板式蒸发器中,可设置数组,以便连续蒸发。溶液从升膜板(见图 3－64 中板 2)下部两个角孔进入,形成的蒸气及浓缩液通过顶部转换孔流经降膜板(见图 3－64 中板 4),由底部的大矩形角孔排出。加热蒸气则由靠近板侧面的大矩形角孔进入,从底部凝液孔排出。这种板式蒸发器的特点是,角孔(指加热蒸气及蒸发形成的蒸气所流经的)相当大,板面为平板面,并且板间距较大,以减少蒸气通道及凝结与蒸发两流道中的流阻。

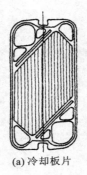 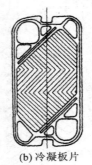

(a) 冷却板片　　　(b) 冷凝板片

图 3－63　板式冷凝器的板片示意图

图 3－64　板式蒸发器示意图

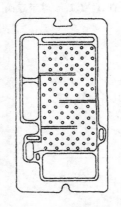

图 3－65　板式蒸发器板片

传热板无论其尺寸大小,结构形式如何,每块板都必须具有四个角孔、密封槽、导流槽、悬挂装置及定位缺口。角孔供冷热介质进、出口用,其形状为圆形或三角形。密封槽设在每块板的四周以及角孔的周围。导流槽设在流体进、出口处,使流体能沿板间流道均匀分布。每块板上设有供支撑用的挂钩。板的上下端中部开有定位用的定位缺口。缺口形状有圆形、半圆形及燕尾形。板片在结构尺寸设计中要考虑板与板之间的触点,即接触点,它起保持流道间隙和形状的作用。合理的触点设计能提高板片耐压能力。同时,接触点能增加流体扰动,达到强化传热的效果。传热板的尺寸可根据需要而定。目前,最大单板表面积高达 4.75 m²,最小的只有 0.032 m²。

板片材质可用不锈钢、铝、黄铜、铝合金、钛及钛合金等,板片材质的选择主要决定于材质对热交换介质的抗腐蚀性能。

5. 密封圈

密封圈起着板与板之间流体流道密封的作用,是板式换热器的重要部件。根据热交换介质的种类和使用温度来选择密封圈的材质。常用密封圈的材质及允许使用的最高温度列于表 3 - 21 中。

表 3 - 21　密封圈的材质及允许工作温度

材　质	最高工作温度/℃	材　质	最高工作温度/℃
天然橡胶	80	树脂-硬丁基橡胶	150
氯丁橡胶	85	硅橡胶	160
丁苯橡胶	110	聚三氟乙烯	190～200
丁腈橡胶	150	压制石棉纤维	200～260
中级腈橡胶	135		

板式换热器的最高使用温度,取决于密封圈的耐热性能,最大使用压力取决于密封圈的材质和断面形状,因此世界各国对密封圈的研究都非常重视。目前,密封圈使用的断面形状有半圆形、矩形及五面体等。

密封圈嵌入板片上密封槽及角孔的四周。由于工作时的高温,金属板与密封圈的膨胀不一致,以及由于介质内压作用,导致板片与密封圈之间产生过大的间隙,从而使得介质发生泄漏。为了避免这种现象出现,近年研究出了组合结构的密封圈,即用硬、软两种不同材质组合成一体,硬质材料能承受较高压力,软质材料弹性较好,压紧后易充满沟槽,组合成一体后能具有既承压又耐腐蚀的性能。

6. 压紧装置

常用的压紧装置有夹板推杆式,螺母压紧式和顶杆螺旋压紧式等。压紧装置的夹板(盖板)由普通碳钢制成,螺栓由高强度碳钢制成。它们用于将密封垫圈压紧,产生足够的密封力,使得换热器在工作时不发生泄漏,通过旋紧螺栓来产生压紧力。对于大型板式换热器,其密封压紧力甚至超过 98×10^4 N,所以要有坚固的框架。在制造成本中,压紧装置占相当大的比例。因此,应当注意板片尺寸和负荷的关系,如果条件许可,宜采用数量较多的小尺寸的板片,而使压紧装置费用相对降低。在压紧装置的结构上,近年出现了带有电动和液压的压紧装置,可使板片的拆卸和压缩自动进行。

板式换热器使用的最大压力取决于板面结构、材质、厚度、密封系统及压紧装置的强度。一般板式换热器可承受 0.7 MPa 的压力差,特殊的可承受的压力差为 2.5 MPa。

7. 板式换热器的性能特点

由于板式换热器是由若干传热板片叠装而成的,板片很薄且具有波纹形表面,因而带来一系列优点。由于波纹板片的交叉相叠使通道内流体形成复杂的二维或三维流动(见图 3 - 66)和窄的板间距,大大加强了流体的扰动,因而能在很小的 Re 时形成湍流和高的传热系数。临界 Re 在 10～400 范围内,具体数值取决于几何结构。据资料介绍,在同一压力损失下,板式换热器每平方米传热面积所传递的热量为管壳式换热器的 6～7 倍;加之板片很薄,其紧凑性约为管壳式换热器的 3 倍,可达到 300 m²/m³ 以上,在同一热负荷下其体积为管壳式换热器的 1/5～1/10。对于可拆式板式换热器,不仅清洗、检修方便,而且可根据需要,方便地通过增减板片数和流程来构成多种组合,达到不同的换热要求和适应不同的处理量。此外,在板式换热器中还可以通过采用加装隔板的方法在一台换热器中实现三种以上液体之间的换热。

板式换热器所存在的主要问题是其操作压力和温度的提高受结构的限制。国内一般的板式换热器只能用于 0.6 MPa 以下的压力和 120～150 ℃ 的温度。经过板片形式和框架结构的改进,采用新型的密封垫圈和板片材料,耐压和耐温均已有相当大的提高。现在国内生产的板式换热器的最大单片面积达到 2.0 m²,最高工作压力 1.6 MPa,最高工作温度 200 ℃。对于工业的许多热工过程,尤其是流体有腐蚀性而必须使用贵重金属材料制造时,在压力 1.5 MPa 和温度 150 ℃ 以下的条件下,存在板式换热器逐渐取代管壳式换热器的趋势。至于板式换热器由于流道狭窄和角孔限制而难以实现大流量运行的问题,由于近年来大型板式换热器的出现和采用多段并联操作的方法使它已不是主要问题。

图 3 - 66　流体在板间通道中的三维流动

表 3 - 22 列出了当前国内外板式换热器的一些技术参数。

表 3 - 22　板式换热器的技术参数

项　目		国　外	国　内
最大单板面积/m²		4.75	2.0
最大单台面积/m²		2 200	～1 000
最高工作压力/MPa		2.5	2.5
最高工作温度/℃	橡胶垫片	<200	<200
	石棉垫片	<250	<250
单台流量/(m³·h⁻¹)		3 600	
总传热系数[①]/(W·m⁻²·K⁻¹)		3 500～7 500	

极限指标					
生产企业	单板面积/m²	单台换热面积/m²	设计压力/MPa	设计温度/℃	处理量/(m³·h⁻¹)
ALFA-LAVAL(瑞典)	3.63	2 200	2.5(特殊 3.0)	−25～200(特殊−40～260)	3 600
APV(英国)	4.75	2 500	2.5	−35～200(特殊−40～260)	3.500
GEA AHLBORN(德国)	2.50	2 000	2.5	220	3 600
W·Schmidt(德国)	1.55	1 800	2.5	170(特殊 300)	1 800
HISAKA(日本)	2.30	1 500	2.5(特殊 3.0)	−20～180(特殊 250)	2 500
VICARB(法国)	2.83	1 820	2.0(特殊 2.5)	170(特殊 250)	2 800

① 水-水换热无污垢热阻,人字形波纹。

3.7.2　板式换热器的设计计算

板式换热器的设计计算也包括设计性计算和校核性计算,两者仅是计算的步骤稍有不同,但涉及的计算公式是相同的。

1. 一般设计要求

(1) 板间流速

流体在板间流动,其流速是不均匀的,在主流线上的流速为平均流速的 4～5 倍,在一个流程内每个流道的流速也不均匀(见图 3-67)。为使流体在板间流动时,处于充分的湍流状态,宜取板间的平均流速为 0.3～0.8 m/s。在阻力降允许的情况下取大值,以提高对流传热系数,从而减小换热面积,节省设备投资。

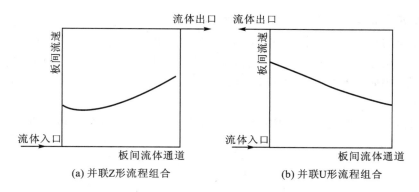

图 3-67　并联 Z 形和 U 形流程板间流道的流体流速变化示意图

(2) 流程组合

一般来说,流程数宜少,冷、热介质等流程,逆向流动布置,这样的流程组合,温差修正系数较大。并联 U 型的流程组合(如图 3-67(b)所示)也常常被采用,因为这种流程组合,可把冷、热流体的进、出口接管,都集中到固定压紧板上,拆卸清洗时,可不拆卸外部接管。对用于冷凝和蒸发的工况,只能采用单流程,且被冷凝的流体应从上而下,便于排出冷凝液;对于蒸发的工况,则相反,蒸发的介质采用单流程,由下而上,使蒸气从上部排出。

(3) 板片选择

恰当的单板面积,可得到较好的流程组合,使得流程数少,流体阻力小。角孔的尺寸与单板面积有一定的内在联系,为使流体通过角孔流道不致损失过多压力,一般取流体在角孔中的流速为 4～6 m/s。表 3-23 列出了单板面积和处理量的关系,表中流体通过角孔以 6 m/s 计算的。

表 3-23　单板面积和处理量的关系

单板面积/m²	0.1	0.2	0.3	0.5	0.8	1.0	1.6	2.0
角孔直径/mm	40～50	65～90	80～100	125～150	175～200	200～250	300～350	约 400
单台最大处理量/(m³·h⁻¹)	27～42	71～137	108～170	265～380	520～680	680～1 060	1 530～2 080	约 2 700

波纹板的形式,应按工艺条件进行选择,人字形波纹板片是广为采用的板片,人字角大的板片(如 $\beta \approx 120°$,称为 H 板片),适用于允许阻力损失较大,而要求传热效率高的场合;人字角小的板片(如 $\beta \approx 70°$,称为 L 板片),适用于对阻力损失限制极严的场合。水平平直波纹板片则适用于对传热效率、阻力损失都适中的场合。对于两种换热流体,其流量差别甚大,则应考虑选用非对称流道(或称宽窄间隙流道)的板片来组装板式换热器。对于两换热流体的对数温差很大,流量差亦很大的换热工况,选用长宽比较小的波纹板较为理想。

(4) 材料选择

板片的原材料厚度为 0.6～0.8 mm,压制成波纹板后允许有 25% 的减薄量,于是最薄处的厚度为 0.45～0.6 mm,因此一定要选用耐腐蚀的材料进行制造,对板片采用表面防腐措施是难以奏效的。金属材料的耐腐蚀性能可参考有关文献。

密封圈的材料,既要耐温又要耐腐蚀,各种密封圈材料的允许使用温度可参考表 3-21。

2. 板式换热器的传热特性及实验关系式

板式换热器的传热性能与板面的波纹形状、尺寸及板面组合方式都有密切关系。对于任何一种新型结构尺寸板片的传热及阻力性能,都只有通过实验测定。对于无相变传热,多数制造厂都能提供其相应产品的关联式;对于相变传热,绝大多数的产品,尚不能提供相应的关联式。

板式换热器传热计算的基本公式的形式与管内或槽道内的对流换热计算公式相同,湍流换热时为

$$Nu_f = CRe_f^n Pr_f^m \left(\frac{\mu_f}{\mu_w}\right)^{0.14} \tag{3-117}$$

当流体被加热时,$m=0.4$;被冷却时,$m=0.3$。其中的 C、n 值随板片、流体和流动类型的不同而不同。

Marriott J 对式(3-117)中系数和各指数给出了这样的范围:$C=0.15～0.4$,$n=0.65～0.85$,$m=0.3～0.45$,$x=0.05～0.2$(指黏度修正项上的指数)。这些数值可供读者在进行试验研究、整理准则关系式及选用时参考。

对牛顿型流体的层流换热,可用 Sieder-Tate 形式的方程式,即

$$Nu_f = C(Re_f Pr_f d_e/L)^n (\mu_f/\mu_w)^x \tag{3-118}$$

式中:$C=1.86～4.50$;$n=0.25～0.33$;$x=0.1～0.2$,通常为 0.14。

马斯洛夫(Maslov)提出了如图 3-68 所示的几种平行波纹板的实验公式:

$$\frac{\alpha d_e}{\lambda} = M Pr^{0.43}\left(\frac{Pr_m}{Pr_w}\right)^{0.25} \tag{3-119}$$

式中:M——雷诺数的函数,列于表 3-24

中,$Re=\dfrac{g_m d_e}{\mu}$;

g_m——质量流速,kg/(m²·s);

s——板间距,m;

Pr_m——介质平均温度下的普朗特数;

Pr_w——传热板面温度下介质的普朗

特数;

d_e——当量直径,m。

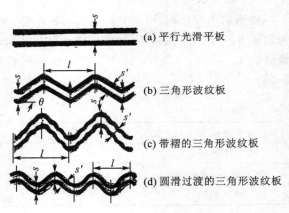

(a)平行光滑平板

(b)三角形波纹板

(c)带褶的三角形波纹板

(d)圆滑过渡的三角形波纹板

图 3-68 马斯洛夫板片结构示意图

表 3-24 传热系数关联式(马斯洛夫)

板 型	波纹间距 l/mm	板间距 s/mm	最小板间距 s'/mm	波纹倾斜角 θ/(°)	传热系数关联式
平行光滑平板(a)	—	—	—	—	$M=0.021Re^{0.8}$
三角形波纹板(b)	20.0	1.85	—	30	$M=0.216Re^{0.8}$

板　型	波纹间距 l/mm	板间距 s/mm	最小板间距 s'/mm	波纹倾斜角 $\theta/(°)$	传热系数关联式
三角形波纹板	22.5	3.50	2.80	35	$M=0.125Re^{0.7}$
三角形波纹板	20.0	2.85	—	40	$M=0.215Re^{0.635}$
三角形波纹板	22.5	5.90	4.80	35	$M=0.356Re^{0.6}$
三角形波纹板	30.0	5.50	4.90	30	$M=0.1815Re^{0.65}$
圆滑过渡的三角形波纹板(d)	38.0	5.90	—	—	$M=0.309Re^{0.6}$
带褶的三角形波纹板(c)	48.5	3.50	2.00	—	$M=0.122Re^{0.7}$
三角形波纹板(b)	20.0	2.25	—	30	$M=0.1635Re^{0.63}$
三角形波纹板(b)	20.0	1.15	—	30	$M=0.173Re^{0.64}$
三角形波纹板	20.0	1.40	—	40	$M=0.194Re^{0.64}$

在计算板式换热器流道内流体的 Re 值时,所采用的当量直径 d_e 可按下式计算:

$$d_e=\frac{4A}{U}=\frac{4bs}{2b}=2s \qquad (3-120)$$

式中:b——板有效宽,m;

　　　s——板间距,m。

3. 板式换热器的阻力特性及实验关系式

一般国内制造厂家对于板式换热器的阻力特性是以欧拉数 Eu 与雷诺数 Re 之间的准则关系式给出的:

$$Eu=bRe^{d} \qquad (3-121)$$

或

$$\Delta p=bRe^{d}\rho u^{2}=Eu\rho u^{2} \qquad (3-122)$$

式中:b——系数,随不同形式的板片而异,由实验求得,制造厂为其产品提供的公式中已确定具体数值;

　　　d——指数,随不同形式的板片而异,由实验求得,制造厂为其产品提供的公式中已确定具体数值;

　　　u——流速,m/s;

　　　ρ——流体密度,kg/m^{3}。

由于式(3-122)是在 1-1 程换热中求得的,对换热器的流体阻力要乘以流程数 m,即

$$\Delta p=mbRe^{d}\rho u^{2}=mEu\rho u^{2} \qquad (3-123)$$

Smith 和 Troupe 给出了如下工业用金属板式换热器压降计算经验式:

对于串联流动,有

$$\Delta p=(1.87n+7.56)(u^{2}\rho)Re^{-0.13/(n_s-0.187)} \qquad (3-124)$$

对于并联流动,有

$$\Delta p=(38.96n+121.22)(u^{2}\rho)Re^{-0.13/(n_s-0.565)} \qquad (3-125)$$

式中:u——介质流速,m/s;

　　　n_s——通道数。

介质流过板式换热器的角孔及导流槽时所产生的压力损失是很高的,一般要求它低于换热器总的压力损失的 50%,若高于此值,板型结构的设计需要重新考虑。

在计算板式换热器压降时的 Re 值时,当量直径 d_e 应按下式计算:

$$d_e = \frac{4A}{U} = \frac{4bs}{2(b+s)} \tag{3-126}$$

4. 设计计算公式

(1) 传热基本方程式

传热基本方程式为

$$\Phi = KA\Delta t_m \tag{3-127}$$

式中:Φ——传热热流量,W;

$\quad A$——传热面积,m^2;

$\quad K$——总传热系数,$W/(m^2 \cdot K)$;

$\quad \Delta t_m$——传热平均温差,系对数平均温差乘以板片组合校正系数,℃。

应注意:板片的传热面积应不包括板片的周边、角孔和导流等处,所以称为有效传热面积。它可以指板片投影面积,也可以指板片的展开面积。由于板片具有波纹形的表面,展开面积和投影面积是不同的,因此在计算传热系数或使用他人数据时,应注意以哪一种面积为基准。

(2) 换热热流量计算式

换热热流量计算式为

$$\Phi = q_m c_p(t' - t'') \tag{3-128}$$

或

$$\Phi = q_m(h' - h'') \tag{3-129}$$

式中:q_m——流体质量流量,kg/s;

$\quad c_p$——流体比定压热容,$J/(kg \cdot K)$;

$\quad t'$ 和 t''——分别表示某流体进、出口温度,℃;

$\quad h'$ 和 h''——分别表示某流体进、出口比焓,J/kg。

(3) 总传热系数计算式

总传热系数计算式为

$$K = \left(\frac{1}{\alpha_1} + r_{d1} + \frac{\delta_p}{\lambda_p} + r_{d2} + \frac{1}{\alpha_2}\right)^{-1} \tag{3-130}$$

式中:α_1 和 α_2——分别为板片两侧的表面传热系数,$W/(m^2 \cdot K)$;

$\quad r_{d1}$ 和 r_{d2}——板片两侧污垢系数,如表 3-25 所列;

$\quad \delta_p$——板片厚度,m;

$\quad \lambda_p$——板片导热系数,$W/(m \cdot K)$。

(4) 传热面积计算式

传热面积计算式为

$$A = N_e A_p = (N_t - 2)A_p \tag{3-131}$$

式中:A——换热器换热面积,m^2;

$\quad A_p$——单板换热面积,m^2;

$\quad N_e$——有效传热板板片数;

$\quad N_t$——总板片数。

表 3 - 25　板式换热器的污垢热阻　　　　　　　　　　　　　　$m^2 \cdot K/W$

流体名称	污垢热阻	流体名称	污垢热阻
软水或蒸馏水	0.000 009	机器夹套水	0.000 052
城市用软水	0.000 017	润滑油水	0.000 009～0.000 043
城市用硬水(加热时)	0.000 043	植物油	0.000 007～0.000 052
处理过的冷却水	0.000 034	有机溶剂	0.000 009～0.000 026
沿海海水或港湾水	0.000 043	水蒸气	0.000 009
大洋的海水	0.000 026	工艺流体、一般流体	0.000 009～0.000 052
河水、运河水	0.000 043		

由于两块端片不参加热交换,故所需的总板片数应为

$$N_t = N_e + 2 \tag{3-132}$$

从流程数 m 与通道数 n 的组合来考虑,总板片数 N_t 也可表达为

$$N_t = m_1 n_1 + m_2 n_2 + 1 \tag{3-133}$$

由式(3-133)所得结果等于或略大于式(3-132)所得结果表明,起初所选定的流程数和通道数能达到传热的要求。如不满足,则需要重选流程数和通道数。

(5) 传热平均温差 Δt_m 计算式

传热平均温差 Δt_m 的计算式为

$$\Delta t_m = \psi \Delta t_{lm} \tag{3-134}$$

$$\Delta t_{lm} = \frac{\Delta t_{max} - \Delta t_{min}}{\ln \dfrac{\Delta t_{max}}{\Delta t_{min}}} \tag{3-135}$$

式中：Δt_{max} 和 Δt_{min} ——逆流换热时冷、热两流体端部温差的最大值和最小值,℃；

　　　　Δt_{lm} ——对数平均温差,℃；

　　　　ψ ——随不同的流程组合,导致冷、热流体流动方向有异于纯逆流时的对数平均温差修正系数,可从图 3-69 和图 3-70 查取。

根据文献[20],ψ 值的确定,在串联和并联时可参考图 3-69,混联可采用管壳式换热器的温差校正系数。Marriott J 提出在两侧体积流量比为 0.7～1 及 NTU 值不超过 11 时的温差修正系数图(见图 3-70)。Buonopane R 等提出了求解的数学模型,在某些假设和简化的前提下,求解结果与此图中值极为接近。根据传热单元数 $NTU = KA/W_{min}$ 及热流体与冷流体的流程数,即可由此图求得相应的对数平均温差修正系数 ψ 。

5. 设计计算步骤

板式换热器的设计计算步骤如下：

① 根据热量平衡的关系,求出未知的质量流量或温度,同时算出热负荷；

② 参考有关资料、数据,选择传热板片的型号；

③ 设定流程组合,尽可能使流体在板间的平均流速为 0.3～0.8 m/s,并根据式(3-133),由通道数与流程数求板片数 N_t'；

④ 根据式(3-134)求出传热对数平均温差；

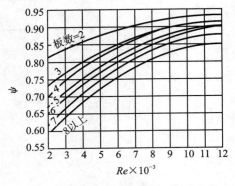
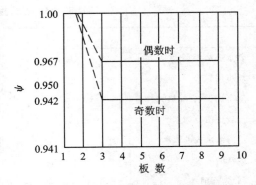

(a) 串联时(板数不包括两端的传热板)　　　　(b) 并联时(板数不包括两端的传热板)

图 3-69　板式换热器的温差修正系数(LMTD 法时)

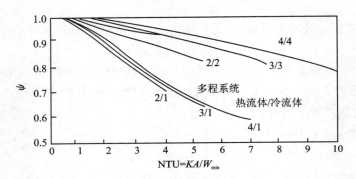

图 3-70　温差修正系数(NTU 法时)

⑤ 根据相关实验关系式求出对流换热表面传热系数;

⑥ 参考表 3-25 选定污垢热阻,并计算总传热系数;

⑦ 按式(3-127)求出换热面积 A,由传热面积 A,利用式(3-132)求所需总板片数 N''_t,将 N''_t 与步骤③求出的 N'_t 进行比较,若 N'_t 等于或略大于 N''_t 即可,否则须重新设定流程组合或重新选定板片型号,从步骤②或步骤③开始重新计算;

⑧ 按式(3-122)或式(3-123)求出流体阻力,该值应不大于设计要求,否则亦应从步骤②或步骤③开始重新计算。

下面通过一个工程实例来说明。

例 3-6　今欲将流量为 9 000 kg/h 的热水从 110 ℃冷却到 40 ℃,冷水的入口温度为 35 ℃,出口温度为 65 ℃,压降最大不超过 50 kPa,试进行一台板式换热器的热力设计计算。

解

1) 计算换热热流量,并求出未知的质量流量或未知的温度

换热热流量 Φ

$$\Phi = q_{m1} c_{p1} (t'_1 - t''_1) = [9\,000 \times 4.19 \times (110 - 40)]\ \text{kJ/h} = 2\,639\,700\ \text{kJ/h}$$

所需冷水量 q_{m2}

$$q_{m2} = \frac{\Phi}{c_p (t''_2 - t'_2)} = \frac{2\,639\,700}{4.17 \times (65 - 35)}\ \text{kg/h} = 21\,101\ \text{kg/h}$$

2) 根据有关条件、数据及资料选择传热板片型号

设选择兰州石油化工机械厂制造的 BP 型板片。从厂家产品规格查得,板间距 $s = 4.8\ mm$,流道宽 $b = 430\ mm$,板厚为 $1.2\ mm$,单片传热的投影面积为 $0.52\ m^2$,传热准则关系为 $Nu = 0.091Re^{0.73}Pr^n$,压降的准则关系式为 $Eu = 42\ 400Re^{-0.545}$,当流程数 $m' \leqslant 7$ 时,应乘以校正系数 ϕ_m,即 $Eu' = Eu\phi_m = Eu\dfrac{m'}{m}$。

3) 设定流程组合

假定流程数为 m_1、m_2:热水 $m_1 = 6$,冷水 $m_2 = 3$。

假定通道数 n_1、n_2:热水 $n_1 = 3$,冷水 $n_2 = 6$。

由通道数与流程数求板片数 N_t' 为

$$N_t' = m_1 n_1 + m_2 n_2 + 1 = 6 \times 3 + 3 \times 6 + 1 = 37$$

4) 计算平均温差 Δt_m

按逆流计算时,

$$\Delta t_{lm} = \frac{110 - 65 - (40 - 35)}{\ln \dfrac{110 - 65}{40 - 35}}\ ℃ = 18.2\ ℃$$

$$P = \frac{65 - 35}{110 - 35} = 0.4, \quad R = \frac{110 - 40}{65 - 35} = 2.33$$

按 3 壳程、6 管程的管壳式换热器查得修正系数 $\psi = 0.88$,故

$$\Delta t_m = \psi \Delta t_{lm} = 0.88 \times 18.2\ ℃ = 16.0\ ℃$$

5) 根据相关实验关系式,计算两侧对流表面传热系数 α_1 和 α_2

对于热水侧,取 $t_1 = \dfrac{t_1' + t_1''}{2} = \dfrac{110 + 40}{2}\ ℃ = 75\ ℃$ 为定性温度,由附录 B 中的表 B-2 查得水[动力]黏度 $\mu_1 = 380.6 \times 10^{-6}\ kg/(m \cdot s)$,导热系数 $\lambda_1 = 67.1 \times 10^{-2}\ W/(m \cdot K)$,比定压热容 $c_{p1} = 4.19\ kJ/(kg \cdot K)$,密度 $\rho_1 = 974.8\ kg/m^3$,普朗特数 $Pr_1 = 2.38$,则

$$u_1 = \frac{q_{m1}}{sbn_1\rho_1 \cdot 3\ 600} = \frac{9\ 000}{0.43 \times 0.004\ 8 \times 3 \times 974.8 \times 3\ 600}\ m/s = 0.42\ m/s$$

$$g_{m1} = \rho_1 u_1 = (974.8 \times 0.42)\ kg/(m^2 \cdot s) = 409\ kg/(m^2 \cdot s)$$

$$d_{e1} = 2s = (2 \times 4.8)\ mm = 9.6\ mm$$

$$Re_1 = \frac{d_{e1}g_{m1}}{\mu_1} = \frac{9.6 \times 10^{-3} \times 409}{380.6 \times 10^{-6}} = 10\ 317$$

$$\alpha_1 = \frac{\lambda_1}{d_{e1}} \times 0.091Re_1^{0.73}Pr_1^{0.3} = \left[\frac{67.1 \times 10^{-2}}{9.6 \times 10^{-3}} \times 0.091 \times \right.$$

$$\left. (10\ 317)^{0.73} \times 2.38^{0.3} \right]\ W/(m^2 \cdot K) = 7\ 020\ W/(m^2 \cdot K)$$

对于冷水侧,取 $t_2 = (65 + 35)/2\ ℃ = 50\ ℃$ 为定性温度,由附录 B 中的表 B-2 查得冷水的 $\mu_2 = 549.4 \times 10^{-5}\ kg/(m \cdot s)$,$\lambda_2 = 64.8 \times 10^{-2}\ W/(m \cdot K)$,$c_{p2} = 4.17\ kJ/(kg \cdot K)$,$\rho_2 = 988.1\ kg/m^3$,$Pr_2 = 3.54$,则

$$u_2 = \frac{q_{m2}}{sbn_2\rho_2 \times 3\ 600} = \frac{21\ 101}{0.43 \times 0.004\ 8 \times 6 \times 988.1 \times 3\ 600}\ m/s = 0.48\ m/s$$

$$g_{m2} = \rho_2 u_2 = (988.1 \times 0.48) \text{ kg}/(\text{m}^2 \cdot \text{s}) = 474.3 \text{ kg}/(\text{m}^2 \cdot \text{s})$$

$$Re_2 = \frac{d_{e2} g_{m2}}{\mu_2} = \frac{9.6 \times 10^{-3} \times 474.3}{549.4 \times 10^{-6}} = 8\,288$$

$$\alpha_2 = \frac{\lambda_2}{d_{e2}} \times 0.091 Re_2^{0.73} Pr_2^{0.4} =$$

$$\left(\frac{64.8 \times 10^{-2}}{9.6 \times 10^{-3}} \times 0.091 \times 8\,288^{0.73} \times 3.54^{0.4} \right) \text{ W}/(\text{m}^2 \cdot \text{K}) =$$

$$7\,386 \text{ W}/(\text{m}^2 \cdot \text{K})$$

6）选定污垢热阻，计算传热系数 K

由表 3-25 查得水的污垢热阻 $r_{d1} = r_{d2} = 0.000\,017$ $(\text{m}^2 \cdot \text{K})/\text{W}$。今板片厚 $\delta = 1.2$ mm，不锈钢板材的导热系数 $\lambda = 14.4$ W/(m·K)，故

$$K = \cfrac{1}{\cfrac{1}{\alpha_1} + \cfrac{\delta}{\lambda} + r_{d1} + r_{d2} + \cfrac{1}{\alpha_2}} =$$

$$\cfrac{1}{\cfrac{1}{7\,020} + \cfrac{1.2 \times 10^{-3}}{14.4} + 0.000\,017 + 0.000\,017 + \cfrac{1}{7\,386}} \text{ W}/(\text{m}^2 \cdot \text{K}) =$$

$$2\,531 \text{ W}/(\text{m}^2 \cdot \text{K})$$

7）计算所需传热面积 A 和所需总板片数 N_t''

$$A = \frac{\Phi}{K \Delta t_m} = \frac{2\,639\,700 \times 10^3}{2\,531 \times 3\,600 \times 16} \text{ m}^2 = 18.1 \text{ m}^2$$

由传热面积求板片数 N_t''

$$N_t'' = \frac{A}{A_p} + 2 = \frac{18.1}{0.52} + 2 = 36.8 \approx 37$$

今 $N_t'' = N_t'$，故满足传热要求。

8）计算压降 Δp

热水侧 $\qquad Eu_1 = 42\,400 Re_1^{-0.545} = 42\,400 \times 10\,317^{-0.545} = 275.4$

今流程数小于7，故

$$Eu_1' = Eu_1 \frac{m_1'}{m_1} = 275.4 \times \frac{6}{7} = 236.1$$

$$\Delta p_1 = Eu_1' \cdot \rho_1 u_1^2 = (236.1 \times 974.8 \times 0.42^2) \text{ Pa} = 40\,598 \text{ Pa} \approx 41 \text{ kPa} < \Delta p_允$$

冷水侧 $\qquad Eu_2 = 42\,400 Re_2^{-0.545} = 42\,400 \times 8\,288^{-0.545} = 310.3$

因流程数小于7，故

$$Eu_2' = Eu_2 \frac{m_2'}{m_2} = 310.3 \times \frac{3}{7} = 133$$

$$\Delta p_2 = Eu_2' \rho_2 u_2^2 = (133 \times 988.1 \times 0.48^2) \text{ Pa} = 30\,279 \text{ Pa} \approx 31 \text{ kPa} < \Delta p_允$$

综上所述，流道布置及传热面积和压降均符合要求，热力计算完成。该换热器流道布置如图 3-71 所示。

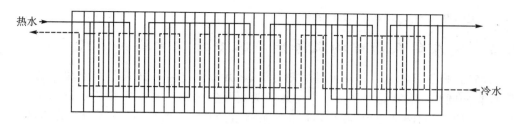

图 3-71　例 3-6 换热器流道布置图

3.8　翅片管式换热器

　　翅片管式换热器在动力、化工、石油化工、空调工程和制冷工程中应用得非常广泛,如空调工程中使用的表面式空气冷却器、空气加热器、风机盘管以及制冷工程中使用的冷风机蒸发器、无霜冰箱蒸发器等。图 3-72 是一种水-空气换热器的构造示意图。该换热器属于典型的翅片管式换热器,在能源、动力及节能工程中应用得十分普遍。

　　翅片管式换热器是人们在改进管式换热面的过程中最早也是最成功的发现之一。直至目前,这一方法仍是所有管式换热面强化传热方法中运用得最为广泛的一种。它不仅适用于单相流体的流动,而且对相变换热也有很大的价值。但 20 世纪 60 年代以前,普通的翅片管式换热器多采用表面结构未做任何处理的平翅片。这种形式的翅片除增大换热面积来达到强化传热的效果以外,再无其他强化传热的作用。由于空冷技术的发展,以及在换热器中使用气体介质的趋向日益增加,因此翅片管式换热器越来越受到人们的重视。近年来,大量的高效换热翅片表面结构不断地被研制出来,大部分用于洁净气体的翅片管式换热器采用新型高效的翅片表面结构,获得了显著的强化传热效果。

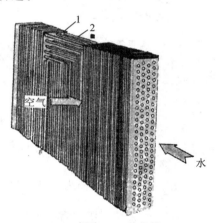

1—翅片；2—传热管

图 3-72　水-空气换热器

　　在翅片管式换热器中,许多情况下管内侧流体是强迫对流换热的液体,而管外侧流体是气体,此时管外气体侧的对流换热表面传热系数 $\alpha_\circ$ 比管内液体侧表面传热系数 α_i 小得多($\alpha_\circ \ll \alpha_i$)。翅片管总传热系数 K 的大小仅仅取决于基管内、外侧对流换热热阻 $1/\alpha_i$ 和 $1/(\alpha_\circ\beta\eta_0)$ 的大小,加翅减小总热阻最合理的措施是使

$$\frac{1}{\alpha_i} = \frac{1}{\alpha_\circ\beta\eta_0} \qquad (3-136)$$

式中：β——翅化比(肋化系数),即翅片管式换热器总外表面积 $A_\circ$ 与管内表面积 A_i 之比($\beta = A_\circ/A_i$)；

　　　　η_0——翅片表面效率(总效率)。

　　为了满足式(3-136)而尽可能地增大翅化比 β,不但使换热器体积不断增大,而且翅片总效率(表面效率)η_0、管外表面传热系数 $\alpha_\circ$ 也将降低。由此可见,提高 β 是有限度的。因此,分析平翅片表面的流动和换热特征,采用特殊表面结构使表面传热系数 $\alpha_\circ$ 增大,将是翅片管式换热器强化传热中最为积极有效的措施。

3.8.1 翅片的表面结构及传热与阻力特性实验关系式

翅片管式换热器的基本传热元件为翅片管,翅片管由基管和翅片组合而成。基管通常为圆管,也有椭圆管和扁平管。图3-73是基管为扁平管的翅片管式换热器示意图。翅片的表面结构有平翅片、间断型翅片、波纹翅片和齿形螺旋翅片等。其中,后三者为高效换热片型。

1. 平翅片

平翅片主要通过增大换热面积来达到强化传热的效果。平翅片结构简单,易于加工,是应用最早和最广泛的翅片结构。

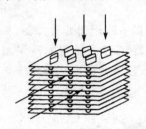

图3-73 扁平管翅片管式换热器

对于流体横掠平直圆翅片(环翅)管束的传热和流动阻力计算式可用式(3-36)、式(3-37)及式(3-38);空气流过整体翅片(平直套片)管束的表面传热系数计算可用式(3-39)A·A·果戈林实验关系式或式(3-41)埋桥英夫实验公式,其流动阻力计算可用式(3-44)。除此之外,对平直套片本节补充介绍麦克奎勋等人提出的关系式。实验结果表明,这些公式具有较高精度、可靠性和更广泛适用性。麦克奎勋(McQuistion)提出的用于计算4排叉排管束平均表面传热因子的关系式为

$$j_4 = 0.001\,4 + 0.261\,8 Re_{\mathrm{d}}^{-0.4} \left(\frac{A_{\mathrm{o}}}{A_{\mathrm{bo}}}\right)^{-0.15} \tag{3-137}$$

式中:j_4——4排叉排管束平均的表面传热因子,$j_4 = St \cdot Pr^{2/3} = \dfrac{\alpha_{\mathrm{o}}}{\rho_{\mathrm{a}} u_{\max} c_p} \cdot Pr^{2/3}$;

Re_{d}——以管外径为特征尺度的雷诺数,$Re_d = \dfrac{\rho_{\mathrm{a}} u_{\max} d_{\mathrm{o}}}{\mu_{\mathrm{a}}}$;

α_{o}——空气与翅片管外表面对流换热的表面传热系数,W/(m²·K);

d_{o}——管外径,m;

ρ_{a}——空气密度,kg/m³;

μ_{a}——空气[动力]黏度,Pa·s;

$u_{\max}$——垂直于空气流动方向的最窄截面处的流速,m/s;

A_{o}——总外表面积,m²;

A_{bo}——管束的外表面积(不考虑翅片),m²。

大量实验表明,式(3-137)与实验数据的偏差小于10%,稍后的研究发现,当管排数大于4排,小于8排时,式(3-137)仍与实验结果吻合很好,当管排数小于4排时,可用式(3-138)计算

$$j_N / j_4 = 0.992 \left[2.24 Re_{\mathrm{d}}^{-0.092} \left(\frac{N}{4}\right)^{-0.031}\right]^{0.607(N-4)} \tag{3-138}$$

式中:N——管排数。

空气流过平直套片的阻力计算一般采用叠加模型,即总阻力 Δp(单位为 Pa)由两部分阻力组成,即

$$\Delta p = \Delta p_f + \Delta p_b \tag{3-139}$$

式中：Δp_b——管子表面引起的压降，Pa；

Δp_f——平直套片表面引起的压降，Pa。

$$\left.\begin{array}{l} \Delta p_f = f_f \dfrac{A_f}{A_c} \dfrac{g_{m,c}^2}{2\rho_a} \\[3mm] \Delta p_b = f_b \dfrac{A_b}{A_{c,b}} \dfrac{g_{m,c}^2}{2\rho_a} \end{array}\right\} \tag{3-140}$$

式中：A_f——翅片表面积，m^2；

A_c——翅片管束的最窄流通截面面积，m^2；

$A_{c,b}$——光管管束的最窄流通截面面积，m^2；

A_b——光管表面积，m^2；

$g_{m,c}$——基于 A_c 面积的质量流速，$kg/(m^2 \cdot s)$；

ρ_a——空气密度，kg/m^3；

f_f——流过翅片表面的摩擦因子；

f_b——流过光管管束的摩擦因子；

目前，公认的流过光管管束摩擦因子的可靠数据是由茹卡乌斯加（Zhukauskas）提供的。茹卡乌斯加给出的压降定义式为

$$\Delta p_b = NX\left(\frac{\rho_a u_{max}^2}{2}\right) f_{bz} \tag{3-141}$$

式中：N——沿流动方向的管排数；

X——取决于 Re_d 和量纲为 1 纵向和横向间距 $s_L = \dfrac{s_2}{d_o}$ 和 $s_T = \dfrac{s_1}{d_o}$ 的修正系数；

u_{max}——最窄截面流速，m/s；

f_{bz}——按茹卡乌斯加计算出的光管管束的摩擦因子。

考虑到 f_b 所定义的压降关系式与 f_{bz} 定义的压降关系式不同，两者间存在如下的转换关系：

$$f_{bz}NX = f_b A_b/A_{c,b} \tag{3-142}$$

即

$$f_b = f_{bz}NXA_{c,b}/A_b \tag{3-143}$$

f_{bz} 和 X 的值可由图 3-74 和图 3-75 确定。

流过翅片表面的摩擦因子 f_f 可按下式计算：

$$f_f = 0.508 Re_d^{-0.521}(s_1/d_o)^{1.318} \tag{3-144}$$

式中：s_1——垂直于流动方向的管间距，m。

2. 间断型翅片

在平翅片表面开孔、开槽，使其表面结构改变的翅片称为间断型翅片。如条缝形翅片（slit fin）、槽形翅片（fluted fin）、百叶窗形翅片（louver fin）、穿孔形翅片等均属于间断型翅片。间断型翅片强化传热的机理在于：① 使边界层分段发展，有效地减薄了边界层厚度；② 间断缝（孔）的存在加强了气流的扰动；③ 管后的间断缝（孔）对尾流区的干扰使尾流区不同程度地遭到了破坏。

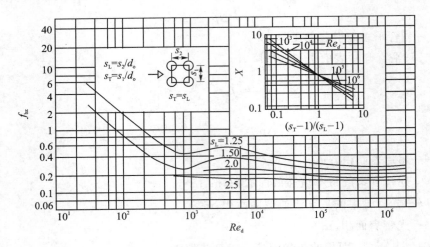

图 3 - 74   顺排管束的 f_{bz} 与 Re_d 的关系

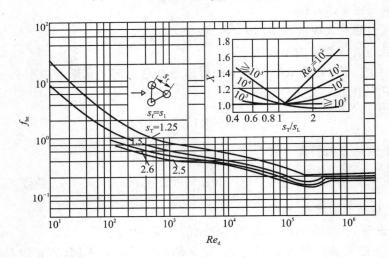

图 3 - 75   叉排管束的 f_{bz} 与 Re_d 的关系

　　间断型翅片在空-冷换热器中的应用已有多年的历史,随着研究工作的深入,其换热与阻力性能正不断地得到改善。图 3 - 76 为 Kovacs 提出的一种槽形翅片,其基管为扁平管。Kovacs 经对比性实验后指出:与同样尺寸的平翅片相比,这种翅片的 $\alpha_o \eta_0$ 乘积约高 50%,压力降也相应有所提高。其对比性的实验结果见图 3 - 77。

　　百叶窗形翅片的示意图如图 3 - 78 所示。它是在平直套片上冲压和切开,形成许多凸出的条状狭条,其传热性能明显高于平直套片和波形套片,但压降也明显增大。此外,当这类翅片在较脏的环境下使用时易被玷污,因为在套片表面被冲出的凸出窄条易将纤维屑、棉屑等脏物绊住。与波形套片相比,影响百叶窗形翅片性能的参数更多,如几何尺寸、形状、带状窄条的位置、窄条间的距离以及突出套片表面的高度等。

　　百叶窗形翅片强化换热的机理是:表面上的条状窄条使边界层不断破坏,气流流过这些窄条时,边界层不断被折断和重新形成,使边界层厚度减薄,传热增强。由于边界层的减薄使流动摩擦因子 f 及压降相应增大。霍萨达(Hosada)等人的实验表明,百叶窗形翅片比波形套

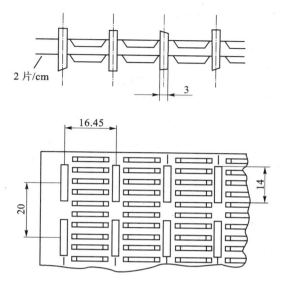

图 3 - 76　Kovacs 实验用的槽形翅片

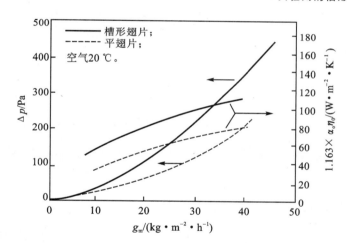

图 3 - 77　Kovacs 槽形翅片与平翅片的传热与压降对比实验结果

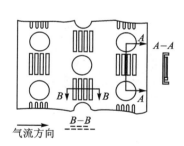

图 3 - 78　百叶窗形翅片

片的对流表面传热系数高 60%,对于图 3 - 78 形式的百叶窗形翅片可以用下列关系式计算其表面传热因子:

$$j = 0.479 Re_d^{-0.6444} A_a \tag{3 - 145}$$

$$A_a = 1 + 1.093 \times 10^3 \left(\frac{\delta_f}{s_f}\right)^{1.24} \phi_S^{0.944} Re_d^{-0.58} + 1.097 \left(\frac{\delta_f}{s_f}\right)^{2.09} \phi_S^{2.26} Re_d^{0.88} \tag{3 - 146}$$

式中:j——表面传热因子;

　　　Re_d——以管外径为特征尺度的雷诺数;

　　　A_a——由式(3 - 146)计算,量纲为 1;

　　　δ_f——翅片厚度,mm;

　　　s_f——翅片间距,mm;

ϕ_s——套片上被增强部分的面积(图 3-78 中有凸出窄条的面积)与总的套片面积之比。

3. 波纹翅片

图 3-79 所示为两种常用的波纹翅片(波形套片)。其中,图(a)是正弦波形,图(b)是三角形波形。影响正弦波形套片换热器性能的主要几何参数如图 3-80 所示。除纵向管间距 s_2、横向管间距 s_1、沿流动方向套片长度 L、管径 d_o 外,图中有关几何参数如波幅 e、波长 l_f、翅片间距 s_f 及翅片厚度 δ_f 等均对传热有影响。影响三角形波形套片的几何参数也类似。

由于波形套片的影响因素太多,至今仍无通用关系式,设计时若参数条件与现有文献的参数相近,可以用文献推荐的关系式,一般情况下可按比相同条件下平直套片的表面传热因子高出 30%左右考虑。

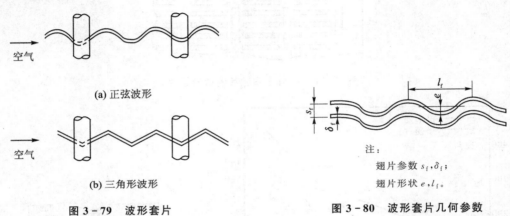

(a) 正弦波形

(b) 三角形波形

注:
翅片参数 s_f, δ_f;
翅片形状 e, l_f。

图 3-79 波形套片　　　　**图 3-80 波形套片几何参数**

波形套片的压降也比平直套片大,增大的比率与 Re 有关,图 3-81 为文献给出的实验结果,图中各量的定义如下:

$$\left. \begin{aligned} j &= \frac{\alpha_o}{\rho_a u_{max} c_{p,a}}(1.8Pr^{0.3}-0.8) \\ f &= \frac{\Delta p}{\dfrac{g_{m,c}^2 v_m}{2}} \frac{A_c^3}{A}(1+\varepsilon^2)\frac{v''-v'}{v_m}\frac{A_c}{A} \end{aligned} \right\} \tag{3-147}$$

$$Re = \frac{u_{max} s_2 \rho_a}{\mu_a} \tag{3-148}$$

式中:s_2——沿空气流动方向的管间距,m;

$g_{m,c}$——基于 A_c 的空气质量流速,kg/($m^2 \cdot s$);

v_m——空气平均比体积,$v_m = \dfrac{v'+v''}{2}$,m^3/kg;

v'——进口处空气比体积,m^3/kg;

v''——出口处空气比体积,m^3/kg;

A_c——最窄流动截面面积,m^2;

A——空气侧总外表面积,m^2;

ε——净面比,即最窄流动截面面积与迎风面积之比。

　　其余各量的意义与前面相同,由图 3-81 可见,在相同 Re 下表面传热因子 j 的增大比率略大于摩擦因子 f 的增大比率。

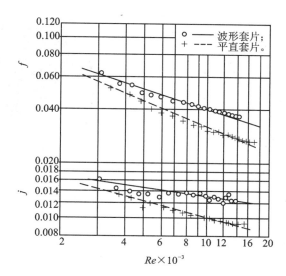

图 3-81　波形套片与平直套片传热与阻力特性的比较

　　波形套片的翅片效率可近似按下式计算:

$$\eta_f = -0.025\sqrt{\alpha_o} + 1.09 \qquad\qquad (3-149)$$

式中:α_o——套片表面与空气间对流换热的表面传热系数,W/(m^2·K)。

4. 齿形螺旋翅片

　　齿形螺旋翅片是近年来发展的一种异形扩展表面。其制造工艺是先将带材进行间隙局部切割,绕制时被切割部分自然分开,形成齿轮形状。图 3-82 所示为齿形管结构及绕制原理。齿形翅片的强化传热机理仍然是加强了气流的扰动并破坏了边界层的发展。这种翅片在锅炉省煤器、空气预热器中得到了广泛应用。

　　有关齿形翅片管强化传热实验研究的成果较少,且现有文献中获得的实验数据相差较大,尚未取得一致性的结构。有文献认为:齿形翅片管管束的表面传热系数比平圆翅片管管束的表面传热系数约高 40%,阻力系数约高 60%。

5. 椭圆管翅片

　　在外翅管的流动阻力中,由光管引起的阻力损失占相当大的比例,例如,在每米管长上有356 片翅片的叉排翅片管管束中,当气体横向冲刷管束时,由光管引起的阻力损失占总流动阻力的 40% 左右。

　　如果管子的外形为椭圆形,由于椭圆形管的短轴投影面积比横截面积相同的圆形管的小,所以,椭圆形管束的流动阻力要比相应圆管管束的小。此外,由于在椭圆形管子上流体自管子表面分离点沿流动方向后移,缩小了管子后部的低速旋涡区,所以阻力可减小,表面传热系数可增大。

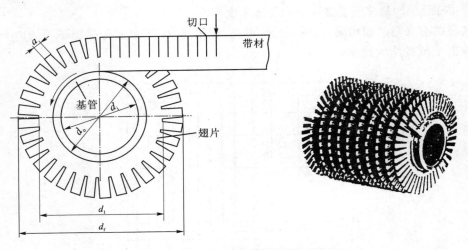

图 3 - 82　齿形管结构及绕制原理

　　图 3 - 83 列有相当的带外翅叉排椭圆管管束与带外翅叉排圆管管束的传热和阻力试验值的比较曲线。图中横坐标是定性长度为管子直径的雷诺数 Re_d；左侧纵坐标为 j 值；右侧纵坐标为阻力系数 $f/4$。图中实线为椭圆管管束，虚线为圆管管束。两种管束的几何参数列于表 3 - 26。

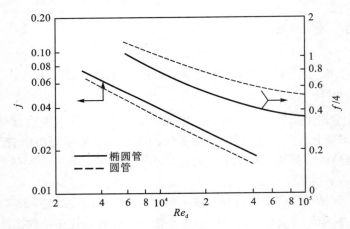

图 3 - 83　叉排椭圆管管束与叉排圆管管束的传热和阻力试验值比较曲线

表 3 - 26　试验管束的几何参数

名　称	带外翅圆管管束	带外翅椭圆管管束
管子外直径 d/mm	20	19.9/35.2
外翅高度 h/mm	9.8	10/9.3
外翅厚度 δ/mm	0.4	0.4
横向相对节距 s_1/d	1.03	1.05
纵向相对节距 s_2/d	1.15	1.04
每米管长上的翅片数	312	312

由图可见,椭圆管管束的换热量比圆管管束的高 15% 左右,而阻力低 18%。所以采用椭圆管作为基管是有利的。但是椭圆管的制造工艺复杂且承压能力小。应用椭圆管时,管子内外的压力差不宜过高,以免椭圆管变形。

文献[2]提供了大量有关扁平管-矩形翅片、圆管-圆绕制翅片、圆管-矩形翅片的实验资料,可供设计参考。

3.8.2 翅片管式换热器的设计步骤及计算举例

不管是校核性计算,还是设计性计算,翅片管换热器的设计分析步骤要求依次确定下述参数:

① 确定传热表面特征;

② 确定流体物性参数;

③ 雷诺数;

④ 由表面的基本特征确定 j 和 f;

⑤ 对流表面传热系数;

⑥ 翅片效率;

⑦ 表面总效率;

⑧ 总传热系数;

⑨ NTU 和换热器效率;

⑩ 出口温度;

⑪ 压降。

下面以一翅片管式中间冷却器的校核性设计计算为例说明这些步骤。本例题引自文献[2]中的附录 B 热交换器性能算例。例中所用线图和数据也引自文献[2],为便于查阅,将有关线图和数据列于本书附录 I。

例 3 - 7 图 3 - 84 是一台 3.7 MW(5 000 马力)燃气轮机用中间冷却器的芯体结构。运行条件和传热表面数据如下。

空气侧运行条件:

湿空气流量为 25 kg/s;

空气湿度(水/干空气)为 0.015 kg/kg;

空气入口温度为 127 ℃=400 K;

空气入口压力为 2.75×10⁵ Pa。

水侧运行条件:

水流量为 50 kg/s;

水入口温度为 15 ℃=288 K;

中间冷却器传热表面为 11.32−0.737SR

(翅化扁平管,见附录 I 中的图 I−1)。

问题是要根据给定条件及传热表面的基本传

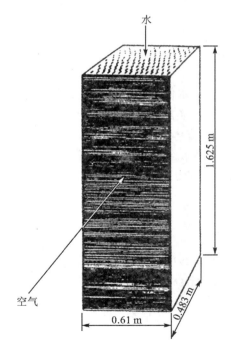

图 3 - 84 3.7 MW(5 000 马力)燃气轮机装置用的翅片管式中间冷却器

热和流动摩擦特性数据,确定中间冷却器的传热效率及水侧和空气侧的压降。计算针对清洁表面,不考虑污垢。

解

1) 由附录 I 中的表 I-1 确定传热表面的几何特征

空气侧:

流道水力半径 $r_{h,a} = 0.878 \times 10^{-3}$ m;

空气侧总换热面积与总体积之比 $\alpha_{V,a} = 886$ m²/m³;

翅片面积与总面积之比 $\varphi = 0.845$;

自由流通面积与迎风面积之比 $\sigma_a = 0.780$;

金属翅片厚度 $\delta = 0.10 \times 10^{-3}$ m;

翅片材料(铝)导热系数 $\lambda = 173$ W/(m·K);

翅片高度(管间距的 1/2)$h = 5.71 \times 10^{-3}$ m(见附录 I 中的图 I-1)。

水侧:管子截面由两个直边和两个半圆组成。

单管外侧尺寸 $= 18.7 \times 10^{-3}$ m $\times 2.54 \times 10^{-3}$ m;

单管内侧尺寸 $= 18.2 \times 10^{-3}$ m $\times 2.04 \times 10^{-3}$ m;

与一根管子有关的迎风面积 $= 2.8 \times 10^{-4}$ m²(见附录 I 中的图 I-1 的尺寸);

单管的自由流通截面积 $= 0.361 \times 10^{-4}$ m²;

单管内侧周长 $= 38.7 \times 10^{-3}$ m;

自由流通截面积与迎风面积之比 $\sigma_w = 0.129$;

水侧换热表面积与总体积之比 $\alpha_{V,w} = 138$ m²/m³;

水侧流道水力半径 $r_{h,w} = 0.933 \times 10^{-3}$ m;

芯部尺寸(见图 3-84);

空气侧迎风面积 $A_{y,a} = 0.991$ m²;

水侧迎风面积 $A_{y,w} = 0.294$ m²;

换热器总体积 $V = 0.479$ m³。

2) 流体物性

作为初级近似,假设空气出口温度为 24 ℃ = 297 K,水的出口温度为 27 ℃ = 300 K。稍后,必须验证这些假设。

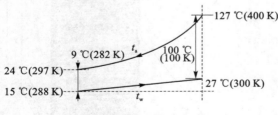

图 3-85 中间冷却器的温度条件

为了计算雷诺数 Re 涉及的气体黏性系数、St 涉及的 c_p 和 Pr,有必要估计一个总体平均空气温度。根据图 3-85 的温度变化曲线图(该图是针对逆流绘制的,实际换热器是叉流布置的)和 $C^* = \dfrac{c_{p,a} q_{m,a}}{c_{p,w} q_{m,w}} \approx \dfrac{1\,005 \times 25}{4\,180 \times 50} = 0.12 < 0.5$,可得水侧平均温度为

$$t_{m,w} = \frac{15+27}{2} \text{ ℃} = 21 \text{ ℃} = 294 \text{ K}$$

空气侧平均温度为

$$t_{m,a} = t_{m,w} + \Delta t_{lm} = 21\ ℃ + \frac{(127-21)-(24-21)}{\ln\dfrac{127-21}{24-21}}\ ℃ = 49.9\ ℃ = 322.9\ K$$

由附录 B 中的表 B-1 可查得干空气的物性参数为

$\mu = 1.96 \times 10^{-5}\ Pa \cdot s$；

$Pr = 0.698$；

$c_p = 1.005\ kJ/(kg \cdot K)$。

为了修正湿度（水/干空气）为 0.015 kg/kg 的 c_p，由附录 I 中的图 I-2 查得 $X_{c,w} = 1.012\ 6$，$c_p = 1.012\ 6 \times 1.005\ kJ/(kg \cdot K) = 1.02\ kJ/(kg \cdot K)$。

假定 1% 的压降（需稍后验证），空气的出口压力为 2.71×10^5 Pa。利用理想气体状态方程和湿度修正，可以确定空气的入口和出口比体积。由附录 I 中的图 I-2 查得湿度修正系数 $X_{d,w} = 0.991\ 5$。应当注意，这个修正系数适用于密度。

$$v'_a = \frac{1}{\rho'_a} = \frac{1}{X_{d,w}}\frac{RT'_a}{p'_a} = \frac{287 \times 400}{0.991\ 5 \times 2.75 \times 10^5}\ m^3/kg = 0.421\ m^3/kg$$

$$v''_a = \frac{1}{\rho''_a} = \frac{1}{X_{d,w}}\frac{RT''_a}{p''_a} = \frac{287 \times 297}{0.991\ 5 \times 2.71 \times 10^5}\ m^3/kg = 0.317\ m^3/kg$$

在本例中，比体积并不随换热面积作线性变化，因而由方程（3-55）作为 v'_a 和 v''_a 的算术平均得到的 v_m 不是一个好的近似。利用前面计算得到的对数平均绝对温度，可产生更准确的近似。因此

$$T_{m,a} = (49.9 + 273)\ K = 322.9\ K$$

那么，根据方程（3-56）得

$$\frac{v_m}{v'} = \frac{p'_a}{p_{m,a}}\frac{T_{m,a}}{T'_a} = \frac{2.75 \times 10^5 \times 322.9}{2.73 \times 10^5 \times 400} = 0.813\ 2$$

这个数值比 v' 和 v'' 的算术平均值低 7%。

由附录 B 中的表 B-2 可查得水的平均物性参数为

$\lambda = 0.6\ W/(m \cdot K)$；

$\mu = 0.976 \times 10^{-3}\ Pa \cdot s$；

$c_p = 4.18\ kJ/(kg \cdot K)$；

$Pr = 6.8$；

$v = 0.001\ m^3/kg$。

3）雷诺数

空气侧：

$$g_{m,a} = \frac{q_{m,a}}{A_{c,a}} = \frac{q_{m,a}}{A_{y,a}\sigma_a} = \frac{25}{0.991 \times 0.78}\ kg/(s \cdot m^2) = 32.34\ kg/(s \cdot m^2)$$

$$Re_a = \frac{4r_{h,a}g_{m,a}}{\mu_a} = \frac{4 \times 0.878 \times 10^{-3} \times 32.34}{1.96 \times 10^{-5}} = 5\ 795$$

水侧：

$$g_{m,w} = \frac{q_{m,w}}{A_{y,w}\sigma_w} = \frac{50}{0.294 \times 0.129}\ kg/(s \cdot m^2) = 1\ 318\ kg/(s \cdot m^2)$$

$$u \approx 1.34\ m/s$$

$$Re_w = \frac{4r_{h,w}g_{m,w}}{\mu_w} = \frac{4 \times 0.933 \times 10^{-3} \times 1\,318}{0.976 \times 10^{-3}} = 5\,039$$

4）St 和 f

空气侧：

由附录 I 中的图 I-1 查得，对于表面 11.32—0.737SR，在 $Re_a = 5\,795$ 条件下，$j = 0.005\,4$，$f = 0.021$。

水侧：

对于圆管内湍流流动，在 $Re_w = 5\,039$ 和 $Pr = 6.8$ 的条件下，可以用下式（Gnielingk 关系式）计算努塞尔数：

$$Nu \approx \frac{(f/2)(Re-1\,000)Pr}{1+12.7(f/2)^{0.5}(Pr^{2/3}-1)} \tag{3-20}$$

式中，摩擦因素 f 值可按下式计算：

$$f = (1.58\ln Re - 3.28)^{-2} \tag{3-21}$$

将 Re_w 和 Pr 值代入式（3-20）和式（3-21）可求得 $f = 0.009\,6$，$Nu = 40$。

因为 $\mu_w/\mu_m \approx 1$，没有必要对黏性系数进行温度变化的修正。

5）对流表面传热系数

空气侧：

$$\alpha_a = jg_m c_p/Pr^{2/3} = \frac{0.005\,4 \times 32.34 \times 1.02}{0.698^{2/3}} \times 10^3 = 226 \ \text{W/(m}^2 \cdot \text{K)}$$

水侧：

$$\alpha_w = \frac{Nu\lambda}{4r_h} = 40 \times \frac{0.6}{0.933 \times 10^{-3} \times 4} \ \text{W/(m}^2 \cdot \text{K)} = 6\,431 \ \text{W/(m}^2 \cdot \text{K)}$$

6）翅片效率（仅空气侧）

根据附录 I 中的图 I-5 有

$$m = \sqrt{\frac{2\alpha_a}{\lambda_f \delta_f}} = \sqrt{\frac{2 \times 226}{173 \times 0.1 \times 10^{-3}}} \ \text{m}^{-1} = 161 \ \text{m}^{-1}$$

$$mh = 161 \times 5.71 \times 10^{-3} = 0.919$$

$$\eta_f = 0.79$$

7）表面总效率（仅空气侧）

根据方程（2-23）有

$$\eta_0 = 1 - \frac{A_f}{A}(1-\eta_f) = 1 - 0.845 \times (1-0.79) = 0.823$$

8）总传热系数（基于空气侧面积）

忽略壁面热阻，则

$$\frac{1}{K_a} = \frac{1}{\eta_0 \alpha_a} + \frac{1}{(\alpha_{V,w}/\alpha_{V,a})\alpha_w} =$$

$$\frac{1}{0.823 \times 226} + \frac{1}{(138/886) \times 8\,842} = 0.006$$

$$K_a = 166 \ \text{W/(m}^2 \cdot \text{K)}$$

这个计算结果适用于清洁表面。适当的污垢余量会导致稍低的 K_a。

9）NTU 和换热器效率

空气侧热容量（速率）：

$$W_a = q_{m,a} c_{p,a} = (25 \times 1\ 020)\,\text{W/K} = 25\ 500\ \text{W/K}$$

水侧热容量（速率）：

$$W_w = q_{m,w} c_{p,w} = (50 \times 4\ 180)\,\text{W/K} = 209\ 000\ \text{W/K}$$

由式（2-47）得传热单元数

$$\text{NTU} = \frac{A_a K_a}{W_{\min}} = \frac{886 \times 0.479 \times 166}{25\ 500} = 2.73$$

对于两侧流体均不混合的叉流式换热器，当

$$C^* = W_{\min}/W_{\max} = 25\ 500/209\ 000 = 0.122$$

由图 2-13 查得中间冷却器的效率 $\eta = 0.90$。

10）出口温度

由式（2-44）有

$$\eta = \frac{W_1(t_1' - t_1'')}{W_{\min}(t_1' - t_2')}, \quad t_1 = t_a, \quad W_{\min} = W_a = W_1$$

所以

$$\eta = \frac{t_a' - t_a''}{t_a' - t_w'}$$

$$0.90 = \frac{127 - t_a''}{127 - 15}, \quad t_a'' = 26.2\ ℃ = 299.2\ \text{K}$$

根据能量平衡关系，可确定水的出口温度

$$t_w'' - t_w' = \frac{W_a}{W_w}(t_a' - t_a'') = [0.122 \times (127 - 26.2)]℃ = 12.3\ ℃ = 285\ \text{K}$$

$$t_w'' = t_w' + 12.3\ ℃ = (15 + 12.3)\ ℃ = 27.3\ ℃$$

为确定空气物性参数，前面曾假定出口温度为 24 ℃（297 K）。因为空气物性参数并没有明显地偏离计算中采用的数值，因此没有必要再次计算。

11）压　降

忽略入口和出口损失（本例中选用的传热表面类型和换热器结构两项很小），由式（3-64）得

$$\frac{\Delta p}{p'} = \frac{g_m^2}{2} \frac{v'}{p'} \left[(1 + \sigma^2)\left(\frac{v''}{v'} - 1\right) + f \frac{A}{A_c}\left(\frac{v_m}{v'}\right) \right]$$

空气侧：

$$\frac{A}{A_c} = \frac{L}{r_h} = \frac{0.483}{0.878 \times 10^{-3}} = 550, \quad 1 + \sigma^2 = 1.61$$

$$\frac{\Delta p}{p'} = \left(\frac{32.34}{2}\right)^2 \times \frac{0.421}{2.75 \times 10^5}\left[1.61 \times \left(\frac{0.317}{0.421} - 1\right) + 0.021 \times 550 \times 0.813\ 2 \right] =$$

$$0.000\ 8 \times (-0.39 + 9.39) = 0.007（或\ 0.7\%）$$

水侧：

$$\frac{A}{A_c} = \frac{L}{r_h} = \frac{1.625}{0.933 \times 10^{-3}} = 1\,740$$

$$v = 常数$$

则

$$\Delta p = \frac{g_m^2}{2} v f \frac{L}{r_h} = \frac{1\,318^2}{2} \times 0.001 \times 0.009\,6 \times 1\,740 = 14.5 \times 10^3 \text{ Pa}$$

这些计算示例解释了运用基本数据确定一台给定中间冷却器的特征。完整的设计问题涉及最佳表面、冷却剂流量、尺寸、换热器效率和压降等的选择,所有这些都超出了本例范围。

例 3 - 8 采用校核性计算方法,完成一台翅片管热风器的设计计算。已知热水的入口温度 $t_{h1} = 83$ ℃,出口温度 $t_{h2} = 55$ ℃;空气的入口温度 $t_{c1} = -30$ ℃,出口温度 $t_{c2} = 50$ ℃。空气质量流量 $m_c = 2.55$ kg/s。计算时取水相对压力(表压力)$p = 0.70$ MPa。

解

本案例由原设计工程师采用自编程序完成全部设计计算,故其计算过程沿袭了原程序的参数符号、表示方法及计算特点,可供读者进行翅片管换热器设计及性能计算和编程时参考。

1) 结构的初步规划

结构初步规划如图 3 - 86 所示。翅片管热风器的换热装置是蛇形翅片管管束的组合体,高压热水流经管束的管内后降温,冷空气垂直横掠管束后升温,换热管在管板上顺排。

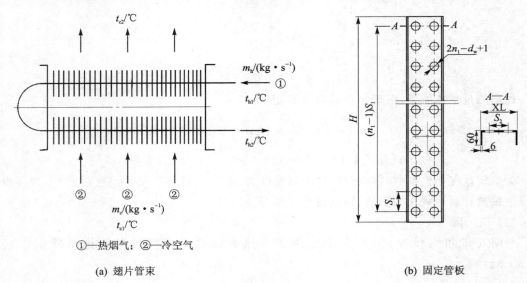

①—热烟气; ②—冷空气

(a) 翅片管束   (b) 固定管板

图 3 - 86 结构初步规划

具体结构参数见表 3 - 27。

表 3 - 27 翅片管热风器结构参数

符 号	符号名称	单 位	数 值
d_w	翅片基管外径	m	0.032
d_n	翅片基管内径	m	0.026
K	二管板之内间距	m	0.840

符　号	符 号 名 称	单　位	数　值
d_f	翅片外径	m	0.064
e	翅片厚度	m	0.001
S_C	翅片间距	m	0.006
d_f	翅片外径	m	0.064
e	翅片厚度	m	0.001
S_1	第一排翅片管(上下)管心距	m	0.070
S_2	顺排翅片管(左右)流向管心距	m	0.070
n_1	第一排(上下)管数	根	13
XL	管束单元的宽度	m	0.150
DY	设置管束单元数		9
Z_g	设定足高(支座高)	m	0.160
t	单管头长	m	0.081
K_w	换热器重量估算系数		1.9

2) 计算特性温度及壁温

① 计算热媒(水)特性温度 t_h

$$t_h = \frac{t_{h1} + t_{h2}}{2} = 69 \ ℃$$

内壁温度

$$t_{nbh} = 0.865 t_h = 59.7 \ ℃$$

② 计算冷媒(空气)特性温度 t_c

$$t_c = \frac{t_{c1} + t_{c2}}{2} = 10 \ ℃$$

外壁温度

$$t_{wbc} = 1.25 t_c = 12.5 \ ℃$$

3) 计算水的物性(适用于 0~150 ℃)

水密度的压力修正系数为

$$C = 1 + 10^{-6} p (485.11 - 1.829\ 2 t_h + 0.019\ 278\ 1 t_h^2) = 1.000\ 315$$

$$C_1 = 1 + 10^{-6} p (485.11 - 1.829\ 2 t_{h1} + 0.019\ 278\ 1 t_{h1}^2) = 1.000\ 326$$

$$C_2 = 1 + 10^{-6} p (485.11 - 1.829\ 2 t_{h2} + 0.019\ 278\ 1 t_{h2}^2) = 1.000\ 310$$

密度 ρ_h 为

$$\rho_h = C (1\ 001.393 - 0.133\ 393\ 8 t_h - 2.902\ 569 \times 10^{-3} t_h^2) = 978.68 \text{kg/m}^3$$

$$\rho_{h1} = C_1 (1\ 001.393 - 0.133\ 39 t_{h1} - 2.902\ 6 \times 10^{-3} t_{h1}^2) = 970.64 \ \text{kg/m}^3$$

$$\rho_{h2} = C_2 (1\ 001.393 - 0.133\ 39 t_{h2} - 2.902\ 6 \times 10^{-3} t_{h2}^2) = 985.58 \ \text{kg/m}^3$$

质量定压比热容 $c_{p,h}$ 为

$$c_{p,h} = 4.202\ 5 - 1.110\ 2 \times 10^{-3} t_h + 1.240\ 0 \times 10^{-5} t_h^2 = 4.185 \ \text{kJ/(kg·℃)}$$

导热系数 λ_h 为

$$\lambda_h = 10^{-2}(54.998 + 0.277\,885\,5t_h - 1.830\,401 \times 10^{-3}t_h^2 +$$
$$3.822\,164 \times 10^{-6}t_h^3) = 0.667\,1 \text{ W/(m} \cdot \text{°C)}$$

动力黏度 μ_h 为

$$\mu_h = 10^{-6}(1\,782.18 - 55.7t_h + 1.038t_h^2 - 1.103 \times 10^{-2}t_h^3 + 6.002 \times 10^{-5}t_h^4 -$$
$$1.285\,8 \times 10^{-7}t_h^5) = 10^{-6} \times 416.72 \text{ Pa} \cdot \text{s}$$

管内壁处动力黏度为

$$\mu_{nbh} = 10^{-6} \times (1\,782.18 - 55.7t_{nbh} + 1.038t_{nbh}^2 - 1.103 \times 10^{-2}t_{nbh}^3 + 6.002 \times 10^{-5}t_{nbh}^4) +$$
$$10^{-6} \times (-1.286 \times 10^{-7}t_{nbh}^5) = 10^{-6} \times 474.49 \text{ Pa} \cdot \text{s}$$

运动黏度 ν_h 为

$$\nu_h = 10^{-6} \times (1.783 - 5.579 \times 10^{-2}t_h + 1.049 \times 10^{-3}t_h^2 - 1.121 \times 10^{-5}t_h^3 +$$
$$6.136 \times 10^{-8}t_h^4 - 1.32 \times 10^{-10}t_h^5) = 10^{-6} \times 0.429\,6 \text{ m}^2/\text{s}$$

普朗特数 Pr_h 为

$$Pr_h = 13.614 - 0.483\,5t_h + 9.57 \times 10^{-3}t_h^2 - 1.042 \times 10^{-4}t_h^3 +$$
$$5.728 \times 10^{-7}t_h^4 - 1.232 \times 10^{-9}t_h^5 = 2.641$$

管内壁处普朗特数为

$$Pr_{nbh} = 13.614 - 0.483\,5t_{nbh} + 9.57 \times 10^{-3}t_{nbh}^2 - 1.042 \times 10^{-4}t_{nbh}^3 +$$
$$5.728 \times 10^{-7}t_{nbh}^4 - 1.232 \times 10^{-9}t_{nbh}^5 = 3.029$$

4）空气在 $-30 \sim 50$ ℃的物性（查附录 B 并用内插法可得）

密度 $\qquad\qquad\qquad \rho_c = 1.247 \text{ kg/m}^3$

$$\rho_{c1} = 1.453 \text{ kg/m}^3$$

$$\rho_{c2} = 1.093 \text{ kg/m}^3$$

质量定压比热 $\qquad c_{p,c} = 1.005 \text{ [kJ/(kg} \cdot \text{°C)]}$

导热系数 $\qquad\qquad \lambda_c = 10^{-2} \times 2.51 \text{ [W/(m} \cdot \text{°C)]}$

动力黏度 $\qquad\qquad \mu_c = 10^{-6} \times 17.6 \text{ [Pa} \cdot \text{s]}$

管外壁处动力黏度 $\qquad \mu_{wbc} = 10^{-6} \times 17.7$

运动黏度 $\qquad\qquad \nu_c = 10^{-6} \times 14.16 \text{ [m}^2/\text{s]}$

普朗特数 $\qquad\qquad Pr_c = 0.705$

管外壁处普朗特数 $\qquad Pr_{wbc} = 0.704\,5$

5）计算换热量、冷水质量流量、平均对数温差

空气吸热量 Q_c 为

$$Q_c = m_c \cdot c_{p,c} \cdot (t_{c2} - t_{c1}) = 205.02 \text{ kW}$$

水放热量 Q_h 为

$$Q_h = \frac{Q_c}{0.97} = 211.36 \text{ kW}$$

需要的水质量流量 m_h 为

$$m_h = \frac{Q_h}{c_{p,h}(t_{h1} - t_{h2})} = 1.804 \text{ kg/s}$$

平均对数温差 Δt_m 为

$$\Delta t_m = \frac{(t_{h1} - t_{c2}) - (t_{h2} - t_{c1})}{\ln \dfrac{t_{h1} - t_{c2}}{t_{h2} - t_{c1}}} = 54.96 \text{ ℃}$$

6) 计算单管长度、热水的进水管内径及进、出水联箱内径

单管长度 L 为

$$L = K + 2t = 1.002 \text{ m}$$

热水的进水管内径 d_s 为

$$d_s = \sqrt{\frac{4m_h}{1.75\pi\rho_{h1}}} = 0.037 \text{ m}$$

式中：1.75——预设的供水速度，m/s。

进、出水联箱内径 D 为

$$D = 1.4d_s = 0.052 \text{ m}$$

式中：1.4——经验系数。

7) 计算水对内管壁的对流换热系数 α_h

管内流通面积为

$$\text{NFA}_h = \frac{\pi}{4}d_n^2 = 5.309 \times 10^{-4} \text{ m}^2$$

换热室管内水平均流速 Sd_h 为

$$Sd_h = \frac{m_h}{\text{DY} \cdot \rho_h \cdot \text{NFA}_h} = 0.385\,8 \text{ m/s}$$

水在换热室管内的雷诺数为

$$Re_h = \frac{Sd_h \cdot d_n}{v_h} = 23\,344$$

水在换热室管内的努谢尔特数为

$$Nu_h = 0.023Re_h^{0.8} \cdot Pr_h^{0.3} = 96.12$$

水对内管壁的对流换热系数为

$$\alpha_h = \frac{Nu_h \cdot \lambda_h}{d_n} = 2\,466 \text{ W/(m}^2 \cdot \text{℃)}$$

8) 计算空气对翅片及管外壁的对流换热系数 α_c

单管翅片数(见图 3-87)为

$$n_f = \frac{K - 0.040}{S_c + e} + 1 = 115 \text{ 片}$$

式中：0.040——翅片管两端裸露的光管总长度，m。

第一排管的流向总投影面积 F_{1t} 为

$$F_{1t} = n_1[d_wK + (d_f - d_w)e \cdot n_f] = 0.397\,4 \text{ m}^2$$

空气侧换热室流通面积 NFA_c 为

$$\text{NFA}_c = H \cdot K - F_{1t} = 0.378\,8 \text{ m}^2$$

式中：H 为室高，m，即

$$H = S_1(n_1 - 1) + (d_f + 2\Delta) = 0.924 \text{ m} \qquad (室高也是管板高)$$

Δ 为翅片与棚壁的间隙，m，$\Delta = 0.010$ m。

空气在换热室的平均流速 Sd_c 为

$$Sd_c = \frac{m_c}{\rho_c \cdot \text{NFA}_c} = 5.399 \text{ m/s}$$

翅片单侧高 h_f 为

$$h_f = \frac{d_f - d_w}{2} = 0.016 \text{ m}$$

翅片节距 S_f 为

$$S_f = S_c + e = 0.007 \text{ m}$$

以节距表征几何尺寸的雷诺数 Re_{sf} 为

$$Re_{sf} = \frac{Sd_c \cdot S_f}{\nu_c} = 2\ 669$$

空气在换热室的努谢尔特数 Nu_c 为

$$Nu_c = 0.089\ 25 \left(\frac{d_w}{S_f}\right)^{-0.54} \left(\frac{h_f}{S_f}\right)^{-0.14} Re_{sf}^{0.72} = 10.25$$

空气对翅片及管外壁的对流换热系数(以翅片的节距表征几何尺寸)为

$$\alpha_c = Nu_c \cdot \frac{\lambda_c}{S_f} = 36.77 \text{ W/(m}^2 \cdot \text{℃})$$

9) 计算空气侧的肋壁效率 η

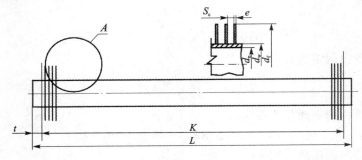

图 3 - 87　翅片管

单管管外的裸表面积 A_{Lc} 为

$$A_{Lc} = \pi d_w (K - n_f \cdot e) = 0.072\ 86 \text{ m}^2$$

单管翅片的表面积 A_{fc} 为

$$A_{fc} = \left[\frac{\pi}{4}(d_f^2 - d_w^2) \times 2 + \pi d_f \cdot e\right] n_f = 0.579\ 5 \text{ m}^2$$

单管空气侧总表面积(散热面积) A_{c1} 为

$$A_{c1} = A_{Lc} + A_{fc} = 0.652\ 4 \text{ m}^2$$

翅片的导热系数 λ_{wbc} 为

$$\lambda_{wbc} = 56.7 - 0.043\ 5(t_{wbc} - 126.85) = 61.67 \text{ W/(m} \cdot \text{℃})$$

上式是一个常用的钢材导热系数公式。它由《金属的热物理性质》表列数据内插法计算得到,可参见钱滨江等编的《简明传热手册》[①]第 376~377 页。

---

① 钱宾江,伍贻文,常家芳,等. 简明传热手册[M]. 北京:高等教育出版社,1984.

翅片效率因子 Ω 为

$$\Omega = \sqrt{\frac{2\alpha_c}{\lambda_{wbc} \cdot e}} h_f = 0.552\ 5$$

翅片效率 η_f 为

$$\eta_f = 1.000\ 6 - 8.194 \times 10^{-3}\Omega - 0.603\ 8\Omega^2 + 0.396\ 8\Omega^3 -$$
$$0.104\ 1\Omega^4 + 9.946 \times 10^{-3}\Omega^5 = 0.869\ 5$$

这是一个曲线拟合公式。曲线出自钱滨江等编的《简明传热手册》第 68 页的图 2-6，$r_e/r_o = 2$，在曲线上均匀地取若干点，数字化，再按电算程序多项式拟合。

由以上计算可得肋壁效率 η 为

$$\eta = 1 - \frac{A_{fc}}{A_{c1}}(1 - \eta_f) = 0.884\ 1$$

10）计算总传热热阻 R

① 计算水流与管内光壁面间的换热热阻 r_1

单管内壁散热面积 A_{h1} 为

$$A_{h1} = \pi d_n \cdot K = 6.861 \times 10^{-2}\ \mathrm{m}^2$$

水流与管内光壁面间的换热热阻为

$$r_1 = \left(\frac{1}{\alpha_h} + 0.000\ 4\right)\frac{1}{A_{h1}} = 1.173\ 9 \times 10^{-2}\ ℃/W$$

式中：0.000 4——水的污垢系数，$\mathrm{m}^2 \cdot ℃/W$。

② 计算圆筒壁的导热热阻 r_2

$$r_2 = \frac{\ln\dfrac{d_w}{d_n}}{2\pi\lambda_{nbn} \cdot K} = 6.598\ 5 \times 10^{-4}\ ℃/W$$

式中：λ_{nbh}——内管壁导热系数，$W/(m \cdot ℃)$，即

$$\lambda_{nbh} = 56.7 - 0.043\ 5 \times (0.865t_h - 126.85) = 59.62\ W/(m \cdot ℃)$$

0.865——壁温估计的初始经验系数。

③ 空气与带翅片的外壁面间的换热热阻 r_3

$$r_3 = \frac{1}{A_{c1} \cdot \eta}\left(\frac{1}{\alpha_c} + 0.000\ 4\right) = 4.785\ 3 \times 10^{-2}\ ℃/W$$

式中：0.000 4——空气的污垢系数，$\mathrm{m}^2 \cdot ℃/W$。

由以上计算可得总传热热阻为

$$R = \sum_{i=1}^{3} r_i = 6.025 \times 10^{-2}\ ℃/W$$

11）计算相对空气侧换热面积的传热系数 U_c

$$U_c = \frac{1}{A_{c1} \cdot R} = 25.44\ W/(m^2 \cdot ℃)$$

12）计算需要的换热器空气侧总换热面积 A_{zc}

$$A_{ac} = \frac{1\ 000Q_C}{U_c \cdot \Delta t_m} = 146.62\ \mathrm{m}^2$$

13) 计算单管吸热量 q

$$q = \frac{U_{\mathrm{c}} \cdot A_{\mathrm{cl}} \cdot \Delta t_{\mathrm{m}}}{1\,000} = 0.912\,2\ \mathrm{kW}$$

14) 计算换热器需要的总管数 N_{j}

$$N_{\mathrm{j}} = \frac{Q_{\mathrm{c}}}{q} = 224.8\ \text{根}$$

15) 计算换热器的预置总管数 N^{y}

$$N^{\mathrm{y}} = 2n_1 \cdot \mathrm{DY} = 234\ \text{根}$$

16) 计算迎面空气流速 $Sd_{\mathrm{c}}^{\mathrm{y}}$

$$Sd_{\mathrm{c}}^{\mathrm{y}} = \frac{m_{\mathrm{c}}}{1.293 H \cdot K} = 2.54\ \mathrm{N_0\,m/s}$$

式中：1.293——空气在 0 ℃ 及一个大气压下($\mathrm{N_0}$ 下)的密度，$\mathrm{kg/m^3}$。

17) 计算外形尺寸(见图 3 - 88)

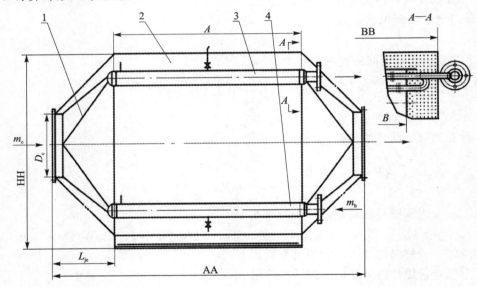

1—圆-方接管；2—壳体；3—出水联箱；4—进水联箱

图 3 - 88　翅片管热风器

① 计算流向换热室长度(不含圆-方接管)A

$$A = \mathrm{DY} \cdot \mathrm{XL} + 0.000\,5(\mathrm{DY} - 1) + 2 \times 0.080 = 1.514\ \mathrm{m}$$

式中：0.000 5——管板缝隙，m；

　　0.080——单柱厚度，m。

② 计算换热器迎面室宽 B

$$B = K = 0.840\ \mathrm{m}$$

换热器总宽(不含水联箱)BB

$$\mathrm{BB} = K + 2 \times (0.140 + 0.050) = 1.220\ \mathrm{m}$$

式中：0.140——单柱宽度，m；

　　0.050——保温罩厚度，m。

③ 计算换热器总高 HH

$$HH = H + 0.108 + 0.148 + Z_g = 1.340 \text{ m}$$

式中：0.108——天棚厚度，m;

0.148——地板厚度，m。

④ 计算圆-方接管圆头内径 D_c

圆-方接管在工程上俗称"天圆地方"。设天圆通流面积约为地方面积的 0.32，即

$$\frac{\pi}{4}D_c^2 = 0.32H \cdot K$$

则圆-方接管圆头内径 D_c 为

$$D_c \approx 0.64\sqrt{H \cdot K} = 0.564 \text{ m}$$

⑤ 计算圆-方接管颈长 L_{jc}

$$L_{jc} = \frac{1}{2}(H + K - 1.28\sqrt{H \cdot K}) = 0.318 \text{ m}$$

⑥ 计算换热器总长

$$AA = A + 2L_{jc} = 2.150 \text{ m}$$

18）计算空气侧压力损失 Δp_c

① 计算室内压力损失 Δp_{c0} 为

排数 PAI 为

$$PAI = 2DY = 18$$

翅片管管束几何参数修正系数为

$$J = \frac{S_2 - d_w}{S_1 - d_w} = 1$$

肋化系数为

$$\beta = 1 + \frac{2h_f}{d_w \cdot S_c}(d_w + h_f + e) = 9.167$$

阻力系数为

$$fe_{c0} = 0.136 \cdot \beta^{0.5} \cdot J^{-0.4} = 0.411\,8$$

由以上计算可得室内压力损失 Δp_{c0} 为

$$\Delta p_{c0} = fe_{c0} \cdot \frac{1}{2}\rho_c \cdot Sd_c^2 \cdot PAI = 134.7 \text{ Pa}$$

② 计算空气入渐扩管的压力损失 Δp_{c1}

$$\Delta p_{c1} = \xi_1 \cdot \frac{1}{2}\rho_{c1} \cdot Sd_{c1}^2 = 16.5 \text{ Pa}$$

式中：ξ_1——入口局部阻力系数：空气入口接管为圆－方过渡段（工程上俗称为天圆地方），由过渡段入口的"天圆"到末端的"地方"，有一个扩张段，其扩张角大小，或"天圆"与"地方"的面积比，直接影响圆方过渡段的流体的压力损失。按参考文献[14]和[17]介绍的"面积比差方"的方法，可得空气入口局部阻力系数的近似值，即

$$\xi_1 = \left(1 - \frac{\pi D_c^2}{4H \cdot K}\right)^2 = 0.460\,1 \quad （适用扩张角大于 45° 的渐扩管，本例满足这个条件）$$

式中：ρ_{c1}——空气在入口的密度，kg/m³，本例中 $\rho_{c1} = 1.453$ kg/m³；

Sd_{c1}——空气在入口时的速度,m/s:

$$Sd_{c1} = \left(\frac{m_c}{\rho_{c1}}\right)\frac{4}{\pi D_C^2} = 7.029 \text{ m/s}$$

③ 计算空气在出口时的压力损失 Δp_{c2}

$$\Delta p_{c2} = \xi_2 \cdot \frac{1}{2}\rho_{c2} \cdot Sd_{c2}^2 = 22.0 \text{ Pa}$$

式中：ξ_2——渐缩管的阻力系数。没查到适用的计算渐缩管 ξ_2 的公式,只从相关手册的表列值知道 ξ_2 比渐扩管的较小:扩张角从 $40°\sim90°$,阻力系数从 $0.03\sim0.11$,这里仍采用渐扩管计算式,稍偏大估计 ξ_2 的值。故计算过程同 ξ_1,即

$$\xi_2 = \left(1 - \frac{\pi D_c^2}{4H \cdot K}\right)^2 = 0.460 \ 1$$

Sd_{c2} 为冷空气出口速度,即

$$Sd_{c2} = \frac{4m_c}{\pi \rho_{c2} D_c^2} = 9.344 \text{ m/s}$$

由以上计算可得空气侧压力损失 Δp_c 为

$$\Delta p_c = \Delta p_{c0} + \Delta p_{c1} + \Delta p_{c2} = 173.2 \text{ Pa}$$

19) 计算水侧的压力损失 Δp_h

① 计算水在一个"管束单元"管内通道的总压力损失 Δp_{h0}

计算水在室内管束单元中的沿程压力损失 Δp_{hyc}。

沿程阻力系数 fe_{hyc}:

在 $Sd_h < 1.2$ m/s 时,沿程阻力系数为

$$fe_{hyc1} = \frac{0.017 \ 9}{d_n^{0.3}}\left(1 + \frac{0.867}{Sd_h}\right)^{0.3} = 0.076 \ 2$$

在 $Sd_h \geq 1.2$ m/s 时,沿程阻力系数为

$$fe_{hyc2} = \frac{0.021}{d_n^{0.3}} = 0.062 \ 8$$

根据前面水速计算可知 $Sd_h = 0.385 \ 8$ m/s,故可确定沿程阻力系数 fe_{hyc} 为

$$fe_{hyc} = 0.076 \ 2$$

由以上计算可得水在室内管束单元中的沿程压力损失为

$$\Delta p_{hyc} = fe_{hyc} \cdot \frac{2n_1 L}{d_n} \cdot \frac{1}{2}\rho_h \cdot Sd_h^2 = 5 \ 557 \text{ Pa}$$

计算水在 n_1 个平置弯头内的局部压力损失 Δp_{hwp}。

取阻力系数 $fe_{hwp} = 1.0 \times 2$,可得

$$\Delta p_{hwp} = fe_{hwp} \cdot \frac{1}{2}\rho_h \cdot Sd_h^2 \cdot n_1 = 1 \ 893 \text{ Pa}$$

计算水在 $(n_1 - 1)$ 个斜置弯头内的压力损失 Δp_{hwx}。

取阻力系数 $fe_{hwx} = 1.0 \times 2$,可得

$$\Delta p_{hwx} = fe_{hwx} \cdot \frac{1}{2}\rho_h \cdot Sd_h^2(n_1 - 1) = 1 \ 747 \text{ Pa}$$

由以上计算可得水在一个"管束单元"管内通道的总压力损失 Δp_{h0} 为

$$\Delta p_{h0} = \Delta p_{hyc} + \Delta p_{hwp} + \Delta p_{hwx} = 9\ 197\ \text{Pa}$$

② 计算水在进水联箱口的局部压力损失 Δp_{h1}

计算水从干线管进入水箱($d_s \rightarrow \text{DA}$)的压力损失。

突然扩大的局部阻力系数为

$$fe_{h1k} = \left(1 - \frac{\pi d_s^2}{4\text{DA}}\right)^2 = 0.972\ 9$$

对应压力损失为

$$\Delta p_{h1k} = fe_{h1k} \cdot \frac{1}{2}\rho_{h1} \times 1.75^2 = 1\ 446\ \text{Pa}$$

突然缩小的局部阻力系数为

$$fe_{h1s} = \left(1 - \frac{\pi d_n^2 \cdot \text{DY}}{4\text{DA}}\right)^2 = 0.881\ 1$$

对应压力损失为

$$\Delta p_{h1s} = fe_{h1s} \cdot \frac{1}{2}\rho_h Sd_h^2 \cdot \text{DY} = 577\ \text{Pa}$$

可得水在进水联箱口的局部压力损失为

$$\Delta p_{h1} = \Delta p_{h1k} + \Delta p_{h1s} = 2\ 023\ \text{Pa}$$

③ 计算水在出口联箱处($d_n \cdot \text{DY} \rightarrow \text{DA}$)的压力损失 Δp_{h2}

突然扩大处($d_n \cdot \text{DY} \rightarrow \text{DA}$)局部压力损失系数为

$$fe_{h2k} = \left(1 - \frac{\pi d_n^2 \cdot \text{DY}}{4\text{DA}}\right)^2 = 0.881\ 1$$

对应压力损失为

$$\Delta p_{h2k} = fe_{h2k} \cdot \frac{1}{2}\rho_h \cdot Sd_h^2 \cdot \text{DY} = 577\ \text{Pa}$$

突然缩小处($\text{DA} \rightarrow d_s$)的局部压力损失系数为

$$fe_{h2s} = \left(1 - \frac{\pi d_s^2}{4\text{DA}}\right)^2 = 0.972\ 9$$

出口速度为

$$Sd_{h2} = \frac{4m_h}{\pi d_s^2 \rho_{h2}} = 1.72\ \text{m/s}$$

由此可得对应局部压力损失为

$$\Delta p_{h2s} = fe_{h2s} \cdot \frac{1}{2}\rho_{h2} \cdot Sd_{h2}^2 = 1\ 424\ \text{Pa}$$

由以上计算可得水在出口联箱处的压力损失,即

$$\Delta p_{h2} = \Delta p_{h2k} + \Delta p_{h2s} = 2\ 001\ \text{Pa}$$

进而可得水在一个"管束单元"管内通道的总压力损失,即

$$\Delta p_h = \Delta p_{h0} + \Delta p_{h1} + \Delta p_{h2} = 13\ 222\ \text{Pa} = 13.222\ \text{kPa}$$

20) 计算热风器计算总重 W_{zj}

① 计算翅片管重量 W_1

$$W_1 = \frac{\pi}{4}\left[(d_w^2 - d_n^2)L + (d_f^2 - d_w^2)e \cdot n_f\right] \times 7\ 850 \times 2n_1 \cdot \text{DY} = 1\ 014\ \text{kg}$$

$$(2n_1 \cdot DY = N^y)$$

式中：7 850——钢材密度，kg/m^3。

② 计算管板总重 W_2

$$W_2 = \left[(XL + 0.120)H - \frac{\pi}{4}d_w^2 \times 2n_1 \right] \times 7\ 850 \times 2DY \times 0.006 = 193.8\ kg$$

式中：0.120——槽钢型管板两边总长，m；

　　0.006——板厚，m。

③ 计算平置弯头总重 W_3

$$W_3 = \frac{\pi}{4}(d_w^2 - d_n^2) \times 0.035\pi \times 7\ 850n_1 \cdot DY = 27.6\ kg$$

式中：0.035——弯头曲率半径，m。

④ 计算斜置弯头总重 W_4

$$W_4 = \frac{\pi}{4}(d_w^2 - d_n^2) \times (0.035\pi + 0.029) \times 7\ 850 \times (n_1 - 1)DY = 32.2\ kg$$

式中：0.029——斜置弯头中部直管段长度，m。

⑤ 计算加长管总重 W_5

$$W_5 = \frac{\pi}{4}(d_w^2 - d_n^2) \times 0.169 \times 7\ 850 \times 2DY = 6.5\ kg$$

式中：0.169——单加长管长度，m。

由以上计算可得一个管束单元重量 W_{gs}，即

$$W_{gs} = \frac{1}{DY}\sum_{i=1}^{5} W_i = 141.6\ kg$$

⑥ 计算水箱近似总重 W_6

$$W_6 \approx \left\{ \frac{\pi}{4}\left[(D + 0.008)^2 - D^2 \right]A + \frac{\pi}{4}D^2 \times 0.006 + \frac{\pi}{4} \times 1.2D^2 \times 0.020 \right\} \times$$
$$7\ 850 \times 2 = 17.7\ kg$$

式中：0.008——管壁的两倍，m；

　　0.006——封头近似壁厚，m；

　　1.2D——法兰近似外径，m；

　　0.020——法兰厚度，m。

⑦ 计算壳体重 W_7

棚板＋地板重 W_{7-1} 为

$$W_{7-1} = (K + 0.120)A \times 0.005 \times 7\ 850 \times 2 = 114.1\ kg$$

式中：0.120——管板两槽深，m；

　　0.005——板厚，m。

盖板＋底板＋槽钢＋十字架重 W_{7-2} 为

$$W_{7-2} = [BB \cdot A \times 0.003 \times 2 + (0.100A \times 0.003 + 0.100BB \times 0.003) \times 2] \times$$
$$7\ 850 + 20A \times 2 = 160.4\ kg$$

式中：0.003——板厚，m；

　　0.100——十字架高度，m；

20——支腿槽钢每米重,kg/m。

侧板重 W_{7-3} 为

$$W_{7-3} = (HH - 0.060)A \times 0.003 \times 7\ 850 \times 2 = 91.3\ \text{kg}$$

式中：0.060——槽钢突出支脚高度,m;

0.003——板厚,m。

流向堵板重 W_{7-4} 为

$$W_{7-4} = 0.100BB \times 0.003 \times 7\ 850 \times 4 = 11.5\ \text{kg}$$

式中：4——上下保温层前后(空气流向)的 4 块堵板。板高为 0.100 m,板厚为 0.003 m。

矿渣棉重 W_{7-5} 为

$$W_{7-5} = [A \cdot BB \cdot (HH - 0.060) - (K + 0.120)A \cdot H] \times 207 = 211.4\ \text{kg}$$

式中：0.060——槽钢突出支腿高度,m;

0.120——管板两槽深,m;

207——矿渣棉容重,kg/m³。

由以上计算可得壳体重,即

$$W_7 = \sum_{i=1}^{5} W_{7-i} = 588.7\ \text{kg}$$

⑧ 计算圆-方接头总重 W_8

一侧面梯形的高 h_1 为

$$h_1 = \sqrt{L_{jc}^2 + \left(\frac{H - D_c}{2}\right)^2} = 0.366\ \text{m}$$

该梯形的面积 M_1 为

$$M_1 = \frac{D_c + BB}{2} \cdot h_1 = 0.326\ 1\ \text{m}^2$$

同理,另一侧面梯形的高 h_2 为

$$h_2 = \sqrt{L_{jc}^2 + \left(\frac{BB - D_c}{2}\right)^2} = 0.457\ 0\ \text{m}$$

该梯形的面积 M_2 为

$$M_2 = \frac{D_c + H}{2} \cdot h_2 = 0.340\ 0\ \text{m}^2$$

于是可得四壁板的体积 t_1,即

$$t_1 = 2(M_1 + M_2) \times 0.003 = 3.996 \times 10^{-3}\ \text{m}^3$$

式中：0.003——板厚,m。

圆筒的体积 t_2 为

$$t_2 = \pi D_c \times 0.055 \times 0.003 = 2.923 \times 10^{-4}\ \text{m}^3$$

式中：0.055——圆筒长度,m;

0.003——圆筒壁厚,m。

法兰的体积 t_3 为

$$t_3 = \frac{\pi}{4}[(1.165D_c)^2 - D_c^2] \times 0.010 = 8.920 \times 10^{-4}\ \text{m}^3$$

式中：1.165——法兰外径与孔径的倍数；

0.010——法兰的厚度，m。

由以上计算可得圆-方接头总重 W_8，即

$$W_8 = \sum_{i=1}^{3} t_i \times 7\ 850 = 40.7\ \text{kg}$$

故由计算步骤①～⑧可得热风器计算总重，即

$$W_{zj} = \sum_{i=1}^{8} W_i = 1\ 921\ \text{kg}$$

热风器估算总重为

$$W_z = K_w \cdot W_1 = (1.9 \times 1\ 014)\ \text{kg} = 1\ 927\ \text{kg}$$

可见换热器重量估算系数 K_w 有一定准确度，可用于快速估算同类型翅片管式换热器的重量。

3.9 管壳式换热器

3.9.1 管壳式换热器的形式与结构

1. 形 式

管壳式换热器是把多管式的管束插入圆筒壳体中。按管板和壳体之间的组合结构，管壳式换热器可分成固定管板式、U 形管式、浮头式等。

(1) 固定管板式

固定管板式(见图 3-89(a))是用焊接或者螺栓把管束的管板固定到圆筒壳体的两端，与其他型式相比，制作简单，价格便宜，所以得到广泛应用。这种换热器的最大缺点是管外侧的清扫困难，因此，一般用于壳侧(管外侧)流体清洁，不易结垢或者垢易通过化学处理除掉的场合。固定管板式换热器的另一个缺点是当壳体和管子壁温差大于 50 ℃，或者壳体和管子材质的热膨胀系数显著不同时，易产生热膨胀应力，此时，必须在壳体上安装图 3-90 所示波形膨胀接头，或者采用 U 形管式、浮头式管壳式换热器。

(2) U 形管式换热器

U 形管式换热器(见图 3-89(b))的管束由多根 U 形管构成，由于管束可以取出，则管外侧可以清扫，另外，管子可以自由膨胀。其缺点是 U 形管的更换和管内清扫困难。

(3) 浮头式换热器

浮头式换热器(见图 3-89(c))是用法兰把管束一侧的管板固定到壳体的一端，另一端的管板可以在壳体内移动，由于管束可以抽出来，所以壳侧可以清扫，另外壳与管之间不会产生热膨胀应力。

2. 传热管

管壳式换热器传热管采用普通的光管或者低翅片管。

光管多采用炭钢管、不锈钢管或铜管，最常用的是外径 19 mm、25 mm、32 mm、38 mm 的管子，但航空上用的铜管也有采用 10 mm、12 mm、14 mm、16 mm 的外径。

3. 管布置和排列间距

管子布置方式有正方形直列、正方形错列、三角形错列和三角形直列四种，如图 3-91 所示。

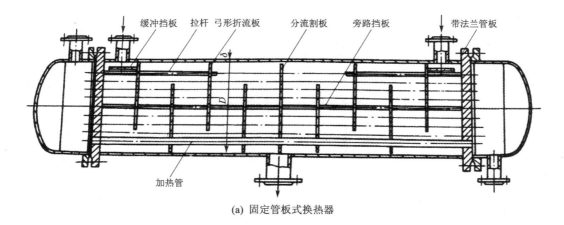

(a) 固定管板式换热器

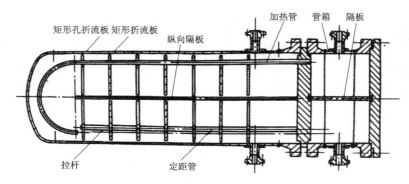

(b) U 形管式换热器

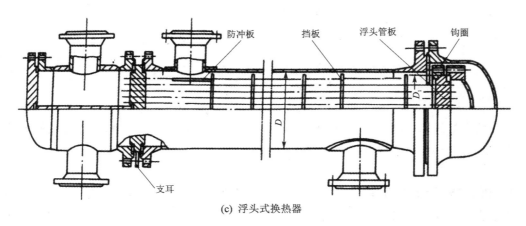

(c) 浮头式换热器

图 3 - 89　几种管壳式换热器

三角形错列布置,用于壳侧流体清洁,不易结垢,或者壳侧污垢可以用化学处理除掉的场合。正方形直列或者正方形错列,由于可以用机械的方法清扫管外,所以可用于易结垢的流体。三角形直列较少采用。

管子间距 t(管中心的间距),一般是管外径(低翅片管为翅片外径)D_0 的 1.25 倍左右,一般采用的值列于表 3 - 28 中。

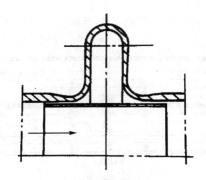

图 3-90 波形膨胀接头

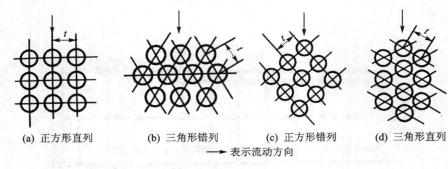

(a) 正方形直列　　(b) 三角形错列　　(c) 正方形错列　　(d) 三角形直列

→ 表示流动方向

图 3-91 管子布置方法

表 3-28 管子布置间距

管外径/mm	间距 t/mm	隔板中心到管中心距离 F/mm
19	25	19
25	32	22
32	40	26
38	48	30

当管侧在 2 程以上时,如图 3-92 那样隔开,这种场合的隔板中心到管中心的距离 F 的标准值列于表 3-28,一般 F 用下式表示:

$$F = t/2 + 6 \text{ mm}$$

4. 折流板的形状与间隔

为使壳侧流速充分,以增加传热系数,在垂直管轴方向安装折流板,在这种垂直折流板中其中最常用的是弓形折流板(见图 3-93),其切缺率(切掉圆弧的高度与壳内径之比)通常为 20%～45%。

如图 3-93(a)所示,弓形折流板可以水平排列、竖直排列或转角排列。水平排列的形式,通过造成流体剧烈扰动以增大传热系数,一般用于无相变介质。竖直排列的形式多用于卧式冷凝器或蒸发器,因为这种折流板可避免未冷凝的气相介质通过壳体下部的冷凝液,从而降低换热效果。转角排列一般用于换热管正方形排列,这种排列方式可促使介质形成湍流,提高换热效果。

双弓形和三弓形折流板一般用于大直径和大流量的换热器,这种多弓形折流板的采用可以减小因单弓形折流板的间距太大,而形成的传热死区,从而提高传热效率。

除弓形折流板外,常用的折流板形式还有圆盘-圆环形,如图 3-93(d)所示。

折流板的最小间距应不小于圆筒内径的五分之一,且不小于 50 mm。对碳素钢、低合金钢和高合金钢换热管,最大无支撑跨距应满足表 3-29 的规定。

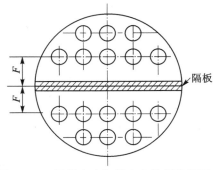

隔板

图 3-92　隔板中心与管中心的标准距离 F

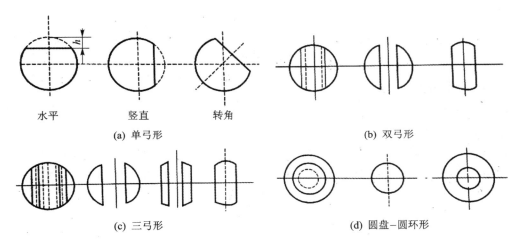

水平	竖直	转角
(a) 单弓形		(b) 双弓形
(c) 三弓形		(d) 圆盘-圆环形

图 3-93　折流板

表 3-29　换热管的最大无支撑跨距

换热管外径 d_o/mm	19	25	32	38
最大无支撑跨距/mm	1 500	1 850	2 200	2 500

折流板外径按表 3-30 规定。

表 3-30　折流板外直径及允许偏差

公称直径 d_n/mm	<400	$\geqslant 400$, <500	$\geqslant 500$, <900	$\geqslant 900$, $<1\ 300$	$\geqslant 1\ 300$, $<1\ 700$	$\geqslant 1\ 700$, $<2\ 100$	$\geqslant 2\ 100$, $<2\ 300$	$\geqslant 2\ 300$, $\leqslant 2\ 600$
折流板名义外直径/mm	$d_n-2.5$	$d_n-3.5$	$d_n-4.5$	d_n-6	d_n-8	d_n-10	d_n-12	d_n-14
折流板外直径	0		0		0		0	0
允许偏差/mm	-0.5		-0.8		-1.0		-1.4	-1.6

　　为在检修时能完全排除卧式换热器壳体内的剩余流体,须在折流板顶部和底部设置缺口(见图3-94)。缺口角度为90°,高度为15～20 mm。立式换热器的折流板无须开缺口。

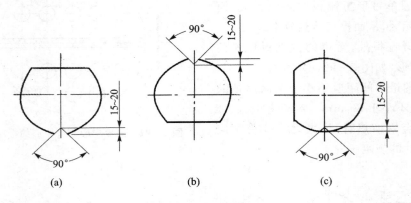

图 3-94　折流板缺口布置

5. 折流板的固定结构

　　折流板(支持板)的固定是通过拉杆和定距管组合来实现的。拉杆和定距管的连接如图3-95所示。拉杆是一根两端皆带有螺纹的长杆,一端拧入管板,折流板穿在拉杆上,各折流板之间则用套在拉杆上的定距管来保持间距,最后一块折流板可用螺母拧在拉杆上予以固定,如图3-95(a)所示。对于换热管外径 $d_o \leqslant 14$ mm 的管束,拉杆和折流板或支持板之间的连接一般采用点焊连接结构,如图3-95(b)所示。

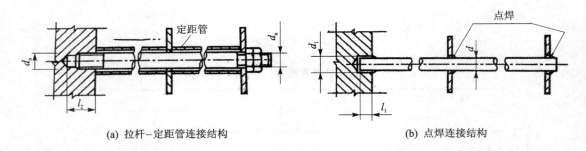

(a) 拉杆-定距管连接结构　　　　　　　　　　(b) 点焊连接结构

d_n—拉杆两端螺纹的公称直径

图 3-95　折流板固定连接结构

　　拉杆直径和部分规格换热器的拉杆数量分别按表3-31和表3-32规定。为使折流板的稳定性更好,拉杆应尽量在折流板的周边均匀布置。

表 3-31　拉杆直径

换热管外径/mm	$10 \leqslant d_o \leqslant 14$	$14 < d_o < 25$	$25 \leqslant d_o \leqslant 57$
拉杆直径/mm	10	12	16

表 3-32　拉杆数量

拉杆直径/mm	d_n							
	<400	≥400，<700	≥700，<900	≥900，<1 300	≥1 300，<1 500	≥1 500，<1 800	≥1 800，<2 000	≥2 000，<2 300
10	4	6	10	12	16	18	24	32
12	4	4	8	10	12	14	18	24
16	4	4	6	6	8	10	12	14

注：在保证大于或等于表 3-32 所给定的拉杆总截面积的前提下，拉杆直径和数量可以变动，但拉杆直径不得小于 10 mm，数量不少于 4 根。

6．管束分程

通过在换热器一端或两端的管箱中分别配置一定数量的隔板，可以将管束分程，使流体依次流过各程换热管，以增加流体流速，提高传热系数。分程可采用各种不同的组合方法，表 3-33 列出了 1～6 程的几种分程布置形式，每一程中换热管数量应尽量大致相等，以使换热管内流速基本相等。分程要使程与程之间的温差不宜过大，一般不超过 28 ℃；分程数也不宜过多，因为隔板本身会占去相当大的布管面积，并且在壳程中会形成旁路，影响传热。

表 3-33　管束分程布置形式

管程数	1	2	4			6	
流动顺序	○	○(1/2)	○(1/2/3/4)	○(1 2/4 3)	○(1/2 3/6)	○(1/2 3/5 4/6)	○(2 1/3 4/6 5)
管箱隔板	○	○	○	○	○	○	○
介质返回侧隔板	○	○	○	○	○	○	○

图 3-96(a)所示为采用单个隔板构成的 2 程管箱结构，这种形式在清洗时，只需要将平盖拆卸，不必拆除连接管道，目前在设计中应用较多。图 3-96(b)所示为多个隔板构成的多程管箱结构。

7．旁路挡板

如果壳体和管束之间间隙过大，则流体不通过管束而通过这个间隙旁通，为了防止流体短路，往往采用图 3-97 所示的旁路挡板。

8．防冲板

流体与管束外面直接接触，为防止在管表面产生冲蚀，可使用防冲板。图 3-98 所示为布置在流体入口接管根部的防冲板。防冲板除保护管表面外，还有使流体沿管束均匀分布的作用。圆形防冲板的面积应约为接管断面积的 1.25 倍，防冲板表面到壳体内壁的距离应不小于接管内径的 1/4。

图 3-98(a)、(b)是把防冲板两侧焊接在定距管或拉杆上,图 3-98(c)是把防冲板焊接在换热器壳体上。除上述三种方式外,也可采用其他合适的固定方式。

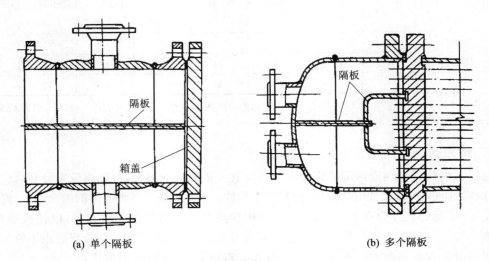

(a) 单个隔板　　　　　　　　　　　　　(b) 多个隔板

图 3-96　多程管箱结构形式

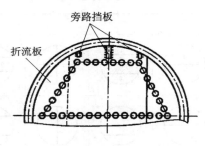

图 3-97　旁路挡板

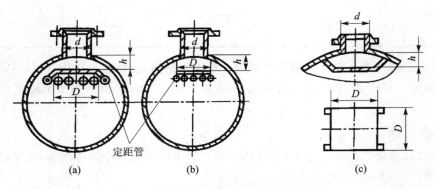

(a)　　　　　　　　　(b)　　　　　　　　　(c)

图 3-98　安装在入口接管根部的防冲板

3.9.2　管壳式换热器传热表面的几何特性

为了写出每侧的几何特性以及传热与阻力特性,特别规定上下标符号,如表 3-34 所列。

表 3 - 34　上下标符号

符　号	意　义	符　号	意　义
′	换热器进口	″	换热器出口
s	壳侧参数	t	管侧参数
max	较大者	min	较小者
m	平均值	o	管外侧
i	管内侧		

1. 折流板圆缺部分面积

$$A_{bw} = \left(\frac{D_s}{2}\right)^2 \left[\frac{\pi}{2} - \arcsin(1-2x) - \frac{\sin(2\arcsin(1-2x))}{2}\right] \qquad (3-150)$$

式中：$x = H/D_s$；

　　　D_s——壳内径，m；

　　　H——折流板圆缺高度，m。

2. 折流板圆缺部分的流通面积

$$A_{bwc} = A_{bw} - N_{tw}\frac{\pi D_{to}^2}{4} \qquad (3-151)$$

式中：N_{tw}——单个折流板圆缺部分的传热管根数；

　　　D_{to}——传热管外径，m。

3. 管侧流通面积

$$A_{tc} = \frac{\pi}{4}D_{ti}^2\frac{N_t}{n_{tpass}} \qquad (3-152)$$

式中：D_{ti}——传热管内径，m；

　　　N_t——传热管总数目，根；

　　　n_{tpass}——管程数目。

4. 壳侧流通面积

$$A_{sc} = (D_s' - N_{td}D_{to})L_{bc} \qquad (3-153)$$

式中：D_s'——壳侧中心线或距中心线最近管排对应的壳内径弦长，m；

　　　N_{td}——壳侧中心线或距中心线最近管排上的传热管根数；

　　　L_{bc}——中心折流板间距，m。

3.9.3　管壳式换热器的传热特性

1. 管侧对流换热表面传热系数

对于光管和翅片管的努谢尔特数的计算可采用 3.2 节及 3.8 节介绍的相关经验关系式。

对工质为滑油，流动为紊流（$Re_t > 2\,000$）的光滑传热管可采用如下经验公式：

$$Nu_t = 0.027Re_t^{0.8}Pr_t^{0.33} \qquad (3-154)$$

由此可求得管侧对流换热表面传热系数，即

$$\alpha_t = \frac{Nu_t \lambda_t}{D_{ti}} \tag{3-155}$$

2. 壳侧对流换热表面传热系数

壳程换热管的支撑结构为弓形折流板时,壳侧换热采用贝尔法计算。

理想管束的传热因子为

$$j_{si} = a_1 \left(\frac{1.33}{L_{tp}/D_{to}}\right)^a (Re_s)^{a_2} \tag{3-156}$$

式中:L_{tp}——传热管管间距,m;

$$a = \frac{a_3}{1 + 0.14(Re_s)^{a_2}}。$$

对于正三角形叉排,上式中的系数如表 3-35 所列。

表 3-35 正三角形叉排时计算传热因子的系数

Re	a_1	a_2	a_3	a_4
$10^5 \sim 10^4$	0.321	-0.388		
$10^4 \sim 10^3$	0.321	-0.388		
$10^3 \sim 10^2$	0.593	-0.477	1.450	0.519
$10^2 \sim 10$	1.360	-0.657		
<10	0.400	-0.667		

理想管束的对流换热表面传热系数为

$$\alpha_{si} = j_{si} Pr_s^{-2/3} c_{p,s} g_{ms} \tag{3-157}$$

式中:Pr_s、$c_{p,s}$、g_{ms}——壳侧流体的普朗特数、比热容、质量流速。

壳侧平均对流换热表面传热系数为

$$\alpha_s = \alpha_{si}(J_c J_l J_h J_r J_s) = \alpha_{si} J_{tot} \tag{3-158}$$

其中,J_c、J_l、J_h、J_r 和 J_s 分别是折流板切口、折流板泄漏影响、管束旁流、层流以及进出口端不同折流板间距的修正因子。

$$J_c = 1.0 - r_c + 0.524 r_c^{0.32} (A_{sc}/A_{bwc})^{0.03}$$

$$J_l = 1.0$$

$$J_h = \exp\left[-1.25 \cdot r_h \cdot \left(1 - \sqrt[3]{\frac{2N_s}{n_c}}\right)\right]$$

$$J_r = \begin{cases} \left(\dfrac{13}{n_{eff}}\right)^{0.18}, & Re < 100 \\ 1.0, & Re = 100 \sim 2\,000 \\ \dfrac{1}{X}, & Re > 2\,000,由表 3-36 查取 \end{cases}$$

$$J_s = 0.505 + \frac{3.5(L_{bc}/D_s)}{1 + 3.7(L_{bc}/D_s)}$$

式中,r_c——折流板圆缺部分传热面积与总传热面积之比,$r_c = 2N_{tw}/N_t$;

r_h——换热器中心线或距中心线最近的管排上,管束和壳内径之间间隙的流道面积和叉

流流动流道面积 A_{sc} 之比,$r_h = \dfrac{D'_s - (N_{td} - 1)L_{tp} - D_{to}}{D'_s - N_{td}D_{to}}$;

A_{bwc}——折流板圆缺部分的流通面积,m;

N_s——旁通挡板数目;

n_{eff}——壳侧流体流道收缩的总有效数,$n_{eff} = (N_b + 1) \cdot n_c + (N_b + 2) \cdot n_{tw}$。

N_{tw}——单个折流板圆缺部分的传热管根数;

n_c——壳侧流体叉流区的有效管排数目;

N_b——折流板数目;

n_{tw}——单个折流板圆缺部分的传热管排数;

N_{td}——壳侧中心线或距中心线最近管排上的传热管根数;

L_{bc}——中心折流板间距;m。

表 3 – 36　X 的值

n_{eff}	1	2	3	4	5	6	7	8
X	0.63	0.70	0.77	0.83	0.86	0.88	0.90	0.91
n_{eff}	9	10	12	15	18	25	35	72
X	0.92	0.93	0.94	0.95	0.96	0.97	0.98	0.99

3.9.4　管壳式换热器的阻力特性

1. 管侧的压降

介质流经管壳式换热器管侧时,一般在传热管管束进口处发生流动收缩,而在出口处发生流动膨胀。这种突然的流动收缩和膨胀都会引起附加的压力损失 $\Delta p'_t$ 和 $\Delta p''_t$。介质流经传热管时有摩擦损失 Δp_{tt},流经管箱转弯或 U 形段时有附加压力损失 Δp_{tl}。这些压降的总和就构成了管侧的总压降 Δp_t,即

$$\Delta p_t = \Delta p'_t + \Delta p_{tt} + \Delta p_{tl} + \Delta p''_t \tag{3-159}$$

式中:Δp_t——管侧流体的压力损失,Pa;

$\Delta p'_t$——传热管管束进口突缩附加压力损失,Pa;

Δp_{tt}——直管部分的沿程压力损失,Pa;

Δp_{tl}——管箱转弯处压力损失,Pa;

$\Delta p''_t$——传热管管束出口突扩附加压力损失,Pa。

1) 计算传热管管束进口突缩附加压力损失 $\Delta p'_t$

$$\Delta p'_t = \frac{g^2_{mt} \cdot n_{tpass}}{2\rho}(1 - \sigma^2 + K') \tag{3-160}$$

式中:σ——孔度;

K'——进口压力损失系数,由文献[2]可得;

n_{tpass}——管程数目。

2) 计算直管部分的沿程压力损失 Δp_{tt}

$$\Delta p_{tt} = \frac{4f_t \cdot g^2_{mt} \cdot L \cdot n_{tpass}}{2\rho \cdot D_{ti}}\left(\frac{\mu}{\mu_w}\right)^{-0.14} \tag{3-161}$$

式中：L——传热管管长,m;

g_{mt}——管内流体的质量流速,$kg/(m^2 \cdot s)$;

μ_w——以壁温为定性温度的黏度;

f_t——管侧摩擦系数;

$$当 Re_t = \frac{D_{ti} g_{mt}}{\mu} < 2\,000 \text{ 时}, f_t = \frac{16}{D_{ti} g_{mt}/\mu}$$

$$当 Re_t = \frac{D_{ti} g_{mt}}{\mu} > 2\,000 \text{ 时}, f_t = 0.001\,4 + \frac{0.125}{(D_{ti} g_{mt}/\mu)^{0.32}}$$

3) 计算管箱转弯处压力损失 Δp_{tl}

管箱转弯处压降通常取每程速度水头的 4 倍,即

$$\Delta p_{tl} = \frac{4 g_{mt}^2 \cdot n_{tpass}}{2\rho} \qquad (3-162)$$

传热管 U 形段的压降通常取每程速度水头的 0.492,即

$$\Delta p_{tl} = \frac{0.492 g_{mt}^2 \cdot n_{tpass}}{2\rho} \qquad (3-163)$$

4) 计算传热管芯体出口突扩附加压力损失 $\Delta p_t''$

$$\Delta p_t'' = \frac{g_{mt}^2 \cdot n_{tpass}}{2\rho}(1 - \sigma^2 - K'') \qquad (3-164)$$

式中：σ——孔度;

K''——出口压力回升系数,由文献[2]可得。

2. 壳侧的压降

壳程的压力损失计算是一个比较复杂的课题,多国学者经过近百年的研究,发表了许多有价值的论文,如美国的贝尔(Bell)法、日本的石谷法等。贝尔法是从"理想"(没有间隙)管排出发,得到计算公式,然后再通过小模型实验,考察泄漏、旁流的影响,引进一些修正系数而得到的计算方法。贝尔法所得结果比较接近实际操作测定数据,但贝尔法关联式的计算比较繁琐而且费时。除贝尔法外,日本石谷法也受到一些学者和技术人员的青睐,据秦叔经等编写的《换热器》一书介绍,石谷法是由日本造船联合工业会的管件流体阻力研究委员会,根据他们的模型试验,建立的具有圆缺形折流挡板换热器壳程压力损失的通用算法。据称,此法计算值与实验值的偏差,比之贝尔法显著减少,而且计算式也简单些。下面重点介绍贝尔法和日本石谷法。

(1) 贝尔法

贝尔法把安装弓形折流板的换热器的壳侧压力损失 Δp_s 视为以下三个部分压力损失之和：

$$\Delta p_s = 2\Delta p_{sc}' + \beta \left[(N_b - 1) \cdot \Delta p_{sc} + N_b \Delta p_{wc} \right] \qquad (3-165)$$

式中：Δp_{sc}——与折流板中间管束叉流流动时的压力损失,Pa;;

$\Delta p_{sc}'$——进、出口折流板处管束叉流流动时的压力损失,Pa;

Δp_{wc}——通过折流板圆缺部分与管轴平行流动时的压力损失,Pa;

β——修正系数,其数值取决于通过折流板与壳内径之间的间隙流动和折流板管孔与传热管外径之间的间隙流动,$\beta = 1.0$;

N_b——折流板数目。

1）计算折流板中间管束叉流流动时的压力损失

$$\Delta p_{sc} = X_{fp} \frac{4 f_s \cdot g_{ms}^2 \cdot n_c \cdot \xi_c}{2 \rho_s} \cdot \left(\frac{\mu}{\mu_w} \right)^{-0.14} \tag{3-166}$$

式中：X_{fp}——决定于管子形式的修正系数，当为光滑管时 $X_{fp}=1$；

f_s——与管束叉流流动时的摩擦系数；

当 $Re < 100$ 时，$f_s = 47.1 (Re)^{-0.965}$；

当 $100 \leqslant Re \leqslant 300$ 时，$f_s = 13.0 (Re)^{-0.685}$；

当 $300 \leqslant Re \leqslant 1\,000$ 时，$f_s = 3.2 (Re)^{-0.44}$；

当 $Re > 1\,000$ 时，$f_s = 0.505 (Re)^{-0.176}$。

其中，$Re = \dfrac{D_{to} \cdot g_{ms}}{\mu}$（光滑管）。

ξ_c——通过壳和管束之间间隙流动的修正系数；

当 $Re < 100$ 时，$\xi_c = \exp\left[-4.5 r_h \left(1 - \sqrt[3]{\dfrac{2 N_s}{N_c}} \right) \right]$；

当 $Re \geqslant 100$ 时，$\xi_c = \exp\left[-3.8 r_h \left(1 - \sqrt[3]{\dfrac{2 N_s}{N_c}} \right) \right]$。

g_{ms}——壳侧流体的质量流速，$kg/(m^2 \cdot s)$；

n_c——叉流流动范围内流道上收缩部分的次数，当管子为正方形排列和三角形排列时可取折流板端到下一个折流板端的管排数；

N_s——旁通挡板数目；

ρ_s——壳侧流体的密度，kg/m^3；

N_c——壳侧流体叉流区的有效传热管数。

2）计算进、出口折流板处管束叉流流动时的压力损失

$$\Delta p'_{sc} = \left[1 + \left(\frac{n_{tw}}{n_c} \right) \right] \cdot \Delta p_{sc} \tag{3-167}$$

式中：n_{tw}——单个折流板圆缺部分的管排数。

3）计算通过折流板圆缺部分与管轴平行流动时的压力损失

当 $Re < 100$ 时

$$\Delta p_{wc} = 23 \xi_c \left(\frac{\mu \cdot u_{sm}}{S} \right) \cdot n_{tw} + 26 \left(\frac{\mu \cdot u_{sm}}{D_{eW}} \right) \left(\frac{L_{bc}}{D_{eW}} \right) + 2 \left(\frac{\rho_s \cdot u_{sm}^2}{2} \right) \tag{3-168}$$

当 $Re \geqslant 100$ 时

$$\Delta p_{wc} = (2.0 + 0.6 n_{tw}) \cdot \frac{\rho u_{sm}^2}{2} \tag{3-169}$$

式中：u_{sm}——几何平均流速，$u_{sm} = \sqrt{u_{sc} u_{sw}}$；

u_{sc}——壳侧叉流流动流速，$u_{sc} = g_{ms} / \rho_s$；

u_{sw}——壳侧折流板圆缺部分中的流速，$u_{sw} = (q_{ms} / \rho_s) / A_{bwc}$；

S——管之间的最小间距，$S = L_{tp} - D_{to}$（光滑管）；

D_{eW}——折流板圆缺部分中流道的当量直径，m，$D_{eW} = 4 A_{bwc} L_{bc} / a_w$；

a_w——一个折流板圆缺部分中传热管的传热面积，$a_w = N_{tw} \pi D_{to}^2 L_{bc} / 4$。

(2) 日本石谷法

石谷法壳程压力损失的计算式为

$$\Delta p_s = \eta(\Delta p_1 + \Delta p_2 + \Delta p_N) \tag{3-170}$$

式中：Δp_1——横掠叉排管束各区域的全部压力损失，Pa；此部分石谷法是直接采用 Bell 的计算式，即 Bell 法中叉流区的全部压力损失：

$$\Delta p_1 = \left[2\left(1 + \frac{N_w}{N_e}\right) + \beta_s(N-1)\right] \cdot \Delta p_b \tag{3-171}$$

N_w——从折流板缺口到壳体内壁之间的管子数；

N_e——两块折流板切口水平线之间的管子数；

N——折流板块数；

β_s——折流板与壳体内壁之间、管子与折流板管孔之间的泄漏的修正系数；

ΔP_b——壳程横掠管束时的压力降，Pa。

式(3-171)中有关参数的计算可参看例题 3-10。

Δp_2——流过所有折流板圆缺处的压力损失，Pa，取折流板圆缺处的流速为基准来表示压力损失，即

$$\Delta p_2 = N f_b \cdot \frac{\rho_c}{2}\left(\frac{W_s}{\rho_c F}\right)^2 \tag{3-172}$$

式中：W_s——冷媒体质量流量，kg/s；

f_b——无因次摩擦系数，即

$$f_b = 2.5 - 3.5\left(\frac{F_A + F_E}{F}\right) + 0.2(1 - 2\alpha)\frac{D_i}{k} \tag{3-173}$$

F——折流板缺口处小弓形面积，m²；

F_A——折流板所有管孔与管子之间的环隙总泄漏面积，m²；

F_E——折流板弧边与壳体内壁之间的泄漏面积，m²；

α——折流板圆缺面积比率；

D_i——壳体内径，m；

k——两弓形折流板节距，m。

Δp_N——流过壳程进出口的压力损失，Pa，主要是由于从外面到进口流股突然扩大和出口流股的突然缩小而引起的压力损失。一般都较小，根据实验测定结果，整理为

$$\Delta p_N = 1.5\frac{\rho_N \cdot w_N^2}{2} \tag{3-174}$$

式中：ρ_N——壳程进出口流体的平均密度，kg/m³；

w_N——壳程来流和去流的平均流速，m/s；

η——校正系数。由大量实验数据总结归纳得如下关系式：

$$\eta = 0.75\left(\frac{F_A + F_E}{F_w}\right) - 0.10(1 - 2\alpha)\frac{D_i}{k} + 0.85 \tag{3-175}$$

式中：F_w——缺口处的流通面积，m²。

注：以上各式中有关参数的计算参看例题 3-10。

概括石谷法的计算程序是：

① 用贝尔法求 Δp_1；

② 由式（3－172）和（3－173）求 Δp_2；

③ 由式（3－174）求 Δp_N；

④ 由式（3－175）求 η；

⑤ 由式（3－170）求 Δp_s。

3.9.5　管壳式换热器的设计步骤及计算举例

　　管壳式换热器壳程内的支撑结构为折流板时，壳程流体的流动为平行流和叉流的耦合，流动情况相当复杂，精准计算其传热量和压降十分困难。在换热器的设计过程中，需要通过反复多次的结构修正和性能迭代计算，才能一步步逼近合理的设计目标。因此，采用现代计算机软件技术解决管壳式换热器设计问题是必然的趋势。图 3－99 所示是利用自主开发的软件，进行管壳式换热器校核性设计计算的流程图。

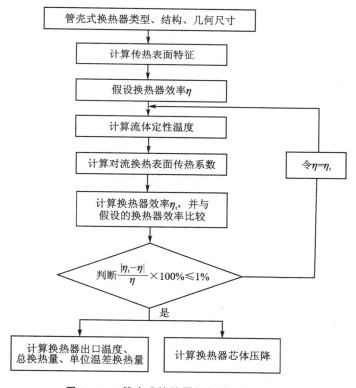

图 3－99　管壳式换热器校核性计算流程图

进行管壳式换热器校核性设计计算时，需要根据上述流程图依次确定下述参数：

① 确定传热表面几何特性；

② 确定流体物性参数；

③ 计算雷诺数；

④ 由传热表面的基本特征确定 j 和 f，计算求得对流表面传热系数；

⑤ 计算总传热系数；

⑥ 计算 NTU 和换热器效率；

⑦ 计算出口温度和换热量；

⑧ 计算压降。

下面以一航空燃油-滑油管壳式换热器的校核性设计计算为例说明这些步骤。

例 3-9　一管壳式燃油-滑油换热器芯体(管束)结构如图 3-100 所示,折流板管孔布局如图 3-101 所示,结构参数见表 3-37。燃-滑油换热器采用 U 形光滑传热管结构。管侧(燃油)、壳侧(滑油)的介质进口参数如表 3-38 所列。试确定管侧出口温度 t'_t、壳侧出口温度 t'_s、管侧压降 Δp_t、壳侧压降 Δp_s 及总换热量 Φ。

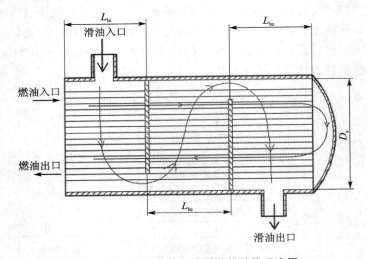

图 3-100　燃-滑油换热器芯体结构示意图

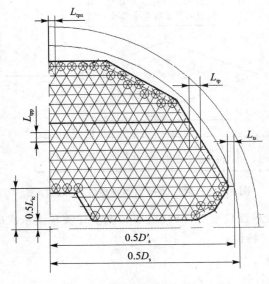

图 3-101　燃-滑油换热器折流板管孔布局图

表 3 - 37　燃-滑油换热器结构参数表

符　号	符号名称	单　位	数　值
D_{ti}	传热管内径	mm	2
D_{to}	传热管外径	mm	2.7
D_s	壳内径	mm	120
D'_s	壳侧中心线或距中心线最近管排对应的壳内径弦长	mm	116
L_{ta}	传热管传热有效管长	mm	141
L_{tt}	传热管名义长度	mm	156
n_{tpass}	管程数目		2
n_{spass}	壳程数目		1
N_b	折流板数目		3
L_{bc}	中心折流板间距	mm	48
L_{bi}	入口折流板间距	mm	51
L_{bo}	出口折流板间距	mm	51
L_{tc}	传热管束上下流程间距	mm	5.76
L_{tp}	传热管管间距	mm	3.6
L_{tpn}	垂直来流方向的传热管间距	mm	3.12
L_{tpp}	平行来流方向的传热管间距	mm	1.8
x	折流板切口比例		0.2
r_c	折流板圆缺部分传热面积与总传热面之比		0.3
N_{td}	壳侧中心线或距中心线最近管排上的管根数		32
L_{ts}	换热器中心线或者距中心线最近的管排最外边距内壳体的水平距离	mm	6
N_t	管总数目		774
n_c	壳侧流体叉流区的有效管排数目		21
n_{tw}	单个折流板圆缺部分的管排数		6.5
N_{tw}	单个折流板圆缺部分的管根数		119.5
N_s	旁通挡板数目		0

表 3 - 38　介质进口参数

	入口流量 q_v	入口温度 $t'/℃$	入口压力 p/kPa
管侧(燃油)	5 000 L/h	60	600
壳侧(滑油)	60 L/min	170	70

解

1) 确定传热表面几何特性

折流板圆缺部分面积为

$$A_{bw}=\left(\frac{D_s}{2}\right)^2\left[\frac{\pi}{2}-\arcsin(1-2x)-\frac{\sin(2\arcsin(1-2x))}{2}\right]=0.001\,6\ \text{m}^2$$

式中：$x=H/D_s=0.2$；

　　　H——折流板圆缺高度，m。

折流板圆缺部分的流通面积为

$$A_{bwc} = A_{bw} - N_{tw} \frac{\pi D_{to}^2}{4} = 0.000\ 924\ \text{m}^2$$

管侧流通面积为

$$A_{tc} = \frac{\pi}{4} D_{ti}^2 \frac{N_t}{n_{tpass}} = 0.001\ 2\ \text{m}^2$$

壳侧流通面积为

$$A_{sc} = (D_s' - N_{td} D_{to}) L_{bc} = 0.001\ 42\ \text{m}^2$$

2）确定流体物性参数

① 计算介质进口温度下的物性

计算滑油物性：

$$c_{p,s} = 2\ 256\ \text{J/(kg·K)}$$
$$\rho_s = 880\ \text{kg/m}^3$$
$$\nu_s = 1.565 \times 10^{-6}\ \text{m}^2/\text{s}$$
$$\lambda_s = 0.111\ \text{W/(m·K)}$$

计算燃油物性：

$$c_{p,t} = 2\ 315\ \text{J/(kg·K)}$$
$$\rho_t = 770\ \text{kg/m}^3$$
$$\nu_t = 8.738 \times 10^{-7}\ \text{m}^2/\text{s}$$
$$\lambda_t = 0.107\ \text{W/(m·K)}$$

② 计算定性温度及定性温度下介质的物性

热容量为

$$W_s = (q_m c_p)_s = (q_v \rho c_p)_s = 1\ 985\ \text{J/(s·K)}$$
$$W_t = (q_m c_p)_t = (q_v \rho c_p)_t = 2\ 478\ \text{J/(s·K)}$$

热容比为

$$C^* = \frac{W_{min}}{W_{max}} = \frac{W_s}{W_t} = 0.8$$

假设换热器效率 $\eta = 0.31$，进出口温差为

$$\Delta t_t = t_t'' - t_t', \qquad \Delta t_s = t_s' - t_s''$$

当 $W_s = W_{min} < W_t$ 时：

$$\eta = \frac{t_s' - t_s''}{t_s' - t_t'}, \quad C^* = \frac{W_{min}}{W_{max}} = \frac{t_t'' - t_t'}{t_s' - t_s''}$$

联立求得

滑油出口温度为 $\qquad t_s'' = t_s' - \eta(t_s' - t_t') = 136\ ℃$

燃油出口温度为 $\qquad t_t'' = t_t' + C^* \eta(t_s' - t_t') = 87\ ℃$

对于逆叉流式换热器，当 $C^* \geqslant 0.5$ 时，可取算数平均温度作为其平均温度，即

滑油定性温度为 $\qquad t_{sm} = (t' + t'')_s / 2 = 153\ ℃$

燃油定性温度为 $\qquad t_{tm} = (t' + t'')_t / 2 = 74\ ℃$

求得定性温度后，即可根据物性参数计算公式计算定性温度下流体的各项物性参数。

滑油物性：

$$c_{p,s} = 2\ 208\ J/(kg \cdot K)$$
$$\rho_s = 888\ kg/m^3$$
$$\nu_s = 1.84 \times 10^{-6}\ m^2/s$$
$$\lambda_s = 0.112\ W/(m \cdot K)$$

燃油物性：

$$c_{p,t} = 2\ 447\ J/(kg \cdot K)$$
$$\rho_t = 760\ kg/m^3$$
$$\nu_t = 7.59 \times 10^{-7}\ m^2/s$$
$$\lambda_t = 0.104\ W/(m \cdot K)$$

热容量

$$W_s = (q_m c_p)_s = (q_v \rho c_p)_s = 1\ 962\ J/(s \cdot K)$$
$$W_t = (q_m c_p)_t = (q_v \rho c_p)_t = 2\ 585\ J/(s \cdot K)$$

热容比

$$C^* = \frac{W_{min}}{W_{max}} = \frac{W_s}{W_t} = 0.76$$

3）计算雷诺数

管侧质量流量为

$$q_{mt} = q_{vt}\rho_t = 1.057\ kg/s$$

管侧质量流速为

$$g_{mt} = \frac{q_{mt}}{A_{tc}} = 870\ kg/(m^2 \cdot s)$$

管侧雷诺数为

$$Re_t = \frac{D_{ti}g_{mt}}{\mu_t} = 3\ 000$$

壳侧质量流量为

$$q_{ms} = q_{vs}\rho_s = 0.889\ kg/s$$

壳侧质量流速为

$$g_{ms} = \frac{q_{ms}}{A_{tc}} = 625\ kg/(m^2 \cdot s)$$

壳侧雷诺数为

$$Re_s = \frac{D_{to}g_{ms}}{\mu_s} = 1\ 028$$

4）计算对流表面传热系数

① 管　侧

管侧采用光滑传热管，因此用(3-154)经验公式进行管侧燃油对流换热的计算，即

$$Nu_t = 0.027Re^{0.8}Pr^{0.33} = 39$$

$$\alpha_t = \frac{Nu_t \lambda_t}{D_{ti}} = 2\ 034\ W/(m^2 \cdot K)$$

管侧摩擦系数

$$f_t = 0.014 + \frac{0.125}{Re_t} = 0.014$$

② 壳　侧

壳侧换热采用贝尔法计算，并考虑弓形折流板及通过各间隙侧流的影响。

理想管束的传热因子为

$$j_{si} = a_1 \left(\frac{1.33}{L_{tp}/D_{to}}\right)^a (Re_s)^{a_2} = 0.0218$$

式中：$a = \dfrac{a_3}{1+0.14(Re_s)^{a_2}} = 0.237$。

对于正三角形叉排,上式中的系数可由表 3-35 查得：当 $Re_s = 1\,028$ 时,$a_1 = 0.321$,$a_2 = -0.388$,$a_3 = 1.450$,$a_4 = 0.519$。

理想管束的对流传热表面传热系数为

$$\alpha_{si} = j_{si} Pr_s^{-2/3} c_{p,s} g_{ms} = 2\,965 \ \text{W/(m}^2 \cdot \text{K)}$$

壳侧平均对流表面传热换热系数为

$$\alpha_s = \alpha_{si}(J_c J_1 J_h J_r J_s) = \alpha_{si} J_{tot} = 3\,198 \ \text{W/(m}^2 \cdot \text{K)}$$

式中：J_c——通过折流板圆缺部分流动的修正因子,取 1.0；

$\quad J_1$——折流板泄漏影响因子,取 1.0；

$\quad J_h$——通过壳体和管束之间间隙旁路流动的修正因子,取 1.0；

$\quad J_r$——管束层流修正因子,取 1.0；

$\quad J_s$——折流板间距对传热系数影响效果的修正因子,即

$$J_s = 0.505 + \frac{3.5(L_{bc}/D_s)}{1+3.7(L_{bc}/D_s)} = 1.07$$

壳侧滑油与管束叉流流动时的摩擦系数：

$$f_s = 0.505 Re_s^{-0.176} = 0.149 \qquad (当\ Re_s > 1\,000\ 时)$$

5) 计算总传热系数

① 计算壁面温度 t_w(不考虑污垢热阻和壁面热阻)

由 $\dfrac{t_w - t_{tm}}{R_t} = \dfrac{t_{sm} - t_w}{R_s}$,可得

$$t_w = \frac{t_{tm} + (R_t/R_s)t_{sm}}{1 + R_t/R_s} = 127 \ ℃$$

式中：$R_t = \dfrac{1}{\alpha_t A_{tc}}$,$R_s = \dfrac{1}{\alpha_s A_{sc}}$。

上述式中对流换热表面传热系数 α_t、α_s 均由程序赋初值迭代计算求得。

② 计算壁面温度的修正

当流体与固体表面之间的温差大时,则必须考虑因流体黏度变化对 α、f 因子产生的影响,即需要对流体物性参数变化进行修正。

$$\alpha_t' = \alpha_t \left(\frac{\mu_w}{\mu_m}\right)_t^{-0.14} = 2\,158 \ \text{W/(m}^2 \cdot \text{K)}$$

$$f_t' = f_t \left(\frac{\mu_w}{\mu_m}\right)_t^{0.58} = 0.011$$

$$\alpha_s' = \alpha_s \left(\frac{\mu_w}{\mu_m}\right)_s^{-0.14} = 3\,069 \ \text{W/(m}^2 \cdot \text{K)}$$

$$f_s' = f_s \left(\frac{\mu_w}{\mu_m}\right)_s^{0.54} = 0.119$$

式中：下标"m"表示以流体平均温度为定性温度的物性参数，"w"表示以壁面温度为定性温度的物性参数。

③ 计算总传热系数（基于管外侧面积）

$$\frac{1}{K} = \frac{1}{\alpha'_s} + \frac{1}{\alpha'_t}\left(\frac{D_{to}}{D_{ti}}\right) + r_o + r_i\left(\frac{D_{to}}{D_{ti}}\right) + \frac{\delta D_{to}}{\lambda_w D_{tm}}$$

$$K = 948 \ \text{W}/(\text{m}^2 \cdot \text{K})$$

式中：r_o, r_i——分别为管外、管内流体污垢热阻，$(\text{m}^2 \cdot \text{K})/\text{W}$，取 $r_o = r_i = 4.3 \times 10^{-5} (\text{m}^2 \cdot \text{K})/\text{W}$；

D_{to}, D_{ti}——分别为换热管的外径、内径，m；

D_{tm}——换热管平均直径，m；

δ——管壁厚度，m；

λ_w——管壁材料的导热系数，$\text{W}/(\text{m} \cdot \text{K})$。

6）计算传热单元数和换热器效率

传热单元数为

$$\text{NTU} = \frac{AK}{W_{min}} = 0.45$$

对于管壳式换热器，当 $C^* = \dfrac{W_{min}}{W_{max}}$，可由下式计算效率：

$$\eta' = 2\left[1 + C^* + (1 + C^{*2})^{1/2}\frac{1 + e^{-\text{NTU}(1+C^{*2})^{1/2}}}{1 - e^{-\text{NTU}(1+C^{*2})^{1/2}}}\right]^{-1} = 0.315$$

比较 η 与 η'，误差小于 1%（误差精度可调），则认为假设合理，η 即为所求换热器效率。若误差大于 1%，令 $\eta = \eta'$，迭代 η 重新进行计算，直至误差满足精度要求。

7）计算出口温度、总换热量和单位温差换热量

换热器总换热量为

$$\Phi = \eta W_{min}(t'_s - t'_t) = 67.9 \ \text{kW}$$

管侧和壳侧的流体出口温度 t''_t、t''_s 由程序迭代计算求得，即

$$t''_t = t'_t + \frac{\Phi}{W_t} = 88 \ ℃$$

$$t''_s = t'_s - \frac{\Phi}{W_s} = 135 \ ℃$$

8）计算换热器管侧压降

管侧（燃油）的总压降 Δp_t 由式（3-159）可得

$$\Delta p_t = \Delta p'_t + \Delta p_{tt} + \Delta p_{tl} + \Delta p''_t = 8\,307 \ \text{Pa} = 8.307 \ \text{kPa}$$

式中：Δp_t——管侧流体的压力损失，Pa；

$\Delta p'_t$——传热管芯体进口突缩附加压力损失，Pa；

Δp_{tt}——直管部分的沿程压力损失，Pa；

Δp_{tl}——管箱转弯处压力损失，Pa；

$\Delta p''_t$——传热管芯体出口突扩附加压力损失，Pa。

① 计算传热管芯体进口突缩附加压力损失 $\Delta p'_t$

$$\Delta p'_t = \frac{g_{mt}^2 \cdot n_{tpass}}{2\rho}(1 - \sigma^2 + K') = 741 \ \text{Pa}$$

式中：σ——孔度，$\sigma = N_{t}D_{ti}^{2}/D_{s}^{2} = 0.215$；

K'——进口压力损失系数，由文献[2]可得 $K' = 0.535$；

② 计算直管部分的沿程压力损失 Δp_{tt}

$$\Delta p_{tt} = \frac{4f_{t}' \cdot g_{mt}^{2} \cdot L_{ta} \cdot n_{tpass}}{2\rho \cdot D_{ti}} = 3\ 406\ \text{Pa}$$

式中：L_{ta}——传热管传热有效管长，m；

n_{tpass}——管程数目；

g_{mt}——管内流体的质量流速，$\text{kg}/(\text{m}^2 \cdot \text{s})$；

μ_{w}——以壁温为定性温度的黏度，$\text{Pa} \cdot \text{s}$。

③ 计算管箱转弯处压力损失 Δp_{tl}

管箱转弯处压降通常取每程速度水头的 4 倍，即

$$\Delta p_{tl} = \frac{4g_{mt}^{2} \cdot n_{tpass}}{2\rho} = 3\ 980\ \text{Pa}$$

④ 计算传热管芯体出口突扩附加压力损失 $\Delta p_{t}''$

$$\Delta p_{t}'' = \frac{g_{mt}^{2} \cdot n_{tpass}}{2\rho}(1 - \sigma^2 - K'') = 181\ \text{Pa}$$

式中：K''——出口压力回升系数，由文献[2]可得 $K'' = 0.59$。

9）计算换热器壳侧压降

计算壳侧阻力采用贝尔法。按式(3-165)可得安装圆缺形折流板的换热器的壳侧压力损失 Δp_{s}，即

$$\Delta p_{s} = 2\Delta p_{sc}' + \beta[(N_{b} - 1) \cdot \Delta p_{sc} + N_{b}\Delta p_{wc}]$$

式中：Δp_{sc}——与折流板中间管束叉流流动时的压力损失，Pa；

$\Delta p_{sc}'$——进、出口折流板处管束叉流流动时的压力损失，Pa；

Δp_{wc}——通过折流板圆缺部分与管轴平行流动时的压力损失，Pa；

β——修正系数，其值取决于通过折流板与壳内径之间的间隙流动和折流板管孔与传热管外径之间的间隙流动，$\beta = 1.0$；

N_{b}——折流板数目。

① 计算折流板中间管束叉流流动时的压力损失

$$\Delta p_{sc} = X_{fp}\frac{4f_{s}' \cdot g_{ms}^{2} \cdot n_{c} \cdot \xi_{c}}{2\rho_{s}} = 1\ 763\ \text{Pa}$$

式中：X_{fp}——决定于管子形式的修正系数，当为光滑管时 $X_{fp} = 1$；

ξ_{c}——通过壳和管束之间间隙流动的修正系数。当 $Re_{s} \geqslant 100$ 时，

$$\xi_{c} = \exp\left[-3.8r_{h}\left(1 - \sqrt[3]{\frac{2N_{s}}{N_{c}}}\right)\right] = 0.804$$

r_{h}——换热器中心线或距中心线最近的管排上，管束和壳内径之间间隙的流道面积和叉流流通面积之比：

$$r_{h} = \frac{D_{s}' - (N_{td} - 1)L_{tp} - D_{to}}{D_{s}' - N_{td}D_{to}} = 0.057$$

g_{ms}——壳侧流体的质量流速，$\text{kg}/(\text{m}^2 \cdot \text{s})$；

n_c——叉流流动范围内流道上收缩部分的次数,当管子为正方形排列和三角形排列时,可取折流板端到下一个折流板端的管排数作为壳侧流体叉流区的有效管排数目,$n_c = 21$;

N_s——旁通挡板数目,$N_s = 0$;

ρ_s——壳侧流体的密度,$\mathrm{kg/m^3}$。

② 计算进、出口折流板处管束叉流流动时的压力损失

$$\Delta p'_{sc} = \left[1 + \left(\frac{n_{tw}}{n_c}\right)\right] \cdot \Delta p_{sc} = 2\,308\ \mathrm{Pa}$$

式中:n_{tw}——单个折流板圆缺部分的管排数。

③ 计算通过折流板圆缺部分与管轴平行流动时的压力损失

当 $Re_s \geqslant 100$ 时

$$\Delta p_{wc} = (2.0 + 0.6n_{tw}) \cdot \frac{\rho u_{sm}^2}{2} = 1\,324\ \mathrm{Pa}$$

式中:u_{sm}——几何平均流速,$u_{sm} = \sqrt{u_{sc} u_{sw}}$;

u_{sc}——壳侧叉流流动流速,$u_{sc} = g_{ms}/\rho_s$;

u_{sw}——壳侧折流板圆缺部分中的流速,$u_{sw} = (q_{ms}/\rho_s)/A_{bwc} = 0.718\ \mathrm{m/s}$;

将以上计算结果代入式(3-165)可得壳侧压力损失 Δp_s,即

$$\Delta p_s = 2\Delta p'_{sc} + \beta\left[(N_b - 1) \cdot \Delta p_{sc} + N_b\Delta p_{wc}\right] = 12\,116\ \mathrm{Pa} = 12.116\ \mathrm{kPa}$$

例 3-10　采用校核性计算方法,完成一台 A_3 钢制热水-冷水管壳式换热器的设计计算。已知热水的入口温度 $t_{h1} = 90\ ℃$,出口温度 $t_{h2} = 70\ ℃$;冷水的入口温度 $t_{c1} = 20\ ℃$,出口温度 $t_{c2} = 40\ ℃$。热水质量流量 $m_h = 79.64\ \mathrm{kg/s}$。计算壳体厚度时的设计表压力 $p = 0.60\ \mathrm{MPa}$,冷热水泵压 $p_b \geqslant 0.80\ \mathrm{MPa}$。

解

1)结构的初步规划

结构初步规划如图 3-102 所示。采用固定管板、单管程管束、弓形折流板、钢制的管壳式换热器。管程内介质为热水,壳程内介质为冷水,热水与冷水相互垂直流动。具体结构参数如表 3-39 所列。

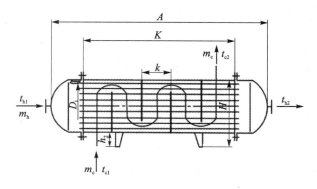

图 3-102　结构初步规划

表 3-39 管壳式换热器结构参数

符 号	符号名称	单 位	数 值
D_i	壳体圆筒内径	m	0.800
d_w	换热管外径	m	0.025
d_n	换热管内径	m	0.020
t	叉排管心距[$\geqslant 1.25d_w$]	m	0.032
N^y	预置管数	根	467
K	两端管板间距	m	5.650
B_H	单管板厚度（管板周边延长部分兼作法兰）	m	0.050
k	两弓形折流板节距	m	1.130
h_{od}	折流板厚度[$\approx 0.01D_i$]	m	0.010
G_{uce}	管程数		1
C	法兰厚度	m	0.044
S_y	管壳预置厚度[$\approx 0.008D_i$]	m	0.007
D	管壳法兰外径	m	0.975
h_z	支座高度	m	0.200
L	单换热管长度（$=K+2(B_H+0.010)$）	m	5.770

2）计算特性温度及壁温

热水与冷水的平均温度分别为

$$t_h = \frac{t_{h1}+t_{h2}}{2} = 80\ ℃, \quad t_c = \frac{t_{c1}+t_{c2}}{2} = 30\ ℃$$

管内壁处（热侧）与管外壁处（冷侧）的平均温度分别为

$$t_{nbh} = 0.865t_h = 69.2\ ℃, \quad t_{wbc} = 1.25t_c = 37.5\ ℃$$

3）计算介质的物性（根据冷、热侧的水温查附录表 B-2 并用内插法可得）

热水物性：

密度 $\rho_h = 971.8\ kg/m^3$, $\rho_{h1} = 965.3\ kg/m^3$, $\rho_{h2} = 977.8\ kg/m^3$

比热容 $c_{p,h} = 4.195\ kJ/(kg \cdot K)$

导热系数 $\lambda = 67.4 \times 10^{-2}\ W/(m \cdot K)$

动力黏度 $\mu_h = 10^{-6} \times 355.1\ Pa \cdot s$

管内壁处动力黏度 $\mu_{nbh} = 10^{-6} \times 411.8\ Pa \cdot s$

运动黏度 $\nu_h = 10^{-6} \times 0.365\ m^2/s$

普朗特数 $Pr_h = 2.21$

管内壁处普朗特数 $Pr_{nbh} = 2.59$

冷水物性：

密度 $\rho_c = 995.7\ kg/m^3$, $\rho_{c1} = 998.2\ kg/m^3$, $\rho_{c2} = 992.2\ kg/m^3$

比热容 $c_{p,c} = 4.174\ kJ/(kg \cdot K)$

导热系数 $\lambda_c = 10^{-2} \times 61.8\ W/(m \cdot K)$

动力黏度 $\mu_c = 10^{-6} \times 801.5\ Pa \cdot s$

管外壁处动力黏度 $\mu_{\text{wbc}} = 10^{-6} \times 690.35$ Pa · s

运动黏度 $\nu_c = 10^{-6} \times 0.805$ m^2/s

普朗特数 $Pr_c = 5.42$

管外壁处普朗特数 $Pr_{\text{wbc}} = 4.5875$

4）计算换热量及冷水质量流量

热媒放热量为

$$Q_h = m_h \cdot c_{p,h}(t_{h1} - t_{h2}) = 6\,681.8 \text{ kW}$$

冷媒吸热量为

$$Q_c = 0.97 Q_h = 6\,481.3 \text{ kW}$$

由

$$Q_c = m_c c_{p,c}(t_{c2} - t_{c1})$$

可得冷水质量流量为

$$m_c = \frac{Q_c}{c_{p,c}(t_{c2} - t_{c1})} = 77.64 \text{ kg/s}$$

5）计算两侧平均对数温差

前提：

$$\frac{t_{h1} - t_{c2}}{t_{h2} - t_{c1}} \neq 1$$

$$\Delta t_m = \frac{t_{h1} - t_{c2} - t_{h2} + t_{c1}}{\ln \dfrac{t_{h1} - t_{c2}}{t_{h2} - t_{c1}}}$$

成立。

在本例中，有 $t_{h1} - t_{c2} = t_{h2} - t_{c1} = 50$ ℃，即 $\dfrac{t_{h1} - t_{c2}}{t_{h2} - t_{c1}} = 1$，此种情况下两侧平均对数温差用两侧流体特性温度之差（$t_h - t_c$）取代，即 $\Delta t_m = 50$ ℃。

6）计算热水的进水管内径

$$d_y = \sqrt{\frac{4 m_h}{Sd_y \cdot \pi \rho_{h1}}} = 0.229 \text{ m}$$

式中：Sd_y——热水在进水管中的速度，m/s，取 $Sd_y = 2.00$ m/s。

7）计算冷水的进水管内径

$$d_s = \sqrt{\frac{4 m_c}{Sd_s \cdot \pi \rho_{c1}}} = 0.238 \text{ m}$$

式中：Sd_s——冷水在进水管中的速度，m/s，取 $Sd_s = 1.75$ m/s。

8）计算壳程流体通道的当量直径 d_e

$$d_e = \frac{D_i^2 - N_T \cdot d_w^2}{D_i + N_T \cdot d_w} = 0.027\,9 \text{ m}$$

式中：N_T——传热管数（此处取 $N_T = N^y$，N^y 为预置管数，$N^y = 467$）。

9）计算冷媒横掠管束的流道截面积

$$f_1 = (k - h_{od}) \cdot \left[D_i - d_w \left(\frac{D_i}{t} + 1 \right) \right] = 0.168\,0 \text{ m}^2$$

式中:h_{od}——折流板厚度,m。

10) 计算折流板缺口处流道的截面积

$$f_2 = f_s(1-\beta) = 0.043\ 87\ m^2$$

式中:f_s——缺口处小弓形全面积,m^2。

β——全部管子截面积与换热器截面积之比。

$$f_s = \frac{r^2\theta}{2} - \frac{b(r-h_d)}{2} = 0.098\ 27$$

式中:θ——圆心角弧度数,常设为$\frac{2\pi}{3}$(即$120°$)。

b——弦长,m,$b = D_i \cdot \sin\frac{\theta}{2} = 0.692\ 8$ m。

r——圆筒半径,m,$r = \frac{D_i}{2} = 0.400$ m。

h_d——缺口处小弓形高度,m,$h_d = D_i\sin^2\left(\frac{\theta}{4}\right) = 0.200$ m。

β——全部换热管横截面积与壳体横截面积之比,对等边三角形叉排有

$$\beta = 0.907\left(\frac{d_w}{t}\right)^2 = 0.553\ 6$$

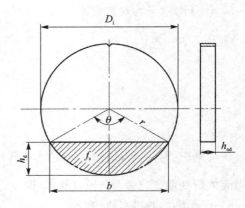

图 3 - 103 折流板尺寸

11) 计算冷媒对流换热系数 α_h

冷媒流通面积 NFA_C 为

$$NFA_C = \sqrt{f_1 f_2} = 8.585 \times 10^{-2}\ m^2$$

冷媒流速为

$$Sd_c = \frac{m_c}{\rho_c NFA_c} = 0.908\ 3\ m/s$$

冷媒的雷诺数为

$$Re_c = \frac{Sd_c \cdot d_e}{\nu_c} = 31\ 486$$

故得冷媒对流换热系数(换热器有折流板时的管外传热系数)为

$$\alpha_c = \left(\frac{\lambda_c}{d_w^{0.4}}\right) \times 1.72 Re_c^{0.6} \cdot Pr_c^{1/3}\left(\frac{\mu_c}{\mu_{wbc}}\right)^{0.14} = 4\ 168.3\ W/(m^2 \cdot ℃)$$

12) 计算热媒对流换热系数

热媒流通面积为

$$NFA_h = N^y\left(\frac{\pi}{4}d_n^2\right)\frac{1}{G_{uce}} = 0.146\ 7\ m^2$$

热媒流通速度为

$$Sd_h = \frac{m_h}{\rho_h \cdot NFA_h} = 0.558\ 6\ m/s$$

热媒雷诺数为

$$Re_h = \frac{Sd_h \cdot d_n}{\nu_h} = 30\ 607$$

热媒努谢尔特数 Nu_h 为

$$Nu_{h2} = 0.023Re_h^{0.8}Pr_h^{0.3} = 113.2 \qquad (1 \times 10^4 < Re_h < 1.2 \times 10^5)$$

故得热媒对流换热系数为

$$\alpha_h = Nu_h \cdot \frac{\lambda_h}{d_n} = 3\ 813.6\ \text{W/(m}^2 \cdot \text{℃)}$$

13）计算换热器总热阻

热水对内管壁的热阻为

$$r_1 = \left(r_{Fn} + \frac{1}{\alpha_h}\right)\frac{1}{A_{h1}} = 1.865 \times 10^{-3}\ \text{℃/W}$$

式中：A_{h1}——单管内散热面积，m^2，$A_{h1} = \pi d_n K = 0.355\ 0\ \text{m}^2$。

r_{Fn}——管内热水污垢系数，此处取 $r_{Fn} = 0.000\ 4\ \text{m}^2 \cdot \text{℃/W}$。

圆管壁的传热热阻为

$$r_2 = \frac{\ln \dfrac{d_w}{d_n}}{2\pi K \cdot \lambda_{nbn}} = 1.061\ 6 \times 10^{-4}\ \text{℃/W}$$

式中：λ_{nbh}——内管壁导热系数，$\text{W/(m} \cdot \text{℃)}$，

$$\lambda_{nbh} = 56.7 - 0.043\ 5 \times (0.865t_h - 126.85) = 59.2\ \text{W/(m} \cdot \text{℃)}$$

冷水对管子外壁的热阻为

$$r_3 = \left(r_{Fw} + \frac{1}{\alpha_c}\right)\frac{1}{A_{c1}} = 1.442 \times 10^{-3}\ \text{℃/W}$$

式中：A_{c1}——单管外表面吸热面积 $A_{c1} = \pi d_w K = 0.443\ 8\ \text{m}^2$。

r_{FW}——管外冷水污垢系数，此处取 $r_{FW} = 0.000\ 4\ \text{m}^2 \cdot \text{℃/W}$

故得总热阻为

$$R = r_1 + r_2 + r_3 = 3.413\ 6 \times 10^{-3}\ \text{℃/W}$$

14）计算基于传热管外表面的总传热系数

$$U_c = \frac{1}{A_{c1} \cdot R} = 660.2\ \text{W/(m}^2 \cdot \text{℃)}$$

15）计算单管传热量

$$q = U_c \cdot A_{c1} \cdot \Delta t_m \frac{1}{1\ 000} = 14.65\ \text{kW}$$

16）计算管子数 N_j

$$N_j = \frac{Q_c}{q} = 442.4\ \text{根}$$

设计时要使预置管子数 N^y 略大于计算管子数 N_j，差额建议取 5～15。本题已在结构初步规划中取预置管子数 $N^y = 467$ 根。

17）计算基于传热管外表面的总换热面积 A_c

$$A_c = N^y \cdot A_{c1} = 207.2 \ \text{m}^2$$

18）计算热水侧的压降

① 计算管束管内热水的沿程压力损失（参见参考文献[29]）

沿程阻力系数计算式为

$$fe_{h01} = \frac{0.017\ 9}{d_n^{0.3}}\left(1 + \frac{0.867}{Sd_h}\right)^{0.3} = 7.667 \times 10^{-2} \qquad (Sd_h < 1.2 \ \text{m/s})$$

$$fe_{h02} = \frac{0.021}{d_n^{0.3}} = 6.791 \times 10^{-2} \qquad (Sd_h \geqslant 1.2 \ \text{m/s})$$

根据速度大小确定阻力系数 fe_{h0}。因为 $Sd_h = 0.558\ 6$ m/s，故取 $fe_{h01} = fe_{h0} = 7.667 \times 10^{-2}$，可得管内热水的沿程压力损失，即

$$\Delta p_{h0} = fe_{h0} \cdot \frac{L}{d_n} \cdot \frac{1}{2}\rho_h Sd_h^2 = 3\ 354.3 \ \text{Pa}$$

式中：L——单管长度，$L = 5.770$ m。

② 计算入口处热水的局部压力损失（参见参考文献[17]）

热水从进口接管到封头内突然扩张膨胀时的局部阻力系数为

（fe 表示系数，下标 h 表示热媒，1 表示入口，k 表示扩张。）

$$fe_{h1k} = \left[1 - \left(\frac{d_y}{D_i}\right)^2\right]^2 = 0.842\ 6$$

突扩压力损失为

$$\Delta p_{h1k} = fe_{h1k} \cdot \frac{1}{2}\rho_{h1} Sd_y^2 = 1\ 626.7 \ \text{Pa}$$

式中：Sd_y——热水在进口接管内的流速，$Sd_y = 2.00$ m/s。

热水从封头分流到传热管内的局部阻力系数为

（下标 f 表示分流）

$$fe_{h1f} = \left(1 - \frac{d_n^2 \cdot N^y}{D_i^2}\right)^2 = 0.501\ 4$$

分流压力损失为

$$\Delta p_{h1f} = fe_{h1f} \cdot \frac{1}{2}\rho_h Sd_h^2 = 76.0 \ \text{Pa}$$

式中：Sd_h——热水在传热管束内的流速，$Sd_h = 0.558\ 6$ m/s。

故得入口处热水的局部压力损失为

$$\Delta p_{h1} = \Delta p_{h1k} + \Delta p_{h1f} = 1\ 702.7 \ \text{Pa}$$

③ 计算出口处热水的局部压力损失

热水从管束出口到封头内突然扩张膨胀时的阻力系数（下标 2 表示出口）为

$$fe_{h2k} = fe_{h1f} = 0.501\ 4$$

热水刚出管束时的速度为

$$Sd_{h2k} = Sd_h = 0.558\ 6 \ \text{m/s}$$

热水从管束出口到封头内突然扩张膨胀时的压力损失为

$$\Delta p_{h2k} = \Delta p_{h1f} = 76.0 \ \text{Pa}$$

封头出口接管处的阻力系数为

$$fe_{h2c} = fe_{h1k} = 0.842\ 6$$

热水流出速度为

$$Sd_{h2c} = \frac{4m_h}{\pi d_y^2 \cdot \rho_{h2}} = 1.974\ \text{m/s}$$

热水流经出口接管的压力损失为

$$\Delta p_{h2c} = fe_{h2c} \cdot \frac{1}{2} \rho_{h2} Sd_{h2c}^2 = 1\ 605.9\ \text{Pa}$$

故得出口处热水的局部压力损失为

$$\Delta p_{h2} = \Delta p_{h2k} + \Delta p_{h2c} = 1\ 682.0\ \text{Pa}$$

④ 计算热水侧总压损

$$\Delta p_h = \Delta p_{h1} + \Delta p_{h0} + \Delta p_{h2} = 6\ 738\ \text{Pa}$$

19) 计算壳程冷水的压力损失 Δp_s

采用石谷法计算,由式(3-170)得

$$\Delta p_s = \eta(\Delta p_1 + \Delta p_2 + \Delta p_N)$$

① 计算横掠叉排管束各区域的压力降 Δp_1

由式(3-171)得

$$\Delta p_1 = \left[2\left(1 + \frac{N_w}{N_e}\right) + \beta_s(N-1) \right] \cdot \Delta p_b$$

式中: N_w——从折流板缺口到壳体内壁之间的管子数。本算例中缺口面积 $f_s = 0.098\ 27\ \text{m}^2$,

用壳体内截面积$\left(\frac{\pi}{4}D_i^2 = 0.502\ 7\ \text{m}^2\right)$代替折流板在没截去缺口时的全面积,可

得折流板圆缺面积比率,即

$$\alpha = \frac{0.098\ 27}{0.502\ 7} = 0.195$$

进而可求得

$$N_w = 0.195N^y = 0.195 \times 467\ \text{根} = 91\ \text{根}$$

N_e——两块折流板切口水平线之间的管子数。

$$N_e = (1 - 2 \times 0.195)N^y = 285\ \text{根}$$

β_s——折流板与壳体内壁之间、管子与折流板管孔之间的泄漏的修正系数,即

$$\beta_s = 1 - \delta\left(\frac{F_A + 2F_E}{F_A + F_E}\right)$$

F_A——折流板所有管孔与管子之间的环隙总泄漏面积,m^2,$F_A = \frac{\pi}{4}(d^2 - d_w^2)N_B$。

d——板管孔径,m,即

$$d = d_w + 2 \times 0.001 = 0.027\ \text{m}$$

N_B——管孔数,即

$$N_B = (1 - 0.195)N^y = 376$$

代入上述 F_A 计算式,可得

$$F_A = 0.0307\ 1\ \text{m}^2$$

F_E——折流板弧边与壳体内壁之间的泄漏面积，m^2，即

$$F_E = \frac{\pi}{4}(D_i^2 - D_B^2)\left(1 - \frac{120}{360}\right)$$

D_B——折流板直径，m，即

$$D_B = D_i - 2 \times 0.003 = 0.794 \text{ m}$$

其中：120——折流板圆缺圆心角的角度数；

0.003——壳体内圆与折流板外圆之间的间隙，m。

代入上述 F_E 计算式，可得

$$F_E = 0.005 \text{ m}^2$$

δ——修正系数，是参数 $\dfrac{F_A + F_E}{F_B}$ 的函数。

F_B——在一个横掠区域横掠管束的流通面积，m^2。

已知 $F_B = f_1 = 0.168\ 0\ \mathrm{m}^2$，由此可得

$$\frac{F_A + F_E}{F_B} = 0.212\ 6$$

当 $\dfrac{F_A + F_E}{F_B} = 0.2 \sim 0.8$ 时， $\delta = 0.26 + \dfrac{4}{7} \times \left(\dfrac{F_A + F_E}{F_B}\right)$

当 $\dfrac{F_A + F_E}{F_B} < 0.2$ 时， $\delta = 0.710 \times \left(\dfrac{F_A + F_E}{F_B}\right)^{0.4}$

因此可得

$$\delta = 0.26 + \frac{4}{7} \times \left(\frac{F_A + F_E}{F_B}\right) = 0.381\ 5$$

$$\beta_s = 1 - 0.381\ 5 \times \frac{0.030\ 71 + 2 \times 0.000\ 5}{0.030\ 71 + 0.000\ 5} = 0.565\ 1$$

N——折流板的块数，本案例 $N = \dfrac{K}{k} - 1 = \dfrac{5.650}{1.130} - 1 = 4$。

Δp_b——壳程横掠管束时的压力损失，Pa。

$$\Delta p_b = 4 f e_s \cdot N_e \left(\frac{\gamma w_b^2}{2}\right) \zeta_{\Delta p} \left(\frac{\mu}{\mu_w}\right)^{-0.14}$$

式中：w_b——基于最小叉流或错流截面积 F_B 计算的流速，本算例中 $w_b = \dfrac{m_c}{f_1 \cdot \rho_c} = 0.464\ 1\ \mathrm{m/s}$。

$\gamma = \rho_c$——壳侧冷水平均密度，$\mathrm{kg/m}^3$。

fe_s——壳程摩擦系数，它是壳程雷诺数 Re_{c1} 的函数。

$$Re_{c1} = \frac{d_w \cdot Sd_{c1}}{\nu_c} = \frac{d_w}{\nu_c} \cdot \frac{m_c}{f_1 \rho_c} = \frac{0.025 \times 77.64}{10^{-6} \times 0.805 \times 0.168\ 0 \times 995.7} = 14\ 414$$

当 $Re_{c1} > 1\ 000$ 时，$fe_s = 0.505 Re_{c1}^{-0.176} = 0.093\ 61$。

$\zeta_{\Delta p}$——管束外围与壳体内壁之间旁流的修正系数，它是 $\dfrac{F_C}{F_B}$ 的函数。对无旁挡的管束，有

$$\zeta_{\Delta p} = \exp\left(-3.8 \frac{F_C}{F_B}\right)$$

式中：F_c——管束外缘与壳体内壁之间的旁流面积，m^2。本算例中设管束外缘直径为 0.780 m，则

$$F_c = (D_i - 0.780)k = (0.800 - 0.780) \times 1.130 = 0.022\ 6\ m^2$$

因此可得

$$\zeta_{\Delta p} = \exp\left(-3.8 \times \frac{0.022\ 6}{0.168\ 0}\right) = 0.599\ 8$$

又本例中

$$\left(\frac{\mu}{\mu_w}\right)^{-0.14} = \left(\frac{\mu_c}{\mu_{wbc}}\right)^{-0.14} = \left(\frac{801.5}{690.35}\right)^{-0.14} = 0.979\ 3$$

代入 Δp_b 计算式，得

$$\Delta p_b = 4fe_s \cdot N_e \left(\frac{\gamma w_b^2}{2}\right) \zeta_{\Delta p} \left(\frac{\mu}{\mu_w}\right)^{-0.14} = 6\ 719\ Pa$$

将 $N_w = 91$，$N_e = 285$，$\beta_s = 0.565\ 1$，$N = 4$，$\Delta p_b = 6\ 719\ Pa$ 代入 Δp_1 计算式，得

$$\Delta p_1 = \left[2\left(1 + \frac{N_w}{N_e}\right) + \beta_s(N-1)\right] \cdot \Delta p_b = 29.119\ kPa$$

② 计算流过所有折流挡板圆缺处的压力降 Δp_2

$$\Delta p_2 = Nf_b \cdot \frac{\rho_c}{2}\left(\frac{W_s}{\rho_c F}\right)^2$$

式中：N——折流板块数，$N = 4$。

　　f_b——摩擦系数，即

$$f_b = 2.5 - 3.5 \times \left(\frac{F_A + F_E}{F}\right) + 0.2(1 - 2\alpha)\frac{D_i}{k}$$

　　F——折流板缺口小弓形面积，m^2，本算例中 $F = f_s = 0.098\ 27\ m^2$。

　　又已知

$$F_A = 0.030\ 71\ m^2，\quad F_E = 0.005\ m^2，\quad \alpha = 0.195，\quad D_i = 0.800\ m，\quad k = 1.130\ m$$

代入 f_b 计算式可得

$$f_b = 2.5 - 3.5 \times \left(\frac{F_A + F_E}{F}\right) + 0.2(1 - 2\alpha)\frac{D_i}{k} = 1.313$$

　　W_s——冷媒体质量流量，kg/s；本算例中 $W_s = m_c = 77.64\ kg/s$。

　　将以上参数代入 Δp_2 计算式，得到

$$\Delta p_2 = Nf_b \cdot \frac{\rho_c}{2}\left(\frac{W_s}{\rho_c F}\right)^2 = 1\ 646\ Pa = 1.646\ kPa$$

③ 计算流过壳程进出口的压力降 Δp_N [Pa]

$$\Delta p_N = 1.5 \times \frac{\rho_N \cdot w_N^2}{2}$$

式中：ρ_N——壳程进出口流体的平均密度，kg/m^3，即

$$\rho_N = \frac{\rho_{c1} + \rho_{c2}}{2} = \frac{998.2 + 992.2}{2}\ kg/m^3 = 995.2\ kg/m^3$$

　　w_N——壳程来流和去流的平均流速，m/s。

　　已知来流速度 $Sd_s = 1.75\ m/s$，则去流速度为

$$Sd_{c2} = \frac{4m_c}{\pi d_s^2 \cdot \rho_{c2}} = 1.759 \text{ m/s}$$

可得

$$w_N = \frac{Sd_s + Sd_{c2}}{2} = \frac{1.75 + 1.759}{2} \text{ m/s} = 1.7545 \text{ m/s}$$

代入 Δp_N 计算式,得

$$\Delta p_N = 1.5 \frac{\rho_N \cdot w_N^2}{2} = 2298 \text{ Pa} = 2.298 \text{ kPa}$$

④ 计算校正系数 η

$$\eta = 0.75 \times \left(\frac{F_A + F_E}{F_W} \right) - 0.10 \times (1 - 2\alpha) \frac{D_i}{k} + 0.85$$

式中:F_W——缺口处的流通面积,m^2。本算例中 $F_W = f_2 = 0.04387$。

将各参数代入 η 计算式,得

$$\eta = 1.417$$

由以上计算可知

$$\Delta p_1 = 29.119 \text{ kPa}, \quad \Delta p_2 = 1.646 \text{ kPa}, \quad \Delta p_N = 2.298 \text{ kPa}$$

因此可得壳程的总压力损失为

$$\Delta p_s = \eta (\Delta p_1 + \Delta p_2 + \Delta p_N) = 46.85 \text{ kPa}$$

20) 确定结构参数(见图 3-104)

① 计算壳体厚度

$$S_j = \frac{pD_i}{2[\sigma]^t \varphi - p} + \frac{C_1 + C_2}{1000} = 0.0053 \text{ m}$$

式中:φ——纵向焊缝系数,$\varphi = 0.85$。

$[\sigma]^t$——管壳材料许用应力,$[\sigma]^t = 113 \text{ MPa}$。

C_1——钢板负偏差,$C_1 = 0.8 \text{ mm}$。

C_2——腐蚀裕量,$C_2 = 2.0 \text{ mm}$。

将 S_j 与 S_y 进行比较,须使 $S_y \geqslant S_j$。本题已在结构初步规划时取管壳预置厚度 $S_y = 0.007 \text{ m}$。

② 计算换热器流向长度

$$A = K + 2 \times \left(\frac{D_i}{2} + 0.100 \right) = 6.650 \text{ m}$$

$$\left(封头 + 直边 \approx \frac{D_i}{2} + 0.100 \right)$$

③ 取换热器宽度

$$B = D = 0.975 \text{ m}$$

④ 计算换热器总高度

换热器筒顶高度为

$$H = h_z + D_i + 2S_y = 1.014 \text{ m}$$

换热器总高度为

$$H_z = H + \frac{D - (D_i + 2S_y)}{2} = 1.095 \text{ m}$$

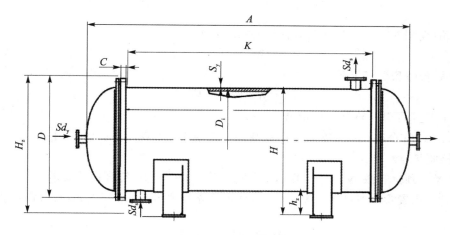

图 3-104　换热器外廓尺寸图

21) 计算换热器总质量

① 计算换热管总质量

$$W_1 = \frac{\pi}{4}(d_w^2 - d_n^2) \cdot L \times 7\,850N^y = 3\,738 \text{ kg}$$

② 计算管板总质量

$$W_2 = 2 \times \left(\frac{\pi}{4} \cdot BH \times 7\,850\right) = 586.1 \text{ kg}$$

③ 计算壳体圆筒质量

$$W_3 = \frac{\pi}{4}\left[(D_i + 2S_y)^2 - D_i^2\right]K \times 7\,850 = 787.1 \text{ kg}$$

④ 计算折流板总质量

折流板缺口为弓形,已知其面积为 $f_s\,[\text{m}^2]$,所以折流板总质量为

$$W_4 = h_{od}\left(\frac{\pi}{4}D_i^2 - f_s\right) \times 7\,850\left(\frac{K}{k} - 1\right) = 127.0 \text{ kg}$$

⑤ 计算两管箱(含封头+直管段+管箱法兰)总质量

选择标准椭圆球封头并计算:

封头外体积为

$$V_{外} = \frac{4\pi}{3}\left(\frac{D_i + 2S_y}{2}\right)^3 + 0.100 \times \frac{\pi}{4}(D_i + 2S_y)^2 = 0.334\,4 \text{ m}^3$$

封头内容积为

$$V_{内} = \frac{4\pi}{3}\left(\frac{D_i}{2}\right)^3 + 0.100 \times \frac{\pi}{4}D_i^2 = 0.318\,3 \text{ m}^3$$

单(封头+直管段)的质量(材料密度为 7 850 kg/m³)为

$$W_{51} = (V_{外} - V_{内}) \times 7\,850 = 126.4 \text{ kg}$$

管箱法兰的质量为

$$W_{52} = \left[\frac{\pi}{4} D^2 - \frac{\pi}{4} (D_i + 2S_y)^2 \right] C \times 7\ 850 = 84.3\ \text{kg}$$

两管箱(含封头+直管段+管箱法兰)总质量为

$$W_5 = 2 \times (W_{51} + W_{52}) = 421.2\ \text{kg}$$

⑥ 计算鞍座和拉杆等质量

$$W_6 \approx 240\ \text{kg}$$

由以上计算可得换热器总质量 W_z

$$W_z = 1.1 \times (W_1 + W_2 + W_3 + W_4 + W_5 + W_6) = 6\ 489.3\ \text{kg}$$

22) 核验量

$N^y \geqslant N_j$：预置管数 $N^y = 467$ 根，计算管数 $N_j = 442.4$ 根，符合设计要求。

$S_y \geqslant S_j$：预置管壳厚度 $S_y = 0.007$ m，计算管壳厚度 $S_j = 0.005\ 3$ m，符合设计要求。

思考题与习题

3-1 在板翅式换热器中翅片有哪些作用？说明平直翅片、锯齿形翅片、多孔翅片和波纹翅片各自的结构特点、强化换热的机理及主要应用场合。

3-2 试用简明语言说明热边界层的概念。

3-3 传热表面基本上可分为连续流道表面和具有边界层频繁间断的流道表面，试说明为什么前者易形成充分发展流动，而后者通常是正在发展的流动，其对传热和阻力特性的影响如何？

3-4 试说明 Pr 数高的介质($Pr \geqslant 5$)在间断传热表面构成的换热器通道中流动时，为什么会形成速度分布已充分发展而温度分布正在发展的情况。

3-5 图 3-5(a)平直三角形翅片的 $j - Re$ 曲线在过渡区有一凹坑，试解释形成凹坑的原因。

3-6 试说明管槽内对流换热的入口效应并简单解释其原因。

3-7 当一个由若干个有量纲的物理量所组成的实验数据转换成数目较少的无量纲量后，这个实验数据的性质与地位起了什么变化？

3-8 对流动现象而言，外掠单管的流动与管道内的流动有什么不同？

3-9 对于外掠管束的换热，整个管束的平均表面传热系数只有在流动方向管排数大于一定值后才与排数无关，试分析其原因。

3-10 试简述充分发展的管内流动与换热这一概念的含义。

3-11 如果把一块温度低于环境温度的大平板竖直地置于空气中，试画出平板上流体流动及局部表面传热系数分布的图像。

3-12 试简述 Nu、Pr 及 Re 的物理意义。

3-13 换热器中压降参数的大小对换热器的传热性能及重量有什么影响？

3-14 板翅式换热器芯体的总压力损失由哪几部分组成？定性说明各部分压力损失形成的原因。

3-15 简述板翅式换热器的结构特点及其主要应用场合。说明在板翅式换热器设计中传热表面形式选择、传热表面材料选择、流动方式选择以及芯片、端盖、集气盖和壳体等结构设计的一般原则。

3-16　简述板式换热器的结构特点及其主要应用场合。说明在板式换热器设计中传热板片、密封垫圈及压紧装置等选择和设计的一般原则。相变换热的板式换热器与一般液-液板式换热器在结构设计上有什么不同？

3-17　试证明图 3-105 所示套片式翅片管空气侧（$q_{m,a}$ 边）的当量直径为下式：

$$d_e = \frac{2(s_1 - d_o)(b - \delta_f)}{(s_1 - d_o) + (b - \delta_f)}$$

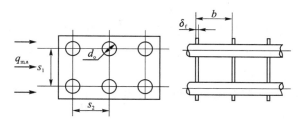

图 3-105　习题 3-17 用图

3-18　被冷却空气横掠习题 3-17 翅片管，已知：$d_o = 12$ mm，$b = 3$ mm，$\delta_f = 0.25$ mm，$s_1 = 20$ mm，$s_2 = 26$ mm；并知：沿空气流向翅片长 $L = 80$ mm，最窄处空气流动速度 $u = 5$ m/s，空气密度 $\rho = 1.22$ kg/m³。求：被冷空气侧的流动阻力 Δp？

3-19　在一台逆流式的水-水换热器中，$t_1' = 87.5$ ℃ 时，质量流量为 9 000 kg/h，$t_2' = 32$ ℃ 时，质量流量为 13 500 kg/h，总传热系数 $K = 1 740$ W/(m²·K)，传热面积 $A = 3.75$ m²，试确定热水的出口温度。

3-20　欲采用套管式换热器使热水与冷水进行热交换，并给出 $t_1' = 200$ ℃，$q_{m1} = 0.014\ 4$ kg/s，$t_2' = 35$ ℃，$q_{m2} = 0.023\ 3$ kg/s。取总传热系数 $K = 980$ W/(m²·K)，$A = 0.25$ m²，试确定采用顺流与逆流两种布置时换热器所交换的热流量、冷却水出口温度及换热器的效能。

3-21　某空气-空气板翅式换热器其冷侧与热侧型面相同（如图 3-106 所示），翅片材料导热系数 $\lambda = 162$ W/(m²·K)，并知 $\alpha_1 = 180$ W/(m²·K)，$\alpha_2 = 220$ W/(m²·K)，$L_1 = 320$ mm，$L_2 = 160$ mm，$N_1 = 12$，$N_2 = 13$。求其当量直径及传热系数 K_1 和 K_2。

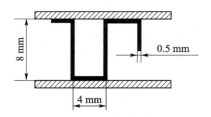

图 3-106　习题 3-21 用图

3-22　如图 3-107 所示板翅式换热器用于某空调系统。该系统要求参数为：$q_{m1} = 420$ kg/h，$q_{m2} = 1\ 260$ kg/h，$t_1' = 160$ ℃，$t_2' = 40$ ℃，$t_1'' \leqslant 80$ ℃，$\Delta p_1 \leqslant 6$ kPa，$p_1' = 100$ kPa，$\Delta p_2 \leqslant 7$ kPa，$p_2' = 100$ kPa（冷、热侧型面相同，如图 3-107 所示，尺寸单位为 mm，材料为铝合金，$N_1 = 6$，$N_2 = 7$）。试校核该换热器能否满足系统要求？

3-23　某飞机空调系统所用逆流型三流程叉流板翅式换热器，芯体采用尺寸相同的三角形翅片表面，有关参数为：$L_1 = 180$ mm，$L_2 = 80$ mm，$s_f = 1.5$ mm，$s = 3$ mm，$\delta_f = 0.15$ mm，$\delta_p = 0.5$ mm，热空气流道数 $N_1 = 10$，冷空气流道数 $N_2 = 11$。试计算芯体传热表面的几何特

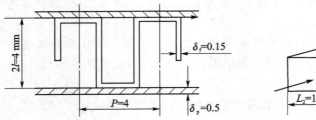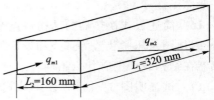

图 3 - 107　习题 3 - 22 用图

性(包括 d_e,ϕ,β,A_1,A_2,A_{c1},A_{c2},σ_1,σ_2 等)。

3 - 24　在习题 3 - 23 的换热器中,已知:热空气参数为 $t_1'=257\ ℃$,$p_1=6.86×10^5\ Pa$,$q_{m1}=500\ kg/h$;冷空气参数为 $t_2'=40\ ℃$,$p_2=1.078×10^5\ Pa$,$q_{m2}=1\ 100\ kg/h$;预取单个芯体效率 $\eta=0.545$。试进行下列计算:

(1) 验算第一个芯体的传热性能(芯体效率 η_1' 和出口温度等);

(2) 计算该换热器的总效率和出口温度。

3 - 25　参照例 3 - 2,完成下列空气-空气换热器芯体的设计计算。下面是给定换热器设计的原始数据:

热空气参数为 $t_1'=180\ ℃$,$p_1'=0.264\ 8\ MPa$,$q_{m1}=3\ 200\ kg/h$;

冷空气参数为 $t_2'=40\ ℃$,$p_2'=0.101\ 3\ MPa$,$q_{m2}=5\ 600\ kg/h$。

设计要求:

(1) 换热器的效率 $\eta\geqslant0.75$;

(2) 热侧流体压降 $\Delta p_1\leqslant0.01\ MPa$,冷侧流体压降 $\Delta p_2\leqslant0.025\ 3\ MPa$;

(3) 热侧流道长为 480 mm,冷侧流道长为 270 mm;

(4) 质量不超过 31 kg。

参考文献

[1] 钱滨江,等.简明传热手册[M].北京:高等教育出版社,1983.

[2] 凯斯 W M,伦敦 A L.紧凑式热交换器[M].宣益民,张后雷,译.北京:科学出版社,1997.

[3] 陈德雄,李敏.飞机座舱制冷附件[M].北京:国防工业出版社,1981.

[4] 齐铭.制冷附件[M].北京:航空工业出版社,1992.

[5] MUZYCHKA Y S,YOVANOV I M M. Modeling the Fand j Characteristics for Transverse Flow Through an Offset Strip Fin at Low Reynolds Number [J]. Journal of Enhanced Heat Transfer,2001,8 (4):261 - 277.

[6] 郭丽华.锯齿型错列翅片冷却器的传热-阻力及工艺特性的研究[D].上海:上海交通大学,2007.

[7] 郭丽华,覃峰,陈江平,等.不同流动角度下锯齿型错列翅片性能的试验研究[J].高校化学工程学报,2007,21 (5):747 - 752.

[8] 胡永海,童正明,王珊珊.不同流动角度下锯齿型翅片的 CFD 模拟[J].能源工程,2009 (3):26 - 29.

[9] KAKAC S,BERGLES A E,et al. Heat Exchangers—Thermohydraulic Fundamentals and Design[M]. Washington D. C. :Hemisphere Publishing Corporation,1981.

[10] 高红霞,余建祖. 油-空气换热器板翅式结构的一种设计方法[J]. 北京航空航天大学学报,2001,27(增刊):106-109.

[11] JOSHI H M. Heat Transfer and Friction in the Offset Strip Fin Heat Exchanger[J]. Int Journal of Heat and Mass Transfer,1987,30(1):69-84.

[12] DAVENPORT C J. Correlation for Heat Transfer and Flow Friction Characteristics of Louvered Fin[M]. AIChE Symp. Ser,1983,79:19-27.

[13] 古大田,方子风. 废热锅炉[M]. 北京:化学工业出版社,2002.

[14] 王志勇,刘振杰. 暖通空调设计资料便览[M]. 北京:中国建筑工业出版社,1995.

[15] 苏彦勋,范砧. 液体流量标准装置[M]. 北京:中国计量出版社,1994.

[16] 章成骏. 空气预热器原理与计算[M]. 上海:同济大学出版社,1995.

[17] 龚崇实,王福祥. 通风空调工程安装手册[M]. 北京:中国建筑工业出版社,1993.

[18] 秦叔经,叶文邦. 换热器[M]. 北京:化学工业出版社,2003.

[19] 方书起,魏新利. 化学设备设计基础[M]. 北京:化学工业出版社,2008.

[20] [日]尾花英朗. 热交换器设计手册(下)[M]. 徐中权,译. 北京:石油工业出版社,1982.

[21] 张东生,杜扬. 管壳式换热器强制对流换热与阻力特性研究[J]. 后勤工程学院学报,2007(1):84-87.

[22] 陈礼,吴勇华. 流体力学与热工基础[M]. 北京:清华大学出版社,2002.

[23] SHAH M. M. A General Correlation for Heat Transfer During Film Condensation Inside Pipes[M]. Int. J . Heat Mass Transfer,1979,22:547-556.

[24] MEDARDO S G,JOSE M P O. Feasible Design Space for Shell-and-Tube Heat Exchangers Using the Bell-Delaware Method. Ind. Eng. Chem. Res,2007(46):143-155.

[25] 马小明. 管壳式换热器[M]. 北京:中国石化出版社,2008.

[26] 周志安. 化工设备设计基础[M]. 北京:化学工业出版社,1996.

[27] 董其伍,张垚. 换热器[M]. 北京:化学工业出版社,2015.

[28] 中国标准出版社. 中国国家标准分类汇编 机械卷 7[M]. 北京:中国标准出版社,1993.

[29] 河北省张家口建筑工程学校. 流体力学[M]. 北京:中国建筑工业出版社,1979.

[30] 顾顺符 潘秉勤. 管道工程安装手册[M]. 北京:中国建筑工业出版社,1989.

[31] 杨海涛. 压力容器的安全与强度计算[M]. 天津:天津科学技术出版社,1984.

[32] SHAH R K. Compact Heat Exchanger Design Procedures—Heat Exchanger Design: Rating, Sizing,and Optimization. In:Kakac S,Bergles A E, etal:Heat Exchangers—Thermo hydraulic Fundamentals and Design[M]. New York:McGraw Hill,1981.

[33] 杨世铭,陶文铨. 传热学[M]. 3 版. 北京:高等教育出版社,1998.

[34] 埃克尔特 E R G,德雷克 R M. 传热与传质[M]. 徐明泽,译. 北京:科学出版社,1963.

[35] 邱树林,钱滨江. 换热器[M]. 上海:上海交通大学出版社,1990.

[36] 陈长青,沈裕浩. 低温换热器[M]. 北京:机械工业出版社,1993.

[37] 朱聘冠. 换热器原理及计算[M]. 北京:清华大学出版社,1987.

[38] SHAH R K. Correlations for Developed Turbulent Flow through Circular and Noncir-

cular Channels[M]. Proc Sixth National Heat Mass Transfer Conf D75 – D96,1981.

[39] GNIELINSKI V. New Equations for Heat and Mass Transferin Turbulent Pipe and Channel Flow[J]. Int Chem Eng,1976,16:359 – 368.

[40] WEITING A K. Emperical Correlations for Heat Transfer and Flow Friction Characleristics of Rectangular Offset Fin Plate – fin Heat Exchangers[J]. Trans ASME,Journal of Heat Transfer,1975,97(Series C):488 – 490.

[41] JOSHI H M. Heat Transfer and Friction in the Offset Strip Fin Heat Exchanger[J]. Int Journal of Heat and Mass Transfer,1987,30(1):69 – 84.

[42] SHAH R K . Perforated Heat Exchanger Surfaces,Part 1. Flow Phenomena Noise and Vibration Characterisics[J]. ASME Paper(75 – WA/HT – 8),1975.

[43] SHAH R K . Perforated Heat Exchanger Surfaces,Part 2. Heat Transfer and Flow Friction Characterisics[M]. ASME Paper(75 – WA/HT – 8),1975.

[44] GOLDSTEIN L J. Mass Transfer Experiments on Secondary Flow Vortics in a Corrugated Wall Channel[J]. Int Journal of Heat and Mass Transfer,1976,19:1337 – 1339.

[45] GOLDSTEIN L J. Heat/Mass Transfer Characteristics for Flow in a Corrugated Wall Channel[J]. Trans ASME,Journal of Heat Transfer,1977,99(Series C):187 – 195.

[46] 张祉佑,石秉三. 制冷及低温技术[M]. 北京:机械工业出版社,1981.

[47] 兰州石油机械研究所. 传热器(中册)[M]. 北京:烃加工出版社,1988.

[48] 徐灏. 机械设计手册(第一卷)[M]. 北京:机械工业出版社,1991.

[49] 徐灏. 机械设计手册(第四卷)[M]. 北京:机械工业出版社,1991.

[50] CHIOU J P. The Advancement of Compact Heat Exchanger Theory Considering the Effects of Longitudinal Heat Conduction and Flow Nonuiformity . In:Shah R K, Mcdonaldand C F, Howard C P. Symposium on Compact Heat Exchangers—History, Technological Advancement and Mechanical Design Problems. Book No. G00183[M]. New York:ASME,1980.

[51] 史美中,王中铮. 热交换器原理与设计[M]. 2 版. 南京:东南大学出版社,1995.

[52] BUONOPANE R,TROUPE R,MORGAN J. Heat Transfer Design Method for Plate Heat Exchangers[J]. Chem Eng Progr,1963,59:57 – 61.

[53] RAJU K S N,etal. Design of Plate Heat Exchangers, Heat Exchanger Sourcebook (Palen J W)[M]. Washington:Hemisphere Publishing Corporation,1986.

第4章 蒸发器

4.1 蒸发器的类型、基本构造及工作原理

对于制冷系统,蒸发器是一种吸热设备。在蒸发器中,制冷剂液体在较低的温度下沸腾,转变为蒸气,并吸收被冷却的物体或空间所散发的热量,达到制冷的目的。因此,蒸发器是制冷系统中制造和输出冷量的设备。

按制冷剂的供液方式,蒸发器可分为如图4-1所示的满液式、非满液式、循环式及淋激式四种形式。

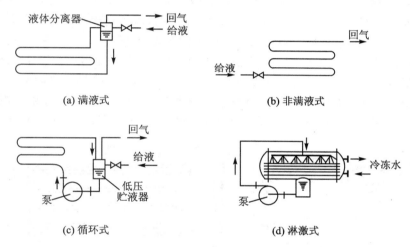

(a) 满液式　　　　　　　　　　　　　　(b) 非满液式

(c) 循环式　　　　　　　　　　　　　　(d) 淋激式

图4-1　蒸发器的形式

由于满液式蒸发器内充入大量液体制冷剂,并且保持一定液面,因此传热面与液体制冷剂充分接触,传热效果好。其缺点是:制冷剂充液量大,液柱对蒸发温度产生一定影响;另外,当采用与润滑油互溶的制冷剂时,润滑油难于返回压缩机。属于这类蒸发器的有立管式、螺旋管式和卧式管壳式等。

非满液式蒸发器主要用于氟利昂制冷系统。制冷剂经膨胀阀节流后直接进入蒸发器,在蒸发器内处于气、液共存状态,制冷剂边流动,边汽化,蒸发器中并无稳定制冷剂液面。由于只有部分传热面积与液态制冷剂相接触,所以传热效果比满液式差。其优点是:充液量少,润滑油容易返回压缩机。属于这类蒸发器的有干式管壳式蒸发器、直接蒸发式空气冷却器和冷却排管等。

循环式蒸发器依靠泵强迫制冷剂在蒸发器中循环,制冷剂循环量是蒸发量的几倍。因此,沸腾换热强度较高,并且润滑油不易在蒸发器内积存。其缺点是设备费及运转费用较高。目前多用于大、中型冷藏库。

淋激式蒸发器利用泵把制冷剂喷淋在传热面上,因此蒸发器中制冷剂充灌量很少,而且液

柱高度不会对蒸发温度产生影响。溴化锂吸收式制冷机中采用淋激式蒸发器,在其他场合由于其设备费用很高而较少使用。

按照蒸发器中被冷却介质的种类,蒸发器可分为冷却空气型蒸发器和冷却液体型蒸发器。

4.1.1 冷却空气型蒸发器

冷却空气型蒸发器(简称空冷器)广泛用于冰箱、冷藏柜、空调器及冷藏库中。此类蒸发器多做成蛇形管式,制冷剂在管内蒸发,空气从管外流过而被冷却。为了强化空气侧的换热,管外侧常装有各类翅片,如 3.8 节中提到的翅片管式空气冷却器等。按引起空气流动的原因,又可分为自然对流式和强制对流式两大类型。

1. 自然对流式

根据蒸发器结构形式的不同,自然对流式蒸发器主要有以下几种。

(1) 管板式

管板式蒸发器有两种典型结构,即贴焊的管板式蒸发器和板面式蒸发器,如图 4-2 所示。图 4-2(a)所示是将直径为 6~8 mm 的紫铜管贴焊在钢板或薄钢板制成的方盒上的蒸发器,用于直冷式冰箱的冷冻室;或将此类蒸发器做成多层搁架式,如图 4-3 所示,用于立式冷冻箱中。这种蒸发器具有结构紧凑,冷冻效率高等优点。图 4-2(b)所示的是另一种管板式结构——板面式蒸发器,即将管子装在两块四边相互焊接的金属板之间,管子与金属板之间填充共晶盐,并抽真空,使金属板在大气压力作用下,紧压在管子外壁上,保证管与板的良好接触。填充的共晶盐用于蓄存冷量。此类蒸发器常用于冷藏车的顶板及侧板,也可用做冷冻食品的陈列货架。

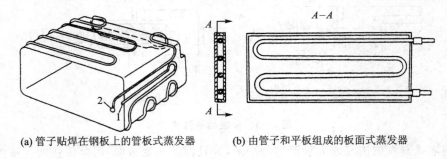

(a) 管子贴焊在钢板上的管板式蒸发器　　(b) 由管子和平板组成的板面式蒸发器

1—进口;2—出口

图 4-2　两种典型的管板式蒸发器

(2) 吹胀式

吹胀式蒸发器的应用目前在国内外家用冰箱中十分普遍。这类蒸发器如图 4-4 和图 4-5 所示。图 4-4 所示为用于直冷式单门电冰箱的铝复合板吹胀式蒸发器,图 4-5 所示为用于直冷式双门双温电冰箱中的串联板吹胀式蒸发器。它们是利用铝-锌-铝三层金属板冷轧而成的铝复合板,按蒸发器所需的尺寸裁切好,平放在刻有管路通道的模具上,通过加温、加压,使复合板中间的锌层熔化,然后用高压氮气吹胀成管形,经过数秒后再抽真空。冷却后,锌层便与铝板黏合,之后可将其弯成所需形状,再搭边铆接即成。吹胀式蒸发器的

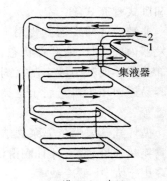

1—进口;2—出口

图 4-3　多层搁架式蒸发器

优点是传热性能好,管路分布合理;缺点是模具研制周期长,制造工艺复杂。

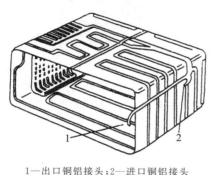

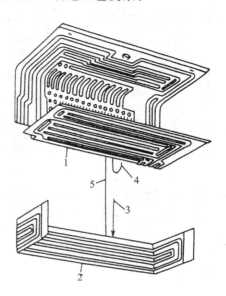

1—出口铜铝接头;2—进口铜铝接头

图 4-4　铝复合板吹胀式蒸发器

1—冷冻室蒸发器;2—冷藏室蒸发器;

3—进口铜铝接头;4—出口铜铝接头;5—铝管

图 4-5　串联板吹胀式蒸发器

(3) 单脊翅片管式

单脊翅片管式蒸发器的结构如图 4-6 所示,是由固定在架板上的盘管构成。其特点是单位长度的制冷量小,工艺简单,易于清洗,常在电冰箱中用做冷藏室的蒸发器。

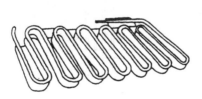

图 4-6　单脊翅片管式蒸发器

(4) 冷却排管

冷却排管主要用于各种冰箱、低温试验箱及冷藏库的库房中。小型制冷装置中的冷却排管一般为蛇形管式,通常为光管,也有的用翅片管。图 4-7 为吊装在库房顶上的翅片管式排管。

2. 强制对流式

制冷装置中使用的强制对流式空气冷却型蒸发器(常称为表面式蒸发器)如图 4-8 所示,一般为翅片管式,并配置风机以强化空气侧的换热。蒸发管外面的翅片最常见的是缠绕圆翅片(见图 4-9)和平直大套片(见图 4-10)。此类蒸发器广泛用于间冷式冰箱的冷冻室、家用空调器、库房速冻室的冷风机及除湿机等。

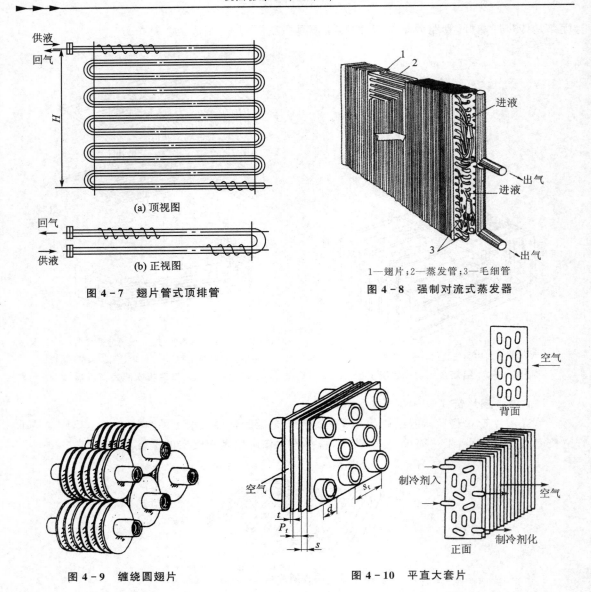

图 4 - 7　翅片管式顶排管

1—翅片；2—蒸发管；3—毛细管
图 4 - 8　强制对流式蒸发器

图 4 - 9　缠绕圆翅片

图 4 - 10　平直大套片

4.1.2　冷却液体型蒸发器

　　冷却液体型蒸发器通常采用管壳式换热器的结构形式。这类蒸发器一般用于冷却水、盐水或酒精等液体载冷剂。制冷剂通过自身的蒸发吸收热量,冷却上述液体载冷剂,由液体载冷剂再向外输出冷量。它又可分为两大类:一类为满液式蒸发器,它是制冷剂在管束外蒸发(沸腾),载冷剂在管内被冷却,如图 4 - 11 所示,在正常情况下,其壳体及管子间均充满制冷剂,故称满液式。另一类为干式管壳式蒸发器,制冷剂在管侧蒸发,载冷剂在壳侧被冷却,为了提高载冷剂的流速,增强传热,壳侧一般装有折流板,如图 4 - 12 所示。图中所示为二管程、单壳程,工程上称为 1 - 2 型蒸发器(此处 1 表示壳程数,2 表示管程数)。在蒸发器内加纵向挡板,也能得到多壳程结构。干式管壳式蒸发器因汽化过程中蒸气量不断增加,比体积不断增大,故多管程蒸发器的每个管程的管数也需要依次增加。

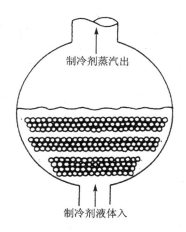

图 4 - 11　满液式蒸发器

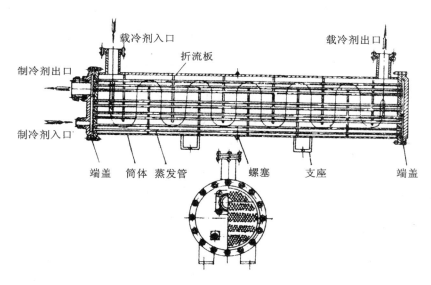

图 4 - 12　干式管壳式蒸发器

4.2　制冷剂在水平管内的沸腾换热

制冷剂在水平管内的沸腾换热是蒸发器最常采用的形式。鉴于小型制冷装置中使用十分广泛的 CFC_s 工质 R12 在国际"蒙特利尔议定书"中已被限制和禁用,本节首先对相应的替代工质 HFD134a(R134a)在水平管内沸腾换热的研究和计算方法作一介绍,然后介绍近年来的一些相关研究结果。

1. 制冷剂在管内的单相受迫对流换热

在蒸发器的精细设计中,制冷剂单相换热的计算是必需的。对于制冷剂在管内单相受迫对流换热,可以采用 Gnielinsk 公式(3 - 20)和 Dittus-Boelter 公式(3 - 22)。

试验结果表明,对于各种制冷剂,包括 R12,R22,R113 及 R134a 等,式(3-20)都比式(3-22)有更高的精度。

乌越邦和等人的试验结果表明,在他们的试验条件下,R134a 的对流表面传热系数比 R12 高出 25%,而阻力增大 10%;埃克尔(Eckels)和帕特(Pate)试验得出的 R134a 的对流表面传热系数则比 R12 高出 35%～45%。综合已有的试验结果,可以得出:在相同条件下,R134a 的管内单相对流表面传热系数比 R12 高出约 30%,如图 4-13 所示。R134a 具有较高的对流表面传热系数的原因是其导热系数较大。表 4-1 列出了在蒸发温度 -5 ℃时 R134a 和 R12 物性的比较。

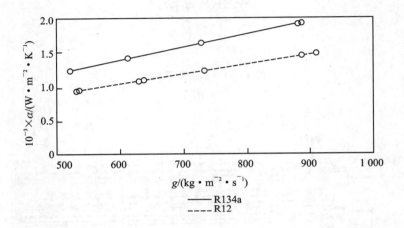

图 4-13   R12 与 R134a 在水平管内单相对流表面传热系数的比较

表 4-1   R134a 和 R12 物性的比较(蒸发温度 $t_0 = -5$ ℃)

物　性	R134a	R12	相差/%	对换热的影响
液体密度 $\rho_l/(\mathrm{kg \cdot m^{-3}})$	1 308	1 417	−7.7	↑轻微
蒸气密度 $\rho_g/(\mathrm{kg \cdot m^{-3}})$	12.2	15.4	−20.8	↓轻微
汽化潜热 $r/(\mathrm{kJ \cdot kg^{-1}})$	202.3	153.9	+31.4	↑中等
饱和压力 p_s/MPa	0.243	0.261	−6.9	≈0
液体黏度 $\mu_l/(\mathrm{Pa \cdot s})$	301	284	+6.0	↓轻微
蒸气黏度 $\mu_g/(\mathrm{Pa \cdot s})$	12.2	11.3	+7.9	↓轻微
蒸气导热系数 $\lambda_g/(\mathrm{W \cdot m^{-1} \cdot K^{-1}})$	11.77×10^{-3}	8.01×10^{-3}	+46.9	↑轻微
液体导热系数 $\lambda_l/(\mathrm{W \cdot m^{-1} \cdot K^{-1}})$	98.1×10^{-3}	80.8×10^{-3}	+21.4	↑强烈
液体比定压热容 $c_{pl}/(\mathrm{kJ \cdot kg^{-1} \cdot K^{-1}})$	1.297	0.922	+40.6	↑中等
蒸气比定压热容 $c_{p,g}/(\mathrm{kJ \cdot kg^{-1} \cdot K^{-1}})$	0.868	0.629	+38.0	↑轻微
液体普朗特数 Pr_l	3.98	3.24	+22.6	↑轻微
蒸气普朗特数 Pr_g	0.99	0.89	+11.2	↑轻微

2. 纯制冷剂在管内的沸腾换热

制冷剂在水平管内沸腾时,传热系数与制冷剂流速有关。当进口流速 $u_{in} = 0.05 \sim 0.5$ m/s 时,制冷剂进口干度在 $0.04 \sim 0.25$,出口干度在 $0.9 \sim 1.0$,传热系数的计算式为

$q_i < 4\,000$ W/m² 时

$$\alpha = e u_{in}^f \qquad\qquad (4-1)$$

对 R12,$e = 1\,000$,$f = 0.42$;对 R22,$e = 2\,470$,$f = 0.47$。

$q_i > 4\,000$ W/m² 时

$$\alpha = 57.8 a \frac{q_i^{0.6} g_m^{0.2}}{d_i^{0.2}} \qquad\qquad (4-2)$$

式中:g_m——制冷剂质量流速,kg/(m² · s);

　　　a——与制冷剂性质及蒸发温度 t_0 有关的系数,见表 4 - 2。

表 4 - 2　系数 a

t_0/℃	$a \times 10^{-2}$				
	R11	R12	R22	R113	R142
−30	0.57	1.46	1.64	—	1.00
−10	0.82	1.80	2.02	—	1.26
+10	1.04	2.12	2.54	0.69	1.55

以上这些关系式是针对某种制冷剂在某些特定几何参数和工况下得出的,其缺点是缺乏通用性。

近年来随着研究的深入,在大量试验数据的基础上,一些通用性的计算公式被提出。例如,1987 年,凯特里卡(Kandlikar)在其 1983 年提出的关系式的基础上,进一步提出了经过改进的具有更高精度的通用关系式。支持这个关系式的数据库有 5 246 个试验数据,涉及的沸腾介质有水、R11、R12、R13B1、R113、R114、R152a、氮及氖等。在以后的研究中,人们发现这个关系式还可用于 R134a。凯特里卡的通用关系式可表示为

$$
\left.
\begin{aligned}
&\frac{\alpha_{TP}}{\alpha_1} = C_1 (C_0)^{C_2} (25 Fr_1)^{C_5} + C_3 (B_0)^{C_4} F_{fl} \\
&\alpha_1 = 0.023 \left[\frac{g_m (1-\bar{x}) d_i}{\mu_1} \right]^{0.8} \frac{Pr_1^{0.4} \lambda_1}{d_i} \\
&C_0 = \left(\frac{1-\bar{x}}{\bar{x}} \right)^{0.8} \left(\frac{\rho_g}{\rho_1} \right)^{0.5} \\
&B_0 = \frac{q}{g_m r} \\
&Fr_1 = \frac{g_m^2}{9.8 \rho_1^2 d_i}
\end{aligned}
\right\} \qquad (4-3)
$$

式中:α_{TP}——管内沸腾的两相对流表面传热系数,W/(m² · K);

　　　α_1——液相单独流过管内的对流表面传热系数,W/(m² · K);

　　　C_0——对流特征数;

　　　B_0——沸腾特征数;

　　　Fr_1——液相弗劳德数;

g_m——质量流速,kg/(m² · s);

$\bar{x}$——平均质量含气率(干度);

d_i——管内径,mm;

μ_1——液相[动力]黏度,Pa · s;

λ_1——液相导热系数,W/(m · K);

Pr_1——液相普朗特数;

ρ_g——气相密度,kg/m³;

ρ_1——液相密度,kg/m³;

q——热流密度,W/m²;

r——汽化潜热,J/kg;

F_{fl}——取决于制冷剂性质的无量纲系数,按表 4-3 取值。

表 4-3 各种制冷剂的 F_{fl} 值

制 冷 剂	F_{fl}	制 冷 剂	F_{fl}
水	1.00	R114	1.24
R11	1.30	R152a	1.10
R12	1.50	氮	4.70
R13B1	1.31	氖	3.50
R22	2.20	R134a	1.63
R113	1.10		

大量试验数据表明,F_{fl} 的值在 0.5~5.0。式(4-3)中 C_1,C_2,C_3,C_4 和 C_5 均为常数,它们的值取决于 C_0 的大小。

当 $C_0 < 0.65$ 时,$C_1 = 1.136\ 0$,$C_2 = -0.9$,$C_3 = 667.2$,$C_4 = 0.7$,$C_5 = 0.3$。

当 $C_0 > 0.65$ 时,$C_1 = 0.668\ 3$,$C_2 = -0.2$,$C_3 = 1\ 058.0$,$C_4 = 0.7$,$C_5 = 0.3$。

式(4-3)不仅可用于 R12 和 R22 等制冷剂的计算,还可用于 R134a 的计算。图 4-14 为 R134a 实验测定值与各理论预测值的比较,预测是对 $-5\ ℃$ 的情况进行的,物性值采用杜邦公司的数据。由图可见,式(4-3)的预测值与实验测定值能较好吻合,绝大部分的偏差在 15% 以内。

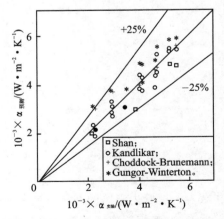

图 4-14 R134a 实验值与预测值的比较

3. 润滑油对管内沸腾换热的影响

随制冷压缩机形式的不同,在制冷系统中循环的制冷剂含有润滑油的质量分数也不同,其值一般为 0.2%~10%。事实上,蒸发器中的实际含油质量分数可能还要高一些,这是由于在环状流流型中,高黏性的含油质量分数大的液膜沿管壁低速流动的缘故。

近年来的研究表明,润滑油对沸腾换热的影响十分复杂,受许多因素影响,如润滑油与制冷剂的互溶性,润滑油的浓度,润滑油的物性,蒸发器的热流密度及蒸发管的长度等。总体来看,对于能与润滑油互溶的 R12 和 R22,当含油量(质量分数)为 2.5% 时,对流表面传热系数可增大 20%~30%,当含油量质量分数增大到 5% 时,对流表面传热系数增大 10%~15%。对于制冷剂和矿物油不互溶的情况,如氨(R717),含油后使换热明显恶化,对流表面传热系数下降约 30%。

4. 制冷剂流阻对蒸发器传热的影响

如第 2 章所述,对于换热器中流体有相变(沸腾或冷凝)的情况,流阻造成的流体工作压力的改变将明显影响其工作时的饱和温度,从而改变它与另一流体之间的温差。因此,在蒸发器传热计算时应考虑这一变化对传热的影响。

文献[30]采用克劳修斯-克拉贝龙方程得到计算与蒸发器进出口的制冷剂压降 Δp_0 所对应的饱和温度降 Δt_0 的近似式

$$\Delta t_0 = Z \Delta p_0 \tag{4-4}$$

式中:Δp_0——压降,kPa;

Z——系数,K/kPa,对于不同的制冷剂仅为饱和温度 t_0 的函数,可查表 4-4。

表 4-4 式(4-4)中 Z 的取值　　　　K/kPa

制冷剂	蒸发温度/℃					
	−40	−30	−20	−10	0	10
R12B1	0.856 2	0.628 5	0.432 9	0.308 90	0.228 1	0.171 5
R12	0.330 6	0.233 1	0.170 2	0.127 80	0.098 76	0.077 91
R22	0.204 0	0.143 9	0.105 5	0.079 68	0.061 73	0.048 90
R502	0.173 9	0.125 8	0.094 34	0.072 46	0.056 98	0.045 77
R13B1	0.113 6	0.085 4	0.659 6	0.052 11	0.041 95	0.034 34
R13	0.047 8	0.037 4	0.029 95	0.024 27	0.019 96	0.016 56
NH$_3$	0.259 7	0.171 7	0.118 3	0.084 57	0.062 21	0.047 06

5. 制冷剂液体高度对蒸发器传热的影响

在满液式蒸发器中,由于其中制冷剂液体有一定高度(参见图 4-11),因此下部制冷剂的压力较大,相对应的蒸发温度较高,亦即制冷剂的静压高度使蒸发器内平均蒸发温度升高,从而导致制冷剂与载冷剂之间传热温差减小,使制冷能力下降。如欲补偿由于蒸发温度升高而造成的传热温差减小,则须增大蒸发器的传热面积。

6. 制冷剂在微细内翅管中的沸腾换热

近年来,微细内翅管在小型制冷装置的蒸发器中被广泛采用。图 4-15 为微细内翅管的剖面图,管内的微翅数目一般为 60~70,翅高为 0.1~0.2 mm,螺旋角 β 为 10°~30°,其中对传热性能和流动阻力性能影响最大的参数为翅高。与其他形式管内强化管相比,微细内翅管有两个突出的优点:首先,与光管相比它可以使管内蒸发表面传热系数增加 2~3 倍,而压降的增加却只有 1~2 倍,即传热的增强明显大于压降的增加;其次,微翅管与光管相比,单位长

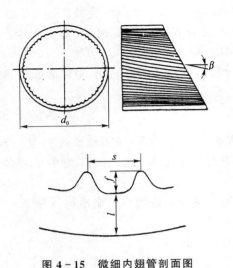

图 4 - 15　微细内翅管剖面图

度的质量增加得很小,也就是说这种强化管的成本低。微翅管除在表面式蒸发器中被广泛采用外,在管壳式干式蒸发器中也大量被采用。

除微细内翅管外,图 4 - 16 还给出了三种常用的内翅片管的剖面图。图(a)为轧制而成的整体式结构,其工艺简便但换热性能差;图(b)为将一条有轻度扭曲的铝芯插入传热管内而制成的铝芯内翅片管,铝芯可制成 6 翅、8 翅或 10 翅,这种管传热性能较好,使用较为普遍;图(c)是在传热管内装入一根小直径的管,然后在两根管间装入波纹翅片,再用钎焊固定,其工艺较复杂,但换热效果好,是国外近年来所使用的一种内翅片管。

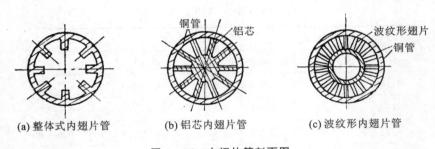

(a) 整体式内翅片管　　　(b) 铝芯内翅片管　　　(c) 波纹形内翅片管

图 4 - 16　内翅片管剖面图

4.3　冷却空气型蒸发器的设计与计算

4.3.1　自然对流空冷器空气侧的换热

在计算自然对流空冷器的表面与空气间的传热系数时,必须同时考虑空冷器表面与外界的辐射换热,如计算冷库内冷却排管与空气间的换热时,辐射换热所占的比例较大,有时可占总换热量的 40%~50%。

对于自然对流式空冷器,要精确计算蒸发器外表面的自然对流换热和辐射换热,是一件复杂而困难的工作。对于工程设计,目前仍主要依赖于经验数据,一般家用电冰箱采用的管板式与吹胀式蒸发器,其对流表面传热系数 α_c 在 11~14 W/(m^2·K)之间(未结霜状态)。

对于家用电冰箱的单脊翅片管式蒸发器、管板式蒸发器和吹胀式蒸发器可以用下式估算所需传热面积 A:

$$A = \cfrac{\Phi_0}{K(t_a - t_0) + \varepsilon\sigma\left[\left(\cfrac{T_a}{100}\right)^4 - \left(\cfrac{T_0}{100}\right)^4\right]}$$

$$\Phi_0 = \Phi_C + \Phi_R$$

$$\Phi_C = KA(t_a - t_0)$$

$$\Phi_R = \varepsilon\sigma A\left[\left(\frac{T_a}{100}\right)^4 - \left(\frac{T_0}{100}\right)^4\right]$$

$$K = \cfrac{1}{\cfrac{1}{\alpha_o\eta_0} + \cfrac{A_o}{\alpha_i A_i}} = \cfrac{1}{\cfrac{1}{\alpha_o\eta_0} + \cfrac{\beta}{\alpha_i}}$$

$$\eta_0 = \frac{1}{A_o}(A_p + A_f\eta_f)$$

$$\eta_f = \frac{\tanh(mh)}{mh}$$

$$A_o = A_p + A_f$$

$$A_p = \pi d_o L$$

$$A_f = 2hL$$

$$(4-5)$$

式中：Φ_0——蒸发器所需的制冷量，W；

$\quad\Phi_C$——通过对流换热的传热热流量，W；

$\quad\Phi_R$——通过辐射换热的传热热流量，W；

$\quad K$——传热系数，$W/(m^2 \cdot K)$，管板式蒸发器一般为 8～11.7 $W/(m^2 \cdot K)$；

$\quad\alpha_o$——空气侧对流表面传热系数，一般取 11.6 $W/(m^2 \cdot K)$；

$\quad\alpha_i$——管内制冷剂侧对流表面传热系数，$W/(m^2 \cdot K)$；

$\quad\eta_0$——表面效率；

$\quad\eta_f$——翅片效率；

$\quad A_p$——管表面积（一次表面），m^2；

$\quad A_f$——翅片表面积（二次表面），m^2；

$\quad A_o$——管外表面积（含翅片），m^2；

$\quad A_i$——管内表面积，m^2；

$\quad\beta$——翅化系数，$\beta = A_o/A_i$；

$\quad h$——单脊翅片的翅片高度，m；

$\quad m$——翅片参数，$m = \sqrt{\dfrac{2\alpha_o}{\lambda_f\delta_f}}$，其中，$\lambda_f$ 为翅片导热系数，$W/(m \cdot K)$，δ_f 为翅片厚度，m；

$\quad L$——单脊翅片沿管轴线方向的长度，m；

$\quad t_a$——冷冻室温度，℃；

$\quad t_0$——蒸发温度，℃；

$\quad\varepsilon$——霜层表面黑度，一般可取 $\varepsilon = 0.96$；

$\quad\sigma$——黑体辐射系数，$\sigma = 5.67\ W/(m^2 \cdot K^4)$；

$\quad T_a, T_0$——以热力学温度表示的冷冻室温度和蒸发温度，K。

4.3.2 湿工况下空冷器空气侧的换热

1. 空气流过蒸发器时状态的变化

在空气调节系统中,为保证人体健康,从卫生要求来看,必须补充一部分室外新鲜空气(新风)。一般情况下,新风量占总送风量的百分数(又称新风比)不应低于 10%,也可按每人每小时大于或等于 30 m³ 选取。

空调回风(室内空气)和部分新风混合后,在风机的作用下受迫流过蒸发器的翅片管束时,有部分空气与金属的冷表面相接触,使得空气的温度降低。如果冷表面的温度高于进口空气的露点温度时,空气中含有的水蒸气不会凝结,空气在含湿量不变的情况下得到冷却,称为等湿(干式)冷却;如果冷表面的温度低于进口空气的露点温度时,空气中的水蒸气就会凝结而从空气中析出,在冷表面形成水膜,此时空气的温度和含湿量同时下降,称为析湿冷却。

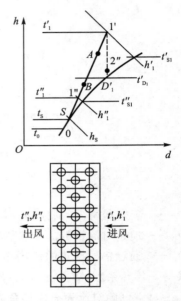

图 4-17 空气经过蒸发器时状态变化过程

在干工况下(干式冷却),空冷器空气侧的换热属于无相变换热,这已在第 2 章和第 3 章中作了介绍。因此,本节重点讨论湿工况下空气流经蒸发器时状态的变化及传热和阻力特性的计算。夏天空气流经表面式空冷器的蒸发器时,一般都是析湿冷却过程。空气流经蒸发器时状态的变化可用湿空气的 $h-d$ 图来表示,如图 4-17 所示。

设蒸发器由三排管束组成,在 $h-d$ 图上,点 $1'(h_1', t_1')$ 表示进口空气状态;点 $S(h_S, t_S)$ 表示与冷表面接触的饱和空气状态,其中 t_S 为冷表面的平均温度,且 $t_S < t_{D_1}'$(进口空气露点温度);t_0 为管内侧制冷剂的平均蒸发温度。

进入蒸发器的空气,首先进入第一排,此时必有一部分空气与第一排冷表面接触,等湿冷却到点 D_1'(见图 4-17)后,水分便开始从这部分空气中凝结出来,这部分空气沿饱和线被冷却到 t_S,其余未接触到冷表面的空气则从第一排的管间旁通而过,状态仍为原来状态 $1'$;然后状态为 $1'$ 的空气与状态为 S 的空气混合,混合后空气的状态用 A 表示,点 A 处于点 1 与点 S 的连线上。同样,点 A 状态的空气进入第二排管束,此时又有一部分空气与第二排的冷表面接触,被冷却到点 S 状态,这部分空气又与从第二排管束旁通过来的点 A 状态的空气混合,达到状态点 B。状态为 B 点的空气流经第三排管束时,又将发生类似情况,最后空气被冷却至出口状态 $1''$。

如果冷表面的温度高于进口空气的露点温度,空气经过蒸发器的每一排时,也是部分被冷却,部分旁通,然后混合,但冷却时没有凝结水析出,空气仅沿等湿线不断地被冷却,直至出口状态 $2''$。

2. 蒸发器的接触系数

由前面分析可知,质量流量为 q_m 的湿空气流经蒸发器时,仅有部分空气与冷表面接触,其余则旁通而过。显然，如果接触冷表面的空气越多，出口空气的状态越接近冷表面处饱和空气的状态，理想情况下出口空气的状态可以达到点 S 的状态。

理想情况下空气与蒸发器冷表面的换热热流量 $\Phi_{\max}$（单位为 kW）为

$$\Phi_{\max} = q_{\mathrm{m}}(h_1' - h_{\mathrm{S}}) \tag{4-6}$$

实际情况下的换热热流量为

$$\Phi = q_{\mathrm{m}}(h_1' - h_1'') \tag{4-7}$$

实际情况下的换热热流量 Φ 与理想情况下的换热热流量 $\Phi_{\max}$ 之比值被称为接触系数（或称表面冷却效率），用 η_{s} 表示，即

$$\eta_{\mathrm{s}} = \frac{h_1' - h_1''}{h_1' - h_{\mathrm{S}}} \tag{4-8}$$

假设饱和湿空气线近似为直线，经过换算，η_{s} 也可表示为

$$\eta_{\mathrm{s}} = \frac{t_1' - t_1''}{t_1' - t_{\mathrm{S}}} = 1 - \frac{t_1'' - t_{\mathrm{S1}}''}{t_1' - t_{\mathrm{S1}}'} \tag{4-9}$$

式中：t_{S1}'——与点 $1'$ 状态相对应的空气的湿球温度，℃；

$\quad\quad t_{\mathrm{S1}}''$——与点 $1''$ 状态相对应的空气的湿球温度，℃。

η_{s} 的大小反映了空气与冷表面之间热、湿交换的完善程度，即反映了蒸发器的冷却效率。通过理论推导，η_{s} 可表示为

$$\eta_{\mathrm{s}} = 1 - \exp\left(\frac{-\alpha_{\mathrm{a}} a N}{u_{\mathrm{y}} \rho c_p}\right) \tag{4-10}$$

式中：α_{a}——外表面显热传热系数，$\mathrm{kW/(m^2 \cdot K)}$；

$\quad\quad u_{\mathrm{y}}$——迎面风速，$\mathrm{m/s}$；

$\quad\quad c_p$——干空气比定压热容，$\mathrm{kJ/(kg \cdot K)}$；

$\quad\quad \rho$——空气的密度，$\mathrm{kg/m^3}$；

$\quad\quad N$——沿气流方向翅片管排数；

$\quad\quad a$——翅通系数，它可表示为

$$a = \frac{A_{\mathrm{of}}}{N A_{\mathrm{y}}} \tag{4-11}$$

其中，A_{of} 和 A_{y} 分别为蒸发器总外表面积和迎风面积，$\mathrm{m^2}$。

由式（4-11）可知，翅通系数 a 为每排翅片管的传热外表面积与迎风面积之比值。

对于某种结构特性（包括管径、翅片厚度、翅片高度、翅片节距及管间距等）的翅片管，其翅通系数 a 是定值，空气侧的表面传热系数 α_{a} 一般又与迎面风速的 n 次方成正比，即 $\alpha_{\mathrm{a}} \propto u_{\mathrm{y}}^n$（$n$ 是小于 1 的正数），因此由式（4-10）可知，空气冷却器的效率只与翅片管排数 N、迎面风速 u_{y} 以及空气的物性有关，排数越多，迎面风速越小，其冷却效率就越高。

这样，设计直接蒸发式空气冷却器时，要选定翅片管的结构，根据公式（4-8）求出所需的表面冷却效率后，只要确定迎风面积和空气侧的表面传热系数，即可按公式（4-10）算出所需表面翅片管的排数。

下面举例说明空气通过蒸发器时状态的变化。

例 4-1　已知：室内空气状态参数为干球温度 $t_{\mathrm{N}} = 27$ ℃，湿球温度 $t_{\mathrm{SN}} = 19.5$ ℃；室外空气状态参数为干球温度 $t_{\mathrm{w}} = 35$ ℃，湿球温度 $t_{\mathrm{SW}} = 24$ ℃，新风比 $m = 15\%$，接触系数 $\eta_{\mathrm{s}} =$

0.9，蒸发器的传热量 $\Phi_0 = 6\,976$ W，送风量 $q_V = 1\,395$ m³/h，大气压力 $p_B = 101\,325$ Pa。求空气经过蒸发器后的出口状态参数。

解

根据 t_N，t_{SN}，t_W，t_{SW} 的数值，在 $p_B = 101\,325$ Pa 的湿空气的 $h - d$ 图上确定室内外空气的状态点 N 及 W，如图 4 - 28 所示。相应的质量焓为 $h_N = 55.8$ kJ/kg，$h_W = 72.1$ kJ/kg。

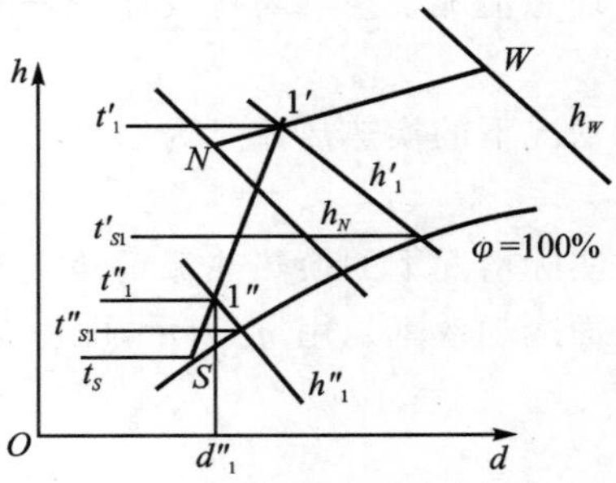

新风 q_{mW}（室外空气）和回风 q_{mN}（室内空气）混合，混合后总风量为 q_m，根据混合时的热量平衡方程，可求出混合后空气的状态参数，也就是蒸发器的进口空气状态参数，即

图 4 - 18　例 4 - 1 用图

$$q_{mW}h_W + q_{mN}h_N = q_m h_1'$$

接新风比定义可知 $q_{mW} = mq_m$，则

$$q_{mN} = (1 - m)q_m$$

代入上式得

$$mq_m h_W + (1 - m)q_m h_N = q_m h_1'$$

所以　　　$h_1' = mh_W + (1 - m)h_N =$
$$[0.15 \times 72.1 + (1 - 0.15) \times 55.8]\ \text{kJ/kg} = 58.3\ \text{kJ/kg}$$

蒸发器的进口空气状态点应在点 N、W 的连线上，NW 线与 h_1' 线的交点 $1'$ 即为所求解。由图 4 - 18 可知，$t_1' = 28.2$ ℃，$t_{S1}' = 20.2$ ℃。

空气通过蒸发器时的质量焓降为

$$\Delta h = h_1' - h_1'' = \frac{\Phi_0}{\rho q_V} =$$

$$\frac{6\,976 \times 10^{-3} \times 3\,600}{1.2 \times 1\,395}\ \text{kJ/kg} = 15\ \text{kJ/kg}$$

出口空气比焓值为

$$h_1'' = h_1' - \Delta h = (58.3 - 15)\ \text{kJ/kg} = 43.3\ \text{kJ/kg}$$

查湿空气的性质表可得出口空气的湿球温度：$t_{S1}'' = 15.5$ ℃。

根据接触系数 η_s 的定义

$$\eta_s = 1 - \frac{t_1'' - t_{S1}''}{t_1' - t_{S1}'}$$

可求得出口空气的干球温度

$$t_1'' = (t_1' - t_{S1}')(1 - \eta_s) + t_{S1}'' = [(28.2 - 20.2)(1 - 0.9) + 15.5]\ \text{℃} = 16.3\ \text{℃}$$

由 t_1''、t_{S1}'' 即可在 $h - d$ 图上确定出口空气状态点 $1''$，相应的含湿量为 $d_1'' = 10.5$ g/kg。

3. 表面凝露时的传热系数

空气流经表面式空气冷却器的蒸发器时，由于空气冷却器的外表面温度低于湿空气的干球温度，所以湿空气要向外表面放热。如果外表面的温度低于湿空气的露点温度，湿空气中的部分水蒸气将在外表面上凝结，使外表面形成一层水膜，那么两者之间要进行热、湿两种交换过程,也就是说既有显热交换,又有潜热交换。

空气与一个微元换热表面积 dA 上的水膜接触时,如果两者的温差为 $(t-t_s)$,通过 dA 的显热交换热流量应为

$$d\varPhi_s = \alpha_a(t-t_S)dA \qquad (4-12)$$

式中:α_a——外表面的显热传热系数,$W/(m^2 \cdot K)$;

　　$t-t_S$——湿空气与水膜之间的温度差,基本上等于湿空气干球温度与外壁面温度之差,℃。

而在微元面积上的潜热交换热流量 $d\varPhi_l$ 应等于单位时间内的传湿量乘以水的比潜热,即

$$d\varPhi_l = \sigma(d-d_S)rdA \qquad (4-13)$$

式中:σ——传湿系数,$kg/(m^2 \cdot s)$;

　　d,d_S——湿空气、水膜表面饱和湿空气的含湿量,kg/kg(干空气);

　　r——水的比潜热,J/kg。

因此,在微元面积上总热交换热流量 $d\varPhi$ 等于显热交换量与潜热交换量之和,即

$$d\varPhi = d\varPhi_s + d\varPhi_l = [\alpha_a(t-t_s)+\sigma(d-d_s)r]dA \qquad (4-14)$$

若应用路易斯数等于 1 这个关系,即 $Le = \dfrac{\alpha_a}{c_p\sigma} = 1$,则

$$d\varPhi = \sigma[c_p(t-t_s)+r(d-d_s)]dA \qquad (4-15)$$

因为湿空气的比焓 $h = c_p t + rd$,所以,式(4-15)可改写为

$$d\varPhi = \sigma(h-h_s)dA = \frac{\alpha_a}{c_p}(h-h_S)dA \qquad (4-16)$$

从式(4-16)可以看出,推动湿空气与水膜表面之间热湿交换的动力是比焓差,而不是温差,因而,直接蒸发式空气冷却器的冷却能力与湿空气的比焓值有直接的关系,或者说直接受湿空气湿球温度的影响。

空气冷却器的总热交换热流量与显热交换热流量之比称为析湿系数,以 ξ 表示,即

$$\xi = \frac{\varPhi}{\varPhi_s} = \frac{h'_1-h''_1}{c_p(t'_1-t''_1)} \qquad (4-17)$$

这样,微元面积上的总换热热流量也可表示为

$$d\varPhi = \xi d\varPhi_s = \xi\alpha_a(t-t_S)dA \qquad (4-18)$$

对于翅片管来说,如果以基管外表面温度 t_p 为计算基准,式(4-18)应改写为

$$d\varPhi = \xi\alpha_a\eta_0(t-t_p)dA = \alpha_{a,e}(t-t_p)dA$$

式中:$\alpha_{a,e}$——湿工况下翅片管外表面的当量传热系数,即 $\alpha_{a,e} = \xi\alpha_a\eta_0$;

　　η_0——空气冷却器的表面效率,$\eta_0 = \dfrac{\eta_f A_f + A_p}{A}$。

根据稳定传热原理,直接蒸发式空气冷却器的总传热热流量的计算公式为

$$\varPhi_0 = KA\Delta t_m \qquad (4-19)$$

若忽略管壁热阻和管内垢层热阻,则传热系数 K 应为

$$K = \cfrac{1}{\cfrac{1}{\alpha_{a,e}}+r_\Sigma+\cfrac{A_o}{A_i\alpha_i}} = \cfrac{1}{\cfrac{1}{\alpha_{a,e}}+r_\Sigma+\cfrac{\beta}{\alpha_i}} \qquad (4-20)$$

式中：r_Σ——若仅考虑外表面积灰等所形成的污垢热阻，对于空调用蒸发器，可取 $r_\Sigma = 0.000\,3 \sim 0.000\,1$ （$m^2 \cdot K$）/W；若考虑空气侧的污垢热阻、管壁导热热阻及管与翅片之间接触热阻的总和，则取 $r_\Sigma = 0.004\,8$ （$m^2 \cdot K$）/W。

α_i——制冷剂在管内沸腾的传热系数，可按管内沸腾的平均传热系数公式或按分段的平均传热系数（对流段或沫态沸腾段）计算。

A_i，A_o——蒸发器内、外传热表面积，m^2。

β——翅化比，$\beta = A_o / A_i$。

设计空调用直接蒸发式空气冷却器时，为了防止外表面结霜，蒸发温度不应低于表 4-5 所列的数值。

表 4-5 空调用直接蒸发式空气冷却器蒸发温度的下限值

出口空气的湿球温度/℃	在下列迎面风速 u_y 下的蒸发温度/℃		
	1.5 m/s	2.0 m/s	2.5 m/s
7	0	0	0
10	0	0	0
13	0	−0.5	−1
15	−3	−3.5	−4

4. 表面结霜时的换热

当蒸发器表面的温度低于水的凝固点时，从湿空气中析出的凝结水还会凝固在表面上形成霜层(冰壳)，表面结霜后总体来说使蒸发器的性能恶化。引起恶化的主要原因是：① 由于霜的导热系数比较小，即使霜层厚度不大，也会在翅片外表面附加一个较大的霜层热阻；② 结霜后使翅片间的空气流通截面变窄，在风机功率一定的情况下，由于阻力增大，风量减小，因而使空气与霜层表面间的对流换热减弱。

表面结霜时，蒸发器外表面的当量传热系数为

$$\alpha_{a,e} = \left[\frac{1}{\alpha_a \xi} + \frac{\delta_{fr}}{\lambda_{fr}} \right]^{-1} \eta_0 \tag{4-21}$$

式中：δ_{fr}——霜层的厚度，m；

λ_{fr}——霜层的导热系数，W/(m·K)。

考虑水膜或冰壳的形成会使传热系数下降，此时蒸发器的传热系数可表示为

$$K_o = \frac{e}{\left(\dfrac{1}{a_i} + r_{di} \right)\beta + \dfrac{\delta}{\lambda} \dfrac{A_o}{A_m} + \left(r_{do} + \dfrac{1}{\xi \alpha_a} \right) \dfrac{1}{\eta_{0a}}} \tag{4-22}$$

式中：ξ——析湿系数；

λ——翅片导热系数，W/(m·K)；

e——冰壳、水膜及温度分配不均匀对 K_o 的影响系数，$e = 0.8 \sim 0.9$。

用于干式冷却时，式(4-22)中 $\xi = 1$，$e = 1$，污垢热阻 r_{do} 较小，计算中可忽略。

下面举例说明冷却空气型蒸发器的设计与计算。

例 4-2 试设计一台表面式空气冷却器的蒸发器。进口空气的干球温度 $t'_{a1} = 27$ ℃，湿

球温度 $t'_{S1}=19.5\ ℃$；管内 R134a 的蒸发温度 $t_0=5\ ℃$，当地大气压力 $p_B=101.32\ \text{kPa}$；要求出口空气的干球温度 $t''_{a1}=17.5\ ℃$，湿球温度 $t''_{S1}=14.6\ ℃$，蒸发器的制冷量 $\Phi_0=11\,600\ \text{W}$，已知 R134a 进入蒸发器时的干度 $x'_1=0.16$，出口干度 $x''_1=1.0$，压缩机的润滑油用聚酯油，取迎面风速 $u_y=2.5\ \text{m/s}$。

解

1）蒸发器结构的初步规划及几何参数计算

传热管选用 $\phi 10\times 0.7\ \text{mm}$ 的紫铜管，翅片选用 $\delta_f=0.2\ \text{mm}$ 的铝套片，翅片间距 $s_f=2.2\ \text{mm}$。管束按正三角形叉排排列，垂直于流动方向管间距 $s_1=25\ \text{mm}$，沿流动方向管排数 $n_L=4$，参见图 4-19。

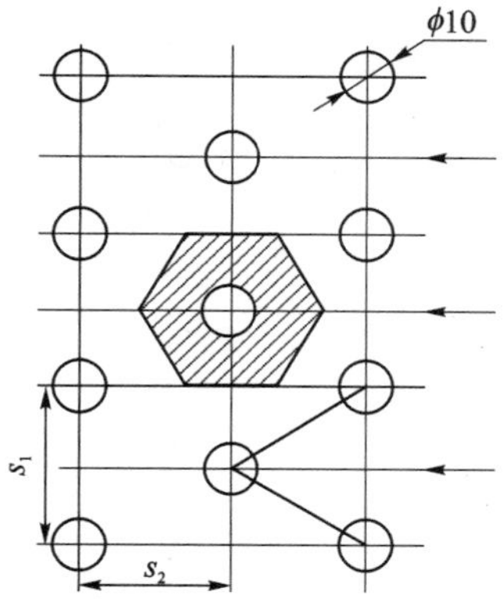

翅片为平直套片，考虑套片翻边后的管外径为

$$d_b=d_o+2\delta_f=(10+2\times 0.2)\ \text{mm}=10.4\ \text{mm}$$

沿气流流动方向的管间距为

$$s_2=s_1\cos 30°=(25\times 0.866)\ \text{mm}=21.65\ \text{mm}$$

沿气流方向套片的长度

$$L_1=4s_2=(4\times 21.65)\ \text{mm}=86.6\ \text{mm}$$

图 4-19　计算单元

每米管长翅片的表面积

$$A_f=2\left(s_1\cdot s_2-\frac{\pi}{4}d_b^2\right)\times\frac{1\,000}{s_f}=$$

$$\left[2\times\left(25\times 21.65-\frac{3.141\,6}{4}\times 10.4^2\right)\times\frac{1\,000}{2.2}\right]\ \text{m}^2=0.414\,8\ \text{m}^2$$

每米管长翅片间的管子表面积

$$A_b=\pi d_b(s_f-\delta_f)\times\frac{1\,000}{s_f}=$$

$$\left[3.141\,6\times 10.4(2.2-0.2)\times\frac{1\,000}{2.2}\right]\ \text{m}^2=0.029\,7\ \text{m}^2$$

每米管长的总传热外表面积

$$A_o=A_b+A_f=(0.414\,8+0.029\,7)\ \text{m}^2=0.444\,5\ \text{m}^2$$

每米管长光管的外表面积

$$A_{bo}=\pi d_b\times 1=(\pi\times 0.010\,4\times 1)\ \text{m}^2=0.032\,67\ \text{m}^2$$

每米管长的内表面积

$$A_i=\pi d_i\times 1=(\pi\times 0.008\,6\times 1)\ \text{m}^2=0.027\,02\ \text{m}^2$$

每米管长平均直径处的表面积

$$A_m=\pi d_m\times 1=\left[\pi\left(\frac{0.010\,4+0.008\,6}{2}\right)\times 1\right]\ \text{m}^2=0.029\,84\ \text{m}^2$$

由以上计算可得

$$A_o/A_{bo}=0.444\,5/0.032\,67=13.606$$

翅化比

$$\beta = \frac{A_o}{A_i} = \frac{0.444\ 5}{0.027\ 02} = 16.45$$

净面比

$$\varepsilon = \frac{u_y}{u_{max}} = \frac{(s_f - \delta_f)(s_1 - d_b)}{s_f s_1} = \frac{(2.2 - 0.2)(25 - 10.4)}{2.2 \times 25} = 0.531$$

2) 确定空气流经蒸发器的状态变化

根据给定的空气进出口温度由湿空气的 h – d 图(如图 4-20 所示)可得 $h_1' = 55.6$ kJ/kg, $h_1'' = 40.7$ kJ/kg, $d_1' = 11.1$ g/kg, $d_1'' = 9.2$ g/kg。

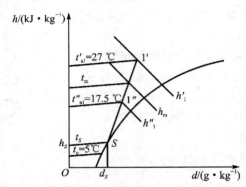

图 4 – 20　湿空气的状态变化

在图 4-20 上连接空气的进出口状态点 $1'$ 和点 $1''$,并延长与饱和空气线($\phi = 1.0$)相交于点 S。该点的参数是 $h_S = 29.5$ J/kg, $t_S = 9\ ℃$, $d_S = 7.13$ g/kg。

在蒸发器中空气的平均比焓为

$$h_m = h_S + \frac{h_1' - h_1''}{\ln \dfrac{h_1' - h_S}{h_1'' - h_S}} = \left(29.5 + \frac{55.6 - 40.7}{\ln \dfrac{55.6 - 29.5}{40.7 - 29.5}}\right) \text{kJ/kg} = 47.1 \text{ kJ/kg}$$

在 h – d 图上按过程线与 $h_m = 47.1$ kJ/kg 线的交点读得 $t_m = 21.4\ ℃$, $d_m = 10$ g/kg。空调工况下析湿系数可近似由下式确定,即

$$\xi = 1 + 2.46 \frac{d_m - d_S}{t_m - t_S} = 1 + \frac{2.46 \times (10 - 7.13)}{21.4 - 9} = 1.57$$

3) 计算循环空气量

$$q_{m,a} = \frac{\Phi_0}{h_1' - h_1''} = \frac{11.6 \times 3\ 600}{55.6 - 40.7} \text{ kg/h} = 2\ 802 \text{ kg/h}$$

进口状态下干空气的比体积可由下式确定(干空气的气体常数 $R_a = 287.4$ J/(kg·K)),即

$$v_1' = \frac{R_a T_1'(1 + 0.001\ 6\ d_1')}{p_B} =$$
$$\frac{287.4 \times (273 + 27)(1 + 0.001\ 6 \times 11.1)}{101\ 320} \text{ m}^3/\text{kg} = 0.866 \text{ m}^3/\text{kg}$$

故循环空气的体积流量为

$$q_{V,a} = q_{m,a} v_1' = (2\ 802 \times 0.866) \text{ m}^3/\text{h} = 2\ 427 \text{ m}^3/\text{h}$$

4) 计算空气侧干工况下对流表面传热系数

空气的平均温度为

$$t_a = \frac{t'_{a1} + t''_{a1}}{2} = \frac{27 + 17.5}{2} \text{ ℃} = 22 \text{ ℃}$$

空气在 22 ℃时的物性为

$$\rho_a = 1.196\ 6 \text{ kg/m}^3;$$

$$c_{p,a} = 1\ 005 \text{ J/(kg·K)};$$

$$Pr_a = 0.702\ 6;$$

$$\nu_a = 15.88 \times 10^{-6} \text{ m/s}。$$

最窄截面处空气流速

$$u_{\max} = \frac{u_y}{\varepsilon} = \left(\frac{2.5}{0.531}\right) \text{ m/s} = 4.7 \text{ m/s}$$

干工况下表面传热因子可用式(3-105)计算,即

$$j_4 = 0.001\ 4 + 0.261\ 8 \left(\frac{u_{\max} d_b}{\nu_a}\right)^{-0.4} \left(\frac{A_o}{A_{bo}}\right)^{-0.15} =$$

$$0.001\ 4 + 0.261\ 8 \left(\frac{4.7 \times 0.010\ 4}{15.88 \times 10^{-6}}\right)^{-0.4} \times (13.606)^{-0.15} = 0.008\ 52$$

由式(2-75)得空气侧显热传热系数为

$$\alpha_o = \frac{j_4 \rho_a u_{\max} c_{p,a}}{(Pr_a)^{\frac{2}{3}}} = \frac{0.008\ 52 \times 1.196\ 6 \times 4.7 \times 1\ 005}{(0.702\ 6)^{0.667}} \text{ W/(m}^2\text{·K)} =$$

$$60.94 \text{ W/(m}^2\text{·K)}$$

5) 计算空气侧当量对流表面传热系数

当量对流表面传热系数

$$\alpha_{o,e} = \xi \alpha_o \eta_0, \quad \eta_0 = \frac{\eta_f A_f + A_b}{A_o}$$

对于正三角形叉排排列的平直套片管束,翅片效率 η_f 可由式(2-31)计算,叉排时翅片可视为六角形,此时翅片的长对边距离和短对边距离之比 $\frac{b}{a} = 1$,且 $\rho = \frac{a}{r_b} = \frac{25}{10.4} = 2.404$,故

$$\rho' = 1.27\rho \sqrt{\frac{b}{a} - 0.3} = 1.27 \times 2.404 \sqrt{1 - 0.3} = 2.554$$

翅片折合高度为

$$h = \frac{d_b}{2}(\rho - 1)(1 + 0.35 \ln \rho') =$$

$$\left[\frac{10.4}{2}(2.404 - 1) \times (1 + 0.35\ln 2.554)\right] \text{ mm} = 9.7 \text{ mm}$$

翅片参数为

$$m = \sqrt{\frac{2\alpha_o \xi}{\lambda_f \delta_f}} = \sqrt{\frac{2 \times 60.94 \times 1.57}{237 \times 0.2 \times 10^{-3}}} \text{ m}^{-1} = 63.54 \text{ m}^{-1}$$

故在凝露工况下的翅片效率为

$$\eta_f = \frac{\tanh(mh)}{mh} = \frac{\tanh(63.54 \times 0.009\ 7)}{63.54 \times 0.009\ 7} = \frac{0.593}{0.682} = 0.879\ 5$$

表面效率为

$$\eta_0 = \frac{0.879\,5 \times 0.414\,8 + 0.029\,7}{0.444\,5} = 0.887\,6$$

当量对流表面传热系数为

$$\alpha_{a,e} = (1.57 \times 60.94 \times 0.887\,6)\ \text{W}/(\text{m}^2 \cdot \text{K}) = 84.92\ \text{W}/(\text{m}^2 \cdot \text{K})$$

6）计算管内 R134a 蒸发时对流表面传热系数

R134a 在 $t_0 = 5\ ℃$ 时的物性如下：

饱和液体比定压热容　$c_{p,l} = 1.36\ \text{kJ}/(\text{kg} \cdot \text{k})$；

饱和蒸气比定压热容　$c_{p,g} = 0.91\ \text{kJ}/(\text{kg} \cdot \text{K})$；

饱和液体密度　$\rho_l = 1\,388\ \text{kg}/\text{m}^3$；

饱和蒸气密度　$\rho_g = 16.67\ \text{kg}/\text{m}^3$；

汽化潜热　$r = 194\ \text{kJ}/\text{kg}$；

饱和压力　$p_s = 0.3\ \text{MPa}$；

表面张力　$\sigma = 10 \times 10^{-3}\ \text{N}/\text{m}$；

液体黏度　$\mu_l = 250 \times 10^{-6}\ \text{Pa} \cdot \text{s}$；

蒸气黏度　$\mu_g = 11.4 \times 10^{-6}\ \text{Pa} \cdot \text{s}$；

液体导热系数　$\lambda_l = 93 \times 10^{-3}\ \text{W}/(\text{m} \cdot \text{K})$；

蒸气导热系数　$\lambda_g = 12.5 \times 10^{-3}\ \text{W}/(\text{m} \cdot \text{K})$；

液体普朗特数　$Pr_l = 3.8$；

蒸气普朗特数　$Pr_g = 0.8$。

R134a 在管内蒸发的传热系数可由式(4-3)计算。已知 R134a 进入蒸发器时的干度 $x' = 0.16$，出口干度 $x'' = 1.0$，则 R134a 的总质量流量为

$$q_{m,r} = \frac{\Phi_0 \times 3\,600}{r(x'' - x')} = \frac{11.6 \times 3\,600}{194 \times (1.0 - 0.16)}\ \text{kg/h} = 256.3\ \text{kg/h}$$

作为迭代计算的初值，取内表面热流密度 $q_i = 12\,000\ \text{W/m}^2$，参照表 4-6 制冷剂质量流速的推荐范围，并考虑到 R134a 在相同条件下，其对流表面传热系数和阻力均比 R12 要大，故取 R134a 在管内的质量流速 $g_{m,i} = 105\ \text{kg}/(\text{m}^2 \cdot \text{s})$，则总流通面积为

$$A_c = \frac{q_{m,r}}{g_{m,i} \times 3\,600} = \frac{256.3}{105 \times 3\,600}\ \text{m}^2 = 6.78 \times 10^{-4}\ \text{m}^2$$

每根管子的有效流通截面为

$$A_{ci} = \frac{\pi d_i^2}{4} = \frac{3.141\,6 \times 0.008\,6^2}{4}\ \text{m}^2 = 5.8 \times 10^{-5}\ \text{m}^2$$

表 4-6　制冷剂质量流速的推荐范围

$q/(\text{W} \cdot \text{m}^{-2})$	制冷剂	$g_m/(\text{kg} \cdot \text{m}^{-2} \cdot \text{s}^{-1})$	$q/(\text{W} \cdot \text{m}^{-2})$	制冷剂	$g_m/(\text{kg} \cdot \text{m}^{-2} \cdot \text{s}^{-1})$
1 200	R12	80～100	5 800	R12	110～116
	R22	83～120		R22	120～180
2 300	R12	89～120	11 600	R12	130～200
	R22	100～140		R22	140～220

蒸发器的分路数

$$Z = \frac{A_c}{A_{ci}} = \frac{6.78 \times 10^{-4}}{5.8 \times 10^{-5}} = 11.69$$

取 $Z = 12$,则每一分路中 R134a 的质量流量为

$$q_{m,ri} = \frac{q_{m,r}}{Z} = \frac{256.3}{12} \text{ kg/h} = 21.358 \text{ kg/h}$$

每一分路中 R134a 在管内的实际质量流速

$$g_{m,i} = \frac{q_{m,ri}}{3\,600 \times A_{ci}} = \frac{21.358}{3\,600 \times 5.8 \times 10^{-5}} \text{ kg/(m}^2 \cdot \text{s}) = 102.29 \text{ kg/(m}^2 \cdot \text{s})$$

R134a 在蒸发器中的平均干度为

$$\bar{x} = \frac{x' + x''}{2} = \frac{0.16 + 1.0}{2} = 0.58$$

于是

$$B_0 = \frac{q_i}{g_{m,i} r} = \frac{12\,000}{102.29 \times 194 \times 10^3} = 6.047 \times 10^{-4}$$

$$C_0 = \left(\frac{1-\bar{x}}{\bar{x}}\right)^{0.8} \left(\frac{\rho_g}{\rho_l}\right)^{0.5} =$$

$$\left(\frac{1-0.58}{0.58}\right)^{0.8} \left(\frac{16.67}{1\,388}\right)^{0.5} = 0.084\,65 < 0.65$$

故取 $C_1 = 1.136\,0, C_2 = -0.9, C_3 = 667.2, C_4 = 0.7, C_5 = 0.3$,以及

$$Fr_1 = \frac{g_{m,i}^2}{\rho_l^2 g d_i} = \frac{102.29^2}{1\,388^2 \times 9.8 \times 0.008\,6} = 0.064\,44$$

$$Re_1 = \frac{g_{m,i}(1-\bar{x})d_i}{\mu_l} = \frac{102.29 \times (1-0.58) \times 0.008\,6}{250 \times 10^{-6}} = 1\,477.9$$

$$\alpha_1 = 0.023(Re_1)^{0.8}(Pr_1)^{0.4}\frac{\lambda_1}{d_i} =$$

$$\left[0.023 \times (1\,477.9)^{0.8} \times (3.8)^{0.4} \times \frac{0.093\,3}{0.008\,6}\right] \text{ W/(m}^2 \cdot \text{K}) =$$

$$145.66 \text{ W/(m}^2 \cdot \text{K})$$

查表 4-3 知 R134a 的 F_{fl} 值为 1.63。将以上数据代入式(4-3)得

$$\alpha_i = \alpha_1[C_1(C_0)^{c_2}(25Fr_1)^{c_5} + C_3(B_0)^{c_4}F_{fl}] =$$

$$\{145.66 \times [(1.136\,0) \times (0.084\,65)^{-0.9} \times (25 \times 0.064\,44)^{0.3} +$$

$$667.2 \times (6.047 \times 10^{-4})^{0.7} \times 1.63]\} \text{ W/(m}^2 \cdot \text{K}) =$$

$$(145.66 \times 18.17) \text{ W/(m}^2 \cdot \text{K}) = 2\,646 \text{ W/(m}^2 \cdot \text{K})$$

7) 传热温差的初步计算

暂时不计 R134a 的阻力对蒸发温度的影响,则有

$$\Delta t_m = \frac{t'_{a1} - t''_{a1}}{\ln\dfrac{t'_{a1} - t_0}{t''_{a1} - t_0}} = \frac{27.0 - 17.5}{\ln\dfrac{27.0 - 5.0}{17.5 - 5.0}} \text{ ℃} = 16.8 \text{ ℃}$$

8）计算传热系数

$$K_o = \cfrac{1}{\cfrac{\beta}{\alpha_i} + r_\Sigma + \cfrac{1}{\alpha_{a,e}}}$$

由于 R134a 与聚酯油能互溶，故管内污垢热阻可忽略，考虑翅片侧污垢热阻、管壁导热热阻及翅片与管壁间接触热阻之和，取 $r_\Sigma = 0.004\ 8(m^2 \cdot K)/W$，故

$$K_o = \cfrac{1}{\cfrac{16.45}{2\ 646} + 0.004\ 8 + \cfrac{1}{84.92}}\ W/(m^2 \cdot K) = 43.63\ W/(m^2 \cdot K)$$

9）核算假设的 q_i 值

$$q_o = K_o \Delta t_m = (43.63 \times 16.8)\ W/m^2 = 733.0\ W/m^2$$

$$q_i = \cfrac{A_o}{A_i} q_o = \beta q_o = (16.45 \times 733.0)\ W/m^2 = 12\ 058.2\ W/m^2$$

计算表明，假设的 q_i 初值 12 000 W/m² 与核算值 12 058.2 W/m² 较接近，偏差小于 0.5%，故假设有效。

10）确定蒸发器的结构尺寸

蒸发器所需的表面传热面积

$$A_i' = \cfrac{\Phi_0}{q_i} = \cfrac{11\ 600}{12\ 000}\ m^2 = 0.97\ m^2$$

$$A_o' = \cfrac{\Phi_0}{q_o} = \cfrac{11\ 600}{733.0}\ m^2 = 15.83\ m^2$$

蒸发器所需传热管总长

$$L' = \cfrac{A_o'}{A_o} = \cfrac{15.83}{0.444\ 5}\ m = 35.61\ m$$

迎风面积

$$A_y = \cfrac{q_{V,a}}{u_y} = \cfrac{2\ 427}{2.5 \times 3\ 600}\ m^2 = 0.269\ 7\ m^2$$

取蒸发器宽 $b_e = 900$ mm，高 $H = 300$ mm，则实际迎风面积 $A_y = (0.9 \times 0.3)m^2 = 0.27\ m^2$。

已选定垂直于气流方向的管间距为 $s_1 = 25$ mm，故垂直于气流方向的每排管子数为

$$n_1 = \cfrac{H}{s_1} = \cfrac{300}{25} = 12$$

沿气流流动方向传热管布置为 $n_L = 4$ 排，蒸发器共有 48 根管，传热管的实际总长度为

$$L = (0.9 \times 12 \times 4)\ m = 43.2\ m$$

传热管的实际内表面传热面积为

$$A_i = 12 \times 4 \times \pi d_i \times 0.9 = (48 \times 3.141\ 6 \times 0.008\ 6 \times 0.9)\ m^2 = 1.167\ m^2$$

又

$$\cfrac{A_i}{A_i'} = \cfrac{1.167}{0.97} = 1.203$$

说明换热面积的计算约有 20% 的裕度。考虑制冷剂蒸气出口过热度对局部表面传热系数以及 R134a 的流动阻力对传热温差的负面影响，换热面积计算结果留有 10%~20% 的裕度是必要的。

11）R134a 的流动阻力及其对传热温差的影响

由于目前尚无精确计算 R134a 流动阻力的公式，因此借助与其性能相近的 R12 的公式进行估算，然后予以修正。R12 在管内蒸发时的流动阻力计算式为

$$\Delta p_{R12} = 5.986 \times 10^{-5} \times (\rho_i g_{mi})^{0.91} \times L_t / d_i, \quad L_t = n_L \cdot b_e$$

故

$$\Delta p_{R12} = \left[5.986 \times 10^{-5} \times (12\,000 \times 102.99)^{0.91} \times \frac{0.9 \times 4}{0.008\,6} \right] \text{kPa} = 8.71 \text{ kPa}$$

乌越邦和等人的试验表明，在其他条件相同情况下，R134a 在管内的流动阻力比 R12 要高出 10%，故

$$\Delta p_{R134a} = 8.71 \text{ kPa} \times 1.1 = 9.581 \text{ kPa}$$

蒸发温度的降低值 Δt_0 为

$$\Delta t_0 = \left(\frac{\delta t_0}{\delta p_0} \right)_{t_0 = 5℃} \cdot \Delta p_2$$

式中：$(\delta t_0 / \delta p_0)_{t_0 = 5℃}$ 是蒸发温度为 5 ℃时的蒸发温度随蒸发压力的变化率，R12 的 $(\delta t_0 / \delta p_0)_{t_0 = 5℃} = 0.087\,7 ℃/kPa$，则

$$\Delta t_0 = 0.087\,7 ℃/kPa \times 9.581 \text{ kPa} = 0.840 ℃$$

$$t'_0 = t_0 + \Delta t_0 = (5 + 0.84) ℃ = 5.84 ℃$$

故实际传热温差 $\Delta t'$ 为

$$\Delta t' = \frac{(t'_{a1} - t'_0) - (t''_{a1} - t''_0)}{\ln \dfrac{t'_{a1} - t'_0}{t''_{a1} - t''_0}} = \frac{(27 - 5.840) - (17.5 - 5)}{\ln \dfrac{27 - 5.840}{17.5 - 5}} ℃ = 16.45 ℃$$

该温差比计算中所用温差约小 2%，但实际设计面积裕度约 20%，因而设计可靠。

12）计算空气侧的流动阻力

空气的平均参数为

$$v_m = \frac{R_a T_m}{p_a} \left(\frac{1 + 0.001\,6 d_m}{1 + 0.001 d_m} \right) =$$

$$\frac{287.4 \times (273 + 21.4) \times (1 + 0.001\,6 \times 10)}{(1 + 0.001 \times 10) \times 101\,320} = 0.84 \text{ m}^3/\text{kg}$$

$$\rho_m = \frac{1}{v_m} = \frac{1}{0.84} = 1.19 \text{ kg/m}^3$$

空气流经平翅片管束，由式（3-44）得干工况下 Δp_d 为

$$\Delta p_d = 0.110\,7 \left(\frac{L_1}{d_e} \right) (\rho_1 u_{max})^{1.7} = 0.110\,7 \left(\frac{L_1}{d_e} \right) \left(\frac{\rho_1 u_y}{\varepsilon} \right)$$

$$0.110\,7 \times \frac{86.6}{3.51} \times \left(\frac{1.19 \times 2.5}{0.531} \right)^{1.7} \text{Pa} = 51.16 \text{ Pa}$$

在湿工况下，由于凝结水在翅片表面上形成水膜，使空气流经蒸发器时流动阻力增大，故湿工况下的空气流阻应在上面干工况下的流阻 Δp_d 的基础上乘以修正系数 ψ，即

$$\Delta p_w = \Delta p_d \cdot \psi$$

ψ 的值与析湿系数 ξ 有关，可由表 4-7 查取。

表 4 - 7　阻力增加系数 ψ 值

$1/\xi$	1.0	0.9	0.8	0.7	0.6
ψ	1.0	1.05	1.10	1.18	1.28

由 $\xi = 1.57$ 得 $1/\xi = 0.637$，由表 4 - 7 用插值法求得 $\psi = 1.23$，所以

$$\Delta p_w = (51.16 \times 1.23)\ \text{Pa} = 62.9\ \text{Pa}$$

4.4　冷却液体型蒸发器的设计与计算

4.4.1　干式管壳式蒸发器的设计与计算

干式管壳式蒸发器属非满液式蒸发器,制冷剂在管侧蒸发,载冷剂在壳侧被冷却,为提高载冷剂的流速以强化传热,壳侧一般装有折流板。

1. 确定主要参数

干式管壳式蒸发器设计时应根据给定的额定工况制冷量 Φ_0,按以下原则确定主要参数。

(1) 确定制冷剂的质量流速

增大制冷剂质量流速,可增强蒸发器传热性能,但与此同时,由于制冷剂在管内的流阻增加,使制冷剂进出口温差加大,因而降低了制冷剂与载冷剂间的对数平均温差。所以,制冷剂流速存在一个最佳值。使热流密度 q 值达到最大值的质量流速称为最佳质量流速,用 $g_{m,opt}$ 表示。$g_{m,opt}$ 与传热管形式、流程数(影响 α_w)、制冷剂、载冷剂的种类等因素有关,故 $g_{m,opt}$ 需通过试凑和多次迭代计算方可最后确定。若 q 值已知,对于 R12 和 R22 也可参考表 4 - 6 中 g_m 值的范围选取,所取之值可接近 $g_{m,opt}$。

(2) 确定制冷剂与载冷剂的相对流向

在干式蒸发器中,由于制冷剂在管内流动的阻力造成流体工作压力改变,将明显影响其工作时的饱和温度,使制冷剂出口温度低于进口温度,从而导致制冷剂与载冷剂的温度在热交换过程中同时下降,见图 4 - 21。在这种情况下,顺流传热的平均温差大于逆流传热的平均温差,因此,在安排干式蒸发器的进、出口接管时,最好选用顺流传热。

(3) 确定制冷剂侧的流程数

内翅片管一般选择两流程,小直径光管可选 4~6 个流程。为防止制冷剂转向时的气液分离现象影响制冷剂在后一流程中各管道的均匀分配,必须注意端盖转向室的型线设计,使其利于液气混合物转向,并将前端盖制冷剂的进、出口作成喇叭形,以降低制冷剂侧阻力,如图 4 - 22 所示。对两流程内翅片管,一般应采用 U 形管。

(4) 确定载冷剂温降

载冷剂温降过大,将缩小传热温差,从而增大传热面积;温降过小,不能满足传热量要求或使载冷剂流量增加而导致功耗的增加。因此,载冷剂温降一般为 4~6 ℃。

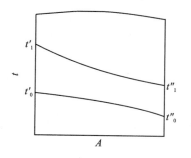

图 4 - 21 干式蒸发器的顺流传热

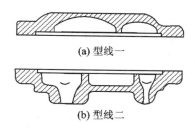

(a) 型线一

(b) 型线二

图 4 - 22 多流程的端盖型线

(5) 确定载冷剂折流板形式及数量

为保证载冷剂横向流经管束时具有一定的流速(一般为 0.5~1.5 m/s),以强化载冷剂侧的传热,沿蒸发器筒体轴向须设置一定数量的折流板。目前使用较多的是圆缺形折流板,有长圆缺形板和短圆缺形板两种,如图 4 - 23 所示。圆缺形折流板的缺口尺寸对载冷剂侧放热系数影响很大,图(b)中的长圆缺形板缺口小,载冷剂横向流过的管排数多,其换热能力强但流阻大,而图(c)中的短圆缺形板的特点正好相反。有资料介绍,当圆缺高度 $H=(1/5)D$ 时,换热及阻力的综合效果最好,D 为折流板直径。

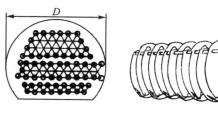

(a) 圆缺形折流板管束布置示意图

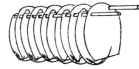

(b) 长圆缺形板

(c) 短圆缺形板

图 4 - 23 圆缺形折流板

(6) 确定载冷剂侧污垢热阻

载冷剂是水及盐水的干式蒸发器,其载冷剂侧污垢热阻可参考表 4 - 8 确定。

表 4 - 8 载冷剂侧污垢热阻 r_d

用 途	载冷剂类别	$10^4 \times r_d/(\mathrm{m^2 \cdot K \cdot W^{-1}})$
盐水冷却器	盐 水	0.86~1.72
	加入缓蚀剂的盐水	1.72~3.44
水冷却器	循环水(封闭式)	0.86~1.72
	循环水(开启式)	1.72~3.44

(7) 确定传热管形式

传热管可选用 $\phi10 \times 1.0$ mm,$\phi12 \times 1.0$ mm,$\phi16 \times 1.5$ mm,$\phi19 \times 2$ mm,$\phi25 \times 2$ mm 或 $\phi25 \times 2.5$ mm 的小直径光管或内翅片管。

2. 液体流动阻力计算

液体流动阻力计算包括管内制冷剂和管外载冷剂两部分的流动阻力计算。

(1) 管外载冷剂侧流动阻力

若使用圆缺形折流板,管外载冷剂为纵横向混合流动。其纵向流速 u_b 为折流板缺口中流速,横向流速 u_c 是壳体中心线附近的流速,如图 4 - 24 所示。

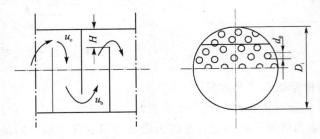

图 4 - 24 载冷剂的流通截面

速度 u_b 和 u_c 的计算公式分别为

$$u_b = \frac{q_V}{A_b} \qquad (4-23)$$

$$u_c = \frac{q_V}{A_c} \qquad (4-24)$$

式中:q_V——载冷剂体积流量,m³/s;

A_b,A_c——折流板缺口面积和横向流通面积,m²。

若折流板缺口高为 H,其中含有 n_b 根管,管外径为 d_o,则有

$$A_b = K_b D_i^2 - n_b \frac{1}{4}\pi d_o^2 \qquad (4-25)$$

式中:K_b——折流板缺口面积的折合系数,可按表 4 - 9 选取。

表 4 - 9 折流板缺口面积的折合系数 K_b 值

H/D_i	0.15	0.20	0.25	0.30	0.35	0.40	0.45
K_b	0.073 9	0.112	0.154	0.198	0.245	0.293	0.343

若上、下两个折流板缺口面积不同,应取两个面积的算术平均值。A_c 为壳体中心线附近的最小横向流通面积,计算式为

$$A_c = (D_i - n_c d_o)s \qquad (4-26)$$

式中:n_c——壳体中心线附近的管数;

s——折流板间距,m,为安装进、出口管而使两端折流板间距增大,故 s 应取加权平均值。

管外流体阻力由流经进、出口管接头的阻力、流经折流板缺口的阻力、与管平行流动的阻力和横掠管束的阻力等四部分组成。

流经每块折流板的阻力计算式为

$$\Delta p_b = 0.103\rho u_b^2 \qquad (4-27)$$

横掠管束的流动阻力计算式为

$$\Delta p_{\mathrm{c}} = 2 n_{\mathrm{c}} \xi \rho u_{\mathrm{c}}^2 \tag{4-28}$$

式中：ρ——流体密度，$\mathrm{kg/m^3}$；

ξ——阻力系数，其值与管的中心距 s_{b} 有关，与流动形式有关：

层流时 ($Re < 100$) 　　　$\xi = \dfrac{15}{Re \left(\dfrac{s_{\mathrm{b}} - d_{\mathrm{o}}}{d_{\mathrm{o}}} \right)}$ 　　　　(4-29)

紊流时 　　　$\xi = \dfrac{0.75}{\left[Re \left(\dfrac{s_{\mathrm{b}} - d_{\mathrm{o}}}{d_{\mathrm{o}}} \right) \right]^{0.2}}$ 　　　　(4-30)

其余两项阻力可按一般阻力计算式计算。

（2）管内制冷剂侧流动阻力

制冷剂在管内流动时，其阻力 Δp_{i} 由沿程阻力 Δp_{l} 和局部阻力 Δp_{m} 两部分组成，即

$$\Delta p_{\mathrm{i}} = \Delta p_{\mathrm{l}} + \Delta p_{\mathrm{m}} \tag{4-31}$$

气液两相流动时，制冷剂的沿程阻力可表示为

$$\Delta p_{\mathrm{l}} = \varepsilon_{\mathrm{R}} \Delta p_{\mathrm{l}}'' \tag{4-32}$$

$$\Delta p_{\mathrm{l}}'' = f N \frac{l}{d_{\mathrm{i}}} - \frac{1}{2} u''^2 \rho'' \tag{4-33}$$

式中：$\Delta p_{\mathrm{l}}''$——制冷剂饱和蒸气流动时的沿程阻力，Pa；

u''——制冷剂饱和蒸气流动时的流速，m/s；

ρ''——制冷剂饱和蒸气的密度，$\mathrm{kg/m^3}$；

f——摩擦阻力系数；

N——制冷剂的流程数；

l——传热管长度，m；

d_{i}——传热管内径，m；

ε_{R}——两相流动时的阻力换算系数，与制冷剂种类及质量流速有关，对 R22 可按表 4-10 选取。

表 4-10　两相流动时 R22 的 ε_{R} 值

$u''\rho'' / (\mathrm{kg \cdot m^{-2} \cdot s^{-1}})$	40	60	80	100	150	200	300	400
ε_{R}	0.53	0.587	0.632	0.67	0.75	0.82	0.98	1.20

摩擦阻力系数 f 的计算式为

$$\left. \begin{array}{l} f = 0.316\,4 Re''^{-0.25} \\ Re'' = \dfrac{u'' d_{\mathrm{e}}}{\nu''}, \quad u'' = \dfrac{4 q_{\mathrm{m,r}}}{\rho'' Z_{\mathrm{m}} \pi d_{\mathrm{i}}^2} \end{array} \right\} \tag{4-34}$$

式中：ν''——制冷剂饱和蒸气的运动黏度，$\mathrm{m^2 \cdot s}$；

ρ''——制冷剂饱和蒸气的密度，$\mathrm{kg/m^3}$；

$q_{\mathrm{m,r}}$——制冷剂的质量流量，kg/s；

Z_{m}——每个流程的平均管数。

计算 Re'' 时,特征尺寸 d_e 可用管内径 d_i 代替。

试验表明,沿程阻力为总阻力的 $20\%\sim50\%$,所以总阻力 Δp_i 又可写为

$$\Delta p_i = (2 \sim 5)\Delta p_1 \tag{4-35}$$

下面以一个具体的实例说明干式管壳式蒸发器的设计计算方法。

例 4-3 设计一台与某型制冷压缩机配套用的干式管壳式蒸发器,制冷剂为 R22。根据该压缩机的性能曲线查得 $t_0''=4\ ℃$ 和 $t_k=40\ ℃$ 的制冷量为 $\Phi_0=100\ kW$。已知:冷水进口温度 $t_1'=14\ ℃$,冷水出口温度 $t_1''=9\ ℃$,最低蒸发温度 $t_0''=4\ ℃$,冷凝温度 $t_k=40\ ℃$,过热度 $\Delta t_0=5\ ℃$,过冷度 $\Delta t=3\ ℃$,系统制冷循环的压-焓图如图 4-25 所示。

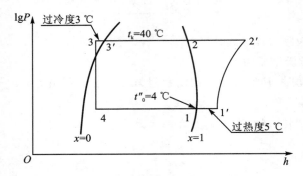

图 4-25 例 4-3 系统制冷循环压-焓图

解

1)求冷水质量

循环的单位质量制冷量 Δh 为

$$\Delta h = h_0'' + c_p \Delta t - h_1$$

式中:h_0''——4 ℃时制冷剂的饱和蒸气的质量焓;

$c_p \Delta t$——饱和蒸气过热吸收的热量;

h_1——过冷液的质量焓。

由 R22 的压-焓图及相关热力性质表查得 $h_0''=406.796\ kJ/kg$,$h_1=245.73\ kJ/kg$,$c_p=0.653\ 2\ kJ/(kg \cdot K)$。将各项数值代入式中,则有

$$\Delta h = (406.796 + 0.653\ 2 \times 5 - 245.73)\ kJ/kg = 164.33\ kJ/kg$$

制冷剂的质量流量 $q_{m,r}$ 为

$$q_{m,r} = \frac{\Phi_0}{\Delta h} = \frac{100}{164.33}\ kg/s = 0.608\ 5\ kg/s$$

冷水的体积流量 q_{V1} 为

$$q_{V1} = \frac{\Phi_0}{\rho_1 c_{p1}(t_1' - t_1'')} = \frac{100}{1\ 000 \times 4.187 \times (14 - 9)}\ m^3/s = 4.777 \times 10^{-3}\ m^3/s$$

2)蒸发器结构的初步规划

结构的初步规划如图 4-26 所示。传热管选取 $\phi 12 \times 1$ mm 的铜管,管束按正三角形排列,管距取 16 mm,壳体内径 $D_i=308$ mm,流程数 $N=4$,总管数 $Z=277$,则每一流程平均管数 $Z_m=69$,管长 $l=1\ 960$ mm,折流板数 $N_b=19$,折流板间距 $s_1=130$ mm,$s_2=85$ mm,管板厚 $\delta_B=32$ mm,折流板厚 $\delta_b=5$ mm,折流板上缺口高 $H_1=64$ mm,折流板下缺口高 $H_2=$

59 mm,上缺口内含管数 $n_{b1}=37$,下缺口内含管数 $n_{b2}=33$,壳体中心线附近含管数 $n_c=19$。

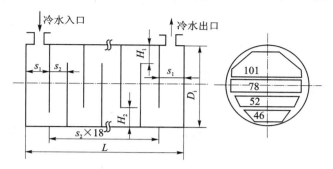

图 4-26 蒸发器结构初步规划

蒸发器外侧总面积 A_1 为

$$A_1 = \pi d_o N Z_m (l - 2\delta_B) =$$

$$\left[3.141\,6 \times \left(\frac{12}{1\,000} \right) \times 4 \times 69 \times \left(\frac{1\,960}{1\,000} - 2 \times \frac{32}{1\,000} \right) \right] \text{ m}^2 = 19.72 \text{ m}^2$$

有效传热面积 A_{1e} 为

$$A_{1e} = \pi d_o N Z_m (l - 2\delta_B - N_b \delta_b) =$$

$$\left\{ 3.141\,6 \times \left(\frac{12}{1\,000} \right) \times 4 \times 69 \times \left[\left(\frac{1\,960}{1\,000} \right) - \right. \right.$$

$$\left. \left. 2 \times \left(\frac{32}{1\,000} \right) - 19 \times \left(\frac{5}{1\,000} \right) \right] \right\} \text{ m}^2 = 18.74 \text{ m}^2$$

3) 计算管外水的表面传热系数 α_1

用下标"1"表示管外冷水的参数,首先计算平均水流速度 u_1。

折流板的平均间距 s 为

$$s = \frac{2s_1 + 18s_2}{N_b + 1} = \frac{2 \times \frac{130}{1\,000} + 18 \times \frac{85}{1\,000}}{19 + 1} \text{ m} = 0.089\,5 \text{ m}$$

横向流通面积 A_c 按式(4-26)计算

$$A_c = (D_i - n_c d_o) s = \left[\left(\frac{308}{1\,000} - 19 \times \frac{12}{1\,000} \right) \times 0.089\,5 \right] \text{ m}^2 = 7.16 \times 10^{-3} \text{ m}^2$$

横向流速 u_c 为

$$u_c = \frac{q_{V1}}{A_c} = \frac{4.777 \times 10^{-3}}{7.16 \times 10^{-3}} \text{ m/s} = 0.667\,2 \text{ m/s}$$

折流板上下缺口面积按式(4-25)计算,即

$$A_{b1} = K_{b1} D_i^2 - n_{b1} \times \frac{1}{4} \pi d_o^2 =$$

$$\left[0.118\,7 \times \left(\frac{308}{1\,000} \right)^2 - 37 \times \frac{1}{4} \times 3.141\,6 \times \left(\frac{12}{1\,000} \right)^2 \right] \text{ m}^2 =$$

$$7.07 \times 10^{-3} \text{ m}^2$$

$$A_{b2} = K_{b2} D_i^2 - n_{b2} \times \frac{1}{4} \pi d_o^2 =$$

$$\left[0.105\,4 \times \left(\frac{308}{1\,000} \right)^2 - 33 \times \frac{1}{4} \times 3.141\,6 \times \left(\frac{12}{1\,000} \right)^2 \right]\text{ m}^2 =$$

$$6.27 \times 10^{-3}\text{ m}^2$$

式中,折流板缺口面积的折合系数 K_{b1} 和 K_{b2} 是根据所计算的 H/D_i 值由表 4-9 查得。上下缺口面积的平均值 A_b 为

$$A_b = \frac{1}{2}(A_{b1} + A_{b2}) =$$

$$\left[\frac{1}{2}(7.07 \times 10^{-3} + 6.27 \times 10^{-3}) \right]\text{ m}^2 = 6.67 \times 10^{-3}\text{ m}^2$$

纵向流速 u_b 为

$$u_b = \frac{q_{V1}}{A_b} = \frac{4.777 \times 10^{-3}}{6.67 \times 10^{-3}}\text{ m/s} = 0.716\,2\text{ m/s}$$

横向截面上流速 u_c 与折流板缺口处的纵向流速 u_b 的几何平均值 u_1 为

$$u_1 = \sqrt{u_b u_c} = \sqrt{0.716\,2 \times 0.667\,2}\text{ m/s} = 0.691\,2\text{ m/s}$$

冷水的平均温度 t_1 为

$$t_1 = \frac{1}{2}(t_1' + t_1'') = \left[\frac{1}{2}(14 + 9) \right]\text{ ℃} = 11.5\text{ ℃}$$

在定性温度 t_1 下的雷诺数 Re_1 为

$$Re_1 = \frac{u_1 d_o}{\nu_1} = \frac{0.691\,2 \times \dfrac{12}{1\,000}}{1.255 \times 10^{-6}} = 6\,609.08$$

管外冷水侧表面传热系数 α_1 可得

$$\alpha_1 = 0.22 \frac{\lambda_1}{d_o} Re_1^{0.6} Pr_1^{0.33} =$$

$$\left[0.22 \times \frac{0.538}{12 \times 10^{-3}} \times (6\,609.08)^{0.6} \times (9.19)^{0.33} \right]\text{ W/(m}^2 \cdot \text{K)} =$$

$$4\,354\text{ W/(m}^2 \cdot \text{K)}$$

4) 计算管内沸腾表面传热系数 α_2

用下标"2"表示管内制冷剂参数。假设按内侧传热表面 A_i 计算的热流密度 $q_i > 4\,000\text{ W/m}^2$ (该假设将在后面检验),则管内沸腾传热系数可按式(4-2)计算。式(4-2)中 a 根据表 4-2 查得 $a = 2.41 \times 10^{-2}$,每根管中 R22 的质量流量 $q_{m,ri}$ 为

$$q_{m,ri} = \frac{q_{m,r}}{Z_m} = \frac{0.608\,5}{69}\text{ kg/s} = 0.008\,82\text{ kg/s}$$

质量流速 g_{m2} 为

$$g_{m2} = \frac{q_{m,ri}}{\dfrac{\pi}{4}d_i^2} = \frac{0.008\,82}{\dfrac{3.141\,6}{4} \times \left(\dfrac{10}{1\,000} \right)^2}\text{ kg/(m}^2 \cdot \text{s)} = 112.3\text{ kg/(m}^2 \cdot \text{s)}$$

将 a 和 g_{m2} 代入式(4-2),有

$$\alpha_2 = 57.8a \frac{q_i^{0.6} g_m^{0.2}}{d_i^{0.2}} = \left[57.8 \times (2.41 \times 10^{-2}) \times q_i^{0.6} \times \frac{112.3^{0.2}}{0.01^{0.2}} \right] = 8.995 q_i^{0.6}$$

α_2 由 q_i 确定,单位为 W/(m^2 · K)。

5）计算阻力及传热温差

制冷剂饱和蒸气流速 u'' 为

$$u'' = \frac{4q_{m,r}}{\rho'' Z_m \pi d_i^2} = \frac{4 \times 0.608\ 5}{24.814 \times 69 \times 3.141\ 6 \times 0.01^2}\ \text{m/s} = 4.525\ \text{m/s}$$

饱和蒸气的雷诺数 Re'' 为

$$Re'' = \frac{u'' d_i}{\nu''} = \frac{4.525 \times 0.01}{0.488 \times 10^{-6}} = 0.927\ 3 \times 10^5$$

摩擦阻力系数 f 按公式（4 - 34）计算

$$f = 0.316\ 4 Re''^{-0.25} = 0.316\ 4 \times (0.927\ 3 \times 10^5)^{-0.25} = 0.018$$

制冷剂饱和蒸气沿程阻力 $\Delta p''_r$ 据式（4 - 33）得

$$\Delta p''_r = fN \frac{l}{d_i} - \frac{1}{2} u''^2 \rho'' = \left(4 \times 0.018 \times \frac{1\ 960}{10} - \right.$$
$$\left. \frac{1}{2} \times 4.525^2 \times 24.814 \right)\ \text{Pa} = 3\ 585\ \text{Pa}$$

两相流动时制冷剂沿程阻力 Δp_1 为

$$\Delta p_1 = \varepsilon_R \Delta p''_r$$

由表 4 - 10 查得 $\varepsilon_R = 0.742$，代入上式有

$$\Delta p_1 = (0.742 \times 3\ 585)\ \text{Pa} = 2\ 660\ \text{Pa} = 2.66\ \text{kPa}$$

总阻力 Δp_i 可按公式（4 - 35）计算，则有

$$\Delta p_i = 5\Delta p_1 = (5 \times 2\ 660)\ \text{Pa} = 13\ 300\ \text{Pa} = 13.3\ \text{kPa}$$

在 4 ℃附近，压力每变化 100 kPa，饱和温度约变化 5.6 ℃，故蒸发器制冷剂进口温度 t'_0 应为

$$t'_0 = t''_0 + 5.6 \Delta p_i = \left(4 + 5.6 \times \frac{13.3}{100} \right)\ ℃ = 4.745\ ℃$$

对数平均温差 Δt

$$\Delta t = \frac{(t'_1 - t'_0) - (t''_1 - t''_0)}{\ln \dfrac{t'_1 - t'_0}{t''_1 - t''_0}} = \frac{(14 - 4.745) - (9 - 4)}{\ln \dfrac{14 - 4.745}{9 - 4}}\ ℃ = 6.91\ ℃$$

6）计算热流密度及传热系数

传热系数计算式为

$$K_1 = \frac{1}{\left(\dfrac{1}{\alpha_2} + r_{d2} \right) \dfrac{d_o}{d_i} + \dfrac{\delta}{\lambda} \dfrac{d_o}{d_m} + \left(\dfrac{1}{\alpha_1} + r_{d1} \right)} \qquad (4 - 36)$$

由于没有氟利昂侧的污垢系数 r_{d2} 的数值，此处以相同条件下的钢管侧的污垢系数代替，因 r_{d2} 高于铜管侧污垢系数，故 K_1 值偏小，单位为 W/(m² · K)。

$$K_1 = \frac{1}{\left(\dfrac{1}{8.995 q_i^{0.6}} + 0.09 \times 10^{-3} \right) \times \dfrac{12}{10} + \dfrac{0.001}{380} \times \dfrac{12}{11} + \left(\dfrac{1}{4\ 354} + 0.045 \times 10^{-3} \right)} =$$
$$\frac{1}{\dfrac{0.133\ 4}{q_i^{0.6}} + 3.855\ 4 \times 10^{-4}}$$

按内侧表面计算的热流密度 q_i 与按外侧表面计算的热流密度 q_o 的关系为

$$q_i = \frac{A_o}{A_i}q_o = \frac{d_o}{d_i}q_o = \frac{d_o}{d_i}(K_1 \Delta t)$$

将 d_o，d_i 和 Δt 值代入得

$$q_i = \frac{12}{10} \times \frac{1}{\dfrac{0.133\,4}{q_i^{0.6}} + 3.855\,4 \times 10^{-4}} \times 6.91$$

用试凑法解方程得 $q_i = 8\,565\ \text{W/m}^2$，由此可知 $q_i > 4\,000\ \text{W/m}^2$ 的假定正确，α_2 的计算式使用合理。

按外表面计算的热流密度 q_o 为

$$q_o = q_i \frac{d_i}{d_o} = \left(8\,565 \times \frac{10}{12}\right)\ \text{W/m}^2 = 7\,137.5\ \text{W/m}^2$$

$$K_1 = \frac{1}{\dfrac{0.133\,4}{8\,565^{0.6}} + 3.855\,4 \times 10^{-4}}\ \text{W/(m}^2 \cdot \text{K)} = 1\,032.695\ \text{W/(m}^2 \cdot \text{K)}$$

7）计算传热面积

根据 q_o 得所需面积的计算值 A_{1cal} 为

$$A_{1cal} = \frac{\Phi_o}{q_o} = \frac{100 \times 10^3}{7\,137.5}\ \text{m}^2 = 14.01\ \text{m}^2$$

在上述计算中，没有考虑蒸发器出口处 R22 蒸气的过热度对传热系数的影响。根据试验，当过热度提高到 5 ℃时，传热系数下降 30%，所以实际需要的传热面积 A_{1req} 为

$$A_{1req} = A_{1cal} \times 1.3 = (14.01 \times 1.3)\ \text{m}^2 = 18.213\ \text{m}^2$$

与初步规划中所定的有效传热面积 18.74 m² 相比，只差 2.8%，故初步规划是合适的。

4.4.2　满液式蒸发器的设计原则

满液式蒸发器流体流动方式一般是制冷剂液体在管外蒸发，载冷剂（水或盐水）在管内流动。制冷剂液体由蒸发器底部或侧面进入，蒸发以后的蒸气从上部引出。图 4-27 为一种满液式氨蒸发器的结构示意图。

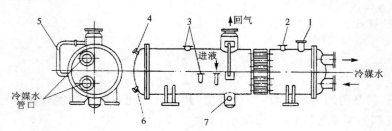

1—安全阀接头；2—压力表接头；3—浮球阀接头；4—放空气旋塞接头；
5—液位管；6—泄水旋塞接头；7—放油管接头
图 4-27　一种满液式氨蒸发器结构示意图

满液式蒸发器传热性能好，结构紧凑。以盐水作为载冷剂时，可以实现盐水系统的封闭循环，减轻盐水对系统管路及设备的腐蚀。其缺点是：制冷剂充装量大，液体静压力对蒸发温度

的影响较大;采用水为载冷剂,当操作不当时,易发生冻结危险。

满液式蒸发器设计时应遵循以下原则:

① 蒸发器的上方留有一定的空间(可以少装几排管子),或者在筒体上焊接一个气包,以便蒸气在引出前,能将挟带的液滴分离出来,不致使液滴进入压缩机。

② 蒸发器管侧一般采用偶数流程,使载冷剂的进、出口装在同一端盖上,且是下进上出。

③ 当制冷剂为氨时,充液高度为筒径的 70%～80%;当制冷剂为氟利昂时,充液高度为筒经的 55%～65%,这是由于氟利昂沸腾时泡沫比较严重的缘故,一般情况下,在液面上应露出 1～3 排管子,沸腾过程中,这些管子会被带上来的液体润湿,从而也起到传热作用。总之,液面应比较合适,既保证传热充分进行,又不会产生液体被带入压缩机的危险。对于氟利昂制冷系统,当采用卧式管壳式蒸发器时,充液高度应适当降低,而且须考虑一定的回油措施。尽管如此,它的缺点仍然难以完全避免。所以在氟利昂系统中已普遍采用干式管壳式蒸发器来代替卧式管壳式蒸发器。

④ 应设置观察蒸发器内液位的装置。如图 4-27 中,在气包和筒体下方连有一根液位管 5,管上结霜处即显示蒸发器内液位。此外,氨蒸发器的底部应设置有集污包,以便排出沉积在其中的润滑油及其他杂质。

⑤ 氨卧式蒸发器传热管一般选用 $\phi25\times2.5$ mm 或 $\phi32\times3.0$ mm 的无缝钢管。氟利昂卧式蒸发器多采用冷轧低螺纹管。

⑥ 选择载冷剂管内流速和进出口温差。表 4-11 列出了载冷剂管内流速 u_b 和进出口温度($t_b'-t_b''$)以及制冷剂侧与载冷剂侧传热温差 Δt 的选择范围。由于盐水对钢管腐蚀性大,应选用 0.5～1 m/s 的较低流速。

表 4-11　u_b,Δt 和 $t_b'-t_b''$ 的选值范围

载　冷　剂	蒸发温度 t_0/℃	氨			氟利昂		
		$(t_b'-t_b'')$/℃	Δt/℃	u_b/(m·s^{-1})	$(t_b'-t_b'')$/℃	Δt/℃	u_b/(m·s^{-1})
氯化钙或乙二醇	$-15,-30$	2～4	5	1.0～2.5			
水	5				3.5～4.5	6～8	1.0～1.5
氯化钙或乙二醇	-5				4.5～5.5	6～8	1.0～2.5
	-35				4.5～5.5	6～7	1.0～2.5

⑦ 载冷剂及制冷剂侧的污垢热阻可参考表 4-12 进行选择。

表 4-12　蒸发器两侧的污垢热阻值

污垢侧	污垢热阻 $10^4\times r_d$/(m²·K·W^{-1})
氨　侧	5～6
水　侧	0.3～0.9
盐水侧	1.6～1.8
氟利昂侧	0.5～0.7

⑧ 管外侧制冷剂的流动阻力一般不予考虑,管内冷水的流动阻力计算式与本书第 5 章中的水冷冷凝器的阻力计算式相同。

满液式蒸发器主要用于大中型制冷装置,而在小型制冷装置中应用较少,其工程设计计算举例可参见有关文献。

思考题与习题

4-1 按制冷剂的供液方式,蒸发器可分为满液式、非满液式、循环式及淋激式,简述这四种类型蒸发器的优、缺点及其应用场合。

4-2 什么是干式冷却?什么是析湿冷却?

4-3 自然对流式的空冷器中,管板式、吹胀式、单脊翅片管式及冷却排管在结构形式上各有何特点?主要用于何种场合?

4-4 从换热表面的结构而言,强化沸腾换热的基本思想是什么?

4-5 纯制冷剂在管内沸腾的通用关系式是基于何种换热模型(机理)得出的?

4-6 在制冷系统中循环的制冷剂含有的润滑油对管内沸腾换热有何影响?

4-7 制冷剂流阻对蒸发器传热有何影响?

4-8 阐明微细内翅管强化传热的机理、特点及其表面传热系数的计算方法。

4-9 对自然对流空冷器空气侧换热的计算,为什么必须考虑空冷器表面与外界的辐射换热?

4-10 试用 $h-d$ 图分析热湿空气流过表冷器(表面式蒸发器)时在析湿冷却过程中的状态变化。

4-11 写出湿空气换热器翅片形状参数 m,翅片效率 η_{fm} 及表面效率 η_{0m} 的计算式。

4-12 写出蒸发器接触系数 η_s 的定义式和计算式,阐明 η_s 的物理意义。

4-13 写出表冷器析湿系数 ξ 的定义式,阐明 ξ 的物理意义。为什么说直接蒸发式空气冷却器的冷却能力直接受空气湿球温度的影响?

4-14 在冷却液体型管壳式蒸发器的工程计算中,制冷剂质量流速的选择、制冷剂与载冷剂相对流向的选择、制冷剂侧流程数的选择、载冷剂温降的选择、载冷剂折流板形式及数量的选择一般遵循什么原则?

4-15 冷却液体型干式管壳式蒸发器中载冷剂侧流动阻力由哪几项组成?各项阻力是如何计算的?

4-16 某表冷器采用套片整体翅片管,传热管布置呈正三角形叉排(如图 4-28 所示),管壁 $\delta_p = 0.75$ mm,翅片节距 $b = 3$ mm,翅片厚度 $\delta_f = 0.25$ mm。求:空气侧当量直径 d_e、净面比 ε 及翅化系数 β。

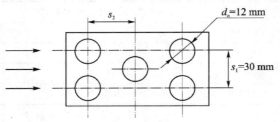

图 4-28 习题 4-16 用图

4－17 某窗式空调器采用图 4－29 所示型面,已知:翅高 $h＝7.5$ mm,其他尺寸如图 4－29 所示,$\lambda_f＝203.525$ W/(m·K),$A_f＝0.546$ m²,$A_p＝0.028\ 3$ m²,入口空气温度为 35 ℃,出口空气温度为 45 ℃,空气流过最窄截面处 $u＝3.33$ m/s。求:空气侧的有效对流表面传热系数 α_{eff}?

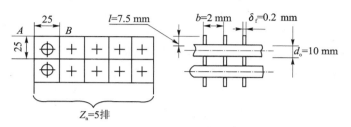

图 4－29 习题 4－17 用图

4－18 某 R22 冷水机组的干式蒸发器采用 346 根内翅铜管,其剖面如图 4－30 所示,铜管有效长度为 2.44 m。

已知:(1)管外水侧 $\alpha_o＝4\ 264$ W/(m²·K);

(2)管内 R22 侧 $\alpha_i＝4\ 220$ W/(m²·K)(α_i 中未计入翅片影响);

(3)冷水进、出口温度 $t_1'＝12$ ℃,$t_1''＝7.5$ ℃;

(4)制冷剂管内流动阻力 $\Delta p_i＝24\ 988$ Pa。

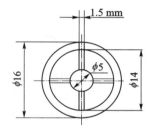

图 4－30 习题 4－18 用图

工况:$t_k＝40$ ℃,$t_0＝2$ ℃,冷凝液过冷度为 7 ℃,蒸气过热度为 3 ℃。

求:(1)该蒸发器在上述工况下的制冷量 Φ_0;

(2)冷水流量 q_{m1};

(3)R22 流量 q_{m2}。

4－19 试为某空调器设计一个冷却空气型蒸发器,已知条件:(1)$\Phi_0＝5\ 000$ W;(2)其他条件及翅片管型面尺寸同例 4－2。

4－20 试为某制冷压缩机设计一台配套用干式管壳式蒸发器,要求制冷量 $\Phi_0＝128$ kW,其他条件同例 4－3。

参考文献

[1] 钱滨江,等.简明传热手册[M].北京:高等教育出版社,1983.

[2] 陈德雄,李敏.飞机座舱制冷附件[M].北京:国防工业出版社,1981.

[3] 齐铭.制冷附件[M].北京:航空工业出版社,1992.

[4] SHAH R K. Compact Heat Exchanger Design Procedures－Heat Exchanger Design:Rating, Sizing,and Optimization. In:Kakac S,Bergles A E,etal:Heat Exchangers—Thermo Hydraulic Fundamentals and Design[M]. New York:McGraw Hill,1981.

[5] 杨世铭,陶文铨.传热学[M].3 版.北京:高等教育出版社,1998.

[6] 朱聘冠.换热器原理及计算[M].北京:清华大学出版社,1987.

[7] 张祉佑,石秉三. 制冷及低温技术[M]. 北京:机械工业出版社,1981.

[8] CHIOU J P. The Advancement of Compact Heat Exchanger Theory Considering the Effects of Longitudinal Heat Conduction and Flow Nonuiformity. In:Shah R K,Mcdonaldand C F,Howard C P. Symposium on Compact Heat Exchangers—History,Technological Advancement and Mechanical Design Problems. Book No. G00183[M]. New York:ASME,1980.

[9] 史美中,王中铮. 热交换器原理与设计[M]. 2 版. 南京:东南大学出版社,1995.

[10] 吴业正. 小型制冷装置设计指导[M]. 北京:机械工业出版社,1998.

[11] 彦启森. 空气调节用制冷技术[M]. 北京:中国建筑工业出版社,1985.

[12] 吴业正,韩宝琦. 制冷原理及设备[M]. 西安:西安交通大学出版社,1987.

[13] [日]高效热交换器数据手册编委会. 高效热交换器数据手册[M]. 傅尚信,译. 北京:机械工业出版社,1987.

[14] BENT S. Enhancement of Convective Heat Transfer in Rib-Roaghened Rectangular Ducts[J]. Enhanced Heat Transfer:Heat and Mass Transfer,Heat Transfer,Engineering,1999,6:89 – 103.

[15] SCHULENBERG F J. Finned Ellipitical Tubes and Their Application in Air-Cooled Heat Exchangers[J]. ASMEJ Eng For Industry,1996,88(2):179 – 190.

[16] HEGGS P J,STONES P R. The Effects of Non-uniform Heat Transfer Coefficients in The Design of Finned Tube Air-Cooled Heat Exchangers[J]. International Heat Transfer Conference. 7th Munchen,1982,3:209 – 214.

[17] JACOBI A M,SHAN R K. Air-Side Flow and Heat Transfer in Compact Heat Exchangers:A Discussion of Enhancement Mechanisms[J]. Heat Transfer Engineering,1998,19:29 – 41.

[18] JUN J Y. Investigation of Heat Transfer Characteristics on Varition Kinds of Fin-and-tube Heat Exchangers with Interrupted Surfaces[J]. Heat and Miss Transfer,1999,42:2375 – 2385.

[19] WANG C C. Effects of Waffle Height on the Air-Side Performance of Wavy Fin-and-tube Heat Exchangers[J]. Heat Transfer,1999,20 (3):45 – 56.

[20] 卓宁. 齿型螺旋翅片管束传热及通风特性试验研究[J]. 华东工业大学学报,1996,18:23 – 26.

[21] 蒋能照,余有水. 氟利昂制冷机[M]. 上海:上海科学技术出版社,1981.

[22] 马义尾,刘纪福,钱辉广. 空气冷却器[M]. 北京:化学工业出版社,1982.

第 5 章　冷凝器

5.1　冷凝器的类型、基本构造及工作原理

冷凝器是制冷装置中的重要设备,其作用是将压缩机排出的制冷剂的过热蒸气冷却,并使之液化,亦即使过热蒸气流经冷凝器的放热面,将其热量传递给周围介质(水或空气等),而其自身被冷却为饱和气体,并进一步被冷却为高压液体,以便制冷剂在系统中循环使用。冷凝器按其冷却介质和冷却方式,可以分为水冷式、空气冷却式(或称风冷式)和蒸发式三种类型。

5.1.1　水冷式冷凝器

水冷式冷凝器放出的热量由冷却水带走。冷却水可用天然水、自来水或经冷却水塔冷却后的循环水。天然水易使冷凝器结垢而需经常清洗,所以耗水量不大的小型装置可使用自来水,大、中型装置可使用循环水以降低其水耗。由于自然界中水温一般比较低,因此水冷式冷凝器的冷凝温度较低,这对压缩机的制冷能力和运行经济性都比较有利。目前制冷装置中大多采用水冷式冷凝器。

常用的水冷式冷凝器有卧式管壳式、立式管壳式及套管式等形式。

1. 卧式管壳式冷凝器

卧式管壳式冷凝器水平放置,其结构如图 5-1 所示。制冷剂蒸气在管子外表面上冷凝,冷却水在泵的作用下在管内流动。制冷剂蒸气从上部进气管 5 进入筒体,凝结成液体后由筒体下部出液管 8 流入贮液器中。对于小型制冷装置,为了简化设备,也可不另设贮液器,而让冷凝器筒体下部兼有一定贮液作用,少装几排管子即可。对于氨冷凝器,通常在筒体下面还焊有一个集污包,以便集存润滑油及机械杂质。其两端用端盖封住。端盖内用分水隔板实现冷却水的多管程流动。冷凝器的管程数一般为偶数,这样冷却水的进、出口就设在同一个端盖上,而且冷却水从下面流进,上面流出。端盖上部的放空气旋塞 6 是在开始充水时,用来排除管内空气的;下部的泄水旋塞 7 是在冷凝器停止使用时,用来排除其中的水,以防管子被腐蚀或冻裂。

卧式管壳式氨冷凝器通常采用 $\phi25 \sim \phi38$ 的无缝钢管,氟利昂冷凝器可用无缝钢管(一般为 $\phi25$ 以上),也可用铜管。由于氟利昂侧冷凝传热系数较小,故用铜管的冷凝器多采用滚压翅片管。卧式管壳式冷凝器的结构紧凑,传热系数大,冷却水耗量少,操作管理方便。小型氟利昂压缩机和卧式管壳式冷凝器,一般做成压缩冷凝机组,因此安装方便,占地面积小。卧式管壳式冷凝器广泛用于大、中、小型氨或氟利昂制冷装置中。其缺点是:对冷却水水质要求高,水温要低;冷却水流动阻力比较大;清洗水垢不方便,需要设备停止工作。

2. 立式管壳式冷凝器

立式管壳式冷凝器直立安装,只用于大、中型氨制冷装置,其结构如图 5-2 所示。与卧式

管壳式冷凝器相比,立式管壳式冷凝器不仅是直立安装,而且两端没有端盖,水及氨的流动方式也有所不同。氨蒸气从冷凝器外壳的中部偏上处的进气管接头 3 进入圆筒内的管外空间,冷凝后液体沿管外壁从上流下,积在冷凝器底部,经出液管 1 流入贮液器。

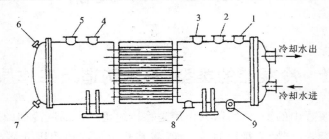

1—放空气管接头;2—压力表接头;3—安全阀接头;4—均压管接头;5—进气管接头;
6—放空气旋塞接头;7—泄水旋塞接头;8—出液管接头;9—放油管接头

图 5 - 1 卧式管壳式氨冷凝器结构示意图

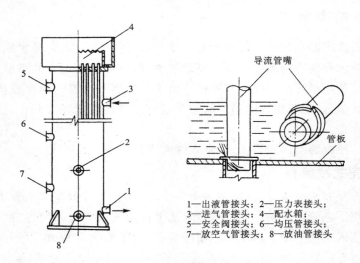

1—出液管接头;2—压力表接头;
3—进气管接头;4—配水箱;
5—安全阀接头;6—均压管接头;
7—放空气管接头;8—放油管接头

图 5 - 2 立式管壳式冷凝器

冷却水从上部进入冷凝器管内,但水并不充满钢管的整个断面,而是呈膜状沿管内壁流下,排入冷凝器下面的水池中,一般再用水泵压送到冷却水塔中循环使用。

为了使冷却水均匀地分配到每根钢管中,冷凝器顶部装有配水箱,每根钢管的管口上装有一只具有分水作用的导流管嘴,如图 5 - 2 所示。冷却水通过导流管嘴上的斜槽流入管中,并以螺旋线状沿管内壁流下。这样,在管内壁能够很好地形成一层水膜,充分吸收制冷剂的热量,既提高了冷凝器的冷却效果,又节省用水。

立式管壳式冷凝器管一般用 $\phi50$ 的无缝钢管。这种冷凝器的优点是:可以露天安装,节省机房面积;对冷却水水质要求不高,可以在运行中清洗水管。其缺点是:传热系数比卧式冷凝器的小;冷却水用量大;体积大,比较笨重;冷凝管内水流速度低,易结水垢;露天安装时,灰砂易落入,需要经常清洗。

3. 套管式冷凝器

套管式冷凝器是由两种不同管径的管子制成,将单根或多根小直径管套在大直径的管内,然后绕成蛇形管式或螺旋形。图 5-3 为具有三根小管的套管式冷凝器。制冷剂蒸气从上部进入外管的空间，在内管外表面冷凝，冷凝液由下部流出；冷却水与制冷剂的流向相反，在小管内自下而上盘旋流动。套管式冷凝器，因冷却水的流程长，所以温差大（8～10 ℃）。制冷剂在被冷却水吸热的同时，还被管外的空气冷却，所以传热效果好；其结构紧凑，制造简单，所以虽然金属消耗量大，但其价格便宜；又由于两股流体逆向流动，所以制冷剂液体的过冷度较大，水温差大而使耗水量小。其缺点是水侧阻力大，清除水垢难，所以要求水质高，制冷剂侧的阻力也较大。套管式冷凝器广泛用于小于 25 kW 的小型空

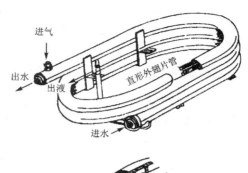

进水端详图

图 5-3　套管式冷凝器

调器机组中；用于氟利昂机组时，内管常用滚压翅片管。套管式冷凝器可以套放在压缩机周围，以节省压缩冷凝机组的占地面积。

5.1.2　空气冷却式冷凝器

空气冷却式冷凝器又称为风冷式冷凝器。在这种冷凝器中，制冷剂冷却凝结放出的热量被空气带走。

由于夏季室外温度较高（可达 35 ℃），采用空气冷却式冷凝器时，其冷凝温度也较高（达 40～50 ℃），所以它只适用于冷凝压力较低的制冷剂（如 R12）。空气冷却式冷凝器的最大优点是不需要冷却水，因此特别适用于缺水地区或者供水困难的地方。空气冷却式冷凝器一般多用于小型氟利昂制冷装置中，如电冰箱、冷藏柜和窗式空调器等，以及汽车和铁路车辆用、冷藏车用等移动式制冷装置。

空气冷却式冷凝器多为蛇形管式，制冷剂蒸气在管内冷凝，空气在管外流过。根据空气流动的方式，又分为自然对流式和强迫对流式两种形式。

1. 自然对流空气冷却式冷凝器

自然对流空气冷却式冷凝器依靠空气受热后产生的自然对流，将制冷剂冷凝放出的热量带走。图 5-4 所示为几种不同结构形式的自然对流空气冷却式冷凝器，其冷凝管多为铜管或

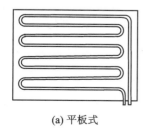

(a) 平板式

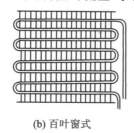

(b) 百叶窗式

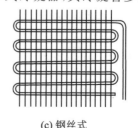

(c) 钢丝式

图 5-4　自然对流空气冷却式冷凝器

表面镀铜的钢管,管外通常做有各种形式的翅片。管子外径一般为 5～8 mm。这种冷凝器的传热系数很小,一般为 5～10 W/(m²·K),由于不需要风机,故能耗小,噪声低。它主要用于家用冰箱和微型制冷装置。

2. 强迫对流空气冷却式冷凝器

图 5-5 为强迫对流空气冷却式冷凝器的一种结构形式。制冷剂蒸气由上部分配集管进

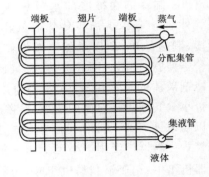

图 5-5 强迫对流空气冷却式冷凝器结构

入蛇形管,冷凝后的液体沿管子向下流动而汇集在集液管中。空气在轴流风机作用下,横跨蛇形管,从管外流过。空冷式冷凝器空气侧的表面传热系数较小,一般为 35～81 W/(m²·K),而管内侧的表面传热系数为 1 163～2 326 W/(m²·K),因此,为了增强空气侧的换热,在管外制有翅片并用轴流风机强迫通风。冰箱及冷藏柜使用的小型制冷机组,通常冷凝器是由一排或两排蛇形管组成。它与压缩机、贮液罐及电机装在同一底板上,风扇用电机驱动,从而构成了冷凝机组。小型冷凝机组可装在室内靠近蒸发器的地方,大型冷凝机组需远置,以保证有充分的空气使其冷却,如可装于建筑物屋顶。

5.1.3 蒸发式冷凝器

在蒸发式冷凝器中,制冷剂蒸气在管内冷凝,冷凝时放出的热量同时被水和空气带走。图 5-6 为蒸发式冷凝器的结构示意图。它的传热部分是一个由光管或翅片管组成的蛇形管组,管组装在一个由型钢或钢板焊制的立式箱体内,箱体的底部作为贮水的水盘。制冷剂蒸气由蒸气分配管进入每根蛇形管,冷凝后由下部集液管流入贮液器中。冷却水被循环水泵压送

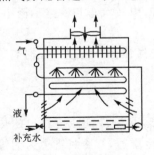

图 5-6 蒸发式冷凝器

到冷凝管的上方,经喷头喷淋到蛇形盘管的外表面,一部分冷却水吸收管内制冷剂蒸气冷凝时放出的热量而蒸发,未蒸发的喷淋水仍流进水盘内。蒸发式冷凝器装设有风机,使箱体内的空气自下而上地流经蛇形管组,并由上方排出。空气的作用主要是将箱体内的水蒸气带走,加速喷淋水的蒸发。为防止未蒸发的水滴被空气带走,在箱体上部还装有挡水板,以减少水量的吹散损失。

蒸发式冷凝器基本上是利用水的汽化潜热,带走气体制冷剂冷凝过程放出的冷凝热量。所以冷却水的用量要比水冷式冷凝器少得多。实际上补充水量为水冷式的 $\frac{1}{25}$～$\frac{1}{50}$。蒸发式冷凝器特别适用于缺水区,气候干燥地区更为有效。蒸发式冷凝器通常装在屋顶上,故不占地面和厂房面积。

5.2　制冷剂冷凝时的表面传热系数

5.2.1　管外冷凝时的表面传热系数

1. 单管管外冷凝时的表面传热系数

(1) 在竖直管壁上冷凝时的换热

制冷系统的冷凝器中一般见到的是膜状凝结,故以膜状凝结为计算基础。蒸气在竖直壁上冷凝时,在竖壁高度很小的区域内,由于冷凝液流速很慢,液膜保持完全层流,随着高度增加,由于液体表面张力的作用,冷凝液膜略呈波状,但仍属层流流动,当到达一定高度时,冷凝液转为紊流流动。$Re_m < 100$ 时的层流,按努塞尔公式计算

$$
\left.
\begin{aligned}
\alpha &= CB_m r_s^{\frac{1}{4}} (t_k - t_w)^{-\frac{1}{4}} H^{-\frac{1}{4}} \\
B_m &= (9.81 \rho \lambda^3 / \nu)_m^{\frac{1}{4}}
\end{aligned}
\right\}
\tag{5-1}
$$

式中：C——常数,完全层流时,$C = 0.943$,完全层流随高度增加而发展为波状层流时,$C = 1.13$;

$\quad\quad B_m$——制冷剂液膜的组合物性参数;

$\quad\quad \rho$——冷凝液膜的密度,kg/m^3;

$\quad\quad \lambda$——冷凝液膜的导热系数,$W/(m \cdot K)$;

$\quad\quad \nu$——冷凝液膜的运动黏度,m^2/s;

$\quad\quad H$——竖直壁的高度,m;

$\quad\quad r_s$——潜热,J/kg;

$\quad\quad t_w$——壁温,$℃$。

B_m 的定性温度应为液膜平均温度,但冷凝时冷凝液的膜温与冷凝温度十分接近,故可取冷凝温度为定性温度。表 5-1 列出了几种常用制冷剂在不同平均温度 $[(t_k + t_w)/2]$ 下的 $r_s^{\frac{1}{4}}$ 和 B_m 值,也可按冷凝温度近似查取 $r_s^{\frac{1}{4}}$ 和 B_m 值。冷凝液膜为紊流时(即 $Re_m > 100$),用下式计算：

$$
\left.
\begin{aligned}
\alpha &= \frac{0.16\lambda_m \left(\dfrac{9.81}{\nu_m}\right)^{\frac{1}{3}} Re_m Pr_m}{Re_m - 100 + 63 Pr_m^{\frac{1}{3}}} \\
Re_m &= \frac{q_{mr}}{U\mu_m}
\end{aligned}
\right\}
\tag{5-2}
$$

式中：Re_m——冷凝膜的雷诺数;

$\quad\quad q_{mr}$——冷凝液的质量流量,kg/s;

$\quad\quad U$——接触周长,m;

$\quad\quad \lambda_m$——制冷剂的导热系数,$W/(m \cdot K)$;

$\quad\quad \mu_m$——制冷剂的[动力]黏度,$Pa \cdot s$;

$\quad\quad Pr_m$——制冷剂的普朗特数。

其中,λ_m,μ_m,Pr_m 均可将近似在冷凝温度下查取的数值代入。

表 5-1　$r_s^{\frac{1}{4}}$ (J/kg)$^{\frac{1}{4}}$ 和 B_m[kg · W/(m^7 · K^3 · s)]$^{\frac{1}{4}}$ 的值

$t/℃$	R717		R11		R12		R22		R21	
	$r_s^{1/4}$	B_m	$r_s^{1/4}$	B_m	$r_s^{1/4}$	B_m	$r_s^{1/4}$	B_m	$r_s^{1/4}$	B_m
0	33.519	235.82	20.887	77.70	19.747	78.28	21.260	86.68	22.287	89.04
10	33.275	233.88	20.789	77.88	19.578	76.61	21.039	83.30	22.173	87.54
20	33.010	232.01	20.688	77.16	19.374	74.77	20.792	79.65	22.048	86.51
30	32.715	228.36	20.582	76.43	19.191	72.85	20.513	75.81	21.921	84.59
40	32.388	223.12	20.411	75.31	18.963	70.70	20.192	71.65	21.765	83.21
50	32.027	217.01	20.352	74.05	18.704	68.27	19.811	66.84	21.610	80.96

(2) 在水平光管外的冷凝换热

此时仍可用式(5-1)计算,但 C 应取 0.725,定性尺寸取外径 d_o,即

$$\left.\begin{array}{l} \alpha = 0.725 B_m r_s^{\frac{1}{4}} (t_k - t_w)^{-\frac{1}{4}} d_o^{-\frac{1}{4}} \\ B_m = (9.81 \rho \lambda^3 / \nu)_m^{\frac{1}{4}} \end{array}\right\} \tag{5-3}$$

(3) 在低螺纹管上的冷凝换热

低螺纹管的结构参数如图 5-7 所示。蒸气在低螺纹管上冷凝时,一方面,使用低螺纹管不仅冷凝面积增大,而且由于液体表面张力的影响,使翅片上的冷凝液膜减薄,因而以外表面为基准的冷凝传热系数比光管提高 60% 左右;另一方面,翅片间由于冷凝液表面张力的作用,有部分凝结液聚集在翅片根部,特别是在低螺纹管下半部积液更为严重,反而影响了翅片间管面上的换热,故提出翅片部分的换热量应乘以 85% 加以修正,

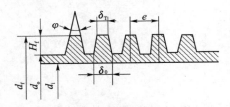

图 5-7　低螺纹管剖面图

最后的蒸气在低螺纹管外表面冷凝时的传热系数 α 可写为

$$\alpha = 0.725 r_s^{\frac{1}{4}} B_m (t_k - t_w)^{-\frac{1}{4}} d'^{-\frac{1}{4}} \psi_f \tag{5-4}$$

式中:ψ_f——低螺纹管换热增强系数,与螺距、翅高等因素有关,一般在 1.2~1.4 之间。

ψ_f 可由下式计算:

$$\left.\begin{array}{l} \psi_f = \dfrac{A_b}{A_o} + 1.1 \dfrac{A_{f1} + A_{f2}}{A_o} \left(\dfrac{d_o}{h'}\right)^{\frac{1}{4}} \\ h' = \dfrac{\pi(d_f^2 - d_o^2)}{4 d_f} \end{array}\right\} \tag{5-5}$$

式中:A_{f1}——每米管长的翅侧面积,m^2/m,其表达式为

$$A_{f1} = \dfrac{n\pi(d_f^2 - d_o^2)}{2\cos\dfrac{\varphi}{2}} \tag{5-6}$$

d_f,d_o——翅片外径和基管外径,m;

n——每米管长上的翅片数;

φ——翅顶角,(°);

A_{f2}——每米管长的翅顶面积,m^2/m,其表达式为

$$A_{f2} = \pi d_f \delta_T n \tag{5-7}$$

其中,δ_T 为翅顶宽,m;

A_o——每米管长总传热外表面积,m^2/m;

A_b——每米管长翅间管面面积,m^2/m;

h'——环翅的当量高度,m。

2. 管簇上冷凝传热系数

蒸气在光管和低螺纹管管簇上冷凝时,其换热情况与单管不同,管簇的上排管子上的冷凝液流到下排管子上,使下排管子的液膜增厚,传热系数下降。制冷剂在水平管束外表面冷凝时的平均传热系数 α_B 为

$$\alpha_B = n_m \alpha \tag{5-8}$$

式中:n_m——蒸气在管束上冷凝按单管冷凝传热系数 α 计算时的修正系数。

若管束在垂直方向有 z 列,每列管数分别为 $n_1, n_2, \cdots, n_z$,则依据理论分析,n_m 可用下式计算:

$$n_m = \frac{n_1^{0.75} + n_2^{0.75} + n_3^{0.75} + \cdots + n_z^{0.75}}{n_1 + n_2 + n_3 + \cdots + n_z} \tag{5-9}$$

然而,实验表明,当上排管管面上的液体滴落到下排管管面上时,使下排管管面上的冷凝液膜产生扰动,甚至在液滴下落的冲击作用下,有一部分液体飞溅出去直接落入冷凝器底部。因此,冷凝液体下落对换热强度的影响要比理论分析的弱,为此将式(5-9)修改为

$$n_m = \frac{n_1^{0.833} + n_2^{0.833} + \cdots + n_z^{0.833}}{n_1 + n_2 + \cdots + n_z} \tag{5-10}$$

最后,需要指出的是,在用式(5-1)、式(5-3)和式(5-4)计算冷凝表面传热系数时,由于管外壁面温度 t_w 是未知的,因此冷凝表面传热系数 α 不能直接求出,须采用相应的试凑方程求解。

5.2.2　管内冷凝时的表面传热系数

实验证明,当蒸气流速不大时,立管内冷凝传热可按管外冷凝传热计算,当流速较高(如管径小,蒸气流量大)时,由于蒸气的冲刷作用,液膜减薄,冷凝传热系数有所增加。当蒸气在水平管内冷凝时,如果蒸气流速很低,蒸气与管底部的冷凝液呈分层流动,随着冷凝液的增多,占去了一部分冷凝面积,相对于管内表面积的冷凝传热会逐渐降低;当蒸气流速增加,过渡到波状流动时,冷凝液沿管壁呈环状流动,蒸气在管的中心流动。制冷装置的冷凝器中,制冷剂蒸气在水平管内冷凝时一般呈气液分层流动,对于氟利昂,α 为

$$\alpha = 0.555 \left[\frac{B_m}{(t_k - t_w) d_i} \right]^{0.25} \tag{5-11}$$

或

$$\alpha = 0.455 \left(\frac{B_m}{q d_i} \right)^{\frac{1}{3}} \tag{5-12}$$

式(5-11)和式(5-12)仅适用于蒸气雷诺数 $Re'' = \rho'' u d_i / \mu'' < 35\ 000$ 的情况,Re'' 中物性参数按蒸气入口状态计算。若气流速度很大,制冷剂为氟利昂时,可按式(5-1)计算,其中 C 用

0.683 代入。若气流速度很大,制冷剂为氨时,在水平管内冷凝时,可用下式计算:

$$\alpha = 2\,116(t_k - t_w)^{-0.167}d_i^{-0.25} \tag{5-13}$$

或

$$\alpha = 86.88q^{-0.2}d_i^{-0.33} \tag{5-14}$$

在水平蛇形管内冷凝时,式(5-11)～式(5-14)均须乘以 ε_c 加以修正,ε_c 为

$$\varepsilon_c = 0.25q^{0.15} \tag{5-15}$$

理论分析和实验结果表明,R134a 在水平管内的凝结表面传热系数要大于 R12 在水平管内的凝结表面传热系数。下式适用于 R134a 和 R12 在水平管内的凝结表面传热系数计算:

$$\alpha = c\lambda_l Re_e^n Pr_l / d_i \tag{5-16}$$

式中:λ_l——冷凝温度下液体的导热系数,W/(m·K);

Pr_l——冷凝温度下液体的普朗特数。

系数 c 和指数 n 与当量雷诺数 Re_e 有关,当 $Re_e > 50\,000$ 时,$c=0.026\,5$,$n=0.8$;当 $Re_e \leqslant 50\,000$ 时,$c=5.03$,$n=\dfrac{1}{3}$。

当量雷诺数 Re_e 由下式计算:

$$Re_e = 0.5Re_l[1 + (\rho_l / \rho_v)^{0.5}] \tag{5-17}$$

式中:ρ_l 和 ρ_v——冷凝温度下液体和蒸气的密度,kg/m³。

Re_l——液体的雷诺数,即

$$Re_l = \frac{g_{m,r}d_i}{\mu_l}$$

式中:$g_{m,r}$——制冷剂的质量流速,kg/(m²·s);

μ_l——制冷剂液体在冷凝温度下的[动力]黏度,Pa·s。

图 5-8 所示为 R12 和 R134a 在冷凝温度分别为 30 ℃,40 ℃,50 ℃时,水平管内凝结表面传热系数 α 随质量流速 g_m 变化的关系曲线。从图 5-8 中可以看出,在相同冷凝温度下,R134a 的平均表面传热系数比 R12 高出 30% 左右。

Shan 提出了一个适用于水平管、竖管和倾斜管的管内冷凝放热综合关系式。他综合了大量实验数据,实验时的工质有水、R11、R12、R22、R113、甲醇、乙醇、苯、甲苯及三氯化烯等。该研究的基本出发点是,管内凝结时的两相流动表面传热系数应等于管内全部为液体流动时的表面传热系数 α_l 乘以两相流动的修正系数,并且两相流动的修正系数与蒸气的相对含量以及蒸气的对比态压力有关。

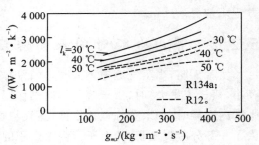

图 5-8　R12 和 R134a 在水平管
内的凝结换热系数

当入口全部为蒸气并全部凝结,即出口完全为冷凝液时,α 为

$$\alpha = \alpha_l\left(0.55 + \frac{2.09}{R^{0.38}}\right) \tag{5-18}$$

当入口处有部分液体,或出口有部分蒸气(部分凝结)时,α 为

$$\alpha = \alpha_l\left[(1-X)^{0.8} + \frac{3.8X^{0.78}(1-X)^{0.04}}{R^{0.38}}\right] \tag{5-19}$$

式(5-18)和式(5-19)中：

R——蒸气的对比态压力，$R = p/p_c$，p 和 p_c 分别为饱和蒸气压力和临界压力；

X——干度，等于进出口干度平均值；

α_1——假定气液两相均为液体的管内流动时的表面传热系数，计算式为

$$\alpha_1 = 0.023 Re_1^{0.8} Pr_1^{0.4} \frac{\lambda_1}{d_i} \tag{5-20}$$

其中，Re_1 为管内全部为液体时的雷诺数，$Re_1 = (d_i g_{m,r})/\mu_1$，$g_{m,r} = g_{m,v} + g_{m,l}$ 为管内总质量流速，$g_{m,v}$ 和 $g_{m,l}$ 分别为管内制冷剂液体和制冷剂蒸气的质量流速；当 $Re_1 < 2\ 200$ 时，α_1 应按管内层流计算。

式(5-18)～式(5-20)的适用范围：

对比态压力 $R = 0.02 \sim 0.44$；

饱和温度 $t_s = 21 \sim 310\ ℃$；

热流密度 $q = 0.158 \sim 1\ 890\ kW/m^2$；

干度 $X = 0 \sim 1.0$；

质量流速 $g_{m,r} = 10.8 \sim 210.6\ kg/(m^2 \cdot s)$；

普朗特数 $Pr_1 = 1 \sim 13$。

该综合关系式包括式(5-18)～(5-20)，其形式简单，计算方便，与管的放置形式无关，即液膜重力作用忽略不计，气液之间摩擦力起着控制作用。式(5-19)在 $X = 0.85 \sim 1.0$ 内使用时误差较大，并且使用时 Re_1 应大于 350。

5.3　冷凝器的设计与计算

5.3.1　水冷冷凝器的设计与计算

1. 主要的设计内容

冷凝器的设计主要是确定冷凝器的传热面积，选定冷凝器的型式，计算载冷剂的流量及通过冷凝器时的流动阻力。

冷凝器的传热计算式为

$$\Phi_k = KA\Delta t_m$$

因此只有知道冷凝器热负荷 Φ_k、传热系数 K 及制冷剂与载冷剂两侧的平均温差 Δt_m 以后，方能求出所需的传热面积 A。在实际计算中，由于方程多是非线性的，且有多个未知数，因此一般采用试凑法或图解法进行计算。

（1）确定主要参数

① 冷凝器热负荷的确定　高压气态制冷剂在冷凝器中所放出的热流量应等于制冷剂在蒸发器中所吸收的热流量（制冷量 Φ_0），再加上从蒸发器流出的低压气态制冷剂在制冷压缩机中被压缩成高压气态时所获得的机械功，即

$$\Phi_k = \Phi_0 + P_i = \Phi_0 + \eta_m P_e \tag{5-21}$$

式中：P_i——压缩机的指示功率，即压缩机实际消耗的压缩功率；

P_e——压缩机的轴功率；

η_{m}——压缩机的机械效率。

由于指示功率与压缩机的制冷量有关,因此式(5-21)可简化为

$$\Phi_{\mathrm{k}} = C_0 \Phi_0 \tag{5-22}$$

式中:C_0——冷凝负荷系数,与蒸发温度 t_0、冷凝温度 t_{k}、压缩机气缸冷却方式以及制冷剂种类有关。其数值随 t_0 的降低和 t_{k} 的升高而增加。采用活塞式压缩机时,C_0 值可查有关图表。对于使用小型全封闭压缩机的制冷装置,压缩机的容量越小,通过机壳散发的热量与制冷量的比值越大,则冷凝器的实际热负荷越小。对于空调用制冷装置,通常可取 $C_0 = 1.15 \sim 1.20$。

② 冷凝器类型的确定 取决于水温、水质、水量及气候条件,还与制冷剂的种类、机房的布置要求等有关,通常可根据下列情况来选择:

- 立式冷凝器适用于水质较差,而水源丰富的地区,一般布置在机房外面;
- 卧式冷凝器适用于水温较低、水质较好的条件,氨和氟利昂制冷剂都可用,一般布置在室内;
- 套管式水冷凝器多用于小型氟利昂空调和制冷机组;
- 蒸发式冷凝器由于消耗的水量很小,故特别适用于水源缺乏的地区,当空气中相对湿度较低时,其效果较好,一般布置在厂房的屋顶或室外通风良好的地方。

③ 冷却水的流速选择 水在管内的流速对传热系数有较大的影响,一般情况下所选取的水速应保证水的流动状态处于湍流状态,即 $Re > 10^4$;若 $Re < 10^4$,则水侧表面传热系数会大大降低。水的流速愈大,虽然传热系数愈高,但同时流阻增大,将使管的腐蚀加大。腐蚀与管子材料、水的流速及冷凝器的年使用小时数有关。因水对钢管的腐蚀较严重,故氨冷凝器,通常采用较低的流速。表 5-2 列出了不同的年使用小时数的水速。

表 5-2 冷凝器的设计水速

年使用小时数	1 500	2 000	3 000	4 000	6 000	8 000
设计水速/($\mathrm{m \cdot s^{-1}}$)	3.0	2.9	2.7	2.4	2.1	1.8

④ 冷却水的温升选择 冷却水在冷凝器中的温升($t_2'' - t_2'$)与冷却水的质量流量有关。流量大温升可小,则冷凝器的平均温差大,可使冷凝器的传热面减小;但流量增加会导致耗水量及水泵耗功的增加,因此冷却水的温升应根据经济性及当地供水条件确定。卧式冷凝器一般取 $3 \sim 5 \, ^\circ\mathrm{C}$,氨立式冷凝器一般取 $2 \sim 4 \, ^\circ\mathrm{C}$,使用循环水可取下限值,当用自来水或河水作水源时可取高一些。

在设计冷凝器时,冷却水的进口温度 t_2' 应根据当地气象资料中高温季节的平均水温选择,其与冷凝温度 t_{k} 之差一般为 $8 \sim 10 \, ^\circ\mathrm{C}$,那么冷却水的温升大小在很大程度上确定了对数平均温差的大小。因此,在选取冷却介质温升的同时应使对数平均温差在合适范围内。

⑤ 污垢热阻 冷凝器中的污垢热阻主要是指水垢和油垢。水垢热阻与管子材料、传热表面粗糙度、水速及水的含盐量有关。制冷剂侧的油垢热阻,对于氟利昂,因其与润滑油可互溶,可认为不存在油垢;对于氨,一般取 $r = (3 \sim 4) \times 10^{-4} (\mathrm{m^2 \cdot K})/\mathrm{W}$。

表 5-3 列出了冷凝器中推荐选用的载冷剂侧的污垢热阻值。表 5-4 列出了冷凝器几种常见制冷剂和载冷剂的污垢热阻。

表 5-3　载冷剂侧的污垢热阻

$(m^2 \cdot K)/W$

类　别	污垢热阻 r	类　别	污垢热阻 r
强制通风空气冷却式冷凝器尘埃垢层	0.1×10^{-3}	清净河水垢层	0.34×10^{-3}
城市生活用水垢层	0.17×10^{-3}	混浊河水垢层	0.5×10^{-3}
经处理的工业循环用水垢层	0.17×10^{-3}	井水、湖水垢层	0.17×10^{-3}
未经处理的工业循环用水垢层	0.43×10^{-3}	近海海水垢层	0.17×10^{-3}
处理过的冷水塔循环用水垢层	0.17×10^{-3}	远海海水垢层	0.086×10^{-3}

表 5-4　几种常见制冷剂和载冷剂的污垢热阻值

部位及介质	污垢热阻 $r/(m^2 \cdot K \cdot kW^{-1})$
冷凝器氨侧	0.43
蒸发器氨侧	0.6
氟利昂铜管侧	0.09
冷却水侧	0.09
盐水、海水侧	0.18
冷水、水蒸气侧	0.045

（2）冷却水在管内流动时的表面传热系数和流动阻力计算

在水冷冷凝器中，水在管内的流动状态为湍流状态，因此，冷却水在管内湍流流动时的表面传热系数 α［单位为 $W/(m^2 \cdot K)$］的计算式为

$$\alpha = B \frac{u^{0.8}}{d_i^{0.2}} \tag{5-23}$$

式中：u——冷却水在管内的流速，m/s；

$\qquad d_i$——管内径，m。

$\qquad B$——与冷却水进出口平均温度 t_m 有关的物性集合系数，可从表 5-5 中取值，也可由下式近似计算：

$$B = 1\,395.6 + 23.26t_m \tag{5-24}$$

表 5-5　水的 B 值

$t_m/℃$	0	10	20	30	40
B	1 430	1 658	1 886	2 095	2 303

冷却水在冷凝器中的流动阻力可用下式计算：

$$\Delta p = \frac{1}{2} \rho u^2 \left[\xi N \frac{l}{d_i} + 1.5(N+1) \right] \tag{5-25}$$

式中：u——冷却水的管内流速，m/s；

ρ——冷却水的密度，$\mathrm{kg/m^3}$；

l——单根传热管长度，m；

d_i——管内径，m；

N——流程数；

ξ——沿程阻力系数，$\xi = 0.316\ 4/Re^{0.25}$，管外制冷剂侧阻力可不计算。

（3）平均温差及载冷剂流量计算

制冷剂在冷凝器中，是由过热状态的蒸气冷凝成液体，甚至达到过冷。因此，按实际情况看，制冷剂的温度并不是定值。

但是在没有装设专门过冷设备的情况下，冷凝器内过冷度是很小的（管壳式冷凝器内过冷度一般小于 1 ℃）。因此，在分析冷凝器的特性时，常忽略这种过冷。

气态制冷剂的过热量所占的比例一般也不很大，且制冷剂在过热段的传热系数比冷凝段低（冷凝段有冷凝潜热）。为了简化计算，一般可以认为制冷剂的温度等于冷凝温度 t_k。因此，冷凝器内制冷剂和载冷剂之间的平均对数传热温差为

$$\Delta t_m = \frac{(t_k - t_2') - (t_k - t_2'')}{\ln \dfrac{t_k - t_2'}{t_k - t_2''}} = \frac{t_2'' - t_2'}{\ln \dfrac{t_k - t_2'}{t_k - t_2''}} \qquad (5-26)$$

载冷剂的质量流量计算式为

$$q_{m2} = \frac{\Phi_k}{c_{p2}(t_2'' - t_2')} \qquad (5-27)$$

由式（5-26）和式（5-27）可知，缩小载冷剂进出口温差可以提高载冷剂流量，从而提高载冷剂侧的表面传热系数；但是，减小 $(t_2'' - t_2')$ 的同时也减小了对数平均温差 Δt_m，有可能影响总的传热效果。因此，载冷剂的流量和进出口温差的确定应综合考虑。

（4）传热系数与热流密度

求解传热系数是冷凝器热力计算中的一个重要问题，以冷凝器传热管外表面为基准的传热系数可表示为

$$K_1 = \left[\frac{1}{\alpha_1} + r_o + \frac{\delta}{\lambda} \cdot \frac{A_o}{A_m} + \left(r_i + \frac{1}{\alpha_2} \right) \frac{A_o}{A_i} \right]^{-1} \qquad (5-28)$$

式中：α_1, α_2——制冷剂侧和载冷剂侧的对流表面传热系数；

r_i, r_o——传热管内侧和外侧污垢热阻；

δ, λ——管壁的厚度和导热系数；

A_i, A_o 和 A_m——管内、管外和平均的传热表面面积。

要直接由式（5-28）计算出传热系数 K 往往是不可能的，因为式中的 α_1 和 α_2 经常与管壁温度 t_w 有关，而在计算时 t_w 又是未知数，因此一般采用试凑法进行计算。

试凑法的基本思路是，将管壁温度作为参变量，计算传热系数时，将传热分解成两个过程：一个是热量经过液膜层的传热，其传热温差为 Δt_o，它是制冷剂温度与管外污垢层外表面温度间的对数平均温差；另一个过程是热量经过管外污垢层、管壁、管内污垢层以及冷却水的传热过程，传热温差为 Δt_i，它是管外污垢层外表面温度与管内冷却水温度间的对数平均温差。两个过程传热的计算式为

$$q_o = \alpha_1 \cdot \Delta t_o \qquad (5-29)$$

$$q_i = \frac{\Delta t_i}{\left(\dfrac{1}{\alpha_2} + r_i\right)\dfrac{d_o}{d_i} + \dfrac{\delta}{\lambda}\dfrac{d_o}{d_m} + r_o} \tag{5-30}$$

在稳态传热情况下 $q_o = q_i$，并注意到 $\Delta t_i = \Delta t_m - \Delta t_o$。

采用逐步逼近法解联立方程组式(5-29)
和式(5-30)，即假定一个 Δt_o，分别计算出 q_o
和 q_i，并将计算结果填入表 5-6 中。

当两式求出的 q_o 和 q_i 的误差不大于 3%
时，可认为符合要求；然后将试凑计算最终所
得 q_o 与冷凝器初步结构设计时假定的 q_o 进
行比较，若误差不大于 15% 且计算值稍大于

表 5-6 试凑计算表

序　号	Δt_o	第一式 q_o	第二式 q_i
1			
2			
3			
4			

假定值，可认为原假定值及初步结构设计合理；最后即可由下式计算所需的管外传热面积 A_o
（单位为 m^2）：

$$A_o = \frac{\Phi_k}{q_o}$$

一般情况下，经初步结构设计所布置的传热面积应有一定的富裕量，在满足上述要求前提
下，所布置的传热面积较计算所需的传热面积大 10% 左右。

(5) 管壳式冷凝器的结构初步规划

在管壳式冷凝器的设计计算中，需要预先估计传热管的结构尺寸及管数等。对于立式管
壳式冷凝器，由于是单流程，此问题较简单；而对于卧式管壳式冷凝器，由于通常是多流程，则
计算较麻烦，这里给予简要说明。

对于多流程冷凝器，每个流程的管子数 Z 取决于传热管内冷流体的流量与流速，它们之
间存在如下关系：

$$\left(\frac{1}{4}\pi d_i^2\right)u_2\rho_2 Z = q_{m2}$$

$$Z = \frac{4q_{m2}}{(\pi d_i^2)u_2\rho_2} = \frac{4q_{V2}}{\pi d_i^2 u_2} \tag{5-31}$$

在选定管子的 d_i 后，就可按上式计算出流程的管子数 Z。

假定按制冷剂侧表面计算热流密度 q_o，则所需传热外表面积 A_o 为

$$A_o = \frac{\Phi_k}{q_o}$$

当传热面积 A_o 确定时，传热管的有效长度 L_e 与流程数 N 之间存在以下关系：

$$A_o = NZ\pi d_o L_e$$

故

$$NL_e = \frac{A_o}{\pi d_o Z} \tag{5-32}$$

在设计冷凝器时，对 L_e 及 N 应进行合理的初步规划。

在组合计算中，当传热管总根数较多时，壳体内径 D_i（单位为 m）可按下式估算：

$$D_i = (1.15 \sim 1.25)s\sqrt{NZ} \tag{5-33}$$

式中：s——相邻管中心间距，m，$s = (1.25 \sim 1.30)d_o$，其中 d_o 为管外径，m。

系数 $1.15\sim1.25$ 的取法为：当壳体内管子基本布满且不留空间时取下限；当壳体内留有一定空间时取上限。

外壳长径比 L/D_i 一般在 $6\sim8$ 范围内较为适宜，长径比大则流程数少，便于端盖的加工制造。当冷凝器与半封闭活塞式制冷压缩机组成压缩冷凝机组时，应适当考虑压缩机的尺寸而选取更为合适的冷凝器的长径比。

不同类型冷凝器采用的传热管结构形式有所不同，我国生产的氨卧式冷凝器采用 $\phi25$、$\phi38$ 和 $\phi51$ 的钢管，氨立式冷凝器采用 $\phi38$ 或 $\phi51$ 的钢管作传热管，因水对钢的腐蚀性较大，故管壁厚取 $2.5\sim3$ mm。氟利昂卧式管壳式冷凝器常采用 $\phi16\times1.5$ mm、$\phi19\times1.5$ mm 或 $\phi25\times2.0$ mm 的低翅(低螺纹)紫铜管，其节距为 $1.34\sim1.60$ mm，翅高 $1.3\sim1.5$ mm，翅化系数为 $3\sim4$。

卧式冷凝器内管束通常采用叉排排列，管束的管子常按正三角形布置。

2. 计算举例

例 5-1 有一台 8AS12.5 氨压缩机，用于空调装置，蒸发温度 $t_0=5$ ℃，冷却水的入口温度 $t'_2=32$ ℃，冷却水在管内流动，氨在管外流动，试设计一台管壳式冷凝器。取压缩机的机械效率 $\eta_m=0.85$。

解

1) 确定热负荷及温度参数

最高冷凝温度 t_k 选为 40 ℃，根据 $t_0=5$ ℃ 和 $t_k=40$ ℃，由 8AS12.5 压缩机的性能曲线查得，制冷量为 $\Phi_0=534.98$ kW，轴功率 $P_e=110$ kW。由式(5-21)得冷凝器的热负荷 Φ_k 为

$$\Phi_k=\Phi_0+\eta_m P_e=(534.98+0.85\times110)\ \text{kW}=628.48\ \text{kW}$$

取冷却水温升 $\Delta t_2=5$ ℃，则冷却水出口温度 t''_2 为

$$t''_2=t'_2+\Delta t_2=(32+5)\ \text{℃}=37\ \text{℃}$$

根据式(5-27)和(5-26)得冷却水流量 q_{V2} 及平均温差 Δt 为

$$q_{V2}=\frac{\Phi_k}{\rho_2 c_{p2}\Delta t_2}=\frac{628.48}{1\,000\times4.187\times5}\ \text{m}^3/\text{s}=0.03\ \text{m}^3/\text{s}$$

$$\Delta t_m=\frac{t''_2-t'_2}{\ln\dfrac{t_k-t'_2}{t_k-t''_2}}=\frac{37-32}{\ln\dfrac{40-32}{40-37}}\ \text{℃}=5.1\ \text{℃}$$

2) 结构初步规划

选用 $\phi25\times2.5$ mm 无缝钢管，取水流速 $u_2=2$ m/s，则由式(5-31)得每流程管数 Z 为

$$Z=\frac{4q_{V2}}{\pi d_i^2 u_2}=\frac{4\times0.03\ \text{m}^3/\text{s}}{3.416\times(0.02\ \text{m})^2\times2\ \text{m/s}}=47.8$$

式中 d_i 为管内径。化整后取 $Z=48$。

假定按管外侧表面计算的热流密度 $q_o=5\,815$ W/m²，则所需的传热外表面积 A_2 为

$$A_2=\frac{\Phi_k}{q_o}=\frac{628.48\times10^3}{5\,815}\ \text{m}^2=108\ \text{m}^2$$

由式(5-32)得流程与有效管长的乘积 NL_e 为

$$NL_e=\frac{A_2}{\pi d_o Z}=\frac{108}{3.141\,6\times0.025\times48}\ \text{m}=28.6\ \text{m}$$

式中：d_o 为管外径。管按正三角形排列，且管距 $s = 32$ mm，不同流程有不同管长及壳体内径，可参考表 5-7 选取。

表 5-7　不同流程的管长及壳体内径

N	L_e/m	NZ	壳体内径 D/m	实际管长 L/m	L/D
2	14.3	96	0.42	14.4	34
4	7.15	192	0.58	7.25	12.5
6	4.77	288	0.70	4.87	7
8	3.58	384	0.80	3.68	4.6
10	2.86	480	0.88	2.96	3.4

从 L/D 值可以看出，6 个流程数的方案最可取，故取 6 流程。其管排列方式如图 5-9 所示。

3）计算传热系数

水侧表面传热系数计算如下：

从水物性表知，水在平均温度 $t_{m2} = (t_2' + t_2'')/2 = 34.5$ ℃ 时，运动黏度 $\nu = 0.736 \times 10^{-6}$ m²/s；由式（5-24）得水的物性集合系数为

$$B = 1\ 395.6 + 23.26\ t_{m2} =$$
$$1\ 395.6 + 23.26 \times 34.5 = 2\ 198$$

因为雷诺数 $Re_2 = \dfrac{u_2 d_i}{\nu} = \dfrac{2 \times 0.02}{0.736 \times 10^{-6}} = 54\ 200$

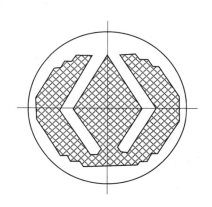

图 5-9　管群排列方式

$> 10^4$，即水在管内的流动状态为湍流，则由式（5-23）得水侧表面传热系数为

$$\alpha_2 = B \frac{u_2^{0.8}}{d_i^{0.2}} = \left(2\ 198 \times \frac{2^{0.8}}{0.02^{0.2}}\right) \text{W/(m}^2 \cdot \text{K)} = 8\ 368\ \text{W/(m}^2 \cdot \text{K)}$$

氨侧表面传热系数计算如下：

水平管的管束修正系数 n_m 按式（5-9）计算，流程数 N 为 6 时，则 $NZ = 6 \times 48 = 288$，将其布置在 39 个纵列内，用式（5-9）计算得 $n_m = 0.604$。

管外传热系数 α_1 按式（5-3）计算，然后按式（5-8）修正。按 $t_k = 40$ ℃ 查得 $r_s^{1/4} = 32.388$，$B_m = 223.116$，则有

$$\alpha_1 = n_m \cdot 0.725 \cdot r_s^{\frac{1}{4}} B_m \Delta t_o^{-\frac{1}{4}} d_o^{-\frac{1}{4}} =$$
$$0.604 \times 0.725 \times 32.388 \times 223.116 \times \Delta t_o^{-0.25} \times 0.025^{-0.25} =$$
$$7\ 962(\Delta t_o)^{-0.25}$$

计算传热系数时，将传热分解成两个过程：一个过程是热量经过氨液膜层的传热，其传热温差为 Δt_o，它是制冷剂温度与管外污垢层外表面温度间的对数平均温差；另一过程为热量经过管外污垢层、管壁、管内污垢层以及冷却水的传热过程，传热温差为 Δt_i，它是管外污垢层外表面温度与管内冷却水温度间的对数平均温差。两个过程的传热计算式为

$$q_o = \alpha_1 \cdot \Delta t_o = 7\ 962 \Delta t_o^{0.75} \tag{a}$$

$$q_i = \frac{\Delta t_i}{\left(\dfrac{1}{\alpha_2} + r_i\right)\dfrac{d_o}{d_i} + \dfrac{\delta}{\lambda}\dfrac{d_o}{d_m} + r_o} = \frac{\Delta t_i}{R}$$

式中：r_o 和 r_i——外侧和内侧污垢热阻,根据表 5-4 选取,即

$$r_i = 0.09 \times 10^{-3} \ \text{m}^2 \cdot \text{K/W}, \quad r_o = 0.43 \times 10^{-3} \ \text{m}^2 \cdot \text{K/W}$$

d_m——管的平均直径,即

$$d_m = \frac{d_o + d_i}{2} = \frac{(25 + 20) \ \text{mm}}{2} = 22.5 \ \text{mm}$$

R——热阻,$(\text{m}^2 \cdot \text{K})/\text{W}$,即

$$R = \left(\frac{1}{\alpha_2} + r_i\right)\frac{d_o}{d_i} + \frac{\delta}{\lambda}\frac{d_o}{d_m} + r_o =$$

$$\left[\left(\frac{1}{8\,368} + 0.09 \times 10^{-3}\right) \times \frac{25}{20} + \frac{2.5 \times 10^{-3}}{45.36} \times \frac{25}{22.5} + \right.$$

$$\left. 0.43 \times 10^{-3}\right] (\text{m}^2 \cdot \text{K})/\text{W} = 7.530\,1 \times 10^{-4} (\text{m}^2 \cdot \text{K})/\text{W}$$

注意到 $\Delta t_i = \Delta t_m - \Delta t_o = 5.1 \ ℃ - \Delta t_o$,则

$$q_i = \frac{\Delta t_i}{R} = 1\,328(5.1 \ ℃ - \Delta t_o) \tag{b}$$

其单位为 W/m^2。选取不同的 Δt_o 对式(a)和(b)进行试凑计算,计算结果列于表 5-8 中。

表 5-8 试凑计算结果

$\Delta t_o/℃$	(a)式的 $q_o/(\text{W} \cdot \text{m}^{-2})$	(b)式的 $q_i/(\text{W} \cdot \text{m}^{-2})$
0.5	4 734	6 108
0.6	5 428	5 976
0.7	6 093	5 843
0.67	5 896	5 883

当 $\Delta t_o = 0.67 \ ℃$ 时,$q_o \approx q_i$,取 $q_o = 5\,896 \ \text{W/m}^2$。该 q_o 值与前面假定的 $q_o = 5\,815 \ \text{W/m}^2$ 十分接近,故假定成立。于是,传热系数为

$$K = \frac{q_o}{\Delta t_m} = \frac{5\,896}{5.1} \ \text{W/(m}^2 \cdot \text{K)} = 1\,156 \ \text{W/(m}^2 \cdot \text{K)}$$

4) 传热面积及传热管长确定

据 q_o 有传热面积为

$$A_1 = \frac{\Phi_k}{q_o} = \frac{628.48 \times 10^3}{5\,896} \ \text{m}^2 = 106.6 \ \text{m}^2$$

管有效长度 L_e 为

$$L_e = \frac{A_1}{\pi d_o Z N} = \frac{106.6}{3.141\,6 \times 0.025 \times 48 \times 6} \ \text{m} = 4.71 \ \text{m}$$

取管实际长度 $L = 5 \ \text{m}$。

5）冷却水侧流动阻力及水泵功耗计算

水侧沿程阻力系数

$$\xi = 0.316\ 4/Re_2^{0.25} = 0.316\ 4/54\ 200^{0.25} = 0.020\ 8$$

所以 Δp 为

$$\Delta p = \frac{1}{2}\rho_2 u_2^2 \left[\xi N \frac{L}{d_i} + 1.5(N+1)\right] =$$

$$\left[\frac{1\ 000}{2} \times 2^2 \times 0.020\ 8 \times 6 \times \frac{5}{0.02} + 1.5 \times (6+1)\right] \text{Pa} =$$

$$83\ 300\ \text{Pa} = 83.3\ \text{kPa}$$

考虑到外部管路损失，冷却水泵总压头 $\Delta p' = 200$ kPa，取离心水泵效率 $\eta = 0.6$，则水泵所需功率 P 为

$$P = \frac{q_{V2}\Delta p'}{\eta} = \frac{0.03 \times 2 \times 10^5}{0.6}\ \text{W} = 1 \times 10^4\ \text{W} = 10\ \text{kW}$$

5.3.2　空气冷却式冷凝器的设计与计算

1. 主要设计内容

空冷式冷凝器的设计，一般是根据给定的额定负荷、压缩机形式、制冷剂种类及额定运行工况等设计条件，来确定冷凝器的形式、传热面积以及空气侧阻力和选择风机。

（1）主要参数选择

空冷式冷凝器设计中的主要参数的选择如下：

① 结构形式　图 5-10 所示为强制对流空气冷却式冷凝器（简称空冷式冷凝器）的整体结构示意图。氟利昂在管内冷凝，空气在管外横掠而过。

为减少弯头数量及减少弯头与传热管之间的焊接工作量，传热管（紫铜管）宜采用 U 形管，只在管组的一端用弯头将传热管有序连接。因空冷冷凝器主要用于中、小型氟利昂制冷机，所以选用铜管铝翅片典型结构。对于制冷量小于 60 kW 的机组，多采用 $\phi 10$ 或 $\phi 12$ 的紫铜管，管间距 25 mm，管壁厚 0.5～1.0 mm；对于制冷量大于 60 kW 的机组，多选用 $\phi 16$、壁厚为 1.0～1.5 mm 的紫铜管，管间距 35 mm。翅片管的排列可采用顺排或叉排，翅片间距为2.0～3.5 mm，翅高 7～12 mm，叉排管群多采用正三角形排列。翅化系数一般大于或等于 13。

② 空气进口温度及温升的选择　空气进口温度 t_2' 应根据当地高温季节的日平均气温选择。因空冷式冷凝器的传热系数小，所以要求取较大的平均温差，否则会使传热面积过大，造成经济上不合理。因此，冷空气的温升要大于水冷式冷凝器中冷却水的温升，一般取 8～10 ℃。

③ 冷凝温度 t_k 的选择　t_k 值选得高，冷凝面积可减小，但压缩机的排温和耗功都增加，因此 t_k 应根据技术和经济性比较确定。根据经验，冷凝温度与进风温度之差一般控制在 13～15 ℃ 比较合理，即当外界气温为 30～35 ℃ 时，t_k 可取 40～50 ℃。

④ 管排数的选择　管排数是指沿空气流动方向的管数。管排数的多少，对冷凝器性能及经济效果影响很大。制冷剂与出口处空气的温差为 3～5 ℃。由于空气流经管束时其温度不断升高，愈到后面温差愈小，故管排数不宜过多，一般选用 4～6 排。

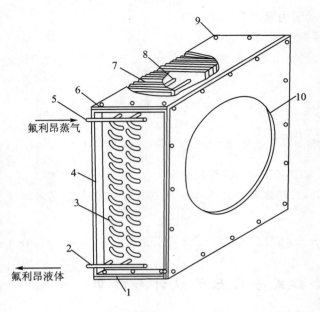

1—下封板；2—出液集管；3—弯头；4—左端板；5—进气集管；
6—上封板；7—翅片；8—传热管；9—装配螺钉；10—进风口面板

图 5 - 10　强制对流空气冷却式冷凝器

⑤ 迎面风速的选择　冷凝器的传热效果与风速有很大关系。迎面风速愈高，传热效果愈好，但其阻力增加，使风机的功率消耗也相应增加，因此迎面风速应根据技术和经济性比较来确定，据一般经验可选 2.5～3.5 m/s 或 3～5 m/s。

（2）空气流过管带式冷凝器时传热及阻力特性计算

在汽车空调制冷系统中，广泛使用全铝制管带式冷凝器。这种冷凝器将铝制扁椭圆管弯制成蛇形，铝翅片弯曲成波形（或锯齿形）后钎焊而成。图 5 - 11 所示为管带式冷凝器的结构示意图。

空气流过管带式冷凝器时，当量表面传热系数 $\alpha_{a,e}$ 可由下式计算：

$$
\left.
\begin{aligned}
&\alpha_{a,e} = C\frac{\lambda_a}{d_e}Re_f^{n_1}\,Pr_f^{n_2}\left(\frac{b}{d_e}\right)^{n_3}\left(\frac{h}{d_e}\right)^{n_4}\left(\frac{s}{d_e}\right)^{n_5} \\
&Re_f = \frac{g_{m,a}d_e}{\mu_a}, \quad Pr_f = \frac{c_{p,a}\mu_a}{\lambda_a} \\
&d_e = \frac{2(s_1 - h)(s_f - \delta_f)}{(s_1 - h) + (s_f - \delta_f)}
\end{aligned}
\right\}
\tag{5-34}
$$

式中：$g_{m,a}$——空气在流通截面上的质量流速，kg/(m² · s)；

　　　　μ_a——空气平均温度下的[动力]黏度，Pa · s；

　　　　$c_{p,a}$——空气平均温度下的比定压热容，J/(kg · K)；

　　　　λ_a——空气平均温度下的导热系数，W/(m · K)；

　　　　d_e——当量直径，m；

　　　　δ_f——翅带厚度，m。

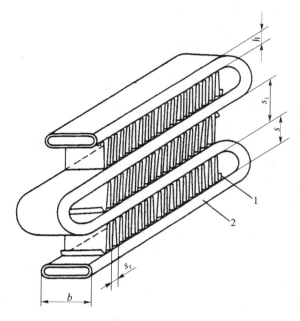

1—波形翅片；2—椭圆扁管

图 5 - 11　管带式冷凝器结构示意图

式中系数及指数见表 5 - 9，其他结构参数如图 5 - 11 所示。

表 5 - 9　式(5 - 34)中的系数及指数

C	n_1	n_2	n_3	n_4	n_5
0.175 8	0.505 7	0.333 3	0.313 3	1.990 8	−0.526 8

由式(5 - 34)计算的管带式冷凝器空气侧表面传热系数已考虑翅片效率的影响，因此在进行传热计算时，不必再乘以表面效率。

空气流过管带式冷凝器时的阻力 Δp 由下式计算：

$$\Delta p = 0.815\ 3 u_{max}^{2.058\ 4} \left(\frac{b}{s_f - \delta_f}\right)^{0.896\ 3} \left(\frac{s}{d_e}\right)^{-0.114\ 5} \qquad (5-35)$$

式中有关结构参数定义参见图 5 - 11。

(3) 空气的流动阻力计算

空气的流动阻力可根据第 3 章有关公式计算，对于顺排平翅片（整体套片），进行"干式"等湿交换的流动阻力也可按下式计算：

$$\Delta p_2 = 9.81 a \left(\frac{L_2}{d_e}\right)(\rho_2 u_2)^{1.7} \qquad (5-36)$$

式中：a——考虑表面粗糙度的系数，对粗糙表面翅片 $a = 0.011\ 3$，对光滑表面翅片 $a = 0.007$；

ρ_2——按空气平均温度查取的空气密度；

u_2——最小截面处流速；

L_2——沿气流流动方向的翅片长度。

对于叉排管束,流动阻力应按式(5-36)结果再增大 20%。

(4) 风机选择

① 风机风量:可取略大于或等于冷凝器的额定风量

$$q_{V2} = \frac{\Phi_k}{\rho_2 c_{p2}(t''_2 - t'_2)} \tag{5-37}$$

式中:ρ_2, c_{p2}——空气的平均密度和平均比定压比热;

t'_2, t''_2——空气进、出冷凝器的温度。

根据风量大小和几何尺寸要求,可选用一台风机,也可选用两台风机并联使用。

② 风机全压:风机静压可选取 $p_{st} = \Delta p_2$,Δp_2 为空气流经冷凝器的阻力,则风机全压为

$$p^* = p_{st} + p_d = \Delta p_2 + \frac{1}{2}\rho_2 u_y^2 \tag{5-38}$$

式中:p_d——空气流的动压,$p_d = \frac{1}{2}\rho_2 u_y^2$;

u_y——迎面风速。

(5) 风机需用功率计算

风机所需功率计算式为

$$P = \frac{q_{m2}(\Delta p + \Delta p_t)}{\eta \rho_2} \tag{5-39}$$

式中:Δp——流经冷凝器的空气阻力,Pa;

Δp_t——空气流经风道的阻力,Pa;

η——风机效率;

ρ_2——空气的密度,kg/m³。

2. 计算举例

例 5-2 试设计一台与某型全封闭压缩机配用的空气冷却式冷凝器,制冷剂为 R12,要求冷凝液有 5 ℃过冷。已知压缩机在 $t_0 = 5$ ℃,$t_k = 50$ ℃时,排气温度 $t_{dis} = 85$ ℃,压缩机的实际排气量 $q_{m,r} = 120$ kg/h,空气进风温度 $t'_2 = 35$ ℃。取迎面风速 $u_y = 2.9$ m/s。系统制冷循环的压-焓图如图 5-12 所示。

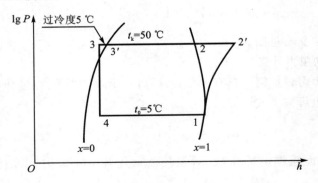

图 5-12 例 5-2 系统制冷循环压-焓图

解 计算中用下标"1"表示制冷剂侧参数,用下标"2"表示空气侧参数。

1) 确定冷凝器的热负荷及空气流量

根据 $t_k = 50$ ℃和排气温度 $t_{dis} = 85$ ℃以及过冷度 $\Delta t_k = 5$ ℃在 R12 的压-焓图 5-12 上可以查得 $h_{dis} = 398$ kJ/kg 以及过冷液体焓 $h_c = 243$ kJ/kg,所以 Φ_k 为

$$\Phi_k = \frac{q_{m,r}(h_{dis} - h_c)}{3\ 600} = \frac{120 \times (398 - 243)}{3\ 600} \text{ kW} = 5.167 \text{ kW}$$

2) 确定冷空气参数

已知 $t_2' = 35$ ℃,取进出口的空气温差 $\Delta t_2 = t_2'' - t_2' = 8$ ℃,则定性温度为

$$t_{m2} = \frac{1}{2} \times (t_2' + t_2'') = \frac{1}{2} \times (35 + 43)℃ = 39 \text{ ℃}$$

据此查空气热物性表附录 B 中表 B-1 得 $\rho_2 = 1.128$ kg/m³,$c_{p2} = 1.005$ kJ/(kg·K),$\nu_2 = 16.87 \times 10^{-6}$ m²/s,$\lambda_2 = 2.751 \times 10^{-2}$ W/(m·K),则空气流量为

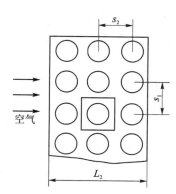

$$q_{V2} = \frac{\Phi_k}{\rho_2 c_{p2}(t_2'' - t_2')} = \frac{5\ 167}{1.128 \times 1.005 \times 8 \times 10^3} \text{ m}^3/\text{s} = 0.570 \text{ m}^3/\text{s}$$

图 5-13 结构初步规划示意图

3) 结构初步规划

取沿气流方向排数 $n_L = 4$,冷凝器选用顺排套片式结构,选用 $\phi 10 \times 0.7$ mm 的紫铜管,翅片采用厚为 0.2 mm 的铝片,翅片用套片机套在管束上,翅片根部带有双翻边,以保证套装后翅片间的距离和与基管紧密接触,翅片间距 $s_f = 2.2$ mm,纵向和横向管间距均为 $s = 25$ mm,其结构见图 5-13。根据初步规划,可计算下列参数:

套片后翅片间传热管部分的外径 d_b 为

$$d_b = d_o + 2\delta_f = (10 + 0.2 \times 2)\text{mm} = 10.4 \text{ mm} = 0.010\ 4 \text{ m}$$

每米管长的翅片面积 A_{f2} 为

$$A_{f2} = \frac{2\left(s^2 - \frac{\pi d_b^2}{4}\right)}{s_f} = \frac{2 \times \left(0.025^2 - \frac{\pi \times 0.010\ 4^2}{4}\right)}{0.002\ 2} \text{ m}^2 = 0.491\ 0 \text{ m}^2$$

每米管长的翅片间基管外表面积 A_{b2} 为

$$A_{b2} = \pi d_b \left(1 - \frac{\delta_f}{s_f}\right) = \left[\pi \times 0.010\ 4 \times \left(1 - \frac{0.000\ 2}{0.002\ 2}\right)\right] \text{ m}^2 = 0.029\ 7 \text{ m}^2$$

每米管长的总外表面积 A_2 为

$$A_2 = A_{f2} + A_{b2} = (0.491\ 0 + 0.029\ 7) \text{ m}^2 = 0.520\ 7 \text{ m}^2$$

每米管长内表面积 A_1 为

$$A_1 = \pi d_i = (\pi \times 0.008\ 6) \text{ m}^2 = 0.027 \text{ m}^2$$

翅化系数 β 为

$$\beta = \frac{A_2}{A_1} = \frac{0.520\ 7}{0.027} = 19.28$$

净面比,即最小截面与迎风面积之比 ε 为

$$\varepsilon = \frac{(s - d_{\mathrm{b}})(s_{\mathrm{f}} - \delta_{\mathrm{f}})}{s \cdot s_{\mathrm{f}}} = \frac{(25 - 10.4) \times (2.2 - 0.2)}{25 \times 2.2} = 0.531$$

当量直径 d_{e} 为

$$d_{\mathrm{e}} = \frac{2(s - d_{\mathrm{b}})(s_{\mathrm{f}} - \delta_{\mathrm{f}})}{(s - d_{\mathrm{b}}) + (s_{\mathrm{f}} - \delta_{\mathrm{f}})} = \frac{2 \times 14.6 \times 2}{14.6 + 2} \ \mathrm{mm} = 3.518 \ \mathrm{mm}$$

4) 计算空气侧换热系数 α_2

α_2 可用式(3-39)果戈林公式计算:

$$\alpha_2 = C_1 C_2 \left(\frac{\bar{\lambda}_2}{d_{\mathrm{e2}}}\right) \left(\frac{L}{d_{\mathrm{e2}}}\right)^n Re_2^m$$

式中: $Re_2 = u_2 d_{\mathrm{e2}} / \bar{\nu}_2$;

$C_1 = 1.36 - 0.24 \dfrac{Re_2}{1\ 000}$;

$C_2 = 0.518 - 0.023\ 15 \left(\dfrac{L}{d_{\mathrm{e}}}\right) + 0.000\ 425 \left(\dfrac{L}{d_{\mathrm{e}}}\right)^2 - 3 \times 10^{-6} \left(\dfrac{L}{d_{\mathrm{e}}}\right)^3$;

$m = 0.45 + 0.006\ 6 \left(\dfrac{L}{d_{\mathrm{e}}}\right)$;

$n = -0.28 + 0.08 \left(\dfrac{Re_2}{1\ 000}\right)$;

$L = n_{\mathrm{L}} \cdot s$。

根据已知条件,空气最小截面处的流速 u_2 为

$$u_2 = \frac{u_{\mathrm{y}}}{\varepsilon} = \frac{2.9}{0.531} \ \mathrm{m/s} = 5.46 \ \mathrm{m/s}$$

按空气的进、出口温度的平均值 $t_{\mathrm{m2}} = 39$ ℃查取的空气物性参数值得 $Re_2 = 1\ 138$。又沿气流方向翅片长度 $L = n_{\mathrm{L}} \cdot s = 4 \times 25 \ \mathrm{mm} = 100 \ \mathrm{mm}$,并经计算得 $C_1 = 1.096\ 6$,$C_2 = 0.134\ 5$,$m = 0.637\ 6$,$n = -0.192\ 2$。将以上数据代入果戈林公式得 $\alpha_2 = 53.85 \ \mathrm{W/(m^2 \cdot K)}$。

5) 计算翅片效率及表面效率

翅片效率 η_{f2} 按式(2-33)计算得 $\eta_{\mathrm{f2}} = 0.917$,则表面效率 η_{02} 为

$$\eta_{\mathrm{02}} = 1 - \frac{A_{\mathrm{f2}}}{A_2}(1 - \eta_{\mathrm{f2}}) = 1 - \frac{0.491\ 0}{0.520\ 7} \times (1 - 0.917) = 0.921\ 7$$

6) 计算管内侧冷凝换热系数 α_1

α_1 按式(5-1)计算。式(5-1)中 C 对于氟利昂可选 0.683,若用 R12 的平均温度选取式(5-1)中的 $r^{\frac{1}{4}}$ 和 B_{m} 值时,则先假定壁温,设壁温 $t_{\mathrm{w}} = 47$ ℃,则 R12 的平均温度 $t_1 = \dfrac{t_{\mathrm{k}} + t_{\mathrm{w}}}{2} = \dfrac{50 \ ℃ + 47 \ ℃}{2} = 48.5$ ℃,据此由表 5-1 查得 $r^{\frac{1}{4}} = 18.7$,$B_{\mathrm{m}} = 68.63$,代入式(5-1)有

$$\alpha_1 = 0.683 \times 18.7 \times 68.63 \times 0.008\ 6^{-0.25} \times (t_{\mathrm{k}} - t_{\mathrm{w}})^{-0.25} = 2\ 879 (t_{\mathrm{k}} - t_{\mathrm{w}})^{-0.25}$$

如果忽略管壁热阻及接触热阻,根据管内、外热平衡关系则有

$$\alpha_1 \pi d_{\mathrm{i}} (t_{\mathrm{k}} - t_{\mathrm{w}}) = \eta_{\mathrm{02}} \alpha_2 A_2 (t_{\mathrm{w}} - t_{\mathrm{m2}})$$

即 　　$2\ 879 \times \pi \times 0.008\ 6 \times (50 - t_{\mathrm{w}}) = 0.921\ 7 \times 53.85 \times 0.520\ 7 \times (t_{\mathrm{w}} - 39)$

解上式得 $t_w = 47.25 \ ℃$ 与假设十分接近,假设合理,不需重算。将 t_w 代入 α_1 式则得

$$\alpha_1 = [2\ 879 \times (50 - 47.25)^{-0.25}]\ \text{W}/(\text{m}^2 \cdot \text{K}) = 2\ 235\ \text{W}/(\text{m}^2 \cdot \text{K})$$

7) 计算传热系数及传热面积

取污垢热阻 $r_{d1} = 0$,$r_{d2} = 0.000\ 1\ (\text{m}^2 \cdot \text{K})/\text{W}$,则 K_2 有

$$K_2 = \cfrac{1}{\left(\cfrac{1}{\alpha_1} + r_{d1}\right)\cfrac{A_2}{A_1} + \cfrac{\delta_w}{\lambda_w} \cdot \cfrac{A_2}{A_m} + r_{d2} + \cfrac{1}{\eta_{02}\alpha_2}} =$$

$$\cfrac{1}{\cfrac{1}{2\ 235} \times 19.28 + \cfrac{0.000\ 7}{395} \times \cfrac{0.520\ 7}{0.029\ 2} + 0.000\ 1 + \cfrac{1}{0.921\ 7 \times 53.85}}\ \text{W}/(\text{m}^2 \cdot \text{K}) =$$

$34.59\ \text{W}/(\text{m}^2 \cdot \text{K})$

而

$$\Delta t = \frac{t_2'' - t_2'}{\ln \cfrac{t_k - t_2'}{t_k - t_2''}} = \frac{43 - 35}{\ln \cfrac{50 - 35}{50 - 43}}\ ℃ = 10.5\ ℃$$

所以所需传热面积 A_2' 为

$$A_2' = \frac{\Phi_k}{K_2 \Delta t} = \frac{5\ 167}{34.59 \times 10.5}\ \text{m}^2 = 14.23\ \text{m}^2$$

所需翅管总长 $L = A_2'/A_2 = (14.23/0.520\ 7)\ \text{m} = 27.33\ \text{m}$。

8) 确定空冷冷凝器的结构外形尺寸

若取垂直气流方向管的列数 $n_B = 12$,则每根管的结构参数如下:

有效长度为 $L_1 = L/(n_B n_L) = [27.33/(4 \times 12)]\ \text{m} = 0.58\ \text{m}$;

高为 $H = n_B s = (12 \times 0.025)\ \text{m} = 0.3\ \text{m}$;

深为 $L_2 = n_L s = (4 \times 0.025)\ \text{m} = 0.1\ \text{m}$。

考虑迎面风速不均匀性,取 L_1 实际长为 0.65 m,所以迎风面积为

$$A_y = L_1 H = (0.65 \times 0.3)\ \text{m}^2 = 0.195\ \text{m}^2$$

则实际迎面风速为

$$u_y = q_{V2}/A_y = (0.570/0.195)\ \text{m/s} = 2.92\ \text{m/s}$$

与题设的迎面风速基本相符。

9) 计算空气侧阻力及选择风机

空气横向流过平套片、顺排翅片管的阻力用式(5 - 36)计算得

$$\Delta p_2 = 9.81a\left(\frac{L_2}{d_e}\right)(\rho_2 u_2)^{1.7} = \left[9.81 \times 0.011\ 3 \times \frac{0.1}{3.518 \times 10^{-3}} \times\right.$$

$$\left.(1.128 \times 5.46)^{1.7}\right]\ \text{Pa} = 69.28\ \text{Pa}$$

式中:a——考虑表面粗糙度的系数,对粗糙表面翅片 $a = 0.011\ 3$,对光滑表面翅片 $a = 0.007$。

该冷凝器的额定风量由前面计算可知 $q_{V2} = 0.570\ \text{m}^3/\text{s} = 34.2\ \text{m}^3/\text{min}$,可选用一台风量为 35 m^3/min,风机静压 p_{st} 按上面计算 Δp_2 可取 70 Pa,全压为

$$p^* = p_{st} + p_d = 70 + \rho_2 u_y^2/2 = [70 + (1.128 \times 2.92^2)/2]\ \text{Pa} = 74.81\ \text{Pa}$$

思考题与习题

5-1 水冷式冷凝器按其结构可分为卧式管壳式、立式管壳式和套管式等多种形式,试说明各种形式的结构特点及其主要应用场合。

5-2 空气冷却式冷凝器可分为自然对流式、强迫对流式及蒸发式,试说明这几种形式冷凝器各自的结构特点及适用场合。

5-3 什么叫膜状凝结,什么叫珠状凝结? 膜状凝结时热量传递过程的主要阻力在何处?

5-4 有人说,在其他条件相同的情况下,水平管外的凝结换热一定比竖直管强烈,这一说法一定成立吗?

5-5 为什么水平管外凝结换热只介绍层流的准则式? 常压下的水蒸气在 $\Delta t = t_s - t_w = 10\ ℃$ 的水平管外凝结,如果要使液膜中出现湍流,试近似地估计一下水平管的直径要多大?

5-6 从换热表面的结构而言,强化冷凝换热的基本思想是什么?

5-7 绍(M. M. Shah)提出的管内冷凝放热综合关系式是基于何种换热模型(机理)得出的?

5-8 在水冷冷凝器的工程计算中,进行结构形式、冷却水流速、冷却水进口温度及冷却水温升等的选择和设计的一般原则是什么?

5-9 在空气冷却式冷凝器的工程计算中,进行结构形式、空气进口温度、冷凝温度、管排数及迎面风速等的选择和设计的一般原则是什么?

5-10 为了强化竖管外的蒸气凝结换热,有时可采用如图 5-14 所示的凝结液泄出罩。设在高 l 的竖管外,等间距地布置了 n 个泄出罩,且加罩前与加罩后管壁温度及其他条件都保持不变。试导出加罩后全管的平均表面传热系数与未加罩时的平均表面传热系数间的关系式。如果希望把表面传热系数提高 2 倍,应加多少个罩? 如果 $l/d = 100$,为使竖管的平均表面传热系数与水平管一样,需加多少个罩?

5-11 如图 5-15 所示,试从基本的能量平衡出发,导出利用蒸气凝结来加热冷流体的换热器效率的表达式。假设热流体(凝结蒸气)在整个过程中温度保持不变。

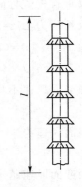

图 5-14 习题 5-10 用图

5-12 某水冷冷凝器(用水冷却氟利昂),已知:冷凝温度 $t_k = 36\ ℃, q_{m2} = 2.075\ \text{kg/s}, t_2' = 26\ ℃, K = 814.1\ \text{W/(m}^2 \cdot \text{K)}$,该冷凝器的传热面积 $A = 7.4\ \text{m}^2$,求: $t_2'' = ?$ (请用 η-NTU 法求解。取水的比热 $c_{p2} = 4.178\ \text{kJ/(kg·K)}$)

5-13 如图 5-16 所示水冷冷凝器,冷却水在管内以 1.5 m/s 的速度流过,NH_3 蒸气在管外被冷凝。已知:传热管内径 $d_i = 20\ \text{mm}$,冷却水入口温度 $t_2' = 32\ ℃$,流过冷凝器后的冷水温升为 5 ℃。求:水侧的对流表面传热系数 α_2。

5-14 某卧式管壳式水冷冷凝器采用 $\phi15 \times 1.5\ \text{mm}$ 紫铜管为传热管,共 212 根,水在管内流速为 2 m/s,4 流程;已知:t_k 为 40 ℃,水的比热容 4.179 kJ/(kg·K),密度为 995.7 kg/m³,并知冷水入口温度 31 ℃,冷凝器外传热面积 A_o 为 75 m²,传热系数 K_o 为 990 W/(m²·K),求冷却水出口温度及该冷凝器的热负荷 Φ_k?

5－15　饱和温度为 30 ℃ 的氨蒸气在立式冷凝器中凝结。冷凝器中管束高 3.5 m,冷凝温度比壁温高 4.4 ℃。试问在冷凝器的设计计算中可否采用层流液膜的公式。物性参数可按 30 ℃ 计算。

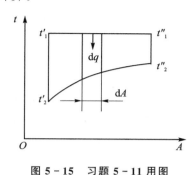

图 5－15　习题 5－11 用图

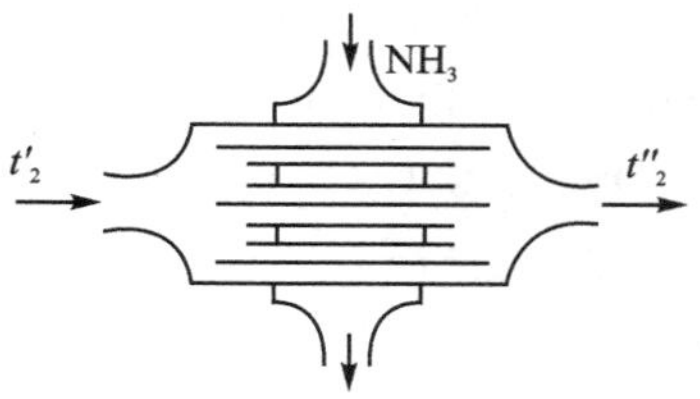

图 5－16　习题 5－13 用图

5－16　饱和水蒸气在高度 $l=1.5$ m 的竖管外表面上作层流膜状凝结。水蒸气压力为 $p=2.5\times10^3$ Pa,管子表面温度为 123 ℃,试利用努塞尔分析解计算离开管顶为 0.1 m,0.2 m,0.4 m,0.6 m 及 1.0 m 处的液膜厚度和局部表面传热系数。

5－17　压力为 1.013×10^5 Pa 的饱和水蒸气,用水平放置的壁温为 90 ℃ 的铜管来凝结。有下列两种选择:用一根直径为 10 cm 的铜管或用 10 根直径为 1 cm 的铜管。试问:

(1) 这两种选择所产生的凝结水量是否相同?最多可以相差多少?

(2) 要使凝结水量的差别最大,小管径系统应如何布置(不考虑容积的因素)?

(3) 上述结论与蒸气压力、铜管壁温是否有关(保证两种布置的其他条件相同)?

5－18　一卧式水蒸气冷凝器管子的直径为 20 mm,每一排管子的壁温 $t_w=15$ ℃,冷凝压力为 4.5×10^3 Pa。试计算第一排管子每米长的凝结液量。

5－19　试设计一台与某型号氨压缩机配套用于空调装置的管壳式冷凝器,蒸发温度 $t_0=5$ ℃,冷却水的入口温度 $t_2'=32$ ℃,冷却水在管内流动,氨在管外流动(最高冷凝温度 t_k 选为 40 ℃,据 $t_0=5$ ℃ 和 $t_k=40$ ℃ 由压缩机的性能曲线查得制冷量为 $\Phi_0=420$ kW,轴功率 $N_e=100$ kW。取压缩机机械效率 $\eta_m=0.85$)。

5－20　试设计一台制冷剂为 R12 的 2FM5 全封闭压缩机配用的空气冷却式冷凝器,要求冷凝液有 5 ℃ 过冷,已知压缩机在 $t_0=5$ ℃,$t_k=50$ ℃ 时排气温度 $t_{dis}=85$ ℃,压缩机的实际排气量 $q_{m,r}=180$ kg/h,空气进风温度 $t_2'=35$ ℃。

参考文献

[1] 钱滨江.简明传热手册[M].北京:高等教育出版社,1983.

[2] 陈德雄,李敏.飞机座舱制冷附件[M].北京:国防工业出版社,1981.

[3] 齐铭.制冷附件.北京:航空工业出版社,1992.

[4] 陈礼,吴勇华.流体力学与热工基础[M].北京:清华大学出版社,2002.

[5] SHAH M M. A General Correlation for Heat Transfer during Film Condensation Inside Pipes[J]. Int. J . Heat Mass Transfer,1979,22:547－556.

[6] 埃克尔特 E R G,德雷克 R M.传热与传质[M].徐明泽,译.北京:科学出版社,1963.

[7] 邱树林,钱滨江. 换热器[M]. 上海:上海交通大学出版社,1990.

[8] SHAH R K . Perforated Heat Exchanger Surfaces,Part 1. Flow Phenomena Noise and Vibration Characterisics[M]. ASME Paper(75 – WA/HT – 8),1975.

[9] SHAH R K . Perforated Heat Exchanger Surfaces,Part 2. Heat Transfer and Flow Friction Characterisics[M]. ASME Paper(75 – WA/HT – 8),1975.

[10] GOLDSTEIN L J. Mass Transfer Experiments on Secondary Flow Vortics in a Corrugated Wall Channel[J]. Int Journal of Heat and Mass Transfer,1976,19:1337 – 1339.

[11] GOLDSTEIN L J. Heat/Mass Transfer Characteristics for Flow in a Corrugated Wall Channel[J]. Trans ASME,Journal of Heat Transfer,1977,99(Series C):187 – 195.

[12] 张祉佑,石秉三. 制冷及低温技术[M]. 北京:机械工业出版社,1981.

[13] 兰州石油机械研究所. 传热器(中册)[M]. 北京:烃加工出版社,1988.

[14] CHIOU J P. The Advancement of Compact Heat Exchanger Theory Considering the Effects of Longitudinal Heat Conduction and Flow Nonuniformity . In:Shah R K,MCDONALDAND C F,HOWARD C P. Symposium on Compact Heat Exchangers – History,Technological Advancement and Mechanical Design Problems. Book No. G00183 [M]. New York:ASME,1980.

[15] [日]尾花英朗. 热交换器设计手册(下)[M]. 徐中权,译. 北京:石油工业出版社,1982.

[16] BUONOPANE R,TROUPE R,MORGAN J. Heat Transfer Design Method for Plate Heat Exchangers[J]. Chem Eng Progr,1963,59:57 – 61.

[17] RAJU K S N. Design of Plate Heat Exchangers,Heat Exchanger Sourcebook (Palen,J W)[M]. Washington:Hemisphere Publishing Corporation,1986.

[18] 吴业正. 小型制冷装置设计指导[M]. 北京:机械工业出版社,1998.

[19] 彦启森. 空气调节用制冷技术[M]. 北京:中国建筑工业出版社,1985.

[20] [德国]贝尔 H D. 工程热力学[M]. 杨东华,译. 北京:科学出版社,1983.

[21] 吴业正,韩宝琦. 制冷原理及设备[M]. 西安:西安交通大学出版社,1987.

[22] 靳明聪,程尚模,赵永湘. 换热器[M]. 重庆:重庆大学出版社,1990.

[23] HELMUTH H. Heat Transferin Counter-Flow,Parallel Flow and Crese Flow[M]. New York:McGraw-HillCo,1983.

[24] BENT S. Enhancement of Convective Heat Transfer in Rib – Roaghened Rectangular Ducts[J]. Enhanced Heat Transfer:Heat and Mass Transfer,Heat Transfer,Engineering,1999,6:89 – 103.

[25] ARUN H,RAJM M. Enhanced Heat Transfer Characteristics of Single-Phase Flows in a Plate Heat Exchangers with Mixed Chevron Plates[J]. Enhanced Heat Transfer,1997,4:187 – 201.

[26] JAMES R L. Asymmetric Plate Exchangers[J]. C E P,1987,6:27 – 30.

[27] SCHULENBERG F J. Finned Ellipitical Tubes and Their Application in Air-Cooled Heat Exchangers[J]. ASMEJ Eng for Industry,1996,88(2):179 – 190.

[28] 程尚模. 空气横掠铸铁椭圆形矩形翅片管的对流放热特征研究[J]. 工程热物理学报,1985,6(6):3.

［29］［苏联］茹卡乌斯卡斯 Ａ Ａ.换热器内的对流传热［Ｍ］.北京:科学出版社,1986.

［30］林文虎.强化传热及其工程应用［Ｍ］.北京:机械工业出版社,1987.

［31］罗棣庵.人字波纹型连续翅片管束内传热、流阻和流型的研究［Ｊ］.工程热物理学报, 1990,1（2）:71－73.

［32］余建祖,王振华,苏楠.空气循环制冷系统的除水防冰技术［Ｊ］.低温工程,1997（3）: 48－52.

［33］卓宁,孙家庆.工程对流传热［Ｍ］.北京:机械工业出版社,1982.

［34］蒋能照,余有水.氟利昂制冷机［Ｍ］.上海:上海科学技术出版社,1981.

［35］马义尾,刘纪福,钱辉广.空气冷却器［Ｍ］.北京:化学工业出版社,1982.

［36］余建祖.电子设备热设计及分析技术［Ｍ］.北京:北京航空航天大学出版社,2006.

第6章 热管换热器

6.1 概　述

热管是近几十年发展起来的一种具有很高导热性能的传热元件。热管这一概念最早是由美国 G. M 公司的高格勒（Gaugler）于1942年提出的。当时,他设想将热管用于冷冻机,但这一发明未能实现。直到1964年,由于宇宙航行对传热所提出的特殊要求,美国的格鲁弗（Grouer）等人再次提出并研制热管。自那时起,热管的理论研究和工程应用得到突飞猛进的发展。1973年以来,已先后召开了多次国际热管会议。讨论的内容涉及热管理论、工作特性、相容性、特种热管和工程应用等问题。热管的应用范围已经从航天、航空器中的均温和控温,扩展到了工业技术的各个领域,石油、化工、能源、动力、冶金、电子、机械及医疗等各个部门都已应用了热管技术。随着科学技术的发展,人们对于热管的认识逐步深化,所提出的新概念也层出不穷,热管的性能将进一步提高,应用范围也将不断扩大。

6.1.1 热管及其工作原理

普通热管由管壳、起毛细管作用的多孔结构物——吸液芯以及传递热能的工质所构成,吸液芯牢固地贴附在管壳内壁上,并被工质（如水等）所浸透。热管自身形成一个高真空封闭系统。其结构如图6-1所示。

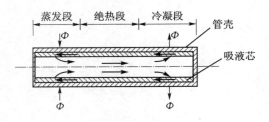

图 6-1　热管示意图

沿轴向可将热管分为三段,即蒸发段、冷凝段和绝热段。其工作原理是:外部热源的热量,通过蒸发段的管壁和浸满工质吸液芯的导热使液体工质的温度上升;液体温度上升,液面蒸发,直至达到饱和蒸气压,此时热量以潜热方式传给蒸气。蒸发段的饱和蒸气压随着液体温度上升而升高。在压差作用下,蒸气通过蒸气通道流向低压且温度也较低的冷凝段,并在冷凝段的气液界面上冷凝,放出潜热。放出的热量从气液界面通过充满工质的吸液芯和管壁的导热,传给管外冷源。冷凝的液体通过吸液芯回流到蒸发段,完成一个循环。如此往复,不断地将热量从蒸发段传至冷凝段。绝热段的作用除了为流体提供通道外,还起着把蒸发段和冷凝段隔开的作用,并使管内工质不与外界进行热量传递。

由工作原理可以看出,由于热量是由饱和蒸气传递的,故热管一般近乎等温;此外,热管是利用工质的相变进行热量传递,所以热管比任何金属的传热能力都要大得多。

6.1.2 热管的类型

热管可按各种标准来分类。按其工作温度范围,热管可分为以下几种:

① 低温热管　工作温度范围为 0～122 K,热管工质可选用的气体如氢、氖、氮、氧及甲烷等,它们的正常沸点全都低于 122 K;

② 中温热管　工作温度范围为 122～628 K,热管工质可选用普通制冷剂和液体,如氟利昂、甲醇、氨和水等,在一个标准大气压下,这些工质全都在 122～628 K 沸腾;

③ 高温热管　工作温度范围高于 628 K,热管工质可选用汞、铯、钾、钠、锂及银等液态金属,它们的正常沸点全都在 628 K 以上。

若按冷凝液的回流方式,热管可分为

① 普通热管　冷凝液靠吸液芯的毛细力作用返回蒸发端;

② 重力辅助热管　冷凝液靠重力作用返回蒸发端。

这是目前在工业界应用最广的两种热管。按冷凝液的回流方式还有旋转热管、电流体动力热管、磁流体动力热管及渗透热管等多种形式,因篇幅所限,本章不作介绍。

热管也可按所用工质来分,并由工质来命名。如以丙酮作工质的热管叫丙酮热管,以水作工质的热管叫水热管,依此类推。

此外,热管形状变化也是非常之多,下面仅介绍几例。

图 6-2 所表示的是美国某无线电公司制造的两种热管,图(a)所示结构能沿 90°高效地输运热量;图(b)所示是一个五叉装置,可用任何几个叉作为蒸发段,而把其余几个叉作为冷凝段。

图 6-3 所示的是一个径向热管,它能把热量从中心蒸发段输运给一个同心的冷凝段,其中,贴在环形通道的两个内表面上的吸液芯,由吸液芯材料制作的辐条串通。与其他大多数几何形状的热管一样,冷凝段和蒸发段的相对位置可以互换,以适应任何特殊要求。

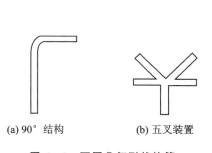

(a) 90°结构　　(b) 五叉装置

图 6-2　不同几何形状热管

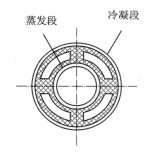

图 6-3　径向热管示意图

图 6-4 所示为某板式热管。这种热管的显著特点是有一个输运段,它是一根向不同平面弯曲的长管,里面覆盖有吸液芯,吸液芯是用几层钢丝网组成。蒸发段和冷凝段内表面也有这种网状的多孔覆盖层。热管的输运段能保证从最难到达的热源输出热能。热源安装在蒸发段上,为使热源与蒸发段保持较好的热接触,用传热性能良好的材料涂在相近和相接表面上,由通道输入的空气作冷却介质,空气通道由波纹片制成,装在外壳内,管体由不锈钢制成。

图 6-5 所示为扁平热管,其特点是热管管壳设计成扁平结构,适用于小功率电子器件或集成电路的散热。

图 6-6 所示为柔性热管,当热源与冷却装置须进行相对移动时,通常将绝热段做成便于弯曲的波纹金属管,而蒸发端和冷凝端均为刚性结构。

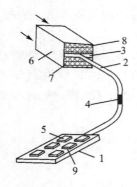

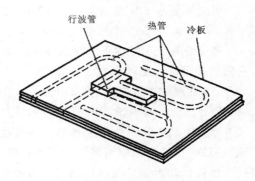

1—蒸发段;2—输运段;3,4—吸液芯;5—热源;
6—外壳;7—波纹片;8—通道;9—传热涂料

图6-4 某板式热管示意图

行波管　热管　冷板

图6-5 扁平热管

图6-7所示为冷却机翼前缘部分的热管,它把热量从机翼最热的部位传递到比较冷的部位,再用对流和辐射的方式传给周围介质。输热系统由一排热管组成,即使其中一根的密封性被破坏,也不会影响整个冷却系统的工作。

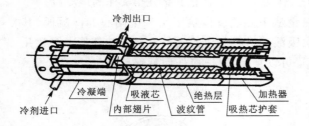

冷剂出口

冷凝端　吸液芯　绝热层　加热器
冷剂进口　内部翅片　波纹管　吸热芯护套

图6-6 柔性热管

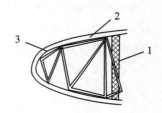

1—绝热层;2—热管;3—受力构件

图6-7 冷却机翼前缘的热管

6.1.3 热管的性能和特点

由热管的结构和工作原理可知,与固体热传导相比,热管有如下优点:

① 优良的导热性　由于热管以潜热形式传热,所以与银、铜及铝等金属相比,单位质量的热管可多传递几个数量级的热量。

② 等温性　由于饱和蒸气压力决定于温度,所以局部温度下降时,该处即有大量蒸气冷凝,以保持一定温度。

③ 优良的热响应性　如图6-8所示,蒸气速度以近似于该温度下的声速进行移动。

④ 便于从狭窄空间取出热量及远距离传递热量　由于热管的蒸发段和冷凝段可用绝热段隔开,可在低温差下向较远的距离传递热量,所以有利于在狭窄的空间,即从热量难以取出的地方向外传递热量。

⑤ 有变换热流密度的功能　如图6-9所示,适当设计加热部分和冷却部分的尺寸、形状,即可改变热流密度。

⑥ 选择适宜的工质和管壳材料　可制造出使用温度范围大、寿命长的热管。

⑦ 能在失重状态下工作　可用于宇宙飞船和人造卫星。

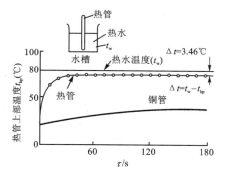

图 6-8 热管的热响应性

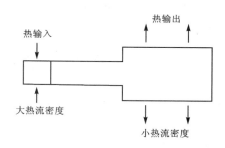

图 6-9 可改变热流密度的热管

⑧ 具有可变热导性和可变热阻性,如图 6-10 所示。这种热管通过改变工质蒸气与惰性气体分界面的位置来改变冷凝端的有效面积,从而达到改变热管总热导的目的。

⑨ 具有热二极管和热开关的功能,如图 6-11 和图 6-12 所示。由工作原理可知,热管中的蒸气和液体在维持质量平衡和力的平衡情况下不断循环,故可采用控制其中一种流体流动的方法控制其传热量,即可使热管具有热开关和热二极管的特性。如图 6-11 所示液体堵塞式热二极

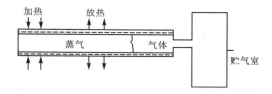

图 6-10 带冷贮气室的可控热管(VCHP)

管,反向时,液体堵塞冷凝段,使热管停止工作。如图 6-12(a)所示排液式热开关,通过打开排液器排出液体,可使热管停止工作;如图 6-12(b)所示翼片式热开关,用电磁力控制翼片,以截断蒸气流。还可通过加入不凝性气体,利用改变其容积,以改变冷凝段传热面积的方法,获得在不受热负荷大小影响下保持一定温度的可变热导性能。这类热管统称控制型热管。

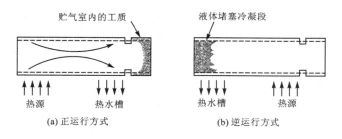

(a) 正运行方式　　　　　　(b) 逆运行方式

图 6-11 液体堵塞式热二极管

⑩ 热管结构简单,重量轻,体积小,工质循环无须消耗电能。

⑪ 无运动部件,无噪声,无振动,可靠性高,维修量少。

6.1.4 热管的应用

热管在工业等各个领域已获得广泛应用。如液态金属热管已经广泛应用于动力工程中,诸如冷却核反应堆和同位素电源、装备热离子换能器和温差电池以及用于汽化装置的热回收。中温热管,在电子技术中用来冷却一些器件,如振荡管、行波管以及仪表的插件;在动力工程中用于冷却转轴、透平叶片、发电机、电动机以及变压器;在热回收系统中用来收集排气的热量、

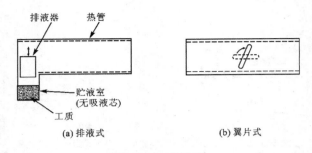

图 6 - 12　热开关

太阳能和地热能;在金属切削加工中用来冷却切削工具;在宇宙飞船中用来控制飞船座舱、仪表及宇宙服的温度。低温热管,在通信中用来冷却红外传感器、参量放大器以及激光系统;在医药卫生方面用于眼科和肿瘤外科深冷手术。随着热管技术的发展,其应用范围与日俱增。下面举几个应用实例。

(1) 热能回收装置

热管热回收装置用于回收工业生产过程以及采暖、通风和空气调节系统排出的空气或气体的热能。热回收装置中所用的热管,一般外表面都带有翅片。排出的热空气通过热管蒸发段上的外翅片,把热量传给热管的蒸发段;而后这部分热量就由热管从蒸发段传到冷凝段,再由冷凝段上的外翅片传给吸进的冷空气。

图 6 - 13 所示为用于空调系统的换热器,在两个空气流之间通过成排的热管系统进行传热。

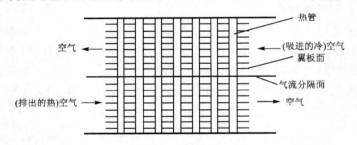

图 6 - 13　某空调系统用空气换热器原理图

(2) 能量转换装置

利用热管具有变换热流密度功能的特点,研制出高功率密度的热离子换能器,如图 6 - 14 所示。一个液态银热管把放射性同位素热源的热量密集起来,再传给小的发射极平板(阴极),而锂热管则把来自小的集电极平板(阳极)的热量散给大面积的辐射器。试验表明,可以保持发射极平板的温度约为 2 000 K,保持集电极平板的温度约为 1 200 K。因此,可以用热管做出高温(相应于高功率密度)热离子换能器。

(3) 等温、恒温装置

图 6 - 15 所示为一种用圆筒形热管制作炉衬的等温炉。与普通炉衬的运行不同,储存在热管汽相工质中的汽化潜热可以传递到工作区的各个部位。假如在工作区的一端插入一个冷工件,那么就会使整个工作区的温度有个微小的瞬时降低。同时,因为热管的热导很高,储存在整个炉衬和炉膛中的大量热量就立即传给冷工件,从而可迅速消除因插入冷工件所造成的温度扰动及沿炉衬区长度方向的温度梯度。据资料介绍,某热管等温炉在 400 ℃ 以下的范围

内工作时,其等温精度可达到 0.2 ℃;另外,热管的等温、恒温特性还可用于晶体管元件的测试或温度计的检定,也可用于热工测量仪表等。

(4) 太阳能聚能器

利用太阳能来发电以及给各种建筑供应暖气、热水或冷气,目前正在积极研究和推广之中。

如图 6-16 所示的平面反射板太阳能聚能器通常用于房屋供暖,因为所聚集到的太阳能可以用水的显热形式保存,也可以用储能物质的融化潜热形式保存。平面反射板聚能器聚集的能量既有太阳的直接辐射,又有太阳的漫射辐射。因为热管几乎是等温工作的,所以可用它从大的面积上聚集太阳能,再传给小的面积上去加热储能液体。采用带热管的平面反射板太阳能聚能器还有一个优点,就是储能液体不用在大面积的聚能器平面反射板下循环流动,而且聚能器所用的热管还可以当作热二极管使用。当聚能器平面反射板处于低温时,它可以

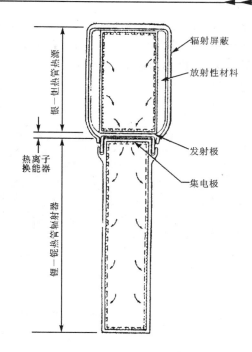

图 6-14　用于高功率密度热离子换能器的液态金属热管

切断从储能液体到周围环境的散热。热管采用氨作工质,就可以排除发生冻结的问题。

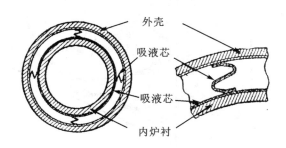

图 6-15　圆筒形热管炉衬筒简图

(5) 电子和电气设备的冷却

热管被广泛应用于冷却电子元器件、电子和电气设备。

图 6-17 所示为一种介电热管,用来冷却高压组件。这种热管能承受高压,并能用来保证电绝缘冷却。它们可以作为到地电位(或接近地电位)的热沉的导热冷却连接件,而无须采用强制对流空气冷却方式。因此,散发热量的电气线路元件,不论是用在便携式设备中,还是用在固定式设备中,都可以仅仅依靠用热管来强化导热这种传热方式,就能既安全而又有效地进行冷却。

利用旋转热管冷却电动机的结构见图 6-18。电动机转子的轴做成空心轴,它的内径是

变化的,端部密封并抽真空,充进少量工质就构成旋转热管。电动机运行时,转子高速旋转,工质液体在空心轴内形成一定厚度的液膜,转子的损耗发热使热管液体蒸发,蒸气把热量带到轴的另一端,使废热通过散热翅片传到冷却空气气流中;冷却空气在流过定子时,将定子的损耗热也带走。

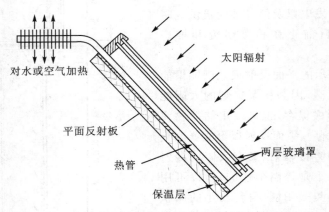

图 6 - 16　采用热管的平面反射板太阳能聚能器剖面图

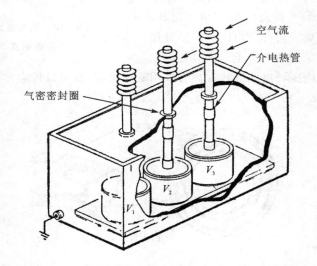

图 6 - 17　用来冷却高压组件的介电热管示意图

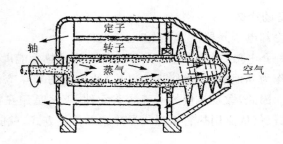

图 6 - 18　同心旋转热管冷却电机

利用热管的航空和舰载电子设备的温控系统是由与电子组件热连接的热管、流体循环回路和闭式空调设备组成的,后两项与通常的电子设备冷却系统相同。热管与组件直接接触将组件产生的热量传给用流体冷却的边壁,因为热管具有很高的导热性能,所以只要热接触良好,组件与冷板之间的温差就可以很小。图 6-19 所示为带热管的电子组件的安装形式。总温差由组件与印刷电路板上的热管、热管与电子设备的壳体以及壳体与冷板之间的温差组成。

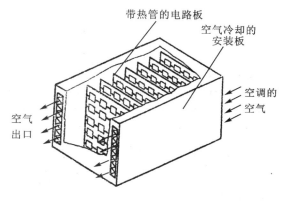

图 6-19　带热管的电子组件的安装形式

（6）航天器热控制

由于热管具有很高的传热性能和近于等温的工作状态,可控热管又有优良的控制性能,本身又没有运动部件,可靠性高,特别适合于失重和低重力场合使用,所以在航天器热控技术中占有重要地位。小到直径为 2～3 mm 的微型热管,大到庞大的热管网,以及各种热开关、热二极管和可控热管,都被广泛用于涉及空间飞行任务所要求的散热、温度均匀化和温度控制等目的。

图 6-20 为欧洲空间局的 MAROTS 通信卫星上的热管辐射器,用来控制 8 个微波晶体管功率放大器模块的温度,当工作时每个模块的耗功 37 W。热管辐射器的设计指标为(35±5)℃,最大辐射能力为 185 W。由于设计的辐射器是围着卫星的壳体结构,距离长,所以需要高性能的热管。选用带毛细芯的冷贮气室铝槽道式可变热导热管,工质为氨,热管外径 12 mm,18 个轴向槽,热管带有宽 300 mm 厚 1.5 mm 的翼板。由图 6-20 可看出,因为热管系统是并联安装,一处损坏(如被流星击穿)对整个辐射器的影响较小;另外,辐射器可用变热导热管进行温度调节,故热管辐射器在航天器上得到广泛应用。

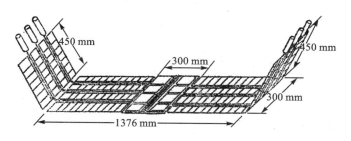

图 6-20　卫星热管辐射器

6.2　工质、吸液芯和管壳

6.2.1　工质的选择

选择工质是热管设计中很重要的一个方面,它关系到热管的整个性能、寿命及使用可靠性。选用何种工质,在很大程度上取决于流体的物理性质,也取决于流体与管壳和吸液芯的化学相容性。所谓相容性,从腐蚀观点考虑,即当工质对管壳和吸液芯不腐蚀、不产生不凝气体时,则认为有相容性。当不相容时,管壳壁和吸液芯被腐蚀,产生不凝气体。热管中存在这种不凝气体时对它的性能有不利影响。当热管工作时,不凝气体被冲向冷凝段,形成一个停滞的气体区。这样,热量通过这个区传递给液体-吸液芯表面,主要靠传导了。由于这种传导比正常冷凝过程中产生的传热慢得多,因此含有停滞气体的区域就不再成为热管的工作部分,结果使热管长度实际上缩短了,因而减弱了总的轴向传热能力。不凝气体区的长度与系统内的工作温度和压力有关。另外,产生的不凝气体也会堵塞吸液芯,影响热管工作。表 6-1 列举了几种工质与常用材料的相容情况。表中所列结果,不是从通常的热管工作中得来的,而是各种研究人员对热管具体试验的结果。

表 6-1　几种工质与常用材料的相容情况

材料 工质	不锈钢	铜	铝	镍	钛
水	+	+	−	−	+
氨	+	+	+	+	+
甲醇	+	+	−	−	−
丙酮	+/−	+	+	+	0
氟利昂	0	0	+	0	0

注:"+"号表示工质与材料相容;"+/−"号表示关于这种材料的应用有互相矛盾的报道;"−"号表示材料与工质不相容;"0"号表示缺乏资料。

工质的物理性质对热管性能有很大影响。如工质表面张力大,可以提供较大毛细力;黏性低和密度高可以减少流动阻力;高的蒸发潜热有利于轴向传热等。

说明工质性能好坏的一个综合指标叫做品质因数或者称为输运系数,用符号 N_1 表示,即

$$N_1 = \frac{\rho_1 r_s \sigma}{\mu_1} \tag{6-1}$$

式中:μ_1——液态工质的[动力]黏度,Pa·s;

　　　ρ_1——液态工质的密度,kg/m³;

　　　r_s——汽化潜热,J/kg;

　　　σ——表面张力系数,N/m。

品质因数越大,说明工质的传热性能越好。对不同工作温度范围的热管,根据 N_1 值可以找到性能优良的工质。如从室温到 200 ℃之间,水是性能最好的工质;但在零下几十度的温度范围内,就不能采用水,比较合适的工质有甲醇、乙醇、丙酮及氟利昂等。航天飞行器上最常用的工质是氨、丙酮及甲醇。虽然水的 N_1 值大,但因与铝材不相容,因此限制了它在航天飞行器上的应用。氨的热性能仅次于水,且与铝和不锈钢相容,所以在航天飞行器上得到广泛使用。

表 6-2 列出了热管某些工质的热物理性能。

表 6-2　热管某些工质的热物理性能(在 $p=10$ Pa 的情况下)

工质	沸点 t / ℃	汽化潜热 r_s / (kJ·kg^{-1})	表面张力系数 $\sigma \times 10^3$ / (N·m^{-1})	液体黏度 $\mu_1 \times 10^6$ / (Pa·s)	液体密度 ρ_1 / (kg·m^{-3})	液体导热系数 λ_1 / (W·m^{-1}·k^{-1})	蒸气黏度 $\mu_v \times 10^6$ / (Pa·s)	蒸气密度 ρ_v / (kg·m^{-3})	熔点 t_M / ℃	临界温度 t_{KP} / ℃
氮	−196	197.6	8.8	167.7	808	0.112	5.5	4.6	−210	−147
乙烷	−78.2	125	16	450.0	1 587	0.125	15.7	9.1	−100.6	19.7
氨	−33.1	1 368	32.4	240.0	683	0.38	10.7	0.9	−77.7	132.4
氟利昂-22	−40.8	234	17	35.00	1 500	0.118	10.5	7.2	−160	96.0
氟利昂-12	−29.8	163	16.6	335.0	1 480	0.087	11.0	6.2	−158	112.0
氟利昂-11	23.8	182	18.4	400.0	1 480	0.087	11.0	7.2	−111	198
乙醚	34.6	350	15.3	211.0	696	0.136	7.9	3.1	−116.3	—
乙烯二	56.5	524	19.1	240.0	750	0.163	—	—	−93.2	235.5
丙酮	78.4	960	15.5	432.0	764	0.155	10.4	1.4	−114	243.1
次甲醛	64.7	1 120	18.9	327.0	750	0.19	10.7	1.2	−98	240
水	100	2 260	72	288.0	960	0.7	12.2	0.6	0	374.2
A 型导热姆换热剂	258	286	16.4	303.0	1 060	0.108	9.9	3.9	12	528

概括地说,选择工质时要注意如下几点:

① 工质与管壳和吸液芯材料应能长期相容;

② 工质的工作温度范围应选在工质的凝固点与临界温度之间,最好选在正常沸点附近,即内压在 0.1 MPa 左右;

③ 工质的品质因素高;

④ 工质本身化学组成稳定,不发生分解,应无毒、不易爆,使用安全;

⑤ 工质导热系数高,润湿性能好。

6.2.2　吸液芯

吸液芯的结构和性能是决定热管性能的关键因素。

1. 对吸液芯的要求

对吸液芯的主要要求是起到一个有效的毛细泵作用。这就是说,在流体与吸液芯结构之间产生的表面张力必须大到能克服管内的全部黏滞压降和其他压降,还要维持所要求的流体循环。因为热管常常要在蒸发段比冷凝段高的重力场中工作,所以吸液芯把工质提升的高度应等于或大于在蒸发段和冷凝段之间的最大高度差。这个要求具有矛盾性,因为一方面为了使吸液芯内黏滞损失最小,希望毛细孔尺寸大;而另一方面为了提供足够的毛细唧送力和最大提升高度,又需要毛细孔尺寸小,所以应该探讨某种毛细孔尺寸最佳化的处理方法。除上述工作特性以外,还必须考虑以下几方面的要求:

① 与工质和管壁材料必须相容;

② 具有较高渗透率且传热性能好；

③ 应具有足够的刚性，以保证吸液芯与管壁紧密接触；

④ 便于加工，性能可靠，经济性好。

2. 吸液芯的种类

最普通的吸液芯结构或许是图 6 - 21(a)所示的卷绕丝网芯子。这种芯子以目数表示，即单位长度或单位面积上的孔数。表面孔隙尺寸与目数成反比，液体流动的阻力由卷绕的紧密度控制。要注意的是，这种结构如应用在中温热管中，当低导热系数的液体中断金属芯子时，蒸发段从热管内表面至蒸气-液体界面的径向温降很大。而这种情况可通过采用烧结金属芯子得到缓和，如图 6 - 21(b)所示。但是，这种毛细孔的尺寸很小，而小毛细孔将使液体从冷凝段流回蒸发段更为困难。

轴向槽道芯子(见图 6 - 21(c))具有多路金属导热路径，可以减小径向温降。但是，目前的制造技术难以控制毛细孔尺寸。环形和新月形芯子(见图 6 - 21(d)和图 6 - 21(e))对液体流动的阻力小，但对低导热系数的液体则可能导致热管的温度特性较差，而且很可能达到沸腾限。干道式芯子(见图 6 - 21(f))的研制，能缩小通过构件径向热流路径的厚度，并对液体从冷凝端流向蒸发端提供低阻力的路径。但是，这种芯子如果本身不能启动，则可能会引起工作困难。干道式芯子必须在启动或干燥后自动充液。

为了产生毛细压力和使液体流动，所有复合芯子要有一个分离结构，图 6 - 22 所示的一些结构使液流路径与热流路径分离。例如，网格覆盖在槽道芯子上(见图 6 - 22(b))，细丝网可提高毛细压力，轴向槽道可以减小液体流动阻力，而金属结构可以减小径向温降。图 6 - 22(c)所示的扁盘式芯子插到一个容器的内部，由于表面有一层细金属丝网得到高的毛细压力，粗丝网里的平板状芯子辅助液体流动，而丝编槽道使液体均匀分布在圆周上，并提高了径向传热。扁盘式吸液芯和隧道式吸液芯(见图 6 - 22(d))是既有高传热功率又有良好温度特性的高性能的吸液芯，但是它们的制造成本也比较高。

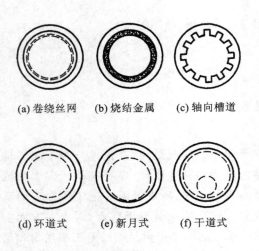

图 6 - 21　均匀吸液芯结构的一些实例

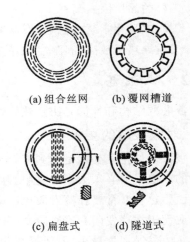

图 6 - 22　组合式吸液芯结构的一些实例

3. 毛细提升高度

吸液芯最重要的特性是把工质提升到最大高度。液体在管芯的提升高度取决于毛细压差(力)。

热管工作时,蒸发消耗了液相工质,结果使蒸发段的液体-蒸气分界面缩进吸液芯表面,并导致分界面凹面一侧的蒸气压力 p_v 高于凸面一侧的液体压力 p_1。如图 6 - 23 所示,在液体-蒸气分界面上形成弯月面时,由 $(p_v - p_1)$ 定义的毛细压差可以按拉普拉斯-扬方程(Laplace and Young equation)计算

$$\Delta p_c = \sigma \left(\frac{1}{R_1} + \frac{1}{R_2} \right) \qquad (6-2)$$

式中:R_1、R_2——弯月面的主曲率半径,m;

　　　σ——液体的表面张力,N/m。

找到对于各种形式吸液芯结构的 $\left(\frac{1}{R_1} + \frac{1}{R_2} \right)$ 的最大值即

可根据式(6-2)求得最大毛细压差 Δp_{cm}。为方便起见,实际上在热管应用中一般都把方程(6-2)写成以下形式:

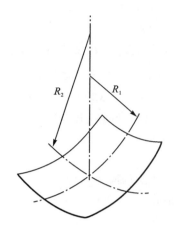

图 6 - 23　液-气分界面上的弯月面的几何形状

$$\Delta p_{cm} = \frac{2\sigma}{r_e} \qquad (6-3)$$

式中的有效毛细孔半径 r_e 是这样定义的:使 $2/r_e$ 等于各种不同吸液芯结构的 $\left(\frac{1}{R_1} + \frac{1}{R_2} \right)$ 的最大可能值。如果在液-气分界面上吸液芯毛细孔的几何形状比较简单,那么可以从理论上确定有效毛细孔半径的数值;而对于毛细孔几何形状比较复杂的情况,有效毛细孔半径的数值则要由实验确定。表 6 - 3 列出了几种吸液芯的 r_e 表达式。

表 6 - 3　几种吸液芯结构的有效毛细孔半径 r_e 的表达式

吸液芯结构	r_e 的表达式
圆　柱	$r_e = r$
矩形槽道	$r_e = w$,w 为槽道宽度
三角形槽道	$r_e = w/\cos \beta$,w 为槽道宽度,β 为半夹角
平行细丝	$r_e = w$,w 为细丝的间距
丝　网	$r_e = (w+d)/2$,w 为细丝的间距,d 为细丝的直径
填充球	$r_e = 0.41 r_{sp}$,r_{sp} 为球的半径

对于圆柱形毛细孔,有 $R_1 = R_2 = R$,则 R 可由下列方程确定:

$$R = r/\cos \theta \qquad (6-4)$$

式中:r——圆柱形毛细孔的半径;

　　　θ——润湿角(见图 6 - 24)。

将式(6-4)中的 R 代入式(6-2),得出圆柱形毛细孔的毛细压差表达式为

$$\Delta p_c = p_v - p_1 = \frac{2\sigma \cos \theta}{r} \qquad (6-5)$$

当处于静止平衡状态时,此压差与液柱重力应平衡,即

$$\Delta p_c = \rho_1 g H \qquad (6-6)$$

式中：ρ_1——液体的密度,kg/m^3；

$\quad\quad g$——重力加速度,m/s^2；

$\quad\quad H$——液位提升高度,m。

所以,液位提升高度 H 可表示为

$$H = \frac{2\sigma \cos \theta}{\rho_1 g r} \qquad (6-7)$$

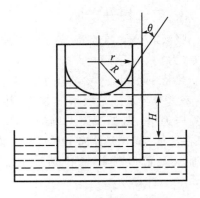

图 6 - 24　弯月面的形成

在某些简单结构下,如单管子,有可能从理论上计算毛细提升高度；而在大多数情况下,实验是确定 H 的唯一方法。表 6 - 4 列出了一些吸液芯的毛细提升高度值。

表 6 - 4　吸液芯的特性

样品 ＼ 特性	平均尺寸/μm	孔度/%	毛细提升高度/cm	渗透率/m^2	流体
镍网	>100	62.5	4.85	6.65×10^{-10}	23.9 ℃水
	50	67.6	23.4	0.776×10^{-10}	23.9 ℃水
镍粉末	>70	65.8	24.6	2.73×10^{-10}	23.9 ℃水
毡纤维	43.8	86.8	>40.3	0.437×10^{-10}	23.9 ℃水
	43.8	86.8	10.7	0.437×10^{-10}	23.9 ℃氟利昂 113
硅酸玻璃纤维	—	—	24.9	0.99×10^{-11}	21.1 ℃水
玻璃布			25.4	6.05×10^{-13}	水
皮革	—	—		$0.95 \sim 1.2 \times 10^{-13}$	—

4. 吸液芯的渗透率 K

选择吸液芯时,另一个重要特性是它的渗透率。渗透率的因次是长度的平方。渗透率实质上是流体在多孔介质中的流动阻力问题,其值取决于吸液芯内通道的尺寸和几何形状,对层流而言与流动速度及液体性质无关。使液体通过吸液芯材料,测量其沿流动方向的压降,就可以用实验方法测定渗透率。表 6 - 4 列出了某些材料的典型渗透率数值。

6.2.3 　管　壳

对管壳的基本要求包括：① 在整个工作压力范围内不允许发生工质泄漏,并有足够的寿命。② 管壳结构既要能承受内部最大蒸气压,又要兼顾为了降低管壁热阻,在材料的强度和结构稳定性允许的情况下,管壁要尽可能的薄。③ 管壳的材料与工质必须是相容的,以避免有腐蚀和产生气体的现象发生。④ 管壳的材料要能经得住工艺除气过程中的高温(一般比工作温度高得多)。⑤ 管壳材料的湿润性能要好,导热系数高。

6.3 热管的传热极限

由于热管的工作是按照液相工质和蒸气的质量平衡和流体的力学平衡进行的,所以这些因素的许多限制造成了对传热性能的许多极限。其限制条件大致可分为,有关蒸气流动的限制和有关吸液芯内液体流动的限制。热管的工作温度和轴向热流密度之间的关系如图 6-25 所示。热管的工作点必须选择在极限曲线的下方。这些极限曲线的实际形状,随工质和吸液芯的材料以及热管形状等因素而变化。

1. 声速限

所谓声速限是指在热管蒸发段出口蒸气速度不能超过声速的限制。它常用来限制和检查高温热管的工作状态。当蒸发段温度保持恒定,而冷凝段温度太低时,在热管中就出现这种情况,即蒸气密度下降,蒸气速度相应增加,一直到蒸发段出口速度达到声速为止。此时,蒸气流动受到限制,质量流量不再增加,蒸气在蒸发段出口呈现"壅塞"现象,就像在收敛喷管的喉道达到声速时的情

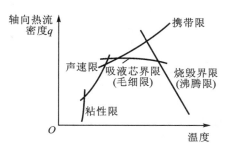

图 6-25 热管的传热极限

况一样,从而破坏了热管的正常工作。如果进一步降低冷凝端温度,则传热热流量不再增加。由于热流量受阻塞流动条件的限制,热管沿轴向的温度变化很大,因而出现声速限。

根据 C. A. Busse 关于等温理想气体的假定,忽略蒸发端蒸气温度的变化,达到声速限的传热热流量为

$$\Phi_s = 0.474 r_s A_v \sqrt{\rho_v p_v} \tag{6-8}$$

式中：A_v——蒸气通道截面面积,m^2;

$\quad\ \ r_s$——工质的汽化潜热,J/kg;

$\quad\ \ \rho_v$——蒸气的密度,kg/m^3;

$\quad\ \ p_v$——蒸气的压力,Pa。

2. 黏性限

当热管在比声速极限区域更低的温度下启动时,蒸气密度极低,随着热管长度的增加,蒸气黏性力的影响可能大大超过惯性力的影响。对于长热管和在启动时蒸气压很低的液态金属热管,有可能在一定温度下蒸气的全部压头仅够用于克服蒸气流动过程中因黏性力引起的摩擦损失,蒸气的压力在热管的末端达到零,蒸气的速度未达到声速,而热管的传热量达到极限。这一限制称为黏性限。

根据 C. A. Busse 对圆形热管所做的实验,假设热管属一维等温理想气体流动,其黏性极限的轴向热流密度(单位为 W/m^2)为

$$q_v = \frac{r_v^2 \cdot r_s}{16\mu_v L_e}\rho_v p_v \tag{6-9}$$

式中：r_v——蒸气通道半径,m;

$\quad\ \ \mu_v$——工质的[动力]黏度,Pa·s;

L_e——热管的有效长度,m,$L_e = l_a + \dfrac{(l_e + l_c)}{2}$,其中,$l_a$ 为绝热段长度,m,l_e 为蒸发段

长度,m,l_c 为冷凝段长度,m;

其余符号定义同前。

3. 携带限

热管工作时,蒸气与液体是逆向流动。在气-液交界面上的液体,因受逆向蒸气流剪切力的作用而产生波动。当蒸气流的速度足够高时,在波峰上产生的液滴被刮起并由蒸气携带至冷凝端,造成蒸发端毛细芯干涸,热管停止工作。这种过程称为携带限。携带限在很大程度上与吸液芯材料的表面毛细孔尺寸有关,还与工质的表面张力有关,缩小毛细孔的尺寸和采用表面张力大的流体,可避免携带液体的现象发生。出现携带的判断准则是韦伯尔数(We),它的定义为

$$We = \frac{\rho_v u^2 \lambda_1}{2\pi\sigma} \tag{6-10}$$

式中:λ_1——表示液体波的波长,m;

σ——液体的表面张力,N/m;

u——蒸气速度,m/s;

ρ_v——蒸气密度,kg/m^3。

We——韦伯尔数,表示蒸气惯性力与液体表面张力之比,当 $We = 1$ 时出现携带限。

携带限的轴向热流密度为

$$q_e = \frac{\Phi_e}{A_v} = r_s \sqrt{\frac{\sigma\rho_v}{2r_{h,s}}} \tag{6-11}$$

式中:$2r_{h,s}$——气-液交界面上毛细结构的水力直径。对于槽道式管芯,$2r_{h,s}$ 取槽的宽度;对于槽道覆盖丝网吸液芯,取网孔尺寸。

在[参考文献 1,P45]中,给出了计算无毛细芯的重力辅助热管产生携带极限 Q_E 的另一个表达式

$$Q_E = C_k^2 \left(\frac{\pi}{4} d_n^2\right) r_v (\rho_L^{-1/4} + \rho_v^{-1/4})^{-2} \cdot [9.806\,65\sigma(\rho_L - \rho_v)]^{1/4} \tag{6-12}$$

式(6-12)中:

$$C_k \equiv \sqrt{3.2} \left(\frac{e^y - e^{-y}}{e^y + e^{-y}}\right) \tag{6-13}$$

为无毛细芯的重力辅助热管产生携带极限时的准则关系式。指数

$$y = 0.5 Bo^{1/4} \tag{6-14}$$

式(6-14)中:Bo——邦德数(Bond number),为无因次的管直径,定义为

$$Bo = d_n \sqrt{\frac{9.806\,65(\rho_L - \rho_v)}{\sigma}} \tag{6-15}$$

式(6-15)中:d_n——热管内径,m;

ρ_L——液体介质密度,kg/m^3;

ρ_v——蒸气密度,kg/m^3;

r_v——管内液体的气化潜热,kJ/kg;

σ——管内液体的表面张力,N/m。

4. 毛细限

毛细限是指热管内蒸气和液体流动等所需的压力降,不能超过毛细结构可能达到的最大毛细压力差。如果热管内蒸气和液体流动所需的压力降超过了最大毛细压力差,则说明在吸液芯内蒸发掉的液体比毛细唧送供给的液体要来得快,此时液-气弯月面就要一直向吸液芯内收缩,直到所有液体用尽为止。这使得蒸发段内的吸液芯干涸,热管停止工作。通常把蒸发段发生干涸前热管达到的最大传热热流量称为毛细限。

一般热管中蒸气流动压降 Δp_v 较小,可以忽略,在吸液芯沿热管长度分布均匀的条件下,毛细限的最大传热热流量为

$$\Phi_{c,\max} = \frac{\rho_1 \sigma r_s}{\mu_1} \frac{KA_w}{L_e} \left(\frac{2}{r_e} - \frac{\rho_1 g l_t \cos\beta}{\sigma} \right) \qquad (6-16)$$

式中: l_t ——热管总长;

β ——热管与竖直方向的夹角;

　　其余符号定义同前。

式(6-16)中的第一项均由工质的物性组成,即是式(6-1)定义的工质品质因素 N_1;第二项 KA_w/L_e 表示吸液芯的几何特性。当不计重力影响($g=0$),工质为理想的浸润状态($\cos\theta=1$)时,最大传热热流量可写为

$$\Phi_{c,\max} = 2N_1 \frac{KA_w}{r_e L_e} \qquad (6-17)$$

5. 沸腾限

热管中工质的相变可以是表面蒸发,也可以是在吸液芯内部的沸腾。所谓沸腾限是指在热管蒸发段输入的热流密度不能超过工质在毛细结构中产生膜态沸腾的临界热流密度的极限,因为膜态沸腾时传热能力要大大降低。

沸腾限的表达式为

$$\Phi_b = \frac{2\pi L_e \lambda_e T_v}{r_s \rho_v \ln\left(\dfrac{r_i}{r_v}\right)} \left(\frac{2\sigma}{r_n} - \Delta p_c \right) \qquad (6-18)$$

式中: L_e ——热管的有效长度,m;

λ_e ——饱和吸液芯的有效导热系数,W/(m·K);

T_v ——蒸发端蒸气的热力学温度,K;

r_s ——汽化潜热,J/kg;

ρ_v ——蒸气密度,kg/m³;

r_i ——热管内半径,m;

r_v ——蒸气通道半径,m;

σ ——表面张力,N/m;

r_n ——蒸气泡核心半径,取 $r_n = 2.54 \times 10^{-7}$ m;

Δp_c ——毛细压差,Pa。

6.4　热管的设计计算

通常设计热管时必须知道所设计热管的最大毛细压差$(\Delta p_c)_{max}$及传热能力(体现在总温降上)是否满足设计者的要求,这就需要作热管的阻力特性和传热(温度)特性的理论估算;然而,热管的内部过程非常复杂,包含着两相并存的内部流动过程、传热传质过程以及毛细现象等,它们之间又互相影响,互相制约,因此要进行热管的精确理论计算是十分困难的。本节将从分析热管的工作过程入手。介绍一些常用计算公式,供读者参考。

6.4.1　热管的阻力特性计算

要保证热管正常工作,必须使热管吸液芯产生的最大毛细压差$(\Delta p_c)_{max}$足以克服以下三个阻力之和:

①　Δp_1——液体从冷凝段返回到蒸发段的阻力;

②　Δp_v——蒸气从蒸发段流到冷凝段的阻力;

③　Δp_g——重力压头,可以是"零"值、"正"值或"负"值,视热管的位置而定。

也就是要保证

$$(\Delta p_c)_{max} \geqslant \Delta p_1 + \Delta p_v + \Delta p_g \tag{6-19}$$

如不满足这个条件,就会使蒸发段内的吸液芯干涸,使热管工作停止。

(1) $(\Delta p_c)_{max}$

由前述可知,毛细压差值与毛细管曲率半径有关。热管工作时,液-气交界面的形状要发生变化。在蒸发段,蒸发的结果使弯月面曲率半径R_e减小,而凝结的结果则使冷凝段液面的曲率半径R_c趋向无穷大,如图6-26所示。曲率半径的这种差别提供了使工作流体循环起来的毛细驱动力,所产生的压差是

$$\Delta p_c = 2\sigma \left(\frac{\cos \theta_e}{r_e} - \frac{\cos \theta_c}{r_c} \right) \tag{6-20}$$

当$\cos \theta_e = 1$和$\cos \theta_c = 0$时,毛细压差最大,即

$$(\Delta p_c)_{max} = \frac{2\sigma}{r_e} \tag{6-21}$$

式中:r_e——蒸发段毛细结构的有效半径,m;

r_c——冷凝段毛细结构的有效半径,m。

当蒸发段处于半球状凹面,冷凝段处于平面时,可得到最大毛细压力。在蒸发段,由于工质蒸发,液面形成凹面;在冷凝段,由于蒸气冷凝,液体不断得到补充而使液面近似于平面,从而达到近似于式(6-21)的条件状态。

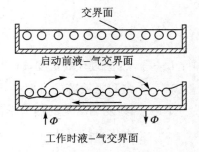

图 6-26　液-气交界面形状变化

(2) Δp_1

液体从冷凝段返回蒸发段的流动阻力与吸液芯的结构和形状密切相关。下面的公式对层流流动适用,这也是在热管中遇到的标准流动状态。

1) 卷绕丝网吸液芯(见图6-21(a))

在卷绕丝网芯中,液体为层流流动时,由摩擦引起的压差可表示为

$$\Delta p_1 = \frac{\mu_1 q_{m,1} L_e}{\rho_1 K A_w} \qquad\qquad (6-22)$$

式中：$q_{m,1}$——液体的质量流量，kg/s。

　　　L_e——热管的有效长度，m；

　　　μ_1——液体的[动力]黏度，Pa·s；

　　　ρ_1——液体的密度，kg/m³；

　　　K——多孔物质的渗透率，m²；

　　　A_w——与流动方向相垂直的管芯结构的截面面积，m²。

2) 覆网槽道吸液芯（见图 6-22(b)）

把网当作光滑表面给出，则

$$\Delta p_1 = \frac{4\mu_1 q_{m,1} L_e}{a^2 b^2 \rho_1 \phi N} \qquad\qquad (6-23)$$

式中：a,b——槽宽和槽深，m；

　　　N——槽数；

　　　ϕ——修正系数，可由表 6-5 查得；

　　　其他符号同前。

表 6-5　修正系数 φ

$\dfrac{a}{b}$	1.0	0.8	0.6	0.4	0.2	0
ϕ	0.141	0.138	0.124	0.1	0.058	0

（3）Δp_v

当液体吸收了汽化潜热而蒸发后，蒸发段内的温度比冷凝段内的温度稍高一些，因此蒸发段内的饱和压力比冷凝段内的饱和压力也要稍高一些，所产生的压差使蒸气从热管的蒸发段向冷凝段流动。这个压差造成的温降常常作为热管工作成功与否的一个判据，如果此温差小于 1 ℃，则热管常被说成是在"热管工况"下工作，即"等温"工作。

在热管蒸气压力较高、密度较大，而蒸气的流速不大的条件下，可将蒸气的流动看成不可压缩的流动（马赫数 $Ma < 0.2$）。这时，Δp_v 为

$$\Delta p_v = \frac{8\mu_v q_{m,v} L_e}{\pi \rho_v r_v^4} \qquad\qquad (6-24)$$

式中：μ_v——蒸气的[动力]黏度，Pa·s；

　　　$q_{m,v}$——蒸气的质量流量，kg/s；

　　　ρ_v——蒸气的密度，kg/m³；

　　　r_v——蒸气通道的半径，m。

（4）Δp_g

Δp_g 为液体本身的体积力使液体两端产生的压差，即

$$\Delta p_g = \pm \rho_1 g l_t \cos\beta \qquad\qquad (6-25)$$

式中：l_t——热管总长，m；

　　　β——热管与竖直方向的夹角（见图 6-27）。

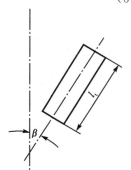

图 6-27　热管与竖直方向夹角

当热管的蒸发端向下时，重力辅助冷凝液回流，这时 Δp_g 取负号，反之取正号。

6.4.2 热管的传热（温度）特性计算

因为传热过程与热阻密切相关，而热阻又直接影响温降，所以分析传热过程就可以找出求热阻的关系式，从而求出各项温降。

从热源经过热管直到冷源的整个传热体系包括以下 9 个传热过程：

① 从热源到热管蒸发段外表面的传热；

② 蒸发段管壁内部径向传热；

③ 蒸发段吸液芯径向传热；

④ 气-液交界面的蒸发传热；

⑤ 蒸气轴向流动传热；

⑥ 冷凝段气-液交界面的冷凝传热；

⑦ 冷凝段吸液芯径向传热；

⑧ 冷凝段管壁内部径向传热；

⑨ 冷凝段外表面到冷源的传热。

如果引入热阻的概念，则热管的传热过程可用图 6-28 所示的等效热路表示，图中的 Δt_1，Δt_2，…，Δt_9 分别为各相应热阻引起的温差。图中各个热阻的计算关系式见表 6-6 所列。

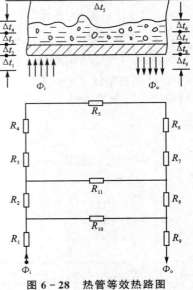

图 6-28 热管等效热路图

表 6-6 热管传热热阻

热阻名称	热　阻	备　注
热源与蒸发段外表面的传热热阻 R_1	$R_1 = \dfrac{1}{\alpha_e A_e}$	$(10^{-3} \sim 10)$[①]
蒸发段管壁的径向热阻 R_2	平板结构　$R_2 = \dfrac{\delta}{\lambda A_e}$ 圆管结构　$R_2 = \dfrac{\ln(d_o/d_i)}{2\pi\lambda l_e}$	(10^{-1})
蒸发段吸液芯径向热阻 R_3[②]	平板结构　$R_3 = \dfrac{\delta_w}{\lambda_e A_e}$ 圆管结构　$R_3 = \dfrac{\ln(d_i/d_v)}{2\pi\lambda_e l_e}$	(10) 适用于液态金属，对于非金属，给出的是上限值
蒸发段气-液交界面蒸发热阻 R_4	$R_4 = \dfrac{R_g T_{v,e}^2 (2\pi R_g T_{v,e})^{0.5}}{r_s^2 p_v A_e}$	(10^{-5}) 可忽略
蒸气流轴向流动热阻 R_5	$R_5 = \dfrac{R_g T^2 \Delta p_{v,e}}{\Phi r_s p_v}$	(10^{-8}) 可忽略
冷凝段气-液交界面冷凝热阻 R_6	$R_6 = \dfrac{R_g T_{v,c}^2 (2\pi R_g T_{v,c})^{0.5}}{r_s^2 p_{v,c} A_c}$	(10^{-5}) 可忽略

热阻名称	热　阻	备　注
冷凝段吸液芯径向热阻 R_7	平板结构　$R_7 = \dfrac{\delta_w}{\lambda_e A_c}$ 圆管结构　$R_7 = \dfrac{\ln(d_i/d_v)}{2\pi\lambda_e l_c}$	(10)
冷凝段管壁径向热阻 R_8	平板结构　$R_8 = \dfrac{\delta}{\lambda A_c}$ 圆管结构　$R_8 = \dfrac{\ln(d_o/d_i)}{2\pi\lambda A_c}$	(10^{-1}) 对于薄壁圆管 $\ln(d_o/d_i) = d/r$
冷凝段管壁外表面与冷却介质的热阻 R_9	$R_9 = \dfrac{1}{\alpha_c A_c}$	$(10^3 \sim 10)$

表 6-6 中:

① 括号中数字表示水热管各项热阻的数量级。

② R_3 是蒸发段吸液芯的传热热阻。这个传热过程比较复杂,它可以是传导、对流或沸腾,取决于工质、吸液芯的材料和结构形式以及热流大小等因素。对于碱金属热管(即以铯、钾、钠和锂为工质的热管),这个过程可看做导热。对于其他热管,当不考虑吸液芯内液体的沸腾,在蒸发工况下,此过程也近似按照传导考虑,但其导热系数须用综合传导和对流的组合导热系数 λ_e 来代替。没有与管壁连在一起的吸液芯的 λ_e 可用下列关系式求出:

$$\lambda_e = \lambda_1 \frac{\lambda_1 + \lambda_w - (1-\varepsilon)(\lambda_1 - \lambda_w)}{\lambda_1 + \lambda_w + (1-\varepsilon)(\lambda_1 - \lambda_w)} \qquad (6-26)$$

式中: λ_w, λ_1 ——吸液芯材料和液体的导热系数,$W/(m \cdot K)$;

ε ——空隙率,$\varepsilon = \dfrac{\text{吸液芯工质的容积}}{\text{吸液芯总容积}}$。

另外,表 6-6 中各符号的意义如下:

A_e, A_c ——蒸发段和冷凝段的表面面积,m^2;

l_e, l_c ——蒸发段和冷凝段的长度,m;

α_e, α_c ——蒸发段和冷凝段的表面传热系数,$W/(m^2 \cdot K)$;

λ ——固体壁面的导热系数,$W/(m \cdot K)$;

d_i, d_o ——圆筒热管的内、外直径,m;

d_v ——蒸气通道直径,m;

δ, δ_w ——热管管壁和吸液芯的厚度,m;

λ_e ——吸液芯组合导热系数,$W/(m \cdot K)$;

r_s ——汽化潜热,J/kg;

p_v ——热管内的蒸气压力,Pa;

R_g ——蒸气的气体常数,$R_g = R/M$,R 为摩尔气体常数,$R = 8.3\ J/(mol \cdot K)$,M 为蒸气的摩尔质量,$100\ ℃$ 时水蒸气的 $M = 18\ kg/mol$;

T ——蒸气的热力学温度,K。

$T_{v,e}, T_{v,c}$ ——蒸发段和冷凝段的蒸气热力学温度,K。

按图 6 - 28 可知,热管的总传热热流量(单位为 W)为

$$\Phi = \frac{\sum \Delta t_n}{\sum R} \tag{6-27}$$

式中:$\sum \Delta t_n = \Delta t_1 + \Delta t_2 + \cdots + \Delta t_n$。由于通过管壁的轴向导热热阻 R_{10} 与通过吸液芯的轴向导热热阻 R_{11} 较大,在并联热阻回路中予以忽略,故总热阻(单位为 K/W)为

$$\sum R = \sum_{n=1}^{9} R_n \tag{6-28}$$

6.4.3 热管计算举例

例 6 - 1 所计算的热管符合下列条件:① 由 $\Phi = 30$ W 的热源输出的热必须保证在 $t = 50 \sim 70$ ℃的工作温度范围内;② 热源的结构和输出热的条件要根据下列几何尺寸确定,如图 6 - 29 所示,$l_t = 600$ mm,蒸发段 $l_e = 100$ mm,冷凝段 $l_c = 200$ mm,绝热段 $l_a = 300$ mm;③ 热管平放,即 $\beta = 90$ °;④ 蒸发段与冷凝段间的温差不应大于 6 ℃;⑤ 热管壳体用不锈钢,外径 $d_o = 10$ mm,内径 $d_i = 9$ mm;⑥ 毛细结构是双层不锈钢丝网,网眼透光尺寸为 0.14 mm×0.14 mm,钢丝直径 $d = 0.09$ mm,网厚 $\delta = 0.18$ mm,吸液芯空隙率 $\varepsilon = 0.7$,渗透率 $K = 2.52 \times 10^{-10}$ m²。

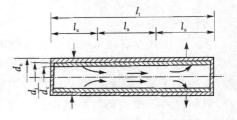

图 6 - 29 例 6 - 1 用图

解

1)选择工质

根据相容性条件,工质可用水、氨、甲醇。如将这几种工质(液体)效果作一比较,给出在 60 ℃时各种工质的输运系数 N_1 和导热系数 λ_1 的结果,并比较如下:

水 $\quad N_1 = 3.78 \times 10^{11}$ W/m²,$\lambda_1 = 0.65$ W/(m·K);

氨 $\quad N_1 = 3.78 \times 10^{10}$ W/m²,$\lambda_1 = 0.40$ W/(m·K);

甲醇 $\quad N_1 = 4.41 \times 10^{10}$ W/m²,$\lambda_1 = 0.207$ W/(m·K)。

由数值比较可以看出,在上述工质中,水具有最好的热性能,故选取水作为工质。水在 60 ℃时的物性参数如下:

液体密度 $\rho_1 = 983.1$ kg/m³;

液体[动力]黏度 $\mu_1 = 469.6 \times 10^{-6}$ Pa·s;

表面张力 $\sigma = 662.2 \times 10^{-4}$ N/m;

汽化潜热 $r_s = 2\,358.4 \times 10^3$ J/kg;

蒸气压力 $p_v = 0.199\,2 \times 10^5$ Pa;

蒸气密度 $\rho_v = 0.130\,2$ kg/m³;

蒸气[动力]黏度 $\mu_v = 10.424 \times 10^{-6}$ Pa·s。

2)确定热管几何尺寸

双层吸液芯总厚 $\delta_w = 2\delta = (2 \times 0.18)$ mm $= 0.36 \times 10^{-3}$ m;

蒸气输运腔直径 $d_v = d_i - 2\delta_w = (9 - 2 \times 0.36)$ mm $= 8.28 \times 10^{-3}$ m;

吸液芯截面积 $A_w = \dfrac{\pi(d_i^2 - d_v^2)}{4} = \dfrac{3.14 \times (9^2 - 8.28^2)}{4}$ mm$^2 = 9.81 \times 10^{-6}$ m^2 ;

蒸气输运腔截面积 $A_v = \dfrac{\pi d_v^2}{4} = \dfrac{3.14 \times 8.28^2}{4}$ mm$^2 = 53.8 \times 10^{-6}$ m^2 ;

热管有效长度 $L_e = l_a + \dfrac{l_e + l_c}{2} = \left(0.3 + \dfrac{0.1 + 0.2}{2}\right)$ m $= 0.45$ m。

3) 检查热管工作极限

按式(6-8)检查声速限,即

$$\Phi_s = 0.474 \, r_s A_v \sqrt{\rho_v p_v} = \left(0.474 \times 2\,358.4 \times 10^3 \times \right.$$

$$\left. 53.8 \times 10^{-6} \times \sqrt{0.130\,2 \times 0.199\,2 \times 10^5}\right) \text{W} = 3\,062 \text{ W}$$

由计算可以看出,其数值大大超过给定热流量,故其工作点在声速限以下,满足要求。

按式(6-11)检查携带限,即

$$\Phi_e = r_s A_v \sqrt{\dfrac{\sigma}{2} \cdot \dfrac{\rho_v}{2r_{h,s}}} = \left(2\,358.4 \times 10^3 \times 53.8 \times \right.$$

$$\left. 10^{-6} \times \sqrt{\dfrac{662.4 \times 10^{-4} \times 0.130\,2}{0.14 \times 10^{-3}}}\right) \text{W} = 996 \text{ W}$$

式中:$r_{h,s}$——气-液交界面上毛细结构的水力半径,这里取 $2r_{h,s}$ 为网眼透光尺寸,即 $2r_{h,s} = 0.14$ mm。

由计算值可以看出,此限也满足要求。

因热管平放,$\beta = 0$,故可按式(6-13)检查毛细限,即

$$\Phi_{c,max} = 2N_1 \dfrac{KA_w}{r_e L_e} = \left(2 \times 3.78 \times 10^{11} \times \dfrac{2.52 \times 10^{-10} \times 9.81 \times 10^{-6}}{0.07 \times 0.45}\right) \text{W} = 59 \text{ W}$$

式中,吸液芯结构的有效毛细半径 r_e 取透光尺寸的一半,即取 $r_e = 0.07$ mm。

从以上计算可以看出,毛细限较声速限和携带限要小得多。对于中温吸液芯热管,一般只要设计在低于毛细限的功率范围内工作,就可认为是安全的。

对于中温吸液芯热管,一般沸腾限也高出毛细限较多,故不必再求出。

4) 计算传递 30 W 热流时热管的温差

吸液芯的等效导热系数 λ_e,根据式(6-26)求出,即

$$\lambda_e = \lambda_1 \dfrac{\lambda_1 + \lambda_w - (1 - \varepsilon)(\lambda_1 - \lambda_w)}{\lambda_1 + \lambda_w + (1 - \varepsilon)(\lambda_1 - \lambda_w)} =$$

$$\left[0.65 \times \dfrac{0.65 + 17 - (1 - 0.7)(0.65 - 17)}{0.65 + 17 + (1 - 0.7)(0.65 - 17)}\right] \text{W/(m · K)} = 1.15 \text{ W/(m · K)}$$

蒸发段管壁的导热热阻 R_2 为

$$R_2 = \dfrac{\ln(d_o/d_i)}{2\pi \lambda l_e} = \dfrac{\ln(10/9)}{2\pi \times 17 \times 0.1} \text{ K/W} = 0.009\,864 \text{ K/W}$$

蒸发段吸液芯的导热热阻 R_3 为

$$R_3 = \dfrac{\ln(d_i/d_v)}{2\pi \lambda_e l_e} = \dfrac{\ln(9.0/8.28)}{2\pi \times 1.15 \times 0.1} \text{ K/W} = 0.115\,396 \text{ K/W}$$

同理,得冷凝段吸液芯的导热热阻 $R_7 = 0.057\,698$ K/W,冷凝段管壁的导热热

阻$R_8 = 0.004\ 932$ K/W。

蒸发段管壁温降 Δt_2 为

$$\Delta t_2 = \Phi R_2 = (30 \times 0.009\ 864)\ ℃ = 0.30\ ℃$$

蒸气段吸液芯的温降 Δt_3 为

$$\Delta t_3 = \Phi R_3 = (30 \times 0.115\ 396)\ ℃ = 3.46\ ℃$$

冷凝段吸液芯温降 Δt_7 为

$$\Delta t_7 = \Phi R_7 = (30 \times 0.057\ 968)\ ℃ = 1.74\ ℃$$

冷凝段管壁温降 Δt_8 为

$$\Delta t_8 = \Phi R_8 = (30 \times 0.004\ 932)\ ℃ = 0.15\ ℃$$

总温降为

$$\Delta t = \Delta t_2 + \Delta t_3 + \Delta t_7 + \Delta t_8 = (0.30 + 3.46 + 1.74 + 0.15)\ ℃ = 5.65\ ℃$$

从计算结果可以看出,总温降能满足给定值 6 ℃的要求。

随着电路集成度的剧增,芯片产生的热量也大幅度增加,世界各国对热管在电子设备散热中的应用也给予了极大的关注。热管在电子设备中的应用,通常是将电子器件耗散的热量,以低热阻通路传给热管冷却装置。下面举一个实例说明。

例 6-2 对于安装在印制电路板上的集成电路存储器产生的热量,采用热管散热。试计算所需传热面积。设计条件:在印制电路板与集成电路之间,插入扁形热管;集成电路与热管接触,并将其热量传给热管;热管的一端装有翅片,采用强制空冷方式;热管的工作位置为水平状态;集成电路存储器的功率耗散 $\Phi_{IC} = 0.5$ W/个;结壳热阻 $R_{j-c} = 25$ K/W;集成电路的数量为 4 个;集成电路与热管间的热阻 $R_{IC-HP_c} = 0.2$ K/W;热管热阻 $R_{HP} = 1$ K/W;大气温度 $t_a = 30\ ℃$;集成电路表面温度(最高)$t_{IC} = 70\ ℃$;当强制空冷的风速为 2 m/s 时,该热管与空气间传热系数 $\alpha_{HP_c-a} = 23.26$ W/(m²·K);所采用热管尺寸为 40 mm×15 mm×2 mm。

解

1)传热计算

散热流程图如图 6-30 所示。

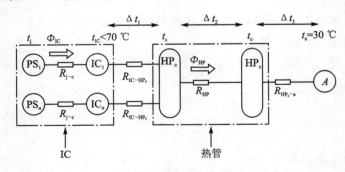

图 6-30 集成电路热管散热器散热流程图

图中:Φ_{IC}——流过集成电路的热流量,W;

$\qquad \Phi_{HP}$——流过热管的热流量,W,$\Phi_{HP} = 4\Phi_{IC}$;

$\qquad R$——热阻,K/W;

$\qquad \Delta t$——温差,℃,$\Delta t_1 = t_{IC} - t_e$,$\Delta t_2 = t_e - t_c$,$\Delta t_3 = t_c - t_a$。

Δt_1 和 Δt_2 分别为

$$\Delta t_1 = \Phi_{IC} R_{IC-HP_c} = (0.5 \times 0.2)\ ℃ = 0.1\ ℃$$

$$\Delta t_2 = \Phi_{HP} R_{HP} = (2 \times 1)\ ℃ = 2\ ℃$$

各部分温度为

$$t_e = t_{IC} - \Delta t_1 = (70 - 0.1)\ ℃ = 69.9\ ℃$$

$$t_c = t_e - \Delta t_2 = (69.9 - 2)\ ℃ = 67.9\ ℃$$

$$\Delta t_3 = t_c - t_a = (67.9 - 30)\ ℃ = 37.9\ ℃$$

所需传热面积 A 为

$$A = \frac{\Phi}{\alpha \Delta t}$$

$\Phi = \Phi_{HP} = 2.0$ W,当风速为 2 m/s 时,$\alpha_{HP_c-a} = 23.26$ W/(m² · K),$\Delta t = \Delta t_3 = 37.9$ ℃,所以

$$A = \frac{\Phi}{\alpha \Delta t} = \frac{2.0}{23.26 \times 37.9}\ \text{m}^2 = 0.002\ 3\ \text{m}^2$$

因此,须装设 40 mm×15 mm 的热管 4 片。

2) 设计校核

加热部分的热流密度为

$$q_w = \frac{\Phi_{IC}}{0.4 \times 0.2} = 6.25\ \text{W/cm}^2$$

热管内的热流密度为

$$q_{HP} = \frac{\Phi_{HP}}{0.4 \times 0.2} = 25\ \text{W/cm}^2$$

集成电路的汇接点温度为

$$t_j = t_{IC} + \Phi_{IC} R_{j-c} = (70 + 0.5 \times 25)\ ℃ = 82.5\ ℃$$

6.5　热管换热器的设计与计算

热管换热器的设计是在热管单管设计的基础上进行的。热管换热器设计的主要任务是在给定的原始数据与设计条件下,进行换热面布置、传热和流动阻力计算。为满足给定的约束条件,如换热器的整体尺寸、热管最高工作温度、烟气露点及流体流动阻力等,选择一个合理的换热面布置方案。

6.5.1　热管换热器的传热计算

1. 传热计算的基本方程

热管换热器的传热计算基本方程式仍为传热方程式,如同前几章介绍的换热器一样,传热计算中所采用的传热面积 A 不同,就有不同的传热系数。常用的以加热段光管外表面积为基准者居多。

平均温差 Δt_m 应根据冷热流体的流向以及它们各自是否有横向混合确定,再通过第 2 章所推荐的公式计算或从所列有关图线查得。

传热热流量 Φ 应取为热流体放热热流量 Φ_e 与冷流体吸热热流量 Φ_c 之算术平均值,即

$$\Phi = \frac{1}{2}(\Phi_e + \Phi_c) \tag{6-29}$$

2. 对流传热系数的计算

流体横掠管束时的平均对流传热系数,与热管元件的外部形状、管束排列方式及管间距等密切相关。在求取平均对流传热系数时,可根据不同情况选用第 3 章介绍的相应公式。

3. 传热系数的计算

以加热段光管外表面积 $A_{o,c}$ 为基准的传热系数 $K_{o,e}$,可按下式计算:

$$\frac{1}{K_{o,e}} = \frac{1}{\alpha_1 \beta_e \eta_{o,e} \varepsilon_e} + \frac{d_o}{2\lambda_{p,e}} \ln \frac{d_o}{d_i} + \frac{d_o}{\alpha_e d_i} + \frac{d_o l_e}{\alpha_c d_i l_c} +$$

$$\frac{d_o l_e}{2\lambda_{p,c} l_c} \ln \frac{d_o}{d_i} + \frac{l_e}{\alpha_2 l_c \beta_c \eta_{o,c} \varepsilon_c} \tag{6-30}$$

式中:$\dfrac{1}{\alpha_1 \beta_e \eta_{o,e} \varepsilon_e}$——相当于图 6-28 热管等效热路图中的 R_1,$(m^2 \cdot K)/W$,其中 ε_e 为蒸发段换热面的清洁度,用以考虑因表面结垢而造成的热阻增加。对于含灰量小的烟气,取 $\varepsilon_e = 0.8 \sim 0.9$;含灰量大的烟气,$\varepsilon_e = 0.5 \sim 0.65$。

$\dfrac{d_o}{2\lambda_{p,e}} \ln \dfrac{d_o}{d_i}$——相当于图 6-28 中的 R_2,$(m^2 \cdot K)/W$。

$\dfrac{d_o}{\alpha_e d_i}$ 和 $\dfrac{d_o l_e}{\alpha_c d_i l_c}$——相当于图 6-28 中的 $(R_3 + R_4)$ 及 $(R_6 + R_7)$,$(m^2 \cdot K)/W$,因为实际测量中,常常是测量对流换热表面传热系数 α_e 和 α_c,而不是单独地去测定 R_3 及 R_4 或 R_6 及 R_7。

$\dfrac{d_o l_e}{2\lambda_{p,c} l_c} \ln \dfrac{d_o}{d_i}$——相当于图 6-28 中的 R_8,$(m^2 \cdot K)/W$。

$\dfrac{l_e}{\alpha_2 l_c \beta_c \eta_{o,c} \varepsilon_c}$——相当于图 6-28 中 R_9,$(m^2 \cdot K)/W$,其中 ε_c 为凝结段换热面的清洁度。

由于蒸气流动的传热热阻 R_5 与其他各项热阻相比,一般相当小,故在式(6-30)中未包含此项热阻。

6.5.2 热管换热器的流动阻力计算

热管换热器的流动阻力计算主要是指热管外的流体流过热管管束时的流动阻力计算,据此还可进一步计算所需流体机械的功率和容量。流动阻力的大小与流体流速关系最为密切;此外,还与热管元件外形、管束排列及间距大小等有关。具体计算可参考 3.2 和 3.8 节介绍的有关公式。

6.5.3 热管换热器的热管工作安全性校验

为了保证热管工作安全可靠,在热管换热器设计中,应进行工作安全性校验,包括热管工作温度、单管热负荷及热管加热段最低壁温校核。下面分别加以介绍。

1. 热管工作温度核算

主要核算热管平均工作温度 $\bar{t}$、热管可能达到的最高工作温度 $\bar{t}_{max}$ 和热管可能达到的最低工作温度 $\bar{t}_{min}$。

由 6.4.2 节热阻分析可知,热管元件蒸发段总热阻 R_e 为

$$R_e = R_1 + R_2 + R_3 + R_4 \qquad (6-31)$$

凝结段总热阻 R_c 为

$$R_c = R_6 + R_7 + R_8 + R_9 \qquad (6-32)$$

则总热阻 R_t 为

$$R_t = R_e + R_c + R_5 \approx R_e + R_c \qquad (6-33)$$

设 t_{m1} 和 t_{m2} 分别为热、冷流体进出该排热管束的平均温度,$\bar{t}$ 为热管平均工作温度,则由热平衡可得单支热管传热热流量 Φ_s 为

$$\Phi_s = \frac{t_{m1} - \bar{t}}{R_e} = \frac{\bar{t} - t_{m2}}{R_c} \qquad (6-34)$$

从而得热管的平均工作温度 $\bar{t}$ 为

$$\bar{t} = \frac{R_c}{R_t} t_{m1} + \frac{R_e}{R_t} t_{m2} \qquad (6-35)$$

由此求得热管工作温度应处于流体的液固凝结点和液气临界点之间。为保证热管工作循环正常进行,应距液固凝结点和液气临界点稍远一些。

另外,要注意的是,热管工作温度下的饱和压力(工作压力)必须小于管材的许用压力。实用上常常用不同材料组合热管的本身许用温度 $[t_{max}]$ 来限制其工作温度,即

① 可能达到的最高工作温度 $\bar{t}_{max}$ < 最高许用温度 $[t_{max}]$;

② 可能达到的最低工作温度 $\bar{t}_{min}$ > 最低许用温度 $[t_{min}]$,如对于钢铜复合管-水热管,$\bar{t}$ < 250 ℃,铜-水热管,$\bar{t}$ < 200 ℃,碳钢-水热管,$\bar{t}$ < 320 ℃。

$\bar{t}_{max}$ 及 $\bar{t}_{min}$ 的计算式为

$$\bar{t}_{max} = t_1' - \Phi_{s,f} R_e \qquad (6-36)$$

$$\bar{t}_{min} = t_1'' - \Phi_{s,e} R_e \qquad (6-37)$$

式中:t_1',t_1''——分别为热流体的进、出口温度,℃;

$\Phi_{s,f}$,$\Phi_{s,e}$——分别为首排热管及末排热管的单管传热热流量,W。

显然,热管只可能工作在 $\bar{t}_{min} \sim \bar{t}_{max}$ 的温度范围内。

2. 单管热负荷核算

单根热管的最大传热热流量 $\Phi_{s,max}$ 必须小于热管的工作极限。对于吸液芯热管,毛细极限是主要的性能限制,应使 $\Phi_{s,max}$ < $\Phi_{c,max}$。对于热虹吸管(重力热管),携带极限为主要性能限制,应使 $\Phi_{s,max}$ < $\Phi_{e,max}$。

$\Phi_{s,max}$ 的计算式为

$$\Phi_{s,max} = \frac{\Delta t_{max}}{R_t} \qquad (6-38)$$

式中:Δt_{max}——热、冷流体的最大温差,℃。

3. 热管加热段最低壁温核算

热管加热段的最低壁温 $t_{p,min}$ 至少应高于管外气流的水蒸气露点 $t_{v,c}$，即 $t_{p,min} > t_{v,c}$，以避免积灰、结垢及严重的低温腐蚀。$t_{p,min}$ 的计算式为

$$t_{p,min} = t''_1 - \Phi_{s,e} R_1 \tag{6-39}$$

设计计算中，以上三项热管工作安全性校验中如有任一项不能满足，则应调整设计参数，重新设计。

6.5.4 热管换热器的热力设计

热管换热器的热力设计与常规间壁式换热器的设计方法相似。要注意的是，热管换热器的设计是在给定热管元件的基础上进行的，因此在设计之前必须选定热管元件。

热管换热器热力设计的主要步骤如下。

(1) 明确设计条件及设计指标

设计条件及设计指标有：冷、热流体的进口温度及流量；现场条件包括是否有作为热沉的气源或机械及换热器可能的布置方式；要求传输的热量及工作温度要求。

(2) 结构规划及计算

1) 热管元件的选择

选择热管元件时，主要是根据已知的流体温度估计热管的工作温度，使之设计后的热管工作温度在安全数值范围内。

热管的形式应考虑使用场合的不同选择合适的形式。用做散热或传递功率的热管，应选择最佳结构设计，使热管获得最大传热能力，或者说所选择的热管形式应在一定工作温度下具有尽可能大的功率极限；而用做等温用途的热管，则要求它有尽可能好的等温性。根据用途和技术要求的不同，选择工质、吸液芯及管壳材料不同的热管，并进一步确定热管的几何尺寸，热、冷流体侧的翅片几何结构等。

2) 换热器基本结构的确定

管束排列方式：一般选用正三角形叉排，并确定横向和纵向节距尺寸；对于回收烟气余热的热管换热器还需考虑预留吹灰通道等。

迎风面积及热管长度：选择合适迎风速度，进而确定迎风面积；在设计迎风截面时应考虑与外部管道的连接并保证气流的均匀性；确定换热器宽度，计算冷、热侧高度；确定中间隔板厚度，预留安装段，计算热管元件总长度；计算第一排热管数及元件加热段外光管面积。

3) 热管元件的翅化比 β 及换热器净面比 ε（$\varepsilon =$ 最小流通截面积/迎风面积），可参照第 3 章有关公式求取。

(3) 传热计算

1) 管束的换热计算

两侧物性参数：预取热侧出口温度，求取该侧平均温度作为定性温度，查取该侧流体物性参数并计算排热热流量；求取冷侧温升及热物性参数。

最窄截面处流速及对流表面传热系数计算：同前几章。

2) 热管元件的热阻计算

翅片效率 η_f 和翅化表面总效率 η_o：参考第 3 章有关内容。

单只热管分热阻及总热阻计算：参考 6.5.1 节计算。

3）传热温差

按第 2 章有关内容计算两侧对数平均温差 Δt_{lm}。

4）传热系数 K 及传热热流量 Φ_s 和 $\Phi_{s,max}$

计算以加热段(蒸发段)外光管面积 $A_{o,e}$ 为基准的传热系数 $K_{o,e}$ 为

$$K_{o,e} = \frac{1}{R_t A_{o,e}}$$

单管平均传热热流量 $\Phi_s = K_{o,e} A_{o,e} \Delta t_{lm}$。

单管可能最大传热热流量 $\Phi_{s,max} = K_{o,e} A_{o,e} \Delta t_{max}$。

5）热管数 N 及排数 N_L

热管数为

$$N' = \frac{\Phi_e + \Phi_c}{2\Phi_s}$$

按排列布管方式求取总排数 N_L 及实际热管数 N。

求取换热器深度尺寸 L。

（4）流阻计算

1）冷、热侧流阻

采用 3.2 和 3.8 节有关公式计算热管外流体流过热管管束时的流动阻力。

2）引、送风功率增量及选择风机

根据风量及所求得的流阻，计算功率增量、全压，并据此选择风机类型。

（5）安全性能校核

参照 6.5.3 节内容，进行热管工作温度、单管热负荷及加热侧最低壁温的校核，换热器设计必须符合安全性要求。

下面举例说明热管换热器的设计与计算。

例 6－3　采用校核性计算方法，完成一台水热管热水器的设计计算。已知水的入口温度 $t_{c1} = 70$ ℃，出口温度 $t_{c2} = 95$ ℃；烟气的入口温度 $t_{h1} = 304$ ℃，出口温度 $t_{h2} = 140$ ℃。烟气体积流量 $V_h = 3.495$ $N_0 m^3/s$（$N_0 m^3$ 表示流体在 0 ℃下的体积），烟气中水蒸汽含量为 14%，SO_3 含量为 0.000 273%。

解

1）结构的初步规划

水热管热水器原理如图 6－31 所示，烟气进入下侧，纯水逆向进入上侧，流向与热管轴向垂直，热管垂直叉排在中隔板上，中隔板下部为蒸发段（烟气室），上部为冷凝段（水室），热管在蒸发段吸收烟气的热量，通过热管上传到冷凝段，并加热水室中的回收水。蒸发段和冷凝段的热管均为光管。水热管热水器的结构初步规划如图 6－32 所示，具体结构参数见表 6－7。

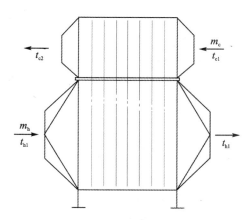

图 6－31　水热管热水器原理图

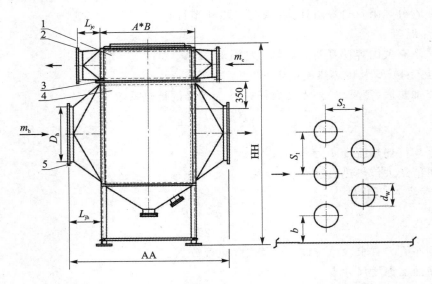

1—水换热室；2—水出口接管；3—中隔板；4—烟气换热室；5—烟气进口接管

图 6 - 32 水热管热水器结构初步规划

表 6 - 7 水热管热水器结构参数

符　号	符号名称	单　位	数　值
Q_{cs}	水室壳程数		1
d_w	热管外径	m	0.032
d_n	热管内径	m	0.026
L	单根热管总长	m	2.520
L_h	热端长度(蒸发段常态(0 ℃)长度)	m	1.840
H_a	中隔板厚度	m	0.020
S_1	迎烟面第 1 横排管心距	m	0.052
S_2	烟流向垂直排心距(叉排)	m	0.045
n_1	迎烟面第 1 横排管子数	根	16
m^y	预置管排数	排	36
K_w	总重系数(估算同种类型热管换热器重量的经验系数)		1.820

2) 计算烟气的物性参数(适于 100～1 200 ℃)

定性温度为

$$t_h = \frac{t_{h1} + t_{h2}}{2} = 222.0 \text{ ℃}$$

烟室热管外壁温度为

$$t_{wbh} = 0.865 t_h = 192.0 \text{ ℃}$$

定性温度下密度为

$$\rho_h = 1.291\ 6 - 4.137 \times 10^{-3} t_h + 9.085 \times 10^{-6} t_h^2 - 1.156 \times 10^{-8} t_h^3 +$$
$$7.530 \times 10^{-12} t_h^4 - 1.931 \times 10^{-15} t_h^5 = 0.711\ 7 \text{ kg/m}^3$$

烟气入口处密度为

$$\rho_{h1} = 1.291\ 6 - 4.137 \times 10^{-3} t_{h1} + 9.085 \times 10^{-6} t_{h1}^2 - 1.156 \times 10^{-8} t_{h1}^3 +$$
$$7.530 \times 10^{-12} t_{h1}^4 - 1.931 \times 10^{-15} t_{h1}^5 = 0.608\ 1\ \text{kg/m}^3$$

烟气出口处密度为

$$\rho_{h2} = 1.291\ 6 - 4.137 \times 10^{-3} t_{h2} + 9.085 \times 10^{-6} t_{h2}^2 - 1.156 \times 10^{-8} t_{h2}^3 +$$
$$7.530 \times 10^{-12} t_{h2}^4 - 1.931 \times 10^{-15} t_{h2}^5 = 0.861\ 6\ \text{kg/m}^3$$

定性温度下定压比热为

$$c_{p,h} = 1.042\ 0 + 2.682\ 2 \times 10^{-4} t_h - 8.272\ 5 \times 10^{-8} t_h^2 + 4.753\ 4 \times 10^{-10} t_h^3 -$$
$$6.269\ 8 \times 10^{-13} t_h^4 + 2.306\ 4 \times 10^{-16} t_h^5 = 1.101\ 3\ \text{kJ/(kg} \cdot \text{℃)}$$

定性温度下导热系数为

$$\lambda_h = 10^{-2} \times (2.283 + 8.531 \times 10^{-3} t_h + 2.835 \times 10^{-8} t_h^2 + 3.781 \times 10^{-11} t_h^3) =$$
$$10^{-2} \times 4.178\ 7\ \text{W/(m} \cdot \text{℃)}$$

定性温度下动力黏度为

$$\mu_h = 10^{-6} \times (15.91 + 4.732 \times 10^{-2} t_h - 2.521 \times 10^{-5} t_h^2 +$$
$$1.603 \times 10^{-8} t_h^3 - 7.319 \times 10^{-12} t_h^4 + 1.639 \times 10^{-15} t_h^5) = 10^{-6} \times 25.33\ \text{Pa} \cdot \text{s}$$

烟室热管外壁处动力黏度为

$$\mu_{wbh} = 10^{-6} \times (15.91 + 4.732 \times 10^{-2} t_{wbh} - 2.521 \times 10^{-5} t_{wbh}^2 + 1.603 \times 10^{-8} t_{wbh}^3 -$$
$$7.319 \times 10^{-12} t_{wbh}^4 + 1.639 \times 10^{-15} t_{wbh}^5) = 10^{-6} \times 24.17\ \text{P}_a \cdot \text{s}$$

定性温度下运动黏度为

$$\nu_h = 10^{-6} \times (12.198 + 8.319 \times 10^{-2} t_h + 1.066 \times 10^{-4} t_h^2 - 3.859 \times 10^{-8} t_h^3 +$$
$$1.204 \times 10^{-11} t_h^4 - 1.122 \times 10^{-15} t_h^5) = 10^{-6} \times 35.53\ \text{m}^2/\text{s}$$

定性温度下普朗特数为

$$Pr_h = 0.718 - 2.799 \times 10^{-4} t_h + 2.552 \times 10^{-7} t_h^2 - 1.107 \times 10^{-10} t_h^3 = 0.667\ 2$$

烟室热管外壁处普朗特数为

$$Pr_{wbh} = 0.718 - 2.799 \times 10^{-4} t_{wbh} + 2.552 \times 10^{-7} t_{wbh}^2 - 1.107 \times 10^{-10} t_{wbh}^3 = 0.672\ 9$$

3) 计算纯水的物性参数(适于 0~150 ℃)

定性温度为

$$t_c = \frac{t_{c1} + t_{c2}}{2} = 82.5\ \text{℃}$$

水室热管外壁温度为

$$t_{wbc} = 1.25 t_c = 103.1\ \text{℃}$$

定性温度下密度为

$$\rho_c = 1\ 001.393 - 0.133\ 393\ 8 t_c - 2.902\ 569 \times 10^{-3} t_c^2 = 970.63\ \text{kg/m}^3$$

水入口处密度为

$$\rho_c = 1\ 001.4 - 0.133\ 4 t_{c1} - 2.903 \times 10^{-3} t_{c1}^2 = 977.83\ \text{kg/m}^3$$

水出口处密度为

$$\rho_{c2} = 1\ 001.4 - 0.133\ 4 t_{c2} - 2.903 \times 10^{-3} t_{c2}^2 = 962.52\ \text{kg/m}^3$$

定性温度下定压比热为

$$c_{p,c} = 4.202\,545 - 1.110\,218 \times 10^{-3} t_c + 1.239\,95 \times 10^{-5} t_c^2 = 4.195 \text{ kJ/(kg} \cdot \text{℃)}$$

定性温度下导热系数为

$$\lambda_c = 10^{-2} \times (54.998 + 0.277\,885\,5 t_c - 1.830\,401 \times 10^{-3} t_c^2 +$$
$$3.822\,164 \times 10^{-6} t_c^3) = 0.676\,1 \text{ W/(m} \cdot \text{℃)}$$

定性温度下动力黏度为

$$\mu_c = 10^{-6} \times (1\,782.181 - 55.698\,88 t_c + 1.037\,83 t_c^2 - 1.102\,698 \times 10^{-2} t_c^3 +$$
$$6.001\,633 \times 10^{-5} t_c^4 - 1.285\,774 \times 10^{-7} t_c^5) = 10^{-6} \times 344.79 \text{ Pa} \cdot \text{s}$$

管外壁处动力黏度为

$$\mu_{wbc} = 10^{-6} \times (1\,782.18 - 55.70 t_{wbc} + 1.038 t_{wbc}^2 - 1.103 \times 10^{-2} t_{wbc}^3 +$$
$$6.002 \times 10^{-5} t_{wbc}^4 - 1.286 \times 10^{-7} t_{wbc}^5) = 10^{-6} \times 268.55 \text{ Pa} \cdot \text{s}$$

定性温度下运动黏度为

$$\nu_c = 10^{-6} \times (1.782\,887 - 5.579\,303 \times 10^{-2} t_c + 1.048\,509 \times 10^{-3} t_c^2 - 1.121\,295 \times 10^{-5} t_c^3 +$$
$$6.135\,898 \times 10^{-8} t_c^4 - 1.320\,355 \times 10^{-10} t_c^5) = 10^{-6} \times 0.357\,97 \text{ m}^2/\text{s}$$

定性温度下普朗特数为

$$Pr_c = 13.614\,41 - 0.483\,475 t_c + 9.570\,263 \times 10^{-3} t_c^2 - 1.042\,225 \times 10^{-4} t_c^3 +$$
$$5.728\,429 \times 10^{-7} t_c^4 - 1.231\,894 \times 10^{-9} t_c^5 = 2.171\,7$$

水室热管外壁处普朗特数为

$$Pr_{wbc} = 13.614\,41 - 0.483\,475 t_{wbc} + 9.570\,263 \times 10^{-3} t_{wbc}^2 - 1.042\,225 \times 10^{-4} t_{wbc}^3 +$$
$$5.728\,429 \times 10^{-7} t_{wbc}^4 - 1.231\,894 \times 10^{-9} t_{wbc}^5 = 1.664\,1$$

4）计算水质量流量及两侧的对数平均温差

烟气放热量为

$$Q_h = 1.295 V_h \cdot c_{p,h} (t_{h1} - t_{h2}) = 817.43 \text{ kW}$$

式中：1.295——烟气在 0℃ 是的密度[kg/m³]，$1.295 V_h = m_h$。

水吸热量 Q_c 为

考虑到水、烟两侧各约有 3% 的热量损失，则

$$Q_c = 0.94 Q_h = 768.38 \text{ kW}$$

水质量流量为

$$m_c = \frac{Q_c}{c_{p,c}(t_{c2} - t_{c1})} = 7.326 \text{ kg/s}$$

两侧的对数平均温差为

$$\Delta t_m = \frac{(t_{h1} - t_{c2}) - (t_{h2} - t_{c1})}{\ln \dfrac{t_{h1} - t_{c2}}{t_{h2} - t_{c1}}} = 127.08 \text{ ℃}$$

5）计算蒸发段对流换热系数 $\alpha_h [\text{W/(m}^2 \cdot \text{℃)}]$

① 计算雷诺数 Re_h

设定中隔板左、右边处"走廊"廊宽（从左边第一个管孔到板边的距离称为左廊宽，右廊宽亦然）为

$$b = 0.010 + \frac{d_w}{2} = 0.026 \text{ m}$$

烟（水）室宽为

$$B = 2b + (n_1 - 1) \cdot S_1 = 0.832 \text{ m}$$

热管热端热态长度（热管在工作状态下的真实长度）为

$$L_{rh} = L_h(1 + 11.8 \times 10^{-6} t_{h1}) = 1.845 \text{ m}$$

式中：11.8×10^{-6}——金属线膨胀系数，$1/℃$；

$11.8 \times 10^{-6} t_{h1}$——金属自 0 ℃起至 t_{h1} 的膨胀倍数；

L_{rh} 的下标 r 表示"热"。

烟室高度为

$$H_h = L_{rh} + 0.015 = 1.862 \text{ m}$$

式中：0.015——烟室底隙尺寸，m。

烟室流通面积为

$$\text{NFA}_h = B \cdot H_h - n_1 \cdot d_w \cdot L_h(1 + 11.8 \times 10^{-6} t_h) = 0.604 \ 3 \text{ m}^2$$

烟气流速为

$$Sd_h = \frac{1.295 V_h}{\rho_h \cdot \text{NFA}_h} = 10.52 \text{ m/s}$$

由以上计算可得雷诺数，有

$$Re_h = \frac{Sd_h \cdot d_w}{\nu_h} = 947 \ 9$$

② 烟气在热管外壁温度下的普朗特数：由前面物性参数计算可知

$$Pr_{wbh} = 0.672 \ 9$$

③ 计算烟气在光管束中的努谢尔特数

流体横掠圆管管束的管排修正系数 ε_m：

当 $m^y > 16$ 时　　　　　　　　$\varepsilon_{m1} = 1$

当 $m^y \leqslant 16$ 时　　$\varepsilon_{m2} = 0.756 \ 3 + 5.585 \times 10^{-2} m^y - 5.257 \times 10^{-3}(m^y)^2 + 2.436 \times$

$$10^{-4}(m^y)^3 - 5.426 \times 10^{-6}(m^y)^4 + 4.638 \times 10^{-8}(m^y)^5$$

本例中 $m^y = 36$，故取 $\varepsilon_m = 1$。

根据相关实验关联式求取努谢尔特数

$$Nu_{h1} = 0.35 \left(\frac{S_1}{S_2}\right)^{1/5} \cdot Re_h^{0.60} \cdot Pr_h^{0.36} \cdot \left(\frac{Pr_h}{Pr_{wbh}}\right)^{1/4} \cdot \varepsilon_m = 75.60 \qquad (Re_h = 1 \times 10^3 \sim 2 \times 10^5)$$

$$Nu_{h2} = 0.022 Re_h^{0.84} Pr_h^{0.36} \cdot \left(\frac{Pr_h}{Pr_{wbh}}\right)^{1/4} \cdot \varepsilon_m = 41.57 \qquad (Re_h = 2 \times 10^5 \sim 2 \times 10^6)$$

本例中 $Re_h = 947 \ 9$，故取 $Nu_h = 75.60$。

④ 计算蒸发段对流换热系数 α_h

由以上计算可得

$$\alpha_h = Nu_h \cdot \frac{\lambda_h}{d_w} = 98.72 \text{ W/(m}^2 \cdot ℃)$$

6）计算冷凝段对流换热系数 α_c

① 计算雷诺数 Re_c

冷凝段长度 L_c 为

$$L_c = L - L_h - H_a = 0.660$$

迎水面第 1 排管的总投影面积 F_{1tc}：

介质互逆流动时：

预置排数为奇数 $\qquad F_{1tcj} = n_1[d_w \cdot L_c(1 + 11.8 \times 10^{-6} t_{c1})] = 0.338\,20$

预置排数为偶数 $\qquad F_{1tco} = (n_1 - 1)[d_w \cdot L_c(1 + 11.8 \times 10^{-6} t_{c1})] = 0.317\,06$

本例中 $m^y = 36$，故取 $F_{1tc} = 0.317\,06 \ \text{m}^2$。

热管冷端的热态长度为

$$L_{rc} = L_c(1 + 11.8 \times 10^{-6} t_{c2}) = 0.660\,7 \ \text{m}$$

水室高度为

$$H_c = L_{rc} + 0.010 = 0.670\,7 \ \text{m}$$

式中：0.010 为水室顶隙。

水侧一个通道流通面积 NFA_c 为

$$\text{NFA}_c = (B \cdot H_c - F_{1tc})\frac{1}{Q_{cs}} = 0.240\,99 \ \text{m}^2$$

水室水速 Sd_c 为

$$Sd_c = \frac{m_c}{\rho_c \cdot \text{NFA}_c} = 0.031\,32 \ \text{m/s}$$

由以上计算可得雷诺数为

$$Re_c = \frac{Sd_c \cdot d_w}{\nu_c} = 2\,799.7$$

② 计算水的努谢尔特数 Nu_c

冷侧水在热管外壁处的普朗特数：由前面物性参数计算可知

$$Pr_{wbc} = 1.664\,1$$

所以

$$Nu_c = 0.35\left(\frac{s_1}{s_2}\right)^{1/5} \cdot Re_c^{0.60} \cdot Pr_c^{0.36} \cdot \left(\frac{Pr_c}{Pr_{wbc}}\right)^{1/4} \cdot \varepsilon_m = 59.57 \qquad (Re_c = 10^3 \sim 2 \times 10^5)$$

③ 计算冷凝段对流换热系数

由以上计算可得

$$\alpha_c = Nu_c \cdot \frac{\lambda_c}{d_w} = 1\,258.7 \ \text{W/(m}^2 \cdot \text{℃)}$$

7）计算单管热基传热系数 U_h 和冷基传热系数 U_c

单管热基传热系数即以热侧单管实际吸热面积为基准的传热系数 U_h，冷基传热系数即以冷侧单管实际放热面积为基准的传热系数 U_c。

① 计算污垢系数

烟气对光管取 $\qquad\qquad\qquad r_{Fh} = 0.000\,2 \ \text{m}^2 \cdot \text{℃/W}$

纯水对光管取 $\qquad\qquad\qquad r_{Fw} = 0.000\,4 \ \text{m}^2 \cdot \text{℃/W}$

② 计算单管总热阻 R

纯水与管外壁间的热阻 r_1 为

$$r_1 = \left(r_{Fw} + \frac{1}{\alpha_c}\right)\frac{1}{A_{c1}} = 1.798\ 5 \times 10^{-2}\ r_2\ \text{℃/W}$$

式中：A_{c1}——冷凝段单管外表面积，m^2，即

$$A_{c1} = \pi d_w \cdot L_c(1 + 11.8 \times 10^{-6} t_c) = \pi d_w \cdot L_{rc} = 0.066\ 41\ m^2$$

水侧管内、外壁间的热阻 r_2 为

$$r_2 = \frac{\ln\dfrac{d_w}{d_n}}{2\pi\lambda_{wbc} \cdot L_{rc}} = 8.664\ 5 \times 10^{-4}\ \text{℃/W}$$

式中：λ_{wbc}——水侧管材的导热系数，$W/(m \cdot \text{℃})$，即

$$\lambda_{wbc} = 56.7 - 0.043\ 5 \times (t_{wbc} - 126.85) = 57.73\ W/(m \cdot \text{℃})$$

热管内微小热阻 r_w 为

$$r_w = r_3 + r_4 + r_5 \approx 10\%\ R$$

式中：r_3——冷凝段管内壁面热阻，℃/W

　　　r_4——蒸发段至冷凝段蒸气流动热阻，℃/W

　　　r_5——蒸发段管内壁面热阻，℃/W

　　　r_w——热管内的上述三个微小热阻之和（参见参考文献[2] P344），$r_w \approx 10\%\ R$（经验
式）。

热侧管壳内、外壁间的热阻 r_6 为

$$r_6 = \frac{\ln\dfrac{d_w}{d_n}}{2\pi\lambda_{wbh} \cdot L_{rh}} = 3.325\ 6 \times 10^{-4}\ \text{℃/W}$$

式中：λ_{wbh}——烟气侧管材导热系数，$W/(m \cdot \text{℃})$，根据参考文献[2] P376 金属的热物理性
质表数据采用内插法得

$$\lambda_{wbh} = 56.7 - 0.043\ 5 \times (t_{wbh} - 126.85) = 53.87\ W/(m \cdot \text{℃})$$

烟气与管外壁间的热阻 r_7 为

$$r_7 = \left(r_{Fh} + \frac{1}{\alpha_h}\right)\frac{1}{A_{h1}} = 5.569\ 8 \times 10^{-2}\ \text{℃/W}$$

式中：A_{h1}——单管蒸发段表面积，m^2 即

$$A_{h1} = \pi d_w \cdot L_{rh} = 0.185\ 48\ m^2$$

由以上计算可得单管总热阻为

$$R = \frac{r_1 + r_2 + r_6 + r_7}{0.90} = 8.320\ 2 \times 10^{-2}\ \text{℃/W}$$

③ 计算单管热基传热系数 U_h

$$U_h = \frac{1}{A_{h1} \cdot R} = 64.81\ W/(m^2 \cdot \text{℃})$$

④ 计算单管冷基传热系数 U_c

$$U_c = \frac{1}{A_{c1} \cdot R} = 180.97\ W/(m^2 \cdot \text{℃})$$

8) 计算烟气侧总压力损失 Δp_h

① 计算烟室压力损失 Δp_{ho}

烟室的阻力系数为

$$f_{eh0} = 0.75Re_h^{-0.2} = 0.120\ 1$$

外管壁处的烟气动力黏度为

$$\mu_{wbh} = 10^{-6} \times 24.17\ \text{Pa} \cdot \text{s}$$

由此可得烟室压力损失 Δp_{ho},即

$$\Delta p_{ho} = f_{eh0}\left(\frac{1}{2}\rho_h Sd_h^2\right) \cdot \left(\frac{\mu_h}{\mu_{wbh}}\right)^{0.14} \cdot m^y = 171.6\ \text{Pa}$$

② 计算烟气在入口接管处的压力损失 Δp_{h1}

烟气入口处的密度为 $\qquad \rho_{h1} = 0.608\ 1\ \text{kg/m}^3$

烟气入口处的速度为

$$Sd_{h1} = \frac{1.295V_h}{\rho_{h1} \cdot \frac{\pi}{4}D_h^2} = \frac{1.649V_h}{\rho_{h1} \cdot D_h^2} = 15.11\ \text{m/s}$$

计算烟气入口处阻力系数 fe_{h1}。烟气入口接管为圆方过渡段(工程上俗称为天圆地方),由过渡段入口的"天圆"到末端的"地方",有一个扩张段,其扩张角大小,或"天圆"与"地方"的面积比,直接影响圆方过渡段的流体的压力损失。按文献[5]介绍的"面积比差方"的方法,可得烟气入口处阻力系数 fe_{h1} 的近似值为

$$fe_{h1} = \left(1 - \frac{\pi D_h^2}{4B \cdot H_h}\right)^2 = \left(1 - \frac{\pi \times 0.792^2}{4 \times 0.830 \times 1.862}\right)^2 = 0.464$$

由此可得烟气在入口接管处的压力损失 Δp_{h1},即

$$\Delta p_{h1} = fe_{h1}\left(\frac{1}{2}\rho_{h1} Sd_{h1}^2\right) = 32.21\ \text{Pa}$$

③ 烟气在出口接管处的压力损失 Δp_{h2}

烟气出口处的密度为 $\qquad \rho_{h2} = 0.861\ 6\ \text{kg/m}^3$

烟气出口处的阻力系数 fe_{h2} 的近似值按"面积比差方"的方法求得,即

$$fe_{h2} = \left(1 - \frac{\pi D_h^2}{4B \cdot H_h}\right)^2 = 0.464$$

烟气出口处的速度为

$$Sd_{h2} = \frac{1.649V_h}{\rho_{h2} \cdot D_h^2} = 10.67\ \text{m/s}$$

式中: D_h ——烟气入口接管圆头("天圆")内径,此处取 $D_h = 0.792\ \text{m}$,其计算过程见后。

由此可得烟气在出口处的压力损失 Δp_{h2},即

$$\Delta p_{h2} = fe_{h2}\left(\frac{1}{2}\rho_{h2} Sd_{h2}^2\right) = 22.76\ \text{Pa}$$

④ 计算烟气侧总压力损失 Δp_h

由以上计算可得

$$\Delta p_h = \Delta p_{ho} + \Delta p_{h1} + \Delta p_{h2} = 226.57\ \text{Pa}$$

9) 计算水侧总压力损失 Δp_c

① 计算水室压力损失 Δp_{c0}

水室阻力系数为

$$fe_{c0} = 0.75Re_c^{-1/5} = 0.153\ 3$$

水室压力损失为

$$\Delta p_{c0} = fe_{c0}\left(\frac{1}{2}\rho_c Sd_c^2\right) \cdot \left(\frac{\mu_c}{\mu_{wbc}}\right)^{0.14} \cdot m^y = 2.72\ \text{Pa}$$

③ 计算水在入口接管处的压力损失 Δp_{c1}

水入口处的密度为　　　　　　　$\rho_{c1} = 977.83\ \text{kg/m}^3$

水入口处阻力系数按"面积比差方"的方法求得,即

$$fe_{c1} = \left(1 - \frac{\pi D_c^2}{4B \cdot H_c}\right)^2 = 0.468$$

水入口处的速度取为　　　　　　$Sd_{c1} = 1.75\ \text{m/s}$

水在入口接管处的压力损失为

$$\Delta p_{c1} = fe_{c1}\left(\frac{1}{2}\rho_{c1} Sd_{c1}^2\right) = 700.74\ \text{Pa}$$

④ 计算水在出口接管处的压力损失 Δp_{c2}

水在出口处的密度为　　　　　　$\rho_{c2} = 962.52\ \text{kg/m}^3$

水在出口处的速度为　　　　　　$Sd_{c2} \approx 1.75\ \text{m/s}$

水在出口处的阻力系数近似值为

$$fe_{c2} = \left(1 - \frac{\pi D_c^2}{4B \cdot H_c}\right)^2 = 0.468$$

由此可得水在出口接管处的压力损失

$$\Delta p_{c2} = fe_{c2}\left(\frac{1}{2}\rho_{c2} Sd_{c2}^2\right) = 689.76\ \text{Pa}$$

⑤ 计算水侧总压力损失

由以上计算可得

$$\Delta p_c = \Delta p_{c1} + \Delta p_{c0} + \Delta p_{c2} = 1\ 393.22\ \text{Pa}$$

10) 确定结构参数

① 计算热管总根数的理论计算值 N_j

单根热管传热量为

$$q = U_h \cdot A_{h1} \cdot \Delta t_m \cdot \frac{1}{1\ 000} = 1.527\ 6\ \text{kW}$$

热管总根数为

$$N_j = \frac{Q_h}{q} = 535.2\ \text{根}$$

② 计算烟气入口接管圆头内径 D_h

设"天圆"通流面积约为"地方"形面积的 0.32,即

$$\frac{\pi}{4}D_h^2 = 0.32B \cdot H_h$$

则得烟气入口接管圆头内径为

$$D_h \approx 0.64\sqrt{L_h \cdot B} = 0.792 \text{ m}$$

③ 计算水入口接管圆头内径 D_c

$$D_c \approx 0.64\sqrt{\frac{L_c B}{Q_{cs}}} = 0.474 \text{ m}$$

④ 计算热水器外接供水管内径 d_{sn}

$$d_{sn} = \sqrt{\frac{4m_c}{1.75\pi\rho_{cl}}} = 0.073\ 8$$

水的平均允许流速取 1.75 m/s。

⑤ 烟气进口圆-方过渡段长度 L_{jh}

令方形的平均长度为 $\dfrac{B+H_h}{2}$,画大小头的截面图,总扩张角为 55°,过渡段长度为 L_{jh}

则有

$$\frac{\dfrac{B+H_h}{2} - D_h}{2L_{jh}} = \tan 27°$$

联立

$$D_h = 0.64\sqrt{B \cdot H_h}$$

解之得

$$L_{jh} = \frac{1}{2}(L_h + B - 1.28\sqrt{L_h \cdot B}) = 0.544 \text{ m}$$

⑥ 计算水侧进口过渡段长度

$$L_{jc} = \frac{1}{2}\left(L_c + \frac{B}{Q_{cs}} - 1.28\sqrt{\frac{L_c B}{Q_{cs}}}\right) = 0.272$$

⑦ 计算热水器室内流向总长 A

$$A = S_2(m^y - 1) + d_w + 0.030 = 1.637 \text{ m}$$

式中：S_2——叉排流向的前、后排心距,m,$S_2 = 0.045$ m；

m^y——预设的管排数,$m^y = 36$ 排；

d_w——热管外径,m,$d_w = 0.032$ m；

$d_w + 0.030 =$ 流向廊宽的 2 倍。

⑧ 计算热水器总长 AA

$$AA = A + 2L_{jh} = 2.725 \text{ m}$$

⑨ 计算热水器总宽 BB

$$BB = B + 2 \times (0.005 + 0.050) = 0.942 \text{ m}$$

式中：0.005——保温罩壁厚,m；

0.050——保温层厚度,m。

⑩ 计算热水器总高 HH

热水器室高度 H 为

$$H = H_c + H_a + H_h = 2.552 \text{ m}$$

热水器总高 HH 为

$$HH = H + 0.300 = 2.852 \ \text{m}$$

式中：0.300 包括棚顶厚度、地板厚度和支座高度，m。

11）计算热管总质量 W_g

① 计算单管基管质量 W_1

$$W_1 = \frac{\pi}{4}(d_w^2 - d_n^2)L \times 7\,850 = 6\,165(d_w^2 - d_n^2) \cdot L = 5.406 \ \text{kg}$$

式中：7 850——热管材料密度，kg/m³。

② 计算两封头质量 W_2 和密封环质量 W_3

$$W_2 = 2 \times \frac{\pi}{4}d_w^2 0.006 \times 7\,850 \approx 74 d_w^2 = 0.076 \ \text{kg}$$

$$W_3 \approx 0.9 W_2 = 0.07 \ \text{kg}$$

式中：0.006——封头厚度，m。

③ 计算预置管数 N^y

预置排数 m^y 为奇数时　　$N_j^y = \dfrac{n_1 + (n_1 - 1)}{2} \cdot (m^y - 1) + n_1$

预置排数 m^y 为偶数时　　　　$N_o^y = \dfrac{n_1 + (n_1 - 1)}{2} \cdot m^y$

本算例中 $m^y = 36$，故得预置管数为

$$N^y = N_o^y = \frac{n_1 + (n_1 - 1)}{2} \cdot m^y = 558 \ \text{根}$$

④ 计算热水器中热管总质量

确定热水器的热管总数 N：在 N_j 和 N^y 中取较大者，故取 $N = 558$ 根。

热管总质量为

$$W_g = (W_1 + W_2 + W_3) \cdot N = 3\,098 \ \text{kg}$$

⑤ 计算热水器总质量 W_Z

$$W_Z \approx K_w \cdot W_g = 5\,638 \ \text{kg}$$

式中：K_w——总质量系数，是同类型水热管热水器估算总重量的经验系数，$K_w = 1.820$。

12）核　验

① 核验热管蒸发段长度与冷凝段长度比的相对偏差 $w(\%)$（宜为负，$-4\% \sim -2\%$）

最佳长度比 I（参见文献[4]）为

$$I_1 = \frac{\ln \dfrac{d_w}{d_n}}{\lambda_{wbh}} + \frac{2\left(r_{Fh} + \dfrac{1}{\alpha_h}\right)}{d_w} = 0.649\,5$$

$$I_2 = \frac{\ln \dfrac{d_w}{d_n}}{\lambda_{wbc}} + \frac{2\left(r_{FC} + \dfrac{1}{\alpha_C}\right)}{d_w} = 0.078\,25$$

$$I = \sqrt{\frac{I_1}{I_2}} = 2.881 \quad （光管／光管）$$

式中：λ_{wbh} 和 λ_{wbc} 分别为烟气侧及水侧管材的导热系数，已在求热阻 R 时列出。

实际长度比为

$$\frac{L_h}{L_c} = 2.787\ 9 \qquad （由设计得）$$

故得热管蒸发段长度与冷凝段长度比的相对偏差为

$$w = \frac{\dfrac{L_h}{L_c} - I}{I} \times 100\% = -3.2\%$$

② 核验迎面流进速度

烟气： $\qquad v_h^y = \dfrac{V_h}{H_h \cdot B} = 2.26\ N_0\ m/s \qquad （宜 2\sim 3\ N_0\ m/s）$

纯水： $v_c^y = \dfrac{m_c}{B \cdot H_c \cdot \rho_{c1}} \cdot Q_{cs} \times 1\ 000 = 13.4\ N_0\ mm/s \qquad （宜 4\ N_0\ mm/s）$

③ 烟气的酸露点温度 $t_{ed} (< t_{h2}, ℃)$

$$t_{ed} = 186 + \frac{20\ln(H_2O)}{\ln 10} + \frac{26\ln(SO_3)}{\ln 10} = 116.3\ ℃$$

$$t_{ed} < t_{h2} = 140\ ℃$$

式中：H_2O 和 SO_3 分别为水蒸汽和三氧化硫的质量流量占烟气质量流量的比值（以%表示），题目中已给出烟气中水蒸汽含量为 14%，SO_3 含量为 0.000 273% 。

④ 核验水介质热管热量携带极限 Q_E

热管内蒸气平均温度 t_v 为

$$t_v = \frac{t_h U_h A_{h1} + t_c U_c A_{c1}}{U_h A_{h1} + U_c A_{c1}} = 152.25\ ℃$$

管内蒸馏水的物性参数如下：

液体密度为

$$\rho_L = 1\ 001.24 - 8.169 \times 10^{-2} t_v - 3.874 \times 10^{-3} t_v^2 + 2.940 \times 10^{-6} t_v^3 +$$
$$1.912 \times 10^{-8} t_v^2 - 6.162 \times 10^{-1} t_v^5 = 914.6\ kg/m^3$$

蒸气密度为

$$\rho_v = -0.277\ 2 + 2.944 \times 10^{-2} t_v - 7.990 \times 10^{-4} t_v^2 + 8.884 \times 10^{-6} t_v^3 -$$
$$3.720 \times 10^{-8} t_v^4 + 7.043 \times 10^{-11} t_v^5 = 2.811\ kg/m^3$$

管内液体的气化潜热为

$$r_v = 2\ 502.4 - 2.491 t_v + 3.662 \times 10^{-3} t_v^2 - 4.281 \times 10^{-5} t_v^3 +$$
$$1.283 \times 10^{-7} t_v^4 - 2.322 \times 10^{-10} t_v^5 = 2\ 106.9\ kJ/kg$$

管内液体的表面张力为

$$\sigma = 10^{-4}(755.93 - 1.374 t_v - 3.760 \times 10^{-3} t_v^2 + 9.240 \times 10^{-6} t_v^3 -$$
$$2.382 \times 10^{-8} t_v^4 + 3.406 \times 10^{-11} t_v^5) = 4.82 \times 10^{-2}\ N/m$$

邦德数为 $\qquad Bo = d_n \sqrt{\dfrac{9.806\ 65(\rho_L - \rho_v)}{\sigma}} = 11.197$

C_k 值：（参见文献[1] P45.）

令 $y = 0.5Bo^{1/4} = 0.914\,6$，则

$$C_k = \sqrt{3.2} \times \left(\frac{e^y - e^{-y}}{e^y + e^{-y}} \right) = 1.294\,0 \qquad (e = 2.718\,3)$$

由式(6-12)可得水介质热管热量携带极限 Q_E，即

$$Q_E = C_k^2 \left(\frac{\pi}{4} d_n^2 \right) r_v (\rho_L^{-1/4} + \rho_v^{-1/4})^{-2} \cdot \left[9.806\,65\sigma(\rho_L - \rho_v) \right]^{1/4} = 9.373\ \text{kW}$$

⑤ 计算传热安全系数(宜≥8)

$$C_E = \frac{Q_E}{q} = 6.14$$

式中：q——单根热管换热量，kW，$q = 1.527\,6$ kW

⑥ 计算温度效率(宜 30%～60%)

热侧：
$$\eta_h = \frac{t_{h1} - t_{h2}}{t_{h1} - t_{c1}} \times 100\% = 70.1\%$$

冷侧：
$$\eta_c = \frac{t_{c2} - t_{c2}}{t_{h1} - t_{c1}} \times 100\% = 10.7\%$$

由上述计算和核验可知，所设计的热水管达到了设计指标规定的性能要求，可提供用户运行使用。对于核验量中未达到最佳范围的某些参数，如认为有必要，可通过优化设计予以改进，但这需要综合考虑运行和制造成本，以及各项性能指标之间的平衡，往往经过多次修改设计方案和反复迭代计算，才能得到一个折中并可行的方案。

思考题与习题

6-1 试用简明的语言阐明热管的典型结构及其工作原理。

6-2 与其他热输运装置相比，热管有何特点？根据所用热管特性，举例说明热管在温度展平、等温、恒温、能量传递、交换热流密度、产生恒定热流、单向输入(热二极管)、热开关等方面的应用。

6-3 在热管设计中，工质的选择应满足哪些要求？为什么要特别注意工质与管壳和吸液芯材料的相容性？

6-4 在热管设计中，吸液芯的选择应满足哪些要求？为什么必须对吸液芯毛细孔尺寸进行最佳化处理？

6-5 在热管设计中，对管壳的基本要求有哪些？

6-6 试用简明的语言阐明声速限、携带限、毛细限(吸液限)和沸腾限的物理意义。

6-7 简述热管的毛细压差产生的机理，从流体力学传质观点看，要保证热管正常工作，最大毛细压差应满足什么要求？

6-8 利用热阻概念，分析从热源经过热管直到冷源的整个传热体系，并指出哪些过程的热阻是主要的，哪些过程的热阻是可以忽略的。

6-9 采用钢-水热管的换热器，其换热性能的优劣主要取决于什么环节？

6-10 有一铜-水热管，外径 $d_o = 25$ mm，内径 $d_i = 21$ mm，蒸发段长 0.4 m，外壁温度 $t_e = 200$ ℃，冷凝段长 0.4 m，外壁温 $t_c = 199.5$ ℃，绝热段长 0.5 m。设蒸发与凝结的表面传

热系数分别为 $\alpha_e = 5\,000$ W/(m² · K), $\alpha_c = 6\,000$ W/(m² · K),蒸发段与冷凝段的管外表面传热系数均为 90 W/(m² · K)。试计算该热管的内部热阻在传热过程总热阻中的比例。

6 - 11 一个尺寸为 10 mm×10 mm、发热量为 100 W 的大规模集成电路,其表面最高允许温度不能高于 75 ℃,环境温度为 25 ℃,试设计一个能采用自然对流来冷却该电子元件的热管冷却器。

6 - 12 一个冷、热流体的流动布置如图 6 - 33 所示的热管换热器,可以看成是一种特殊的间壁式换热器。热流体从 t_1' 被冷却到 t_1'',而冷流体从 t_2' 被加热到 t_2''。试分析计算冷、热流体间的平均温差。

6 - 13 有一台烟气-空气换热器如图 6 - 34 所示。已知烟气进口温度 $t_1' = 280$ ℃,空气进口温度 $t_2' = 30$ ℃,热管外径为 40 mm,壁厚为 1.5 mm。蒸发段与冷凝段的长度均为 1 m。管子采用叉排布置,$s_1/d = 2$,$s_2/d = 1.5$,在流动方向为 20 排,迎风方向为 15 排。气体在最窄流动截面上的流速均为 10 m/s。试确定 t_2''。对换热表面上无结垢及有结垢(污垢热阻为 $R_A = 0.000\,4$ (m² · K)/W)的情形分别进行计算。热管换热器的两端各置于截面尺寸为 1 000 mm×1 200 mm 的方形通道内。烟、空气压力均可按 101.325 kPa 计算。

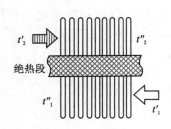

图 6 - 33 习题 6 - 12 用图

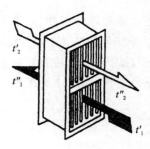

图 6 - 34 习题 6 - 13 用图

6 - 14 试为某 75 t/h 电站锅炉设计一台前置式热管换热器,即热管式空气预热器。

原始数据：排气流量 $q_{V1} = 78\,592$ m³/h；

排气进口温度 $t_1' = 160$ ℃；

空气流量 $q_{V2} = 64\,963$ m³/h；

空气进口温度 $t_2' = 30$ ℃；

总换热热流量 $\Phi_总 = 2\,093\,000$ kJ/h $= 581.4$ kW；

烟道宽度 $B = 5$ m。

参考文献

[1] 马同泽.热管[M].北京:科学出版社,1991.

[2] 钱滨江.简明传热手册[M].北京:高等教育出版社,1984.

[3] 庄骏,张红.热管技术及其工程应用[M].北京:化学工业出版社,2000.

[4] 范砳,范京溟.热管蒸发段与冷凝段长度比的最佳值[J].计量技术,2014(5):38 - 40.

［5］龚崇实,王福祥.通风空调工程安装手册[M].北京:中国建筑工业出版社,1993.

［6］奇译姆 D.热管[M].候增祺,译.北京:国防工业出版社,1976.

［7］温特 E R F,巴希 W O.热管[M].陈叔评,译.北京:科学出版社,1975.

［8］池田义雄.实用热管技术[M].商正宋,译.北京:化学工业出版社,1988.

［9］庄骏.热管与热管换热器[M].上海:上海交通大学出版社,1989.

［10］靳明聪,陈远国.热管及热管换热器[M].重庆:重庆大学出版社,1986.

［11］CHI S W.热管理论与实用[M].蒋章焰,译.北京:科学出版社,1981.

附　　录

附录 A　常用单位制及其换算表

表 A-1　常用单位制及其换算表

物理量 名　称	符　号	换算系数		
		国际单位制	工程单位制	英　制
质　量	m	kg 9.806 7 1 0.453 6	$(kgf \cdot s^2)/m$ 1 0.101 97 0.046 25	lb 21.619 7 2.204 6 1
力	F	N 9.806 7 1 4.448 4	kgf 1 0.109 7 0.453 6	lbf 2.204 6 0.224 8 1
长　度	L,l	m 1 0.304 8	m 1 0.304 8	ft(12 in) 3.280 8 1
质量流速	g_m	$kg/(s \cdot m^2)$ 1 4.882 7	$kg/(s \cdot m^2)$ 1 4.882 7	$lb/(s \cdot ft^2)$ 0.204 8 1
压　力	p	10^5 Pa 1 0.980 67 0.068 95	kgf/cm^2 1.019 7 1 0.070 307	psi(lbf/in^2) 14.503 8 14.223 3 1
运动黏度	ν	m^2/s 1 0.092 90	m^2/s 1 0.092 90	ft^2/s 10.763 9 1
[动力]黏度	$\eta \cdot \mu$	Pa $\cdot$ s 1 9.806 7 1.483 2	$kgf \cdot s/m^2$ 0.101 97 1 0.151 750	$lbf \cdot s/ft^2$ 0.672 0 6.589 8 1

物理量 名　称	符　号	换算系数		
		国际单位制	工程单位制	英　制
热　量	Q	kJ 1 4.186 8 1.055	kcal 0.238 9 1 0.252	Btu 0.947 8 3.968 1
比定压热容	c_p	kJ/(kg · K) 1 4.186 8 4.186 8	kcal/(kgf · ℃) 0.238 8 1 1	Btu/(lb · ℉) 0.238 8 1 1
热流[量]密度	q, φ	W/m² 1 1.163 3.154 7	kcal/(m² · h) 0.859 8 1 2.712 5	Btu/(ft² · h) 0.317 0 0.368 7 1
导热系数	λ	W/(m · K) 1 1.163 1.730 7	kcal/(m · h · ℃) 0.859 8 1 1.488 2	Btu/(ft · h · ℉) 0.577 8 0.672 0 1
传热系数及 表面传热系数	K 及 α	W/(m² · K) 1 1.163 5.678 2	kcal/(m² · h · ℃) 0.859 8 1 4.882 4	Btu/(ft² · h · ℉) 0.176 1 0.204 8 1

功　率	P	W 1 1.163 9.806 7 1.355 8	kcal/h 0.859 8 1 3.433 7 1.165 8	kgf · m/s 0.101 97 0.118 6 1 0.138 3	lbf · ft/s 0.737 6 0.857 8 7.233 0 1

汽化潜热	r	kJ/kg 4.186 8 1 2.326	kcal/kgf 1 0.239 0.556	Btu/lb 1.80 0.43 1
表面张力	γ, σ	N/m 9.806 7 1 14.594	kgf/m 1 0.101 97 1.488 2	lbf/ft 0.672 0.068 5 1

附录 B　换热介质的热物理性质

1. 干空气的热物理性质

表 B-1　干空气的热物理性质($p=760$ mmHg$=1.013\ 25\times10^5$ Pa)

$t/℃$	$\rho/$ (kg·m^{-3})	$c_p/$ (kJ·kg^{-1}·K^{-1})	$10^2\times\lambda/$ (W·m^{-1}·K^{-1})	$10^6\times\alpha/$ (m^2·s^{-1})	$10^6\times\mu/$ (Pa·s)	$10^6\times\nu/$ (m^2·s^{-1})	Pr
−50	1.584	1.103	2.04	12.7	14.6	9.23	0.728
−40	1.515	1.013	2.12	13.8	15.2	10.04	0.728
−30	1.453	1.013	2.20	14.9	15.7	10.80	0.723
−20	1.395	1.009	2.28	16.2	16.2	11.61	0.716
−10	1.342	1.009	2.36	17.4	16.7	12.43	0.712
0	1.293	1.005	2.44	18.8	17.2	13.28	0.707
10	1.247	1.005	2.51	20.0	17.6	14.16	0.705
20	1.205	1.005	2.59	21.4	18.1	15.06	0.703
30	1.165	1.005	2.67	22.9	18.6	16.00	0.701
40	1.128	1.005	2.76	24.3	19.1	16.96	0.699
50	1.093	1.005	2.83	25.7	19.6	17.95	0.698
60	1.060	1.005	2.90	27.2	20.1	18.97	0.696
70	1.029	1.009	2.96	28.6	20.6	20.02	0.694
80	1.000	1.009	3.05	30.2	21.1	21.09	0.692
90	0.972	1.009	3.13	31.9	21.5	22.10	0.690
100	0.946	1.009	3.21	33.6	21.9	23.13	4.688
120	0.898	1.009	3.34	39.8	22.8	25.45	0.686
140	0.854	1.013	3.49	40.3	23.7	27.80	0.684
160	0.815	1.017	3.64	43.9	24.5	30.09	0.682
180	0.779	1.022	3.78	47.5	25.3	32.49	0.681
200	0.746	1.026	3.93	51.4	26.0	34.85	0.680
250	0.674	1.038	4.27	61.0	27.4	40.61	0.677
300	0.615	1.047	4.60	71.6	29.7	48.33	0.674
350	0.566	1.059	4.91	81.9	31.4	55.46	0.676
400	0.524	1.068	5.21	93.1	33.0	63.09	0.678
500	0.456	1.093	5.74	115.3	36.2	79.38	0.687
600	0.404	1.114	6.22	138.3	39.1	96.89	0.699
700	0.362	1.135	6.71	163.4	41.8	115.4	0.706
800	0.329	1.156	7.18	188.8	44.3	134.8	0.713
900	0.301	1.172	7.63	216.2	46.7	155.1	0.717
1 000	0.277	1.185	8.07	245.9	49.0	177.1	0.719
1 100	0.257	1.197	8.50	267.2	51.2	199.3	0.722
1 200	0.239	1.210	9.15	316.5	53.5	233.7	0.724

2. 饱和水的热物理性质

表 B - 2　饱和水的热物理性质[①]

$t/℃$	$10^{-5}×p/$ Pa	$ρ/$ $(kg·m^{-3})$	$h'/$ $(kJ·kg^{-1})$	$c_p/$ $(kJ·kg^{-1}·K^{-1})$	$10^2×λ/$ $(W·m^{-1}·K^{-1})$	$10^8×a/$ $(m^2·s^{-1})$	$10^6×μ/$ $(Pa·s)$	$10^6×ν/$ $(m^2·s^{-1})$	$10^4×β/$ K^{-1}	$10^4×σ/$ $(N·m^{-1})$	Pr
0	0.006 11	999.9	0	4.212	55.1	13.1	1 788	1.789	−0.81	756.4	13.67
10	0.012 270	999.7	42.04	4.191	57.4	13.7	1 306	1.306	0.87	741.6	9.52
20	0.023 38	998.2	83.91	4.183	59.9	14.3	1 004	1.006	2.09	726.9	7.02
30	0.042 41	995.7	125.7	4.174	61.8	14.9	801.5	0.805	3.05	712.2	5.42
40	0.073 75	992.2	167.5	4.174	63.5	15.3	653.3	0.659	3.86	696.5	4.31
50	0.123 36	988.1	209.3	4.174	64.8	15.7	549.4	0.556	4.57	676.9	3.54
60	0.199 20	983.1	251.1	4.179	65.9	16.0	469.9	0.478	5.22	662.2	2.99
70	0.311 6	977.8	293.0	4.187	66.8	16.3	406.1	0.415	5.83	643.5	2.55
80	0.473 6	971.8	335.0	4.195	67.4	16.6	355.1	0.365	6.40	625.9	2.21
90	0.701 1	965.3	377.0	4.208	68.0	16.8	314.9	0.326	6.96	607.2	1.95
100	1.013	958.4	419.1	4.220	68.3	16.9	282.5	0.295	7.50	588.6	1.75
110	1.43	951.0	461.4	4.233	68.5	17.0	259.0	0.272	8.04	569.0	1.60
120	1.98	943.1	503.7	4.250	68.6	17.1	237.4	0.252	8.58	548.4	1.47
130	2.70	934.8	546.4	4.266	68.6	17.2	217.8	0.233	9.12	528.8	1.36
140	3.61	926.1	589.1	4.287	68.5	17.2	201.1	0.217	9.68	507.2	1.26
150	4.76	917.0	632.2	4.313	68.4	17.3	186.4	0.203	10.26	486.6	1.17
160	6.18	907.0	675.4	4.346	68.3	17.3	173.6	0.191	10.87	466.0	1.10
170	7.92	897.3	719.3	4.380	67.9	17.3	162.8	0.181	11.52	443.4	1.05
180	10.03	886.9	763.3	4.417	67.4	17.2	153.0	0.173	12.21	422.8	1.00
190	12.55	876.0	807.8	4.459	67.0	17.1	144.2	0.165	12.96	400.2	0.96
200	15.55	863.0	852.8	4.505	66.3	17.0	136.4	0.158	13.77	376.7	0.93
210	19.08	852.3	897.7	4.555	65.5	16.9	130.5	0.153	14.67	354.1	0.91
220	23.20	840.3	943.7	4.614	64.5	16.6	124.6	0.148	15.67	331.6	0.89

续表 B－2

t/℃	$10^{-5} \times p/$ Pa	$\rho/$ (kg·m⁻³)	$h'/$ (kJ·kg⁻¹)	$c_p/$ (kJ·kg⁻¹·K⁻¹)	$10^2 \times \lambda/$ (W·m⁻¹·K⁻¹)	$10^8 \times a/$ (m²·s⁻¹)	$10^6 \times \mu/$ (Pa·s)	$10^6 \times \nu/$ (m²·s⁻¹)	$10^4 \times \beta/$ K⁻¹	$10^4 \times \sigma/$ (N·m⁻¹)	Pr
230	27.98	827.3	990.2	4.681	63.7	16.4	119.7	0.145	16.80	310.0	0.88
240	33.48	813.6	1 037.5	4.756	62.8	16.2	114.8	0.141	18.08	285.5	0.87
250	39.78	799.0	1 085.7	4.844	61.8	15.9	109.9	0.137	19.55	261.9	0.86
260	46.94	784.0	1 135.7	4.949	60.5	15.6	105.9	0.135	21.27	237.4	0.87
270	55.05	767.9	1 185.7	5.070	59.0	15.1	102.0	0.133	23.31	214.8	0.88
280	64.19	750.7	1 236.8	5.230	57.4	14.6	98.1	0.131	25.79	191.3	0.90
290	74.45	732.3	1 290.0	5.485	55.8	13.9	94.2	0.129	28.84	168.7	0.93
300	85.92	712.5	1 344.9	5.736	54.0	13.2	91.2	0.128	32.73	144.2	0.97
310	99.70	691.1	1 402.2	6.071	52.3	12.5	88.3	0.128	37.85	120.7	1.03
320	112.90	667.1	1 462.1	6.574	50.6	11.5	85.3	0.128	44.91	98.10	1.11
330	128.65	640.2	1 526.2	7.244	48.4	10.4	81.4	0.127	55.31	76.71	1.22
340	146.08	610.1	1 594.8	8.165	45.7	9.17	77.5	0.127	72.10	56.70	1.39
350	165.37	574.4	1 671.4	9.504	43.0	7.88	72.6	0.126	103.7	38.16	1.60
360	136.74	528.2	1 761.5	13.984	39.5	5.36	66.7	0.126	182.9	20.21	2.35
370	210.53	450.5	1 892.5	40.321	33.7	1.86	56.9	0.126	676.7	4.709	6.79

① β 值选自 Steam Tables in SI Units, 2nd Ed. by Grigull, U. et al. Springer-Verlag,1984.

3. 干饱和水蒸气的热物理性质

表 B-3　干饱和水蒸气的热物理性质

$t/℃$	$10^{-2}×p/$ kPa	$ρ''/$ (kg·m^{-3})	$h''/$ (kJ·kg^{-1})	$r/$ (kJ·kg^{-1})	$c_p/$ (kJ·kg^{-1}·K^{-1})	$10^2×λ/$ (W·m^{-1}·K^{-1})	$10^3×a/$ (m^2·h^{-1})	$10^6×μ/$ (Pa·s)	$10^6×ν/$ (m^2·s^{-1})	Pr
0	0.006 11	0.004 847	2 501.6	2 501.6	1.854 3	1.83	7 313.0	8.022	1 655.01	0.815
10	0.012 270	0.009 396	2 520.0	2 477.7	1.859 4	1.88	3 881.3	8.424	896.54	0.831
20	0.233 8	0.017 29	2 538.0	2 454.3	1.866 1	1.94	2 167.2	8.84	509.90	0.847
30	0.042 41	0.030 37	2 556.5	2 430.9	1.874 4	2.00	1 265.1	9.218	303.53	0.863
40	0.073 75	0.051 16	2 574.5	2 407.0	1.885 3	2.06	768.45	9.620	188.04	0.883
50	0.123 35	0.083 02	2 592.0	2 382.7	1.898 7	2.12	483.59	10.922	120.72	0.896
60	0.199 20	0.130 2	2 609.6	2 358.4	1.915 5	2.19	315.55	10.424	80.07	0.913
70	0.311 6	0.198 2	2 626.8	2 334.1	1.936 4	2.25	210.57	10.817	54.57	0.930
80	0.473 6	0.293 3	2 643.5	2 309.0	1.961 5	2.33	145.53	11.219	38.25	0.947
90	0.701 1	0.423 5	2 660.3	2 283.1	1.992 1	2.40	102.22	11.621	27.44	0.966
100	1.013 0	0.597 7	2 676.2	2 257.1	2.028 1	2.48	73.57	12.023	20.12	0.984
110	1.432 7	0.826 5	2 691.3	2 229.9	2.070 4	2.56	53.83	12.425	15.03	1.00
120	1.985 4	1.122	2 705.9	2 202.3	2.119 8	2.65	40.15	12.798	11.41	1.02
130	2.701 3	1.497	2 719.7	2 173.8	2.176 3	2.76	30.46	13.170	8.80	1.04
140	3.614	1.967	2 733.1	2 144.1	2.240 8	2.85	23.28	13.543	6.89	1.06
150	4.760	2.548	2 745.3	2 113.1	2.314 2	2.97	18.10	13.896	5.45	1.08
160	6.181	3.260	2 756.6	2 081.3	2.397 4	3.08	14.20	14.249	4.37	1.11
170	7.920	4.123	2 767.1	2 047.8	2.491 1	3.21	11.25	14.612	3.54	1.13
180	10.027	5.160	2 776.3	2 013.0	2.595 8	3.36	9.03	14.965	2.90	1.15
190	12.551	6.397	2 784.2	1 976.6	2.712 6	3.51	7.29	15.298	2.39	1.18

续表 B-3

$t/℃$	$10^{-2}\times p/$ kPa	$\rho''/$ (kg·m^{-3})	$h''/$ (kJ·kg^{-1})	$r/$ (kJ·kg^{-1})	$c_p/$ (kJ·kg^{-1}·K^{-1})	$10^2\times\lambda/$ (W·m^{-1}·K^{-1})	$10^3\times a/$ (m^2·h^{-1})	$10^6\times\mu/$ (Pa·s)	$10^6\times\nu/$ (m^2·s^{-1})	Pr
200	15.549	7.864	2 790.9	1 938.5	2.842 8	3.68	5.92	15.651	1.99	1.21
210	19.077	9.593	2 796.4	1 898.3	2.987 7	3.87	4.86	15.995	1.67	1.24
220	23.198	11.62	2 799.7	1 856.4	3.149 7	4.07	4.00	16.338	1.41	1.26
230	27.976	14.00	2 801.8	1 811.6	3.331 0	4.30	3.32	16.701	1.19	1.29
240	33.478	16.76	2 802.2	1 764.7	3.536 6	4.54	2.76	17.073	1.02	1.33
250	39.776	19.99	2 800.6	1 714.5	3.772 3	4.84	2.31	17.446	0.873	1.36
260	46.943	23.73	2 796.4	1 661.3	4.047 0	5.18	1.94	17.848	0.752	1.40
270	55.058	28.10	2 789.7	1 604.8	4.373 5	5.55	1.63	18.280	0.651	1.44
280	64.202	33.19	2 780.5	1 543.7	4.767 5	6.00	1.37	18.750	0.565	1.49
290	74.461	39.16	2 767.5	1 477.5	5.252 8	6.55	1.15	19.270	0.492	1.54
300	85.927	46.19	2 751.1	1 405.9	5.863 2	7.22	0.96	19.839	0.430	1.61
310	98.700	54.54	2 730.2	1 327.6	6.650 3	8.02	0.80	20.691	0.380	1.71
320	112.89	64.60	2 703.8	1 241.0	7.721 7	8.65	0.62	21.691	0.336	1.94
330	128.63	76.99	2 670.3	1 143.8	9.361 3	9.61	0.48	23.093	0.300	2.24
340	146.05	92.76	2 626.0	1 030.8	12.210 8	10.70	0.34	24.692	0.266	2.82
350	165.35	113.6	2 567.8	895.6	17.150 4	11.90	0.22	26.594	0.234	3.83
360	186.75	144.1	2 485.3	721.4	25.116 2	13.70	0.14	29.193	0.203	5.34
370	210.54	201.1	2 342.9	452.6	81.102 5	16.60	0.04	33.989	0.169	15.7
374.15	221.20	315.5	2 107.2	0.0	∞	23.80	0.0	44.992	0.143	∞

4. 常用固体材料的热物理性质

表 B－4　常用固体材料的热物理性质

材　料	$\rho/(kg \cdot m^{-3})$ (20 ℃)	$10^{-2} \times c_p/(J \cdot kg^{-1} \cdot K^{-1})$ (20 ℃)	$10^{-5} \times a/(m^2 \cdot s^{-1})$ (20 ℃)	$\lambda/(W \cdot m^{-1} \cdot K^{-1})$ 20 ℃	100 ℃	300 ℃
金　属						
铝	2 700	9.38	9.00	228	230	230
铜	8 890	3.85	11.3	386	379	369
金	19 320	1.30	11.7	293	294	298
铁	7 880	5.11	1.82	73.2	67.5	54.7
铅	11 300	1.25	2.51	35.1	33.4	29.8
镁	1 750	10.3	9.54	172	168	158
镍	8 910	4.65	2.24	93.0	82.0	63.9
铂	21 500	1.34	2.43	70.1	72.6	75.3
银	10 510	2.39	16.52	415	410	410
锡	7 210	2.14	4.03	62.3	58.9	
钨	19 320	1.34	6.30	163	151	133
铀	19 070	1.16	1.24	27.4	29.1	33.4
锌	7 150	3.94	4.01	113	109	100
合　金						
铝合金 2024	2 770	9.63	4.57	122		
黄铜(70%Cu, 30%Zn)	8 520	3.81	3.30	107	128	148
康铜(60%Cu,40%Ni)	8 920	4.10	0.62	22.7	26.7	
镍铬合金 V	8 490	4.44	0.32	12.2	13.8	17.2
不锈钢	7 820	4.61	0.45	16.3	17.3	22.5
低碳钢(1%C)	7 820	4.73	1.16	42.9	42.9	39.6
非金属						
石　棉	577	10.5	0.026	0.157	0.188	0.214
耐火黏土砖	2 310	9.21			1.11	
建筑用砖	1 670	8.37	0.047	0.650		
铬　砖	3 010	8.37			1.15	
混凝土	3 210	8.79	0.059	1.20		
软木板	160	16.7	0.016	0.043		
硅藻土粉	224	8.4	0.027	0.051		

材　料	$\rho/(\mathrm{kg \cdot m^{-3}})$ (20 ℃)	$10^{-2} \times c_p/(\mathrm{J \cdot kg \cdot K^{-1}})$ (20 ℃)	$10^{-5} \times a/(\mathrm{m^2 \cdot s^{-1}})$ (20 ℃)	$\lambda/(\mathrm{W \cdot m^{-1} \cdot K^{-1}})$		
				20 ℃	100 ℃	300 ℃
窗玻璃	2 720	8.4	0.034	0.77		
耐热玻璃	2 240	8.4	0.057	1.08	1.15	1.44
(派热克斯)						
高岭土耐火砖	304					0.089
85％氧化镁	272			0.065	0.070	
砂壤土,4％H_2O	1 670	16.7	0.003	0.92		
砂壤土,10％H_2O	1 940			1.85		
充填纤维	160	8.4	0.029	0.039	0.056	
橡木,垂直于木纹	820	23.9	0.011	0.21		
橡木,平行于木纹	820	23.9	0.020	0.39		

5. 在大气压力下烟气的热物理性质

表 B - 5　在大气压力($p = 1.013\ 25 \times 10^5$ Pa)下烟气的热物理性质

(烟气中组成成分:$r_{CO_2} = 0.13$;$r_{H_2O} = 0.11$;$r_{N_2} = 0.76$)

$t/℃$	$\rho/$ $(\mathrm{kg \cdot m^{-3}})$	$c_p/$ $(\mathrm{kJ \cdot kg^{-1} \cdot K^{-1}})$	$10^2 \times \lambda/$ $(\mathrm{W \cdot m^{-1} \cdot K^{-1}})$	$10^6 \times a/$ $(\mathrm{m^2 \cdot s^{-1}})$	$10^6 \times \mu/$ $(\mathrm{Pa \cdot s})$	$10^6 \times \nu/$ $(\mathrm{m^2 \cdot s^{-1}})$	Pr
0	1.295	1.042	2.28	16.9	15.8	12.20	0.72
100	0.950	1.068	3.13	30.8	20.4	21.54	0.69
200	0.748	1.097	4.01	48.9	24.5	32.80	0.67
300	0.617	1.122	4.84	69.9	28.2	45.81	0.65
400	0.525	1.151	5.70	94.3	31.7	60.38	0.64
500	0.457	1.185	6.56	121.1	34.8	76.30	0.63
600	0.405	1.214	7.42	150.9	37.9	93.61	0.62
700	0.363	1.239	8.27	183.8	40.7	112.1	0.61
800	0.330	1.264	9.15	219.7	43.4	131.8	0.60
900	0.301	1.290	10.00	258.0	45.9	152.5	0.59
1 000	0.275	1.306	10.90	303.4	48.4	174.3	0.58
1 100	0.257	1.323	11.75	345.5	50.7	197.1	0.57
1 200	0.240	1.340	12.62	392.4	53.0	221.0	0.56

附录 C　物性参数计算式

1. 干空气的物性参数经验计算式

（1）空气比定压热容

$$c_p = (1\,004.18 + 1.71p) + (0.260\,175 + 0.005\,714\,2p)t + 0.364\,286 \times 10^{-3}t^2$$

式中：p——空气压力，bar，1 bar = 10^5 Pa；

t——空气温度，℃。

或用近似式

$$c_p = 1\,003 + 0.02t + 4 \times 10^{-4}t^2$$

式中，c_p 的单位为 J/(kg·K)。

（2）空气[动力]黏度

$$\mu = 1.506\,19 \times 10^{-6} \times \frac{(t+273)^{1.5}}{t+395}$$

式中，μ 的单位为 Pa·s。

（3）空气导热系数

$$\lambda = 2.456 \times 10^{-4}(t+273)^{0.823}$$

式中，λ 的单位为 W/(m·K)。

2. 水的物性参数经验计算式

（1）水的比定压热容

$$c_{p1} = 4\,184.4 - 0.696\,4t + 1.036 \times 10^{-2}t^2$$

式中，c_{p1} 的单位为 J/(kg·K)。

（2）水的[动力]黏度

$$\mu_1 = 10^{\left(\frac{230.298}{t+126.203} - 4.566\,8\right)}$$

式中，μ_1 的单位为 Pa·s。

（3）水的导热系数

$$\lambda_1 = 0.598\,0 + 1.373 \times 10^{-3}t - 5.333 \times 10^{-6}t^2$$

式中，λ_1 的单位为 W/(m·K)。

3. 湿空气参数计算式

（1）湿空气比定压热容 $c_{p,m}$

$$c_{p,m} = 1.005 + 1.88d$$

$$d = \frac{m_水}{m_{干空}}$$

式中：d——湿空气的含湿量，kg/kg（干空气）。

$c_{p,m}$ 的单位为 kJ/kg·K。

（2）湿空气含湿量 d

$$d = 0.622\frac{p_v}{p_b - p_v} = 0.622\frac{\varphi p_s}{p_b - \phi p_s}$$

式中：p_v——水蒸气压力，Pa；

p_s——饱和水蒸气压力，Pa；

φ——相对湿度，$\varphi = p_v/p_s$；

p_b——大气压力(或湿空气压力)，Pa。

(3) 饱和水蒸气压力 p_s

$$\ln p_s = 65.831\,984 - 8.2\ln T - 7\,235.424\,6/T + 5.711\,33 \times 10^{-3}T\ [1]$$

此式适用于 $t = 0 \sim 100\ ℃$。式中：p_s 的单位用 bar(1 bar = 10^5 Pa)，$T = t + 273.16$，K。

(4) 湿空气焓

$$h = 1.005t + d(2\,501 + 1.88t)$$

或 $$h = (1.005 + 1.88d)t + 2\,501d = c_{p,m}t + 2501d$$

式中，h 的单位为 kJ/kg(干空气)。

---

① 见乌卡洛维奇(苏)著. 水和蒸气的热力性质. 1964. 原式为工程单位制，此处已转换为 SI 制。——作者注

附录 D　环形翅片效率曲线图

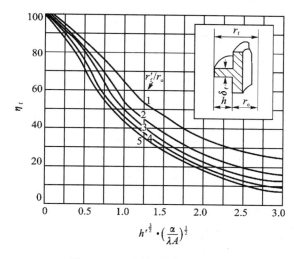

图 D-1　环形翅片效率曲线图

附录 E　换热器传热系数的经验数值

表 E-1　常用换热器的传热系数大致范围

换热器形式	热交换流体		传热系数 K/	备　注
	内　侧	外　侧	$(W \cdot m^{-2} \cdot K^{-1})$	
管壳式（光管）	气	气	10~35	常　压
	气	高压气	170~160	20~30 MPa
	高压气	气	170~450	20~30 MPa
	气	清　水	20~70	常　压
	高压气	清　水	200~700	20~30 MPa
	清　水	清　水	1 000~2 000	
	清　水	水蒸气冷凝	2 000~4 000	
	高黏度液体	清　水	100~300	液体层流
	高温液体	气　体	30	
	低黏度液体	清　水	200~450	液体层流
水喷淋式水平管冷却器	蒸气凝结	清　水	350~1 000	
	气	清　水	20~60	常　压
	高压气	清　水	170~350	10 MPa
	高压气	清　水	300~900	20~30 MPa
盘香管（外侧沉浸于液体中）	水蒸气冷凝	搅动液	700~2 000	铜　管
	水蒸气冷凝	沸腾液	1 000~3 500	铜　管
	冷　水	搅动液	900~1 400	铜　管
	水蒸气凝结	液	280~1 400	铜　管
	清　水	清　水	600~900	铜　管
	高压气	搅动水	100~350	铜管,20~30 MPa
套管式	气	气	10~35	
	高压气	气	20~60	20~30 MPa
	高压气	高压气	170~450	20~30 MPa
	高压气	清　水	200~600	20~30 MPa
	水	水	1 700~3 000	

表 E-2　螺旋板式换热器的传热系数

流　型	流　体	传热系数 $K/(W \cdot m^{-2} \cdot K^{-1})$
逆 流 单 相	水-水(两侧流速都小于 1.5 m/s)	1 750～2 210
	水-废液	1 400～2 100
	水-盐水	1 160～1 750
	水-20％硫酸(铅)	一般 810～900,流速高时达 1 400
	水-98％稀酸或发烟硫酸	一般 520～760,流速高时达 1 160
	水-含硝硫酸(0.3～0.4 m/s)	465
	蒸气凝水-电解碱液 30～90 ℃	870～930
	冷水-浓碱液	465～580
	铜液-铜液	580～760
	水-润滑油	140～350
	有机物-有机物	350～810
	焦油,中油-焦油,中油	160～200
	油-油(较粘)	95～140
	气-盐水	35～70
	气-油	30～45
交有 错相 流变	水蒸气-水	1 500～1 980
	含油水蒸气-粗轻油	350～580
	有机蒸气(或含水蒸气)-水	810～1 400

表 E-3　板式换热器的传热系数

物　料	水-水	水蒸气(或热水)-油	冷水-油	油-油	气-水
传热系数 $K/(W \cdot m^{-2} \cdot K^{-1})$	2 900～4 650	810～930	400～580	175～350	25～58

附录 F 铝及铝合金产品的高、低温机械性能

表 F-1　铝及铝合金产品的高、低温机械性能

类别	牌号	产品种类及状态	机械性能	试验温度									
				−253 ℃	−196 ℃	−70 ℃	20 ℃	100 ℃	150 ℃	175 ℃	200 ℃	250 ℃	300 ℃
纯铝	L4 及 L6	Y	σ_b/MPa	—	—	—	120	—	90	—	65	25	20
			$\sigma_{0.2}$/MPa	—	—	—	100	—	70	—	45	15	10
			δ/%	—	—	—	20	—	22	—	25	85	90
	L6	M	σ_b/MPa	—	175	105	80	—	55	—	40	25	20
			$\sigma_{0.2}$/MPa	—	—	—	35	—	25	—	20	15	10
			δ/%	—	51	43	36	—	65	—	70	85	90
防锈铝		M	σ_b/MPa	—	310	200	190	170	160	—	130	110	70
			$\sigma_{0.2}$/MPa	—	160	90	80	80	70	—	60	—	—
			δ/%	—	50	38	23	26	35	—	51	62	75
	LF2	Y_2	σ_b/MPa	500	380	280	260	260	220	—	160	80	50
			$\sigma_{0.2}$/MPa	280	260	220	210	210	190	—	100	50	35
			δ/%	40	30	21	14	16	25	—	40	80	100
	LF2	Y	σ_b/MPa	630	440	330	290	—	250	—	160	90	50
			$\sigma_{0.2}$/MPa	380	330	280	260	—	210	—	100	70	30
			δ/%	32	25	11	8	—	24	—	40	60	100

续表 F-1

类别	牌号	产品种类及状态	机械性能	试验温度									
				-253℃	-196℃	-70℃	20℃	100℃	150℃	175℃	200℃	250℃	300℃
防锈铝	LF3	M	σ_b/MPa	450	350	250	235	230	195	—	140	80	65
			$\sigma_{0.2}$/MPa	125	120	105	100	100	100	—	90	70	60
			δ/%	41	42	35	22	22.5	44	—	52	73	89
		Y_2	σ_b/MPa	610	430	330	290	—	240	—	175	110	70
			$\sigma_{0.2}$/MPa	300	280	250	230	—	195	—	110	60	40
			δ/%	35	23	21	13	—	25	—	35	70	100
	LF6	M	σ_b/MPa	545	470	350	320	300	250	—	190	160	130
			$\sigma_{0.2}$/MPa	195	185	175	170	150	130	—	120	100	80
			δ/%	245	26	25	24	31	37	—	43	45	48
	LF21	M	σ_b/MPa	390	230	—	130	95	85	—	70	55	45
			$\sigma_{0.2}$/MPa	70	60	—	50	38	35	—	31	25	—
			δ/%	46	40	—	23~30	36	39	—	41	43	45
		Y_2	σ_b/MPa	—	253	187	170	160	145	—	100	60	30
			$\sigma_{0.2}$/MPa	—	165	140	130	115	100	—	65	30	18
			δ/%	—	24	16	10	10	12	—	20	60	70
		Y	σ_b/MPa	—	300	230	220	220	180	—	110	60	80
			$\sigma_{0.2}$/MPa	—	225	196	180	150	120	—	65	30	18
			δ/%	—	25	10	8	8	11	—	18	60	70

续表 F-1

类别	牌号	产品种类及状态	机械性能	试验温度 −253℃	−196℃	−70℃	20℃	100℃	150℃	175℃	200℃	250℃	300℃
硬铝	LY1	线材	剪切强度 σ_τ/MPa	—	—	—	200	180	170	—	140	110	60
	LY4			—	—	—	290	280	270	260	200	—	—
	LY9			—	—	—	310	290	270	260	200	—	—
	LY10			—	—	—	260	250	220	200	190	135	90
	LY11	锻件(淬火时效)	σ_b/MPa	—	550	450	410	—	280	—	150	90	50
			$\sigma_{0.2}$/MPa	—	360	280	250	—	210	—	110	65	35
			δ/%	—	21	19	15	—	16	—	28	45	95
	LY12	轧制板材(淬火时效) CZ	σ_b/MPa	700	550	470	440	410	380	350	330	220	150
			$\sigma_{0.2}$/MPa	520	420	320	290	275	265	245	255	195	115
			δ/%	18	24	21	19	16	19	18	11	13	13
		挤压棒材(淬火时效) CZ	σ_b/MPa	—	710	540	520	490	440	—	420	290	190
			$\sigma_{0.2}$/MPa	—	570	390	380	380	340	—	300	220	140
			δ/%	—	17	18	16	12	14	—	9	10	12
	LY16	挤压半成品 CS	σ_b/MPa	—	—	410	400	—	345	—	300	240	180
			$\sigma_{0.2}$/MPa	—	—	—	250	—	220	—	210	160	130
			δ/%	—	—	12	12	—	11	—	12	11	14
超硬铝	LC4	板材 CZ	σ_b/MPa	—	—	—	520	480	410	370	280	150	85
			$\sigma_{0.2}$/MPa	—	—	—	440	410	350	320	240	120	70
			δ/%	—	—	—	14	14	15	16	11	16	31
		锻件(淬火时效)	σ_b/MPa	750	640	560	520	480	410	—	280	150	—
			$\sigma_{0.2}$/MPa	630	520	470	440	410	350	—	240	120	—
			δ/%	7	9	12	14	14	15	—	11	16	—

续表 F-1

类别	牌号	产品种类及状态	机械性能	试验温度									
				-253 ℃	-196 ℃	-70 ℃	20 ℃	100 ℃	150 ℃	175 ℃	200 ℃	250 ℃	300 ℃
超硬铝	LC4	挤压产品（淬火时效）CS	σ_b/MPa	810	750	620	600	530	430	—	330	160	100
			$\sigma_{0.2}$/MPa	730	640	560	550	500	400	—	310	150	80
			δ/%	5	7	8	8	8	7	—	4	16	23
锻铝	LD5	模锻件 CS	σ_b/MPa	—	—	—	—	390	330	—	290	—	—
			$\sigma_{0.2}$/MPa	—	—	—	—	—	—	—	—	—	—
			δ/%	—	—	—	—	14	19	—	13	—	—
	LD7	轧制板材 CS	σ_b/MPa	—	510	430	400	—	350	—	310	240	—
			$\sigma_{0.2}$/MPa	—	400	360	350	—	330	—	260	190	—
			δ/%	—	11	10	8	—	9	—	14	19	—
		挤压产品 CS	σ_b/MPa	—	500	440	420	—	360	—	320	250	—
			$\sigma_{0.2}$/MPa	—	440	400	360	—	330	—	290	230	—
			δ/%	—	12	9	7	—	7	—	10	11	—
	LD8	挤压带材（经热处理）CZ	σ_b/MPa	—	—	—	390	380	355	—	325	280	165
			$\sigma_{0.2}$/MPa	—	—	—	320	310	305	—	290	250	145
			δ/%	—	—	—	95	9	95	—	8	8	105
	LD10	轧制板材 CS	σ_b/MPa	640	540	470	440	—	330	—	310	200	70
			$\sigma_{0.2}$/MPa	520	440	410	380	—	280	—	250	170	—
			δ/%	17	14	11	9	—	10	—	12	12	30
		挤压产品 CS	σ_b/MPa	730	610	510	490	—	410	—	340	230	—
			$\sigma_{0.2}$/MPa	590	530	460	450	—	370	—	310	220	—
			δ/%	14	10	8	7	—	14	—	13	14	—

附录 G　焊缝系数

表 G - 1　焊缝系数

焊按种类	X 光试验结果	焊缝系数 ϕ /%
双面焊或	A	100
相当于	B	95
双面焊	C	70
单面焊	A	90
背面铲平	B	85
	C	65
单面焊	—	60

注：A 表示 X 光检验全合格；B 表示 X 光检验局部有缺陷，小于 20%；C 表示未进行 X 光检验。满足下列各条件之一可视单面焊为双面焊：

① 单面焊能全部穿透，用惰性气体氩弧焊、气焊或打底焊等在第一层能获得平滑背面。

② 单面焊同一母材，背面铲平，焊后背面铲平，修得光滑。

③ 单面焊用不同材料，背面铲光，能全部焊透，并能获得平滑背面者。

附录 H　垫片参数

1. 垫片有效密封宽度

表 H-1　垫片有效密封宽度

压紧面形状(简图)		垫片基本密封宽度 b_0	
		I	II
1a		$\dfrac{N}{2}$	$\dfrac{N}{2}$
1b[①]			
1c	$\omega \leqslant N$	$\dfrac{\omega+\Delta}{2}$ $\left(\dfrac{\omega+N}{4}最大\right)$	$\dfrac{\omega+\Delta}{2}$ $\left(\dfrac{\omega+N}{4}最大\right)$
1d[①]	$\omega \leqslant N$		
2	$\omega \leqslant \dfrac{N}{2}$	$\dfrac{\omega+N}{4}$	$\dfrac{\omega+3N}{8}$
3	$\omega \leqslant \dfrac{N}{2}$	$\dfrac{N}{4}$	$\dfrac{3N}{8}$

	压紧面形状(简图)	垫片基本密封宽度 b_0	
		Ⅰ	Ⅱ
4[①]		$\dfrac{3N}{8}$	$\dfrac{7N}{16}$
5[①]		$\dfrac{N}{4}$	$\dfrac{3N}{8}$
6			$\dfrac{\omega}{8}$

注:垫片有效密封宽度或法兰接触面压紧宽度 b 有两种情况:当 $b_0 \leqslant 6.4$ mm 时,垫片有效宽度 $b = b_0$;当 $b_0 > 6.4$ mm 时,垫片有效宽度 $b = 2.53\sqrt{b_0}$。

① 当锯齿深度不超过 0.4 mm,齿距不超过 0.8 mm 时,应采用 1b 及 1d 的压紧面形状。

2. 垫片性能参数

表 H - 2 垫片性能参数

(最小)尺寸 N/mm	垫片材料		垫片系数 m	比压力 y/MPa	简　图	压紧面形状(见表 H - 1)	列号[②]
	自紧式垫片 O 形环、金属、合成橡胶及其他自紧密封的垫片类型		0	0	—		
10	<肖氏硬度 75 ≥肖氏硬度 75	无织品或无高含量石棉纤维的合成橡胶	0.50 1.00	0 1.4		1(a,b,c,d), 4,5	Ⅱ

（最小）尺寸 N/mm	垫片材料		垫片系数 m	比压力 y/MPa	简　图	压紧面形状（见表 H－1）	列号[2]
10	石棉，具有适当加固物（石棉橡胶板），厚度	3 mm 1.5 mm 0.75 mm	2.00 2.75 3.50	11 25.5 44.8		1(a,b,c,d) 4,5	Ⅱ
	内有棉纤维的橡胶		1.25	2.8			
	内有石棉纤维的橡胶，具有金属加强丝或不具有金属加强丝	3 层 2 层 1 层	2.25 2.50 2.75	15.2 20 25.5			
	植物纤维		1.75	7.6			
	缠绕式金属垫片内填石棉	碳钢 不锈钢或蒙乃尔	2.50 3.00	69 69			
	波纹状金属内填石棉或波纹状金属夹壳内填石棉	软铝 软铜或黄铜 铁或软钢 蒙乃尔或4%～6%铬钢 不锈钢	2.50 2.75 3.00 3.25 3.50	20 26 31 38 44.8		1(a,b)	
	波纹状金属	软铝 软铜或黄铜 铁或软钢 蒙乃尔或4%～6%铬钢 不锈钢	2.75 3.00 3.25 3.50 3.75	25.5 31 38 44.8 52.8		1(a,b,c,d)	

(最小)尺寸 N/mm	垫片材料		垫片系数 m	比压力 y/ MPa	简图	压紧面形状 (见表 H-1)	列号②
10	平金属夹壳填石棉垫片(金属包垫片)	软 铝	3.25	38		1(a,b,c①,d①),2①	Ⅱ
		软铜或黄铜	3.50	44.8			
		铁或软钢	3.75	52.4			
		蒙乃尔	3.50	55.2			
		4%~6%铬钢	3.75	62.1			
		不锈钢	3.75	62.1			
	槽形金属	软 铝	3.25	38		1(a,b,c,d),2,3	
		软铜或黄铜	3.50	44.8			
		铁或软钢	3.75	52.4			
		蒙乃尔或4%~6%铬钢	3.75	62.1			
		不锈钢	4.25	69.6			
6	实心金属平垫片	软 铝	4.00	60.7		1(a,b,c,d)2,3,4,5	Ⅰ
		软铜或黄铜	4.75	89.6			
		铁或软钢	5.50	124.1			
		蒙乃尔或4%~6%铬钢	6.00	150.3			
		不锈钢	6.50	179.3			
	圆 环	铁或软钢	5.50	124.1		6	
		蒙乃尔或4%~6%铬钢	6.00	150.3			
		不锈钢	6.50	179.3			

① 垫片表面的折叠处不应放在法兰的密封面上方。

② 列号见表 H-1。

附录 I　翅片管式换热器参考图表

1. 翅化扁平管(表面 11.32 - 0.737SR)的传热与阻力特性曲线

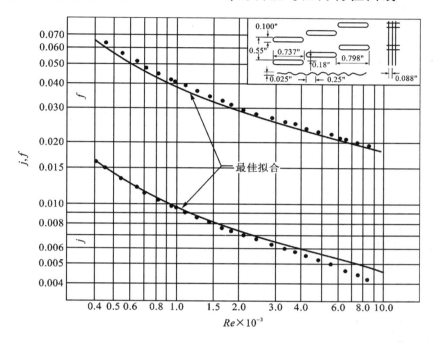

注：此图源于文献[2]图 10 - 97 翅化扁平管(表面 11.32 - 0.737SR)。

翅片数 = 11.32 个/in = 446 个/m；

当量直径 d_e = 0.011 52 ft = 3.510×10^{-3} m；

翅片厚度 δ = 0.004 in = 0.102×10^{-3} m；

孔度 σ = 0.780；

传热面积密度 α_V = 270 ft^2/ft^3 = 886 m^2/m^3；

翅片面积比 φ = 0.845。

图 I - 1　翅化扁平管(表面 11.32 - 0.737SR)的传热与阻力特性曲线

2. 扁管、连续翅片表面结构

表 I-1　扁管、连续翅片表面结构

表面标记	管束布置	翅型	管长(平行于流向) in	管长(平行于流向) 10^{-3} m	管宽(垂直于流向) in	管宽(垂直于流向) 10^{-3} m	翅片数/in	当量直径 d_e ft	当量直径 d_e 10^{-3} m	翅片厚度 δ in	翅片厚度 δ 10^{-3} m	孔度 σ	传热面积密度 α_V ft²/ft³	传热面积密度 α_V m²/m³	翅片面积比 φ
9.68−0.87	顺排	平直翅片	0.870	22.1	0.120	3.0	9.68	0.011 80	3.60	0.004	0.102	0.697	229	751	0.795
9.1−0.737S	错排	平直翅片	0.737	18.7	0.100	2.5	9.1	0.013 80	4.21	0.004	0.102	0.788	224	735	0.813
9.68−0.87R	错排	皱褶翅片	0.870	22.1	0.120	3.0	9.68	0.011 80	3.60	0.004	0.102	0.697	229	751	0.795
9.21−0.737SR	错排	皱褶翅片	0.737	18.7	0.100	2.5	9.29	0.013 52	4.12	0.004	0.102	0.788	228	748	0.814
11.32−0.737SR	错排	皱褶翅片	0.737	18.7	0.100	2.5	11.32	0.011 52	3.51	0.004	0.102	0.780	270	886	0.845

注:此表源于文献[2]中的表 9−4(c)。

3. 空气密度和比定压热容的湿度修正系数

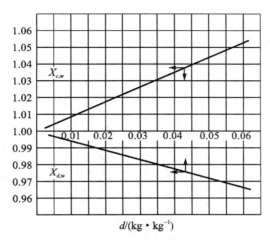

注：此图源于文献[2]图 A-18 密度和

比定压热容的湿度(水/干空气)修正系数

$$\rho = X_{d,w}\rho_a, \quad c_p = X_{c,w}c_{p,a}$$

图 I-2　空气密度和比定压热容的湿度修正系数

4. 圆管内湍流流动在单位管长恒热流率和充分发展速度与温度分布时的 *Nu*

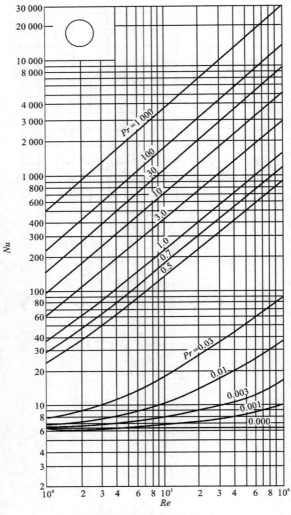

注：此图源于文献[2]中的图 6−7。

图 I−3　圆管内湍流流动在单位管长恒热流率和

充分发展速度与温度分布时的 *Nu*

5. 光滑圆管内充分发展湍流流动阻力系数

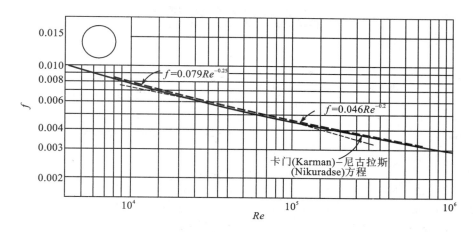

注：此图源于文献[2]中的图 6－6。

图 I－4　光滑圆管内充分发展湍流流动阻力系数

（矩形和环形管内湍流流动阻力系数与此差别不大）

6. 直翅与环翅的传热效率

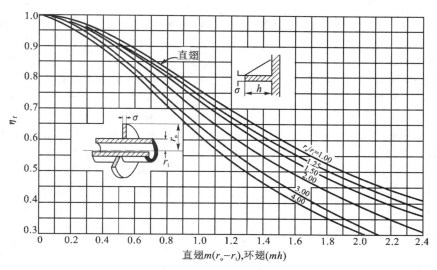

注：此图源于文献[2]中的图 2－13。

图 I－5　直翅与环翅的传热效率

部分习题答案

第1章

1-6 81.24 ℃

1-7 换热器2

第2章

2-18 50.2 W/(m² · K)

2-19 2 201 W/(m² · K) 1 302 W/(m² · K)

2-20 218 W/(m² · K) 173 W/(m² · K)

2-22 104.9 ℃ 96.5 ℃ 89.2 ℃

101.8 ℃ 63.4 ℃

2-25 5.74×10⁻⁴ (m² · K)/W 313.4 ℃

2-26 5.53×10⁻⁴ (m² · K)/W

2-27 94.11% 95.29%

2-28 99.95%

2-29 136.5 W/(m² · K) 48.8 W/(m² · K)

2-30 94.4% 92.44% 95.1%

2-31 43.15 ℃

2-32 11.53 m² 8.457 m² 10.07 m²

2-33 2.49 m² 29.5%

2-34 75%

2-35 57.8% 128.62 ℃ 96.93 ℃

2-36 53.02% 138.66 ℃ 92.22 ℃

2-37 35.3 m² 30 780.7 kg/h

2-40 82.93%

2-41 17.56 m²

2-42 0.043 3 K/W 1 155 W

229.73 W/(m² · K)

2-43 0.042 6 K/W 1 173.16 W

233.51 W/(m² · K)

2-44 86.58% 69.12 ℃ 125.39 ℃ 257 ℃

161.66 ℃ 82.06 ℃ 125.39 ℃

2-45 5.34 m² 5.66 m²

第3章

3-18 46.86 Pa

3-19 64.7 ℃

3-20
	η	Φ/W	t_2''/℃
顺流	0.612	6 290	99.4
逆流	0.901	9 150	128.5

3-21 4.773 mm 100.8 W/(m² · K)

93.0 W/(m² · K)

3-22 $t_1''=73.91$ ℃

$\Delta p_1=5.47$ kPa

$\Delta p_2=4.17$ kPa

3-23 $d_{e1}=d_{e2}=1.8$ mm

$\phi_1=\phi_2=0.689\ 6$

$\beta_1=\beta_2=1\ 777.8$ m²/m³

$A_1=0.768\ 0$ m² $A_2=0.844\ 8$ m²

$A_{c1}=0.001\ 92$ m² $A_{c2}=0.004\ 752$ m²

$\sigma_1=0.324\ 3$ $\sigma_2=0.356\ 8$

3-24 $\eta_i'=54.6\%$ $t_{1,2}=161.9$ ℃

$\eta=86.57\%$ $t_1''=69.14$ ℃

$t_2''=126.87$ ℃

3-25 参考设计方案

选用翅片型面(参看图3-2)

翅片形式 s_f/mm s/mm h/mm

δ_f/mm

热边 三角形 1.5 7.5 3.82 0.15

冷边 三角形 2.0 7.5 3.881 0.15

热边流道长 $L_1=480$ mm

热边翅片层数 $N_1=21$

冷边流道长 $L_2=135$ mm

冷边翅片层数 $N_2=22$

侧板厚 $\delta_{侧}=1.5$ mm

隔板厚 $\delta_{隔}=0.8$ mm

封条宽 $L_f=5$ mm

芯体高 $L_3=359.1$ mm

第4章

4-16 $d_e=4.753$ mm $\varepsilon=0.534\ 7$ $\beta=14.36$

4-17 35.88 W/(m² · K)

4-18 $\Phi_0=203.75$ kW

$q_{m1}=10.80$ kg/s

$q_{m2} = 1.21$ kg/s

4-19 参考设计方案

翅片管型面同例 4-2。蒸发器高 $H = 250$ mm,宽 $b_e = 465$ mm,管排数 $n_L = 4$,每排管数 $n_1 = 10$ 根。

4-20 参考设计方案

结构初步规划参看图 4-26。管束按正三角形排列,管距取 16 mm,壳体内径 $D_i = 308$ mm,流程数 $N = 4$,总管数 $Z = 227$,每一流程平均管数 $Z_m = 69$,管长 $l = 2300$ mm,折流板数 $N_b = 23$,折流板间距 $S_1 = 130$ mm,$S_2 = 85$ mm,管板厚 $\delta_B = 32$ mm,折流板厚度 $\delta_b = 5$ mm,折流板上缺口高 $H_1 = 64$ mm,折流板下缺口高 $H_2 = 59$ mm,上缺口内含管数 $n_{b1} = 37$,下缺口内含管数 $n_{b2} = 33$,壳体直径附近含管数 $n_c = 19$。

第 5 章

5-10 15 个　16 个

5-12 31 ℃

5-13 $\alpha_2 = 6615$ W/(m² · K)

5-14 $t_2'' = 37.97$ ℃　$\Phi_k = 347.6$ kW

5-15 管子底部 $Re = 1587$

5-16 在 $x = 0.1$ m 处 $\delta(x) = 0.0618$ mm

$\alpha(x) = 11100$ W/(m² · K)

5-17 1.778 倍

5-18 12.33 kg/h

5-20 参考设计方案

选迎面风速 $u_y = 2.9$ m/s,沿气流方向排数 $n_L = 4$;选用顺排套片式结构,管用 $\phi 10 \times 0.7$ mm 的紫铜管,翅片采用厚为 0.2 mm 的铝片,片间距 $s_f = 2.2$ mm。纵向和横向的管间距相等 $s = 25$ mm(参看图 5-13)。

确定空冷冷凝器结构外形尺寸:取垂直气流方向管的列数 $n_B = 16$,每根管有效长度 $L_1 = 0.69$ m,冷凝器高 $H = 0.4$ m,冷凝器深 $L_2 = 0.1$ m,考虑迎面风速不均匀性,取 L_1 的实际长为 0.75 m。

第 6 章

6-10 1.97%

6-13 80%(不计污垢热阻)

6-14 参考设计方案

(1)热管选定

热管选用碳钢-水热管。

根据各因素综合考虑选定:

$$d_o = 38 \text{ mm}, d_i = 32 \text{ mm}$$

根据烟风道原有尺寸选定:

$$l_e = 1650 \text{ mm}, l_c = 1008 \text{ mm},$$

$$l_a = 37 \text{ mm}, l_s = 5 \text{ mm}$$

所以热管总长 $l = 2800$ mm。

加热段为考虑防止积灰选用纵向翅片,沿气流流动方向前后各一片纵向翅片;$\delta_{f1} = 3$ mm,$h_{f1} = 19$ mm。

放热段选用环翅:$\delta_{f2} = 1$ mm,$d_{f2} = 76$ mm,$s_{f2} = 12$ mm,$h_{f2} = 19$ mm。

(2)换热器几何尺寸

换热器分两台设计,每台换热量:

$$\Phi = \frac{\Phi_{总}}{2} = 1046500 \text{ kJ/h}$$

以下计算均为单台换热器的数据:

迎风面积 $A_{o1} = 1.65 \times 2.465 = 4.067$ m²

(宽度 $B = 2.465$ m)

$$A_{o2} = 1.008 \times 2.465 = 2.48 \text{ m}^2$$

迎面流速 $u_{o1} = \dfrac{q_{Vo1}/2}{3600 A_{o1}} = 2.68$ m/s

$$u_{o2} = \frac{q_{Vo2}/2}{3600 A_{o2}} = 3.63 \text{ m/s(稍偏大)}$$

热管管束排列为等边三角形叉排:

横向节距 $s_T = 1.25 d_f = 95$ mm

纵向节距 $s_L = \dfrac{\sqrt{3}}{2} s_T = 83$ mm

奇数排每排热管数 $N_T = \dfrac{2500}{95} = 26$ 根

偶数排每排热管数 $N_T = 25$ 根

计算得单台换热器所需热管数约 229 支,加 10% 的余热回收余量,则热管总数为 255 根,排成 10 排,即 $z = 10$,其中 5 排为 26 根,另 5 排 25 根。

热管换热器沿气流方向的深度

$$L = z s_L = 10 \times 83 = 830 \text{ mm}$$

由于深度只有 0.83 m,所以不在中间加吹灰通道,从前后即可直接吹灰或冲洗,两台换热器总热管数为 510 根。